虚实结合的电气系统综合实训教程

王颖杰　戴　鹏　编著

中国矿业大学出版社
·徐州·

内 容 提 要

本教材旨在结合典型电气领域应用场景与案例，介绍虚拟仿真通用的使用方法，让广大师生能够更好地通过仿真软件解决专业学习和科研中遇到的问题和难点。本教材适合作为电气专业的本科生和研究生的教材，也可供从事电气相关专业的工程技术人员和研究人员参考。

图书在版编目(CIP)数据

虚实结合的电气系统综合实训教程 / 王颖杰，戴鹏编著.—徐州：中国矿业大学出版社，2023.9

ISBN 978-7-5646-5966-0

Ⅰ.①虚… Ⅱ.①王… ②戴… Ⅲ.①计算机仿真—电力系统—教材 Ⅳ.①TM92

中国国家版本馆 CIP 数据核字(2023)第 183115 号

书　　名　虚实结合的电气系统综合实训教程
编　　著　王颖杰　戴　鹏
责任编辑　张　岩
出版发行　中国矿业大学出版社有限责任公司
　　　　　(江苏省徐州市解放南路　邮编 221008)
营销热线　(0516)83885370　83884103
出版服务　(0516)83995789　83884920
网　　址　http://www.cumtp.com　**E-mail**:cumtpvip@cumtp.com
印　　刷　徐州中矿大印发科技有限公司
开　　本　787 mm×1092 mm　1/16　**印张** 15.25　**字数** 390 千字
版次印次　2023 年 9 月第 1 版　2023 年 9 月第 1 次印刷
定　　价　68.00 元

前　言

目前电气学科发展迅速。电气学科中物理现象抽象、工作原理深奥，这给教学过程中老师教学和学生求学都带来了极大的困难，为此，实验教学在理工科教学活动中一直扮演着重要的角色。实验教学不仅有利于巩固学生的理论知识学习成果，还能培养并强化学生分析及解决问题的能力。传统的电气学科实验教学过程需要大量的实验设备与相关的实验教学仪器，但基于这些实验开展的教学活动与实际应用工况存在较大差距，并不能很好地满足教学要求。随着计算仿真技术快速发展，虚拟仿真软件日趋成熟，已经可以高效、精细地模拟出绝大多数电气科学相关领域的实际应用工况，这对于丰富学习场景，开展创新性的实验教学，促进学生对电气知识的理解，都有着相当大的正面意义。

目前主要的仿真软件有MATLAB(Matrix & Laboratory)、PSIM(Power Simulation)、LabVIEW(Laboratory Virtual Instrument Engineering Workbench)、PSCAD(Power Systems Computer Aided Design)等，还有RT-LAB(Real Time Laboratory)、dSPACE(Digital Signal Processing and Control Engineering)、NI cRIO(CompactRIO)、StarSim等实时仿真硬件设备。这些软件及硬件平台已被广泛应用到电力、交通、工业、航空航天、办公自动化等各个领域。虚拟仿真技术是理论内容丰富、实践性强和综合性高的技术，本教材重点介绍了仿真原理、典型电气系统、MATLAB仿真软件与RT-LAB、StarSim实时仿真器的使用方法，通过对相关原理和典型案例的全面介绍，希望能帮助电气专业本科生和研究生对虚拟仿真技术有一个深入的了解。

很多高校非常重视把虚拟仿真技术应用在电气学科的教学实践中，教师和学生对仿真教学也抱着积极的态度，但对相关仿真软件内在原理、功能和使用方法缺乏足够的认识，以及欠缺典型的电气系统仿真教学案例，导致教学效果不佳，亟需一本与电气学科紧密结合的虚拟仿真统一教材。《虚实结合的电气系统综合实训教程》正是针对当前电气学科师生们的迫切需求，历时两年编著而成。

本教材旨在结合典型电气领域应用场景与案例，介绍虚拟仿真通用的使用方法，让广大师生能够更好地通过仿真软件解决专业学习和科研中遇到的问题和难点。通观国内外高校虚拟仿真实验教学的建设理念、发展道路和实践经验，希望通过本教材为推进电气学科虚拟仿真教学提供有益的他山之石。

在本书的成稿与面世过程中，得到了“中国矿业大学特色专业教材”教改项目的支持；得到了上海商非、远宽、深圳久长科技等企业的大力支持；得到了余储胜、张佳梦、周海兰、刘涵、陈永发等研究生的倾力相助。在此，一并致以衷心的感谢！

由于作者水平有限，错误与不当之处在所难免，敬请广大读者批评指正！

作者

2023年4月

目　　录

第1章　概　　述

1.1　数字仿真的基本概念

数字仿真区别于解析法，是在数字计算机上用数学模型进行实验的过程。在缺乏实际系统、实验会破坏实际系统或者实验结果不能保证正确等情况时，数字仿真具有广泛的应用价值。随着数字计算机技术的巨大进步，数字仿真因具有经济、方便、全面、高效等优点而受到广大科研工作者的广泛认可，几乎推动了所有工程领域教学与科研的革命。如今，数字仿真技术已经成为现代工程技术人员应该掌握的基本技能。

1.1.1　相似性原理

认识数字仿真，首先我们从相似性原理开始。自然界中，大至宇宙，小至粒子运动的方式，都存在着大量的相似之处，众多学者、工程师的发明或发现都应用到相似性原理。古代威尼斯人应用几何相似，对比相似的小船而建造大船；1686 年牛顿用两个物体做相似的运动来表达、论证三大定律；莱特兄弟首次采用风洞试验飞机气动结构。相似性原理可以说是科学技术创新与应用的桥梁。

在现代科学研究中，常用的相似方式可归纳成几何相似、环境相似、性能相似、思维相似、生理相似等五种形式。性能相似也称为“数学相似”，是指不同的问题可以用相同的数学模型来描述。数字仿真主要遵循性能相似原理。

（1）相似第一定理

定理：彼此相似的现象必定具有数值相同的相似准则。这一相似准则通常称为相似第一定理。由此可知，实验时必须测量各相似准则所包含的所有量，这样才可以整理出相似准则的关系式。相似准则中的物理量一般按同一点或同一状态来取，对于同一系统不同点或不同状态的相似准则具有不同数值。

（2）相似第二定理

定理：对于同一种类现象，即能被同一完整方程组所描述的现象，当单值条件相似，而且由单值条件的物理量所组成的相似准则在数值上相等，则这些现象就必定相似，通常称之为相似第二定理。可见，要实现现象相似，就必须满足如下相似条件：相同的数学方程组、单值条件相似、由单值条件的物理量组成的相似准则在数值上相等。实践表明，定性准则数量多会使模型的实现愈加困难。因此，一般忽略对系统影响小的准则，只保证数值上相等的定性准则在三个以内。

（3）相似第三定理

定理:描述某现象的各种量之间的关系,可表示成相似准则$\Pi_1,\Pi_2,\cdots,\Pi_n$之间的函数关系,即

$$F(\Pi_1,\Pi_2,\cdots,\Pi_n)=0 \tag{1.1.1}$$

这种关系式,称为准则关系式或准则方程式。

对于所有彼此相似的现象,相似准则都保持同样数值,所以它们的准则关系式也应是相同的。因此,如把某现象的实验结果整理成准则关系式,那么得到的这种准则关系式,就可以推广到与其相似的现象中去。相似第三定理说明应该如何整理实验结果,即必须将其整理成相似准则之间的关系式。

相似理论帮助我们揭示事物间内在的联系以及其动力学特性,是实验科学的基础,是仿真实验所遵循的基本原则。

1.1.2 实验方法

面对系统的分析、综合与设计问题,我们需要对相应的系统进行实验研究。实验研究的方法概括起来有三种:解析法、实验法与仿真实验法。

(1) 解析法

解析法是指人们运用数学推导、演绎去求解所研究系统的数学模型。它是一种纯理论的实验分析方法。利用解析法可以得到对问题的一般性结论,这一结论对所研究系统具有普遍的指导作用。但是,在工程应用中,由于系统数学模型很多是非线性、分布参数或者很高阶的,有些系统的理论不完善或者对系统认识的不全面性,再加上工程技术人员或非数学专业人员水平所限,解析法的应用存在诸多困难,甚至不能适用。

(2) 实验法

在实际系统上施加一定类型的信号(或利用系统中正常的工作信号),利用各种仪器仪表,测取系统响应来确定系统性能的方法称为实验法。该方法简明、直观与真实,是系统分析与测试中经常采用的方法。但是,这种实验方法也经常难以开展,归纳起来有如下几方面的原因:

① 对于实际系统还没有建立的,不可能在实际系统上进行实验研究。

② 实际系统上不允许进行实验。比如在一个金融市场中,随意把一个决策付诸行动,可能会引起一场金融海啸,甚至导致国家经济崩溃。

③ 实际系统上进行。实验具有费用过高、危险性大或实验时间太短(太长)。比如:原子弹爆炸实验危险性大、费用高,且时间太短,很难细致观测整个过程。

鉴于上述原因,在模型上进行仿真的实验方法逐渐成为对上述系统进行分析、设计与研究的十分有效的方法。

(3) 仿真实验法

仿真实验法就是在模型上(物理的或数学的)进行系统性能分析与研究的实验方法。仿真不是直接在实际系统上进行实验,而是间接在系统模型上进行实验的研究过程。它遵循相似性原理,是一种广义的实验。

仿真实验可分为两类:一类是在物理模型上的仿真实验(简称物理仿真),另一类是在数学模型上的仿真实验(简称数字仿真)。例如飞行器“风洞”实验,就是在模拟气流的物理模

型上进行仿真实验研究，其满足“环境相似”的基本原则。物理仿真具有效果逼真、精度高等优点，但往往造价高昂，或者耗时过长。

随着计算机与微电子技术的飞速发展，人们越来越多地采用数学模型在计算机上进行仿真实验研究。数字仿真满足“性能相似”的基本原则，因此，建立高精度的数学模型是其前提条件。数字仿真具有实现方便、经济、通用性强等优点，但缺少物理仿真的优点。

对某些系统，我们把一部分建立的数学模型转化为计算机程序，另一部分采用物理模型（或实物），把它们连接在一起进行仿真实验，称为数学-物理混合仿真或半实物仿真。例如，我们经常将微电网用计算机程序运行数学模型，而微电网控制器采用实物，进行一个微电网系统的控制仿真实验，在保证实验安全、经济的同时，也尽量做到效果逼真。

实时仿真是指仿真模型的时间比例尺等于系统原模型的时间比例尺的一类仿真。如果仿真系统有实物（包括人）处在仿真系统中，由于实物是按真实时间变化和运动的，因此就需要进行实时仿真，半实物仿真就是一种实时仿真。仿真模型的时间比例尺小于实际系统的时间比例尺的仿真，称之为超实时仿真；反之，称之为欠实时仿真。

虚拟现实构建出一个虚拟的三维场景，让用户通过佩戴特殊眼镜等设备进入其中，获得身临其境的感觉，与虚拟环境进行交互。在虚拟现实中，用户可以自由地移动和操作，以自己的意愿控制虚拟环境的发展。虚拟现实技术包括模拟环境、感知、自然技能和传感等技术，是仿真技术的一个重要方向。虚拟现实更侧重于创造一个虚拟的环境并与用户实时互动，仿真实验更侧重于对实际系统或过程进行建模和分析，以及预测系统的未来状态。

1.1.3　系统、数学模型与数字仿真

认识数字仿真，首先要了解系统与数学模型。

（1）系统

系统是指按照规律结合，具有一定整体功能和综合行为，相互作用、相互依赖、相互依存的所有实体的集合。例如一个电机控制系统（图 1.1），包含控制器、功率放大与变换装置、电动机、负载、传感器、信号处理等实体。这些实体组成一个控制闭环系统，在指令量与反馈量比较后，通过控制器、功率放大与变换装置将合适的电压和电流作用到电动机上，从而产生所需电机转矩，带动负载运行在指令量附近。

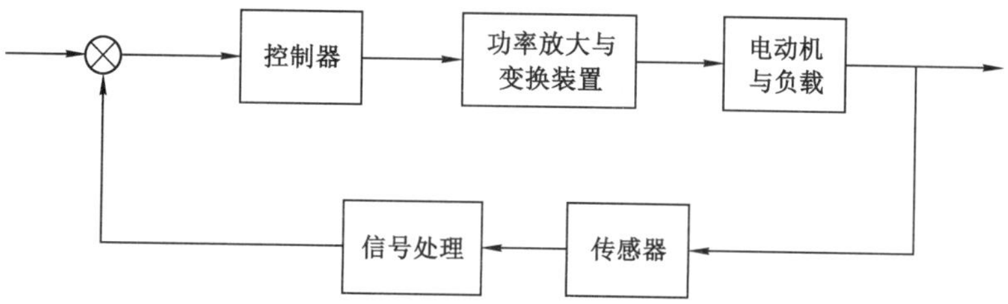

图 1.1　电机控制系统

描述系统有三个要素——实体、属性、活动。

实体是存在于系统中的具有确定意义的物体，即组成系统的具体对象。一个系统由两

个或两个以上的实体组成。系统的各个实体具有一定的相对独立性，并且相互联系构成一个整体。如图 1.1 所示，电机控制系统中控制器、功率放大与变换装置、电动机、负载等都是这一系统的实体。实际上，系统和实体都是相对概念，例如电动机在电机控制系统中是该系统的一个实体，但是电动机本身也可以是一个系统，这一系统包含定子、转子、壳体、端口等实体，这些实体将电能转换为动能。

属性也称为描述变量，用来描述每一实体的特性；活动定义了系统内部实体之间的相互作用，从而确定了系统内部发生的过程。功率放大与变换装置的功率、电压等级、控制方式是功率放大与变换装置这个实体的"属性"，而它的输出电压和电流控制电机的运行过程就是"活动"。

(2) 数学模型

所谓"模型"就是系统某种特定功能的一种描述，它集合了系统必要的信息，通过模型可以描述系统的本质和内在的关系。它一般分为物理模型和数学模型两大类。物理模型与实际系统有相似的物理性质，它们与实际系统外貌相似，只不过按比例改变尺寸，如飞机风洞模型、堤坝模型等。数学模型是描述系统内部各个量之间关系的数学表达，通常是一些数学方程。数学模型与实际系统的功能及参数之间应具有相似性和对应性。我们知道数字仿真是一种实验方法，而这种实验对象是系统的数学模型。

数学模型的种类很多，而且有多种不同的分类方法。根据模型是否随时间的变化，可分为静态模型和动态模型；根据模型的时间变量是否连续，可分为连续时间模型和离散时间模型；根据模型的各量之间的关系是否线性，可分为线性模型和非线性模型。数学模型应比系统原型简化，数学模型自身也应是"最简单"的。因此，数学模型不是越接近系统原型越好，而是需要根据研究目的做适当简化。

如功率放大与变换装置的数学模型，当我们关心的是电机控制系统动态稳定过程时，将其等效为一个一阶惯性环节[式(1.1.2)]，但当我们关心的是电机控制系统静特性时，将其等效为一个放大环节[式(1.1.3)]。

$$U_{\mathrm{d}}(s)=\frac{K_{\mathrm{s}}}{T_{\mathrm{s}}s+1}U_{\mathrm{c}}(s) \tag{1.1.2}$$

$$U_{\mathrm{d}}(t)=K_{\mathrm{s}}U_{\mathrm{c}}(t) \tag{1.1.3}$$

(3) 数字仿真

在系统被抽象为数学模型后，还需进一步转换为计算机上可运行的仿真数学模型，称之为二次模型化。如采用双线性变换法，将功率放大与变换装置的数学模型转换为仿真数学模型，过程如下：

① s 域与 z 域之间一种近似映射关系为

$$s=\frac{2}{T}\frac{z-1}{z+1} \tag{1.1.4}$$

式中，T 为仿真步距。

② 将式(1.1.4)代入式(1.1.2)，有

$$U_{\mathrm{d}}(z)=\frac{TK_{\mathrm{s}}+TK_{\mathrm{s}}z^{-1}}{2T_{\mathrm{s}}+T+(-2T_{\mathrm{s}}+T)z^{-1}}U_{\mathrm{c}}(z) \tag{1.1.5}$$

③ 由此可得差分方程，即功率放大与变换装置的仿真数学模型

$$U_d(k)=\frac{(2T_s-T)}{2T_s+T}U_d(k-1)+\frac{TK_s}{2T_s+T}[U_c(k)+U_c(k-1)] \tag{1.1.6}$$

公式(1.1.6)中输出量第 k 步数值可由第 $k-1$ 步输出量与输入量计算，这样我们可以通过计算机递推计算出不同时刻功率放大与变换装置的输出值。

通过上面的学习，我们可以得到数字仿真的定义：明确研究对象——系统，建立系统仿真数学模型，然后在其上进行实验的过程称为数字仿真。

1.2　数字仿真的特点

1.2.1　数字仿真的步骤

开展数字仿真实验需要三个基本要素：实际系统、数学模型、计算机及其仿真软件。实现数字仿真一般包括五个主要步骤：

(1) 对待研究的实际系统进行调查研究，确定仿真目的和基本需求，建立能够描述系统问题的数学模型，并给出评价问题的有关性能准则。

(2) 根据仿真的要求和仿真计算机的性能，采用合适的仿真算法将系统的数学模型转变成计算机上能实现的仿真模型。

(3) 用计算机能执行的程序来描述仿真模型，该仿真程序中还包括仿真实验的要求、控制参数、运行参数、输出要求等。

(4) 程序编写完成后须进行调试，检验仿真算法的合理性和程序计算的正确性。

(5) 进行仿真实验，并根据实验结果对实际系统的性能做出评价。

1.2.2　数字仿真的应用

采用数字仿真原因主要在于：

(1) 在系统还处在设计阶段，人们需要准确地了解所设计的系统性能能否满足设计要求，可以通过对模型数字仿真进行快速验证。

(2) 一些真实系统的实验具有较大破坏性，需要在实验前就排除隐患。例如，对电力系统进行没有把握的实验，可能导致电网瘫痪，影响经济民生。

(3) 需要进行多次实验时，难以保证多次系统实验的条件都相同，因而无法准确判断实验结果的优劣。

(4) 系统实验时间太长或费用昂贵或实验有危险或无法复原，不适合在实际系统上做实验；如电缆寿命有十几年，不可能花这么长时间实验；社会、经济现象和生态系统就更无法用实物做实验。

(5) 当人是系统的一部分时，心理作用会影响实验效果。

根据数字仿真应用的目的，数字仿真应用可分为系统分析、系统设计、理论验证、人员训练等四大类。

第 2 章　数字仿真的基本原理

从数字仿真的概念可以看出,数字仿真需要将系统数学模型进一步转换为计算机上可运行的仿真数学模型。为了将系统连续时间模型转换为仿真数学模型,本章将介绍数值积分算法、离散相似算法、几种常用快速数字仿真算法及实时数字仿真算法的基本原理、概念和常用公式。关于离散控制系统的仿真,由于其数学模型就是仿真模型,不存在将数学模型转换成仿真模型的问题。而采样系统包括连续部分和离散部分,需要将连续部分数学模型离散化,并与原离散部分数学模型联系起来,有其特殊性。本章将介绍采样控制系统仿真的特殊问题及处理方法。接着,本章针对控制系统参数优化设计问题,结合直流电机控制系统,介绍数字仿真解决该类问题的基本原理及步骤。最后,简要介绍采用数字仿真的系统建模方法及仿真算法的稳定性问题。

2.1　连续系统数字仿真

2.1.1　数值积分算法

数值积分法将一阶常微分方程(组)描述的连续系统数学模型变换成差分方程(组)。假设一阶常微分方程为

$$\begin{cases}\dot{\boldsymbol{y}}(t)=\boldsymbol{f}(t,\boldsymbol{y}(t))\\ \boldsymbol{y}(t_0)=\boldsymbol{y}_0\end{cases} \tag{2.1.1}$$

式(2.1.1)在 $t=t_0,t_1,\cdots,t_k,t_{k+1}$ 处的解析解为

$$\boldsymbol{y}(t_{k+1})=\boldsymbol{y}(t_0)+\int_{t_0}^{t_{k+1}}\boldsymbol{f}(t,\boldsymbol{y}(t))\mathrm{d}t=\boldsymbol{y}(t_k)+\int_{t_k}^{t_{k+1}}\boldsymbol{f}(t,\boldsymbol{y}(t))\mathrm{d}t \tag{2.1.2}$$

先考虑一个方程的简单连续系统数学模型。由图 2.1 可知,$\int_{t_k}^{t_{k+1}}f(t,y(t))\mathrm{d}t$ 就是以曲线 $f(t,y(t))$ 为顶,在区间 (t_k,t_{k+1}) 内的曲边梯形面积,表示为 s_k。那么式(2.1.1)的系统解析解可表示为

$$\boldsymbol{y}_{k+1}=\boldsymbol{y}_k+\boldsymbol{s}_k \tag{2.1.3}$$

如将 $\boldsymbol{s}_k$ 用近似于 $\int_{t_k}^{t_{k+1}}\boldsymbol{f}(t,y(t))\mathrm{d}t$ 的解来代替,这样就从一阶向量微分方程出发建立离散形式的仿真模型,即向量差分方程式(2.1.3)。那么采用式(2.1.3)可在一系列离散时间点 $t_1,t_2,\cdots,t_k,t_{k+1}$ 处递推得到近似解 $y_1,y_2,\cdots,y_k,y_{k+1}$。相邻两个离散时间点的间距称为步长或步距。步长 h 可为定值,也可随仿真需求发生变化。由此,数值积分算法的主要问题归结为:求出 $\boldsymbol{f}(t,\boldsymbol{y}(t))$ 在区间 (t_k,t_{k+1}) 上定积分的近似解。采用不同的方法会推导出

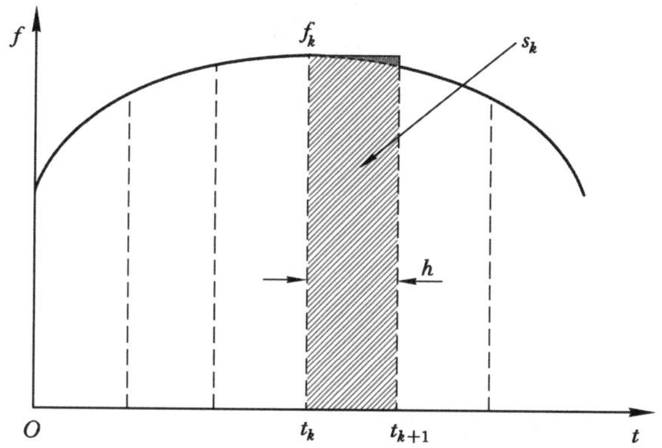

图 2.1　数值积分法

不同的数值积分算法。常用的基本算法可以分为单步法、多步法和预估-校正法 3 大类，而每类算法又可以分为显式算法和隐式算法，不同的算法有着不同的求解精度、速度和数值稳定性等。

如果区间(t_k, t_{k+1})足够小，可认为这一区间内 $\boldsymbol{f}(t, \boldsymbol{y}(t))$变化很小，可以近似地看成常数 $\boldsymbol{f}(t_k, \boldsymbol{y}(t_k))$。如图 2.1 所示，可以用矩形面积 $hf(t_k, y(t_k))$近似代替曲边梯形面积。从而有

$$\boldsymbol{y}(t_{k+1}) \approx \boldsymbol{y}_k + h\boldsymbol{f}(t_k, y_k) = \boldsymbol{y}_{k+1} \tag{2.1.4}$$

$$\boldsymbol{s}_k = h\boldsymbol{f}(t_k, \boldsymbol{y}(t_k)) = h\boldsymbol{f}_k \tag{2.1.5}$$

将其写成差分方程形式

$$\boldsymbol{y}_{k+1} = \boldsymbol{y}_k + h\boldsymbol{f}_k \tag{2.1.6}$$

式(2.1.6)就是著名的欧拉数值积分法公式(简称为欧拉法)。欧拉法计算简单，每步只需要计算 1 次函数组 $\boldsymbol{y}_k$。但该算法用 $\boldsymbol{f}_k$ 代替区间(t_k, t_{k+1})内 $\boldsymbol{f}$，用矩形面积代替准确的曲边梯形面积，产生了近似误差，精度较低。步长 h 很小或者 $\boldsymbol{f}$ 变化较小时可以减少这一误差。

为了减少近似误差，将方程式(2.1.1)的解析解在 $t=t_k$ 附近用泰勒级数展开

$$\boldsymbol{y}(t_{k+1}) = \boldsymbol{y}(t_k + h) = \boldsymbol{y}(t_k) + h\dot{\boldsymbol{y}}(t_k) + \frac{h^2}{2}\ddot{\boldsymbol{y}}(t_k) + \cdots \tag{2.1.7}$$

由于

$$\boldsymbol{y}(t_k) = \boldsymbol{y}_k$$

$$\dot{\boldsymbol{y}}(t_k) = \boldsymbol{f}(t_k, y_k) = \boldsymbol{f}_k$$

$$\ddot{\boldsymbol{y}}(t_k) = \left[\frac{\partial \boldsymbol{f}}{\partial t} + \boldsymbol{f}(t_k, y_k)\frac{\partial \boldsymbol{f}}{\partial y}\right]_{\substack{t=t_k \\ y=y_k}} = \dot{\boldsymbol{f}}_k + \dot{\boldsymbol{f}}_{y_k}\boldsymbol{f}_k$$

所以，有

$$\boldsymbol{y}(t_k) = \boldsymbol{y}_k + h\boldsymbol{f}_k + \frac{h^2}{2}(\dot{\boldsymbol{f}}_k + \dot{\boldsymbol{f}}_{y_k}\boldsymbol{f}_k) + \cdots \tag{2.1.8}$$

为了避免计算 $\dot{\boldsymbol{f}}_k$，$\dot{\boldsymbol{f}}_{y_k}$ 等各阶偏导数值，令

$$
\begin{cases}
\boldsymbol{y}_{k+1}=\boldsymbol{y}_k+h\sum_{i=1}^{r}W_i\boldsymbol{k}_i \\
\boldsymbol{k}_i=\boldsymbol{f}\left(t_k+c_ih,y_k+h\sum_{j=1}^{i-1}a_{ij}\boldsymbol{k}_j\right) \\
c_1=0 \\
i=1,2,\cdots,r
\end{cases}
\tag{2.1.9}
$$

式(2.1.9)中，$\boldsymbol{W}_i$ 为待定的权因子；r 为使用 $\boldsymbol{k}$ 向量的个数；$\boldsymbol{k}_i$ 为不同时间点处函数 $\boldsymbol{f}$ 的值；c_1 和 a_{ij} 为待定系数。

式(2.1.9)就是显式的龙格-库塔(Runge-Kutta)法(简称 RK 法)的一般公式。将该式中 $\boldsymbol{k}_i(i=1,2,\cdots,r)$在$(t_k,\boldsymbol{y}_k)$处用泰勒级数展开后与式(2.1.9)逐项对比确定待定权因子和系数，可以得到不同阶次的 RK 法。当 $r=1$ 时为一阶 RK 法，其公式与欧拉法一致。同理，当 $r=2$ 时为二阶 RK 法(简记为 RK2 法)：

$$
\begin{cases}
\boldsymbol{y}_{k+1}=\boldsymbol{y}_k+\frac{h}{2}(\boldsymbol{k}_1+\boldsymbol{k}_2) \\
\boldsymbol{k}_1=\boldsymbol{f}(t_k,\boldsymbol{y}_k) \\
\boldsymbol{k}_2=\boldsymbol{f}(t_k+h,\boldsymbol{y}_k+h\boldsymbol{k}_1)
\end{cases}
\tag{2.1.10}
$$

当 $r=3$ 时为三阶 RK 法(简记为 RK3 法)：

$$
\begin{cases}
\boldsymbol{y}_{k+1}=\boldsymbol{y}_k+\frac{h}{4}(\boldsymbol{k}_1+3\boldsymbol{k}_3) \\
\boldsymbol{k}_1=\boldsymbol{f}(t_k,y_k) \\
\boldsymbol{k}_2=\boldsymbol{f}\left(t_k+\frac{h}{3},\boldsymbol{y}_k+\frac{h}{3}\boldsymbol{k}_1\right) \\
\boldsymbol{k}_3=\boldsymbol{f}\left(t_k+\frac{2}{3}h,\boldsymbol{y}_k+\frac{2}{3}h\boldsymbol{k}_2\right)
\end{cases}
\tag{2.1.11}
$$

当 $r=4$ 时为四阶 RK 法(简记为 RK4 法)：

$$
\begin{cases}
\boldsymbol{y}_{k+1}=\boldsymbol{y}_k+\frac{h}{6}(\boldsymbol{k}_1+2\boldsymbol{k}_2+2\boldsymbol{k}_3+\boldsymbol{k}_4) \\
\boldsymbol{k}_1=\boldsymbol{f}(t_k,\boldsymbol{y}_k) \\
\boldsymbol{k}_2=\boldsymbol{f}\left(t_k+\frac{h}{2},\boldsymbol{y}_k+\frac{h}{2}\boldsymbol{k}_1\right) \\
\boldsymbol{k}_3=\boldsymbol{f}\left(t_k+\frac{1}{2}h,\boldsymbol{y}_k+\frac{1}{2}\boldsymbol{k}_2\right) \\
\boldsymbol{k}_4=\boldsymbol{f}(t_k+h,\boldsymbol{y}_k+h\boldsymbol{k}_3)
\end{cases}
\tag{2.1.12}
$$

RK4 法每步需要计算 4 次 $\boldsymbol{f}(t,\boldsymbol{y}(t))$的值，计算量较大。但其可实现四阶精度，对于一般工程问题已可满足精度要求，是数字仿真中最常用的一种算法，也经常作为其他仿真算法的比较算法。

上面介绍的几种 RK 法在计算时只用到了上一时刻的 $\boldsymbol{y}_k$，而不用前几个时刻的 $\boldsymbol{y}_{k-1}$，$\boldsymbol{y}_{k-2}$，…的值。这类方法称为单步法。单步法有如下优点：

(1) 需要存储的数据量少，占用计算机存储空间少；

(2) 知道初值，就可启动递推运算，可自启动；

(3) 可以变步长运算。

与单步法相对应的一类数值积分算法，不仅要用到上一时刻的 $\boldsymbol{y}_k$，还要用到更前面若干次 $\boldsymbol{y}_{k-1},\boldsymbol{y}_{k-2},\cdots$，称为多步法。例如，四阶阿达姆斯(Adams)显式法(简记为 AB4 法)

$$\boldsymbol{y}(t_{k+1})=\boldsymbol{y}(t_k)+\frac{h}{24}(55\boldsymbol{f}_k-59\boldsymbol{f}_{k-1}+37\boldsymbol{f}_{k-2}-9\boldsymbol{f}_{k-3}) \tag{2.1.13}$$

式中

$$\boldsymbol{f}_{k-i}=\boldsymbol{f}(t_k-ih,\boldsymbol{y}_{k-i}),i=0,1,2,3 \tag{2.1.14}$$

多步法达到相同的精度，比单步法计算工作量要少得多，但多步法不能自启动，必须用其他方法求初始几步值，也不容易变步长。

如果数值积分算法所用到的数据均已求出，则称其为显式算法，反之称其为隐式算法。上面介绍的几种 RK 法都是显式算法。隐式算法在计算 $\boldsymbol{y}_{k+1}$ 时，必须用一个显式算法估计一个初值，然后再用隐式算法进行递推运算 $\boldsymbol{y}_{k+1}$，构成了预估-校正算法。例如，四阶 Adams 预估-校正法

$$\begin{cases}\boldsymbol{y}^0(t_{k+1})=\boldsymbol{y}(t_k)+\dfrac{h}{24}(55\boldsymbol{f}_k-59\boldsymbol{f}_{k-1}+37\boldsymbol{f}_{k-2}-9\boldsymbol{f}_{k-3})\\ \boldsymbol{y}(t_{k+1})=\boldsymbol{y}(t_k)+\dfrac{h}{24}(9\boldsymbol{f}^0_{k+1}+19\boldsymbol{f}_{k-1}+5\boldsymbol{f}_{k-2}+\boldsymbol{f}_{k-3})\end{cases} \tag{2.1.15}$$

式中，$\boldsymbol{f}^0_{k+1}=\boldsymbol{f}(t_k,\boldsymbol{y}^0(t_{k+1}))$。

它先用 AB4 法预估出 $\boldsymbol{y}^0(t_{k+1})$，然后将该预估值放入式(2.1.15)中第二式(四阶 Adams 隐式算法)进行运算。

一般情况下，单步、显式算法比多步、隐式算法在计算上更方便，但在精度和稳定性等方面隐式算法更出色。

2.1.2　时域离散相似算法

从本质上讲，连续系统数字仿真就是要找出一个与该系统等价的离散模型。数值积分算法就是在递推过程中寻找数值积分的近似值，从而实现离散化。本节将采用采样系统的理论和方法实现离散化。在原连续系统的输入端和输出端分别加上虚拟的采样开关，离散化输入和输出信号。同时，为了使离散化后的输入信号为中间连续系统模型所用，并保持原有输入信号的变化规律，在输入采样开关后加入信号保持器，复现原输入信号，其结构如图 2.2 所示。此时系统已变为采样系统，即完成离散化。保持器只是近似的复现输入信号，连续系统模型与经过该离散化后得到的模型具有一定的相似性，故称之为离散相似算法。其近似程度与保持器的复现能力和采样周期 T 的大小有关。

与数值积分算法相比，离散相似算法计算量小，稳定性也好，允许较大的步长，并且离散相似算法的物理概念明确，所以特别容易被从事控制系统分析和研究的工程技术人员所接受。

该方法通常只适合线性定常系统的仿真，具有一定的局限性。该方法有两种实现形式：一种是对连续系统状态空间模型进行离散化，称为时域离散相似算法；另一种是对连续系统

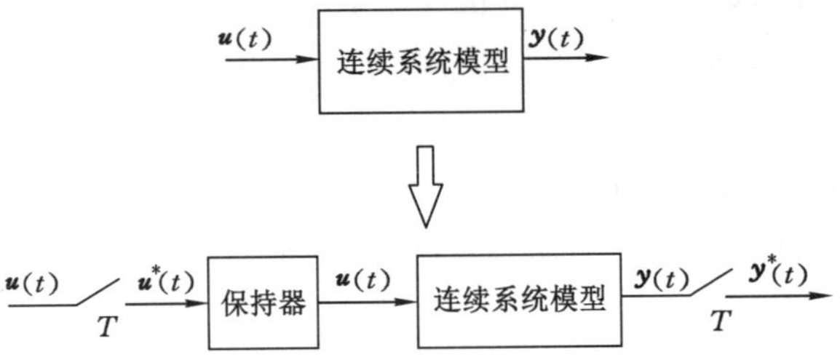

图 2.2　离散相似算法

传递函数进行离散化，称为 z 域离散相似算法。本小节仅介绍时域离散相似算法。

设连续系统的状态空间模型为

$$\begin{cases}\dot{\boldsymbol{x}}(t)=\boldsymbol{A}\boldsymbol{x}(t)+\boldsymbol{B}\boldsymbol{u}(t)\\ \boldsymbol{y}(t)=\boldsymbol{C}\boldsymbol{x}(t)+\boldsymbol{D}\boldsymbol{u}(t)\end{cases} \tag{2.1.16}$$

对状态方程进行拉氏变换，得

$$\boldsymbol{X}(s)=(s\boldsymbol{I}-\boldsymbol{A})^{-1}\boldsymbol{X}(0)+(s\boldsymbol{I}-\boldsymbol{A})^{-1}\boldsymbol{B}\boldsymbol{U}(s) \tag{2.1.17}$$

再对式(2.1.17)进行拉氏反变换，并利用卷积积分，得 $k+1$ 时刻的状态变量。

$$\boldsymbol{x}[(k+1)T]=\mathrm{e}^{\boldsymbol{A}T}\boldsymbol{X}(kT)+\int_{kT}^{(k+1)T}\mathrm{e}^{\boldsymbol{A}[(k+1)T-\tau]}\boldsymbol{B}\boldsymbol{u}(\tau)\mathrm{d}\tau \tag{2.1.18}$$

由于输入端加上虚拟的采样开关和保持器，式(2.1.18)可以进一步简化。如图 2.3 所示，介绍两种保持器。

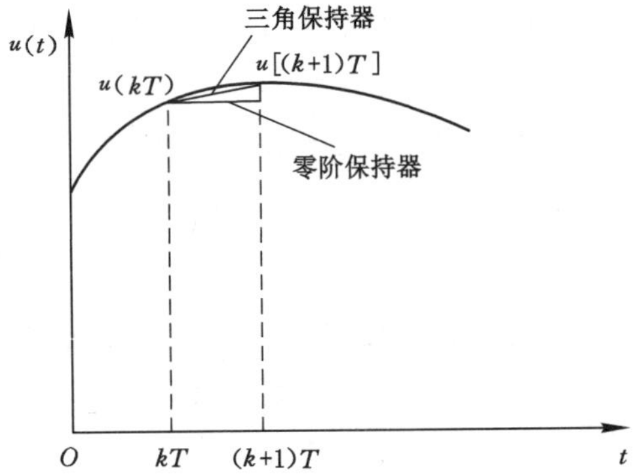

图 2.3　保持器

$$\boldsymbol{u}(t)=\boldsymbol{u}(kT)\quad kT\leqslant t<(k+1)T \tag{2.1.19}$$

$$\boldsymbol{u}(t)=\boldsymbol{u}(kT)+\dot{\boldsymbol{u}}(kT)(t-kT)\quad kT\leqslant t<(k+1)T \tag{2.1.20}$$

式(2.1.19)为零阶保持器公式，式(2.1.20)为三角保持器公式。

将式(2.1.19)代入式(2.1.18)，进行计算处理可得基于零阶保持器的时域离散相似模型。

$$\begin{cases}\boldsymbol{x}(k+1)=\boldsymbol{\Phi}(T)\boldsymbol{x}(k)+\boldsymbol{\Gamma}(T)\boldsymbol{u}(k)\\ \boldsymbol{y}(k)=\boldsymbol{C}\boldsymbol{x}(k)+\boldsymbol{D}\boldsymbol{u}(k)\end{cases} \tag{2.1.21}$$

其中

$$\boldsymbol{\Phi}(T)=\mathrm{e}^{\boldsymbol{A}T}$$

$$\boldsymbol{\Gamma}(T)=\int_0^T \mathrm{e}^{\boldsymbol{A}(T-t)}\boldsymbol{B}\,\mathrm{d}t=\int_0^T \boldsymbol{\Phi}(T-t)\boldsymbol{B}\,\mathrm{d}t$$

将式(2.1.20)代入式(2.1.18),可以得采用基于三角形保持器的时域离散相似模型。

$$\boldsymbol{x}(k+1)=\boldsymbol{\Phi}(T)\boldsymbol{x}(k)+\boldsymbol{\Gamma}(T)\boldsymbol{u}(k)+\hat{\boldsymbol{\Gamma}}(T)\hat{\boldsymbol{u}}(k) \tag{2.1.22}$$

其中

$$\hat{\boldsymbol{\Gamma}}(T)=\int_0^T t\,\mathrm{e}^{\boldsymbol{A}(T-t)}\boldsymbol{B}\,\mathrm{d}t=\int_0^T t\boldsymbol{\Phi}(T-t)\boldsymbol{B}\,\mathrm{d}t \tag{2.1.23}$$

对于单输入单输出连续系统的状态方程,式(2.1.22)和式(2.1.23)每步的计算量主要是 1 次矩阵与向量的乘法(即 n^2 次乘法),相当于欧拉法的每步计算量。

采用式(2.1.21)离散化测试方程式。

$$\begin{cases}\dot{y}(t)=\lambda y(t)\\ y(0)=y_0\end{cases} \tag{2.1.24}$$

式中,λ 为该方程的特征根。可得其时域离散相似模型。

$$y[(k+1)T]=\mathrm{e}^{\lambda T}\cdot y(kT) \tag{2.1.25}$$

该模型与测试方程的解析解一致。由此可见,时域离散相似算法是绝对稳定算法。

2.1.3　常用快速数字仿真算法

在仿真精度上,电气系统的仿真采用数值积分算法、离散相似算法已经能很好解决,但是计算量会随精度提高而增加,因此仿真速度会受到限制。对于一些特殊的工程问题,在满足计算稳定性及工程精度要求后,需要尽量加快仿真速度。

(1) 采用仿真方法进行控制系统参数优化设计时,需要依据设计指标,反复地仿真计算以便能寻找较优的控制参数,如果仿真速度慢,则效率低下,费效比高。

(2) 在实时仿真中,要求仿真部分与实物部分的时间尺度完全相同。如果仿真部分比较复杂,要在一个很小的步长内与实物部分同步运行,要求仿真速度比较快。

(3) 在复杂系统的控制中,常常需要对被控系统的控制结果进行预测,以确定较优的控制策略,这就要求仿真的时间尺度小于实际系统的运行时间尺度(也称超实时仿真),需要更高的仿真速度。

为实现快速仿真需要每步尽量小的计算量,同时,算法要有良好的稳定性和计算精度,使得仿真可以采用较大的仿真步长。当然,还可以根据实际情况减小仿真中附加信息的计算和处理。例如,采用脉冲传递函数而不是状态空间模型描述控制系统,然后再求差分方程,以便减少控制系统中间变量计算。

快速数字仿真算法的种类很多,但各有优缺点,目前还没有一种算法能够适用于所有问题。这里介绍两种快速数字仿真算法:替换法和根匹配法。

(1) 替换法

对于用传递函数描述的连续的电气系统数学模型,可以直接将该系统的数学模型 $G(s)$ 转换成与之对应的脉冲传递函数 $G(z)$。为此,可以按照冲击响应不变法,由 $G(s)$求出脉冲

过渡函数 $g(t)$，然后求出 $G(z)$。

$$G(z)=\sum_{i=0}^{\infty}g(iT)z^{-i} \tag{2.1.26}$$

式中，T 为采样周期。

也可将传递函数展开成典型的部分分式形式，通过查 z 变换表求得。但对于复杂系统，这两种转换方法都比较困难。这里介绍一种较为简单的双线性变换法。

s 域和 z 域之间的准确映射关系为

$$z=e^{Ts} \tag{2.1.27}$$

或

$$s=\frac{1}{T}\ln z \tag{2.1.28}$$

如果用式(2.1.28)直接将传递函数中的变量 s 替换，得到的脉冲传递函数将是超越方程，很难由 $Y(z)=G(z)U(z)$ 得到系统输入、输出变量表达的线性差分方程。因此，需要简化近似的 s 域与 z 域之间映射关系，将 $G(s)$ 中的变量 s 替换，从而得到与 $G(s)$ 相对应的 $G(z)$。下面介绍几种常见的映射关系。

后向差分映射关系

$$s=\frac{z-1}{Tz} \tag{2.1.29}$$

前向差分映射关系

$$s=\frac{z-1}{T} \tag{2.1.30}$$

双线性映射关系

$$s=\frac{2}{T}\frac{z-1}{z+1} \tag{2.1.31}$$

预畸双线性映射关系

$$s=\frac{1}{\tan\left(\frac{\omega_1 T}{2}\right)}\frac{z-1}{z+1} \tag{2.1.32}$$

式中，ω_1 为保持离散前后幅相频特性不变的关键频率。

下面以双线性映射关系为例，求取仿真模型，称为双线性变换法。设连续系统的传递函数为

$$G(s)=\frac{Y(s)}{U(s)}=\frac{b_{n-m}s^m+\cdots+b_n}{s^n+a_1s^{n-1}+\cdots+a_n},n\geqslant m \tag{2.1.33}$$

将式(2.1.31)替换 $G(s)$ 中的 s，并整理成有理分式形式

$$G(z)=\frac{\beta_0+\beta_1z^{-1}+\cdots+\beta_nz^{-n}}{1+\alpha_1z^{-1}+\cdots+\alpha_nz^{-n}} \tag{2.1.34}$$

由 $Y(z)=G(z)U(z)$，将式(2.1.34)两边取 z 反变换，得到便于计算机递推计算的差分方程

$$y(k)=-\alpha_1y(k-1)-\cdots-\alpha_ny(k-n)+\beta_0u(k)+\beta_1u(k-1)+\cdots+\beta_nu(k-n) \tag{2.1.35}$$

由于双线性变换法是根据式(2.1.28)近似获得的 s 域与 z 域之间的映射关系，所以得到的差分方程与实际连续的电气系统有一定误差。该误差随步长 T 增大而增大。因此，在选取 T 时，应综合考虑仿真精度和仿真速度。经验上，取

$$T=\frac{2\pi}{15\omega_n} \tag{2.1.36}$$

式中，ω_n 为实际连续的电气系统的自然频率。此时，该仿真算法可以保证较好的仿真精度。

双线性变换法得到的差分方程系数都可预先一次计算确定，在仿真递推运算中无须重新计算，对于 n 阶连续系统，每步计算量约为 $(2n+1)$ 次乘法，仿真递推的计算量较小。

双线性变换法具有串联性。若 $G_1(s)$ 和 $G_2(s)$ 相串联，可将 $G_1(s)$ 和 $G_2(s)$ 分别进行双线性变换，然后再串联，即

$$G(s)=G_1(s)\cdot G_2(s)\xrightarrow{\text{双线性变换}}G(z)=G_1(z)\cdot G_2(z) \tag{2.1.37}$$

式中，$G(z)$，$G_1(z)$，$G_2(z)$ 分别是 $G(s)$，$G_1(s)$，$G_2(s)$ 的双线性变换结果。也就是说，双线性变换没有破坏拉氏变换的串联性，可以用简单的低阶环节组成复杂的高阶系统，从而给使用带来了很大的方便。

双线性变换后系统的阶次不变，且分子、分母多项式具有相同的阶次。事实上，将式(2.1.31)代入式(2.1.33)，有

$$G(z)=\frac{b_{n-m}\left(\frac{2}{T}\frac{z-1}{z+1}\right)^m+\cdots+b_n}{\left(\frac{2}{T}\frac{z-1}{z+1}\right)^n+a_1\left(\frac{2}{T}\frac{z-1}{z+1}\right)^{n-1}+\cdots+a_n}=\frac{b_n}{a_n}\left[(z+1)^{n-m}\frac{\prod_{i=1}^{m}(z-z_i)}{\prod_{i=1}^{n}(z-p_i)}\right] \tag{2.1.38}$$

可见，$G(z)$ 的分子、分母多项式均为 n 次，在分子上增添了 $n-m$ 个 $z=-1$ 的零点，当 $n>1$ 时，得到的差分方程将是多步关系式。由于系统一般仅知道 $t=0$ s 处的初始值，而 $t<0$ 的信息需要经过分析求得，这使得双线性变换法的应用存在一定的麻烦。可以证明，双线性变换后得到的脉冲传递函数与原连续系统的频率特性随频率增大而相差变大，因此，该方法主要用于有限带宽的系统。

(2) 根匹配法

按照控制理论思想，一个连续系统的动态特性和稳态特性完全由其传递函数 $G(s)$ 的零、极点位置和增益大小决定，而离散系统的动态特性和稳态特性也完全由其脉冲传递函数 $G(z)$ 的零、极点位置和增益大小决定。因此，根匹配法将离散化后脉冲传递函数的零点和极点与原连续系统传递函数的零点和极点相匹配，从而使离散前后系统的动态特性和稳态特性尽量保持一致。因此，这种算法又称为零极点匹配法。

先将连续系统 $G(s)$ 转换成零、极点形式：

$$G(s)=\frac{Y(s)}{U(s)}=\frac{K(s-z_1)(s-z_2)\cdots(s-z_m)}{(s-p_1)(s-p_2)\cdots(s-p_n)},n\geqslant m \tag{2.1.39}$$

利用 s 域和 z 域之间的准确映射关系[见式(2.1.27)]，获得 z 平面上一一对应的零、极点。如式(2.1.39)表示的连续系统，与 s 域零点 $z_1,z_2,\cdots,z_m$ 相对应的 z 域零点为 e^{Tz_1}，

$e^{Tz_2},\cdots,e^{Tz_m}$，与 s 域极点 $p_1,p_2,\cdots,p_n$ 相对应的 z 域极点为 $e^{Tp_1},e^{Tp_2},\cdots,e^{Tp_n}$。那么，得到零点、极点匹配的脉冲传递函数为

$$G(z)=\frac{K_z(z-e^{Tz_1})(z-e^{Tz_2})\cdots(z-e^{Tz_m})}{(z-e^{Tp_1})(z-e^{Tp_2})\cdots(z-e^{Tp_n})} \tag{2.1.40}$$

当连续系统的分母多项式阶次高于分子多项式阶次时，即当极点数 n 大于零点数 m 时，实际上还存在 $n-m$ 个零点在 s 平面的无穷远处。因此需在式(2.1.40)的分子上添加零点，使其分子和分母的阶次相同。因为这些零点在 s 平面的无穷远处，即

$$s=-\infty \tag{2.1.41}$$

那么 z 平面上相应的零点为

$$z=e^{-T\infty}=0 \tag{2.1.42}$$

可知，在式(2.1.40)的分子上需乘上 $n-m$ 个 z。于是，式(2.1.40)的脉冲传递函数改为

$$G(z)=\frac{K_z(z-e^{Tz_1})(z-e^{Tz_2})\cdots(z-e^{Tz_m})z^{n-m}}{(z-e^{Tp_1})(z-e^{Tp_2})\cdots(z-e^{Tp_n})} \tag{2.1.43}$$

最后，需确定 K_z 的大小以保持 $G(s)$、$G(z)$ 的增益相同，一般有两种方法。

① 选择典型的输入信号，应用终值定理得到 $G(s)$、$G(z)$ 终值，然后根据终值相等，确定 $G(z)$ 的增益 K_z。如出现终值等于零或无穷大，需更换输入信号类型。

② 认为 $G(s)$、$G(z)$ 在某一临界频率处相同，确定 K_z 大小。例如，低通滤波器使其低频增益相同，带通滤波器应使中频增益相同。

在保持零、极点及增益匹配后，就得到的原连续系统对应的脉冲传递函数，由 $Y(z)=G(z)U(z)$ 的两边取 z 反变换，即可得到采用根匹配法的差分方程。

由根匹配法所采用映射关系式(2.1.39)可以看出，如果原连续系统传递函数全部极点位于左半 s 平面，即实部为负值，那么式(2.1.43)中 $G(z)$ 在 z 平面上的极点必然在单位圆内，即模均小于 1。$G(s)$、$G(z)$ 保持一致的稳定性。这表明根匹配法是一种绝对稳定的算法，允许采用大步长。与双线性变换法一样，根匹配法得到的差分方程系数可预先一次计算确定，n 阶连续系统的每步计算量约为 $(2n+1)$ 次乘法，也具有串联性。

2.1.4 实时数字仿真算法

实时数字仿真将计算机上的数字仿真与实物系统对接，以模拟一个真实系统运行，这就要求仿真的时间尺度等于真实系统的时间尺度。如图 2.4 所示，一个系统可以分成具有不同功能和运动特性的子系统。只要有足够精确的仿真模型，并且计算机能力足够，就可以全部用计算机仿真实现。这种仿真属于纯数字仿真，实验过程简便，但直观性差，对于一些操作人员的培训，如飞机驾驶培训，不一定适用。对复杂的被控对象建立数学模型也并非易事，往往简化的模型不能真实反映实际性能，使得工程人员对这类系统仿真实验结果的可信度大大降低。同时在有些实际系统上做实验耗资巨大，且风险很高。例如，一个微电网系统，对其进行控制实验可能发生电网崩溃，带来设备以及人身安全问题，但单纯的仿真又可能与实际系统性能有较大出入。为了保证实验在经济、安全前提下尽量接近实际情况，我们常常采用实时数字仿真。例如，微电网中以某一设备或系统控制器为实物，而微电网其他部分用仿真模型代替，两者进行实时数据交互，以模拟真实系统运行。随着科学研究和复杂工

程设计需求增多，以及计算机软硬件技术水平快速提高，实时数字仿真已经在电气领域广泛应用。本书第 4 章和第 7 章将重点介绍基于 MATLAB/SIMULINK 的 RT-LAB 实时仿真系统和 StarSim 实时仿真系统。

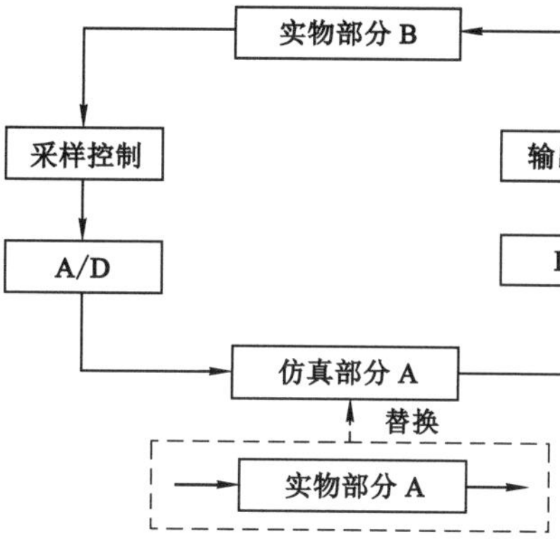

图 2.4　实时数字仿真系统结构

由于实时数字仿真系统中有实物在内，实时仿真模型运行的时间尺度及时序等必须与实际系统的完全一致。这就要求实时数字仿真系统具有实时性、周期性、可靠性。

(1) 仿真部分的响应时间要求实时，其计算能力必须满足最大尖峰负载时的处理要求。并不是所有的快速算法都适用于实时仿真，要求仿真算法计算量小、步长大，如还不能满足要求，则需更强大的计算机性能。另外，仿真部分与实物部分数据交互必须实时，D/A、A/D 转换希望越快越好。

(2) 在实时仿真模型中，模型和各个子模型都有规律性和周期性的要求。它们以设定的周期接收输入信息，这些输入信息是数字处理过程可以从实物部分、仿真部分或其他过程获取的，并最终一帧一帧地产生输出信息。每个子系统都必须按照规定的顺序，在规定的时间内完成采样、计算、恢复和输出等任务。

(3) 由于有实物介入，仿真系统需具备高可靠性，因此，一般采用专用的仿真软硬件系统，同时，系统设计时需提前考虑各种有效措施，系统运行前后开展周到的系统维护。

目前常用的实时数字仿真算法有三种类型。本节将这些常用实时仿真算法做一个简单介绍，如表 2-1 所示。

表 2-1　三类典型的实时数字仿真算法

Adams-Bashforth (AB)型算法	欧拉法	$y_{k+1}=y_k+hf_k$
	AB2 法	$y_{k+1}=y_k+\frac{h}{2}(3f_k-f_{k-1})$
	AB3 法	$y_{k+1}=y_k+\frac{h}{12}(23f_k-16f_{k-1}+5f_{k-2})$
	AB4 法	$y_{k+1}=y_k+\frac{h}{24}(55f_k-59f_{k-1}+37f_{k-2}-9f_{k-3})$

表 2-1(续)

Adams-Moulton (AM)型算法	RTAM2 法	$\begin{cases} y_{k+\frac{1}{2}}^{(0)} = y_k + \frac{h}{8}(5f_k - f_{k-1}) \\ y_{k+1} = y_k + hf_{k+\frac{1}{2}}^{(0)} \end{cases}$ $f_{k+\frac{1}{2}}^{(0)} = f(t + \frac{h}{2}, y_{k+\frac{1}{2}}^{(0)}, u_{k+\frac{1}{2}})$
	RTAM3 法	$\begin{cases} y_{k+\frac{1}{2}}^{(0)} = y_k + \frac{h}{24}(17f_k - 7f_{k-1} + 2f_{k-2}) \\ y_{k+1} = y_k + \frac{h}{18}(20f_{k+\frac{1}{2}}^{(0)} - 3f_k + f_{k-1}) \end{cases}$
实时龙格-库塔(RK)型算法	RTRK1 法	$y_{k+1} = y_k + hf(t_k, y_k, u_k)$
	RTRK2 法	$\begin{cases} y_{k+1} = y_k + h\boldsymbol{k}_2 \\ \boldsymbol{k}_1 = f(t_k, y_k, u_k) \\ \boldsymbol{k}_2 = f(t_k + \frac{1}{2}h, y_k + \frac{1}{2}h\boldsymbol{k}_1, u_{k+\frac{1}{2}}) \end{cases}$
	RTRK3 法	$\begin{cases} y_{k+1} = y_k + \frac{h}{4}(\boldsymbol{k}_1 + 3\boldsymbol{k}_3) \\ \boldsymbol{k}_1 = f(t_k, y_k, u_k) \\ \boldsymbol{k}_2 = f(t_k + \frac{1}{3}h, y_k + \frac{1}{3}h\boldsymbol{k}_1, u_{k+\frac{1}{3}}) \\ \boldsymbol{k}_3 = f(t_k + \frac{2}{3}h, y_k + \frac{2}{3}h\boldsymbol{k}_2, u_{k+\frac{2}{3}}) \end{cases}$
	RTRK4 法	$\begin{cases} y_{k+1} = y_k + h\sum_{i=1}^{5} \boldsymbol{W}_i\boldsymbol{k}_i \\ \boldsymbol{k}_i = f\left[t_n + c_ih, y_k + h\sum_{j=1}^{i=1} a_{ij}\boldsymbol{k}_j, u(t_n + c_ih)\right] \\ c_i = \frac{i-1}{5} \\ i = 1,2,3,4,5 \end{cases}$

表 2-1 中 RTRK4 法的公式系数有多少求法，表 2-2 给出该算法稳定域最大的公式系数。

表 2-2　具有最大稳定域的 RTRK4 法公式系数

$\boldsymbol{W}_1 = -0.389\ 584\ 001\ 061\ 885\ 9$	$\boldsymbol{W}_2 = 2.016\ 669\ 337\ 580\ 876$	$\boldsymbol{W}_3 = -2.295\ 837\ 339\ 704\ 645$
$\boldsymbol{W}_4 = 1.600\ 002\ 670\ 914\ 207$	$\boldsymbol{W}_5 = 0.068\ 749\ 332\ 271\ 448\ 53$	$a_{21} = 0.200\ 000\ 000\ 000\ 000$
$a_{31} = 0.116\ 608\ 888\ 352\ 802$	$a_{32} = 0.283\ 391\ 111\ 647\ 202\ 9$	$a_{41} = -0.106\ 439\ 174\ 463\ 658\ 7$
$a_{42} = 0.469\ 396\ 720\ 749\ 822\ 9$	$a_{43} = 0.237\ 042\ 453\ 717\ 264\ 3$	$a_{51} = -0.118\ 887\ 936\ 942\ 095$
$a_{52} = 7.076\ 287\ 330\ 024\ 726$	$a_{53} = -11.023\ 254\ 199\ 185\ 11$	$a_{54} = 4.865\ 854\ 806\ 102\ 476$

实时数字仿真算法需要按照严格的时序以满足实时性要求。例如，在 RTRK3 法中，t_k 时刻采样 u_k，在时间区间 $\left[t_k, t_k + \frac{h}{3}\right]$ 内计算 $\boldsymbol{k}_1$；在 $t_{k+\frac{1}{3}} = t_k + \frac{h}{3}$ 时刻采样 $u_{k+\frac{1}{3}}$，在时间区

间 $\left[t_k+\frac{h}{3}, t_k+\frac{2h}{3}\right]$ 内计算 $\boldsymbol{k}_2$；在 $t_{k+\frac{2}{3}}=t_k+\frac{2h}{3}$ 时刻采样 $u_{k+\frac{2}{3}}$，在时间区间 $[t_{k+\frac{2h}{3}}, t_k+h]$ 内计算 $\boldsymbol{k}_3$ 和 y_{k+1}。因此，这个算法与实时输入是相匹配的。而有些方法不满足这种匹配性，这里介绍外推法以满足实时性要求。例如，RK2 法计算 $\boldsymbol{k}_2$ 需要先在 t_{k+1} 时刻采样 u_{k+1}，而计算 $\boldsymbol{k}_2$ 和 y_{k+1} 需要时间，这就使得获得 y_{k+1} 的时间在 t_{k+1} 时刻之后，不满足实时性要求。为此，为了避免滞后，可以利用 u_k 及 u_{k-1} 等采样信息来外推 $\tilde{u}\approx u_{k+1}$，使之能够提前计算 y_{k+1}，以便在 t_{k+1} 时可以计算出 y_{k+1}。这种方法适合于计算 y_{k+1} 时一定要用到 u_{k+1} 的算法，如双线性变换法、根匹配法。当然，外推计算的 u_{k+1} 是估计值，必将会引入一些误差。下面给出几个常用的外推算法公式（其中，$a>0$）：

$$\tilde{u}_{k+a}=u_k+a(u_k-u_{k-1}) \tag{2.1.44}$$

$$\tilde{u}_{k+a}=u_k+ah\dot{u}_k \tag{2.1.45}$$

$$\tilde{u}_{k+a}=\left(1+\frac{3}{2}a+\frac{1}{2}a^2\right)u_k-(2a+a^2)u_{k-1}+\left(\frac{1}{2}a+\frac{1}{2}a^2\right)u_{k-2} \tag{2.1.46}$$

$$\tilde{u}_{k+a}=(1-a^2)u_k+a^2u_{k-1}+(a+a^2)h\dot{u}_k \tag{2.1.47}$$

2.2　采样控制系统数字仿真

2.2.1　采样控制系统数字仿真方法

图 2.5 所示为典型的采样控制系统。输入模拟给定 $r(t)$ 经采样离散化（开关 T 表示）和 A/D 数字化，转换为数字给定 $r(\boldsymbol{k}T)$。被控量 $y(t)$ 经检测、采样离散化和 A/D 数字化，转换为数字反馈 $y(\boldsymbol{k}T)$；然后，$r(\boldsymbol{k}T)$ 与 $y(\boldsymbol{k}T)$ 作比较，得误差数字信号 $e(\boldsymbol{k}T)$；接着，$e(\boldsymbol{k}T)$ 经某种控制运算后获得数字控制信号 $u(\boldsymbol{k}T)$，$u(\boldsymbol{k}T)$ 再经 D/A 转换器和保持器转换为连续的模拟控制 $u(t)$，作用于被控对象。数字控制器是离散时间系统，只能处理数字信号，被控对象通常为连续时间系统，故被控对象需要进行信号检测，其与控制器之间应有 A/D 和 D/A 的数模转换。参考图 2.4，采样控制系统结构上与实时数字仿真系统存在一定程度类似，数字控制器与被控对象之间需要实时的数据交互，只是数字控制器内不是仿真模型，而是控制算法。

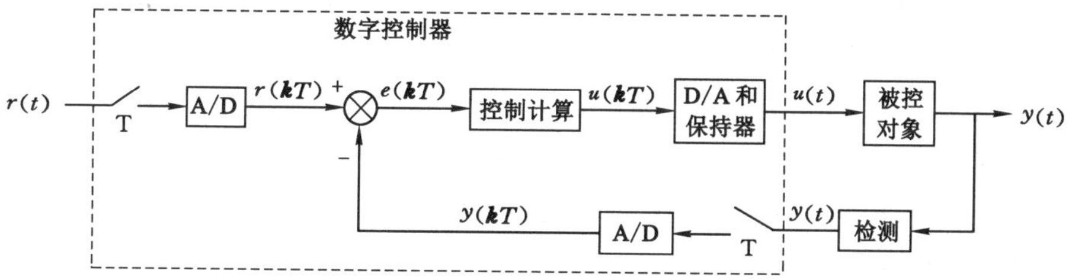

图 2.5　采样控制系统结构框图

由此可见，采样控制系统存在连续部分和离散部分，数字控制器经过采样、计算、输出作用到被控对象从而完成一次控制，两者按采样周期 T 循环工作，是一个连续-离散系统。需要注意的是，采样周期 T 是该采样控制系统实际存在的控制步长，这与连续系统离散化后的仿真步长是不一样的。一般情况下，仿真步长会比采样周期 T 小很多。

由于 A/D 转换、D/A 转换及检测等过程实际运行时间非常短，可以忽略，则图 2.5 采样控制系统可等效为图 2.6 简化采样控制系统。

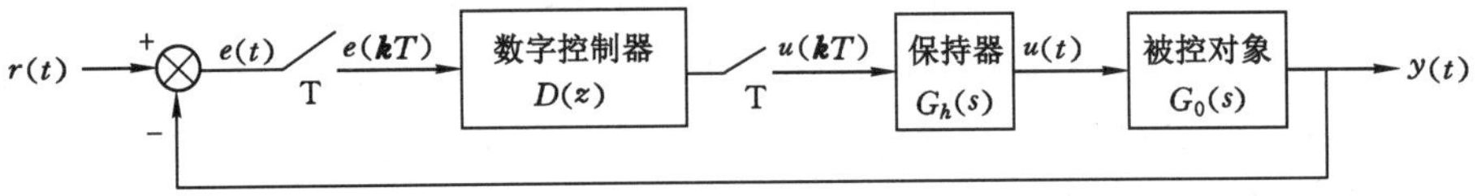

图 2.6 简化采样控制系统

由图 2.6 可知，因为采样控制系统连续部分输入信号本身是离散信号，经过保持器转换为连续信号。因此，采样控制系统连续部分离散化可以应用时域离散相似算法，建立被控对象 $G_0(s)$ 的离散化仿真模型。而数字控制器的控制算法本身已离散化，可直接由脉冲传递函数转换为对应的差分方程或离散状态方程。连续部分离散化模型的精度同仿真步长 h 密切相关，为了实现较高精度，应选择较小的仿真步长 h。采样控制系统中离散部分的模型是未作近似的差分方程，其按照实际的采样周期 T 计算。仿真步长 h 和采样周期 T 不一定相等，但两者必须保持一定匹配关系，这是采样控制系统仿真的特殊问题。由于采样周期 T 实际存在不可变动，那么仿真步长 h 可按以下两种情况进行选择。

(1) 若仿真仅要求计算被控对象输出量 $y(t)$ 而不要求计算被控对象内部状态变量，被控对象的脉冲传递函数 $G(z)=Z[G_h(s)G_0(s)]$ 也较易求出时，且数字控制器采样周期 T 相对较小，则可选 $h=T$ 为仿真步长。这时，数字控制器 $D(z)$ 和被控对象的脉冲传递函数 $G(z)$ 可直接串联，从而建立闭环脉冲传递函数[如式(2.2.1)所示]并得到高阶差分方程[如式(2.2.2)所示]，然后进行仿真计算。

$$G_{cl}(z)=\frac{Y(z)}{R(z)}=\frac{D(z)G(z)}{1+D(z)G(z)}=\frac{b_0+b_1z^{-1}+\cdots+b_mz^{-m}}{1+a_1z^{-1}+\cdots+a_nz^{-n}},n\geqslant m \tag{2.2.1}$$

$$\begin{aligned} y(k)=&-a_1y(k-1)-\cdots-a_ny(k-n)+b_0r(k)\\ &+b_1r(k-1)+\cdots+b_mr(k-m) \end{aligned} \tag{2.2.2}$$

(2) 若仿真要求计算被控对象内部状态变量，且被控对象的脉冲传递函数 $G(z)=Z[G_h(s)G_0(s)]$ 不易求出，或被控对象含有非线性环节时，则应将被控对象分成几个部分，在每个连续部分前分别人为地加上虚拟的采样开关和保持器，然后离散化并建立仿真模型。实际采样周期 T 比较大时，为了保证精度，这些连续部分的仿真步长 h 应比实际采样周期 T 小得多。这时，可选 $h=T/N$（N 为正整数），那么被控对象仿真计算 N 步后计算 1 步控制算法。这时，可采用双重循环方法仿真，如图 2.7 所示。

2.2.2 滞后环节的仿真处理

控制系统被控对象常常包含滞后环节。滞后环节的输入与输出变化形式完全一致，但在时间上有一个滞后，可用如下传递函数表示

$$G(s)=\frac{Y(s)}{R(s)}=\mathrm{e}^{-\tau s} \tag{2.2.3}$$

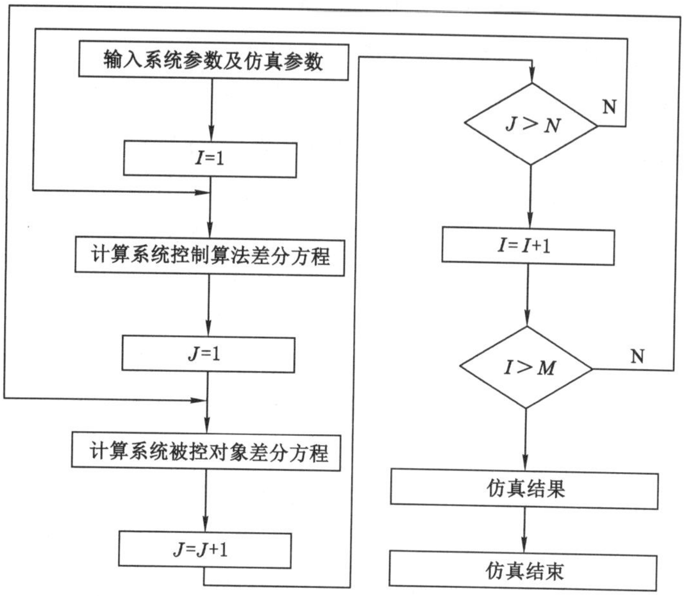

图 2.7　双重循环法

式中，τ 为滞后时间常数。

采样控制系统仿真时，已存在两个时间参数：仿真步长 h 和采样周期 T。这两个时间参数与滞后时间常数不一定成倍数关系，因此滞后环节仿真需要做一些特殊处理。可将滞后时间常数表示为

$$\tau = (N + N_x)h = (N + N_x)\frac{T}{N} \tag{2.2.4}$$

式中，N 为正整数，N_x 为正小数。

当 $N_x = 0$ 时，滞后环节差分方程可表示为

$$y(jh) = r[(j - N)h] \tag{2.2.5}$$

当 $N_x \neq 0$ 时，滞后环节的输出 $y(jh)$ 在 $r[(j-N)h]$ 和 $r[(j-N-1)h]$ 之间，因此，需要估计 $y(jh)$，可用直线插补法，其差分方程可表示为

$$y(jh) = (1 - N_x)r[(j - N)h] + N_x r[(j - N - 1)h] \tag{2.2.6}$$

2.3　控制系统优化设计数字仿真

本章 2.1 节和 2.2 节主要介绍电气领域中两类典型系统——连续系统和采样控制系统仿真模型的建立原理和方法。随着计算机技术进步，已经不需要工程技术人员去转换两类系统的仿真模型，只需进行仿真算法类型、步长等仿真参数的设置。本节和 2.4 节将对仿真技术的两种特殊应用进行介绍。本节主要介绍仿真技术在控制系统参数优化设计中的使用方法。以直流电动机电流闭环控制系统 PI 调节器参数设计为例，介绍控制系统优化设计数字仿真基本结构、典型优化目标函数等。控制系统参数寻优的方法很多，比如单纯形法、遗

传算法和粒子群算法等，本节简要介绍遗传算法基本原理。

2.3.1　控制系统优化设计数字仿真基本方法

一般情况下，控制系统由控制器和被控对象构成。控制器和被控对象确定后，控制器的参数确定便成了最重要的工作。为了确定控制器参数，工程技术人员需要了解实际系统，依据理论分析或者以往经验先确定一组初始参数值，通过仿真计算或者直接在实际系统上做实验，求出典型输入信号作用下的响应特性，接着与设计要求比较，修改控制器参数。反复多次实验，选取一组参数，使系统性能与设计要求最接近。随着科技发展，系统越来越复杂，可能含多个控制器和众多控制参数，而控制要求也越来越高，理论分析或经验可能不能满足实际需要，导致工程技术人员即使花费大量时间和精力也不一定能找到合适的控制器参数。为此，需要采用仿真技术替代人工完成控制器参数设计优化过程。

下面以直流电动机电流闭环控制系统设计为例，详细说明如何通过仿真实现控制器参数设计。图 2.8 给出直流电动机双闭环控制系统结构。给定转速值与实际转速检测值比较后输入速度调节器中运算得到电流给定，并与电流检测值比较输入电流调节器中运算得到变换器控制量。该控制量输入 PWM 脉冲生成器中，产生 PWM 控制信号控制 DC/DC 变换器产生直流电动机的电枢电压，从而保障直流电动机快速跟踪给定速度，同时控制电机电流。该直流电动机控制系统存在速度和电流两个闭环控制系统，下面详细介绍采用仿真技术设计其电流闭环控制系统 PI 控制器参数 K_p、τ。要求阶跃输入信号作用下的性能指标为：电流超调量 $\sigma \leqslant 5\%$，上升时间 $t_r \leqslant 5T_s$，T_s 为 DC/DC 变换器平均失控时间。

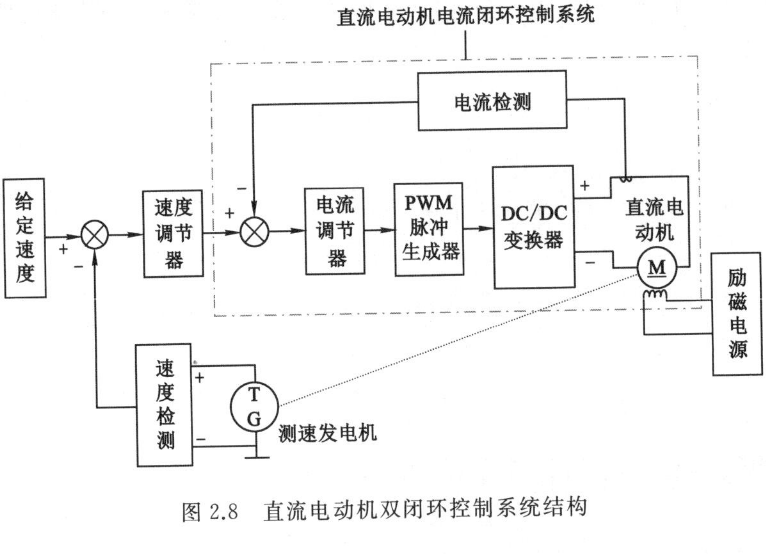

图 2.8　直流电动机双闭环控制系统结构

一般情况下，需要建立一个能满足性能指标的理想参考模型，将这一模型与所研究系统的模型在典型信号作用下一同进行仿真，并将指标值按照目标函数进行评价，然后按照控制系统参数寻优方法修改控制器参数值，并重新仿真，最终找到较优设计参数，如图 2.9 所示。

图 2.10 给出直流电动机电流闭环控制系统数学模型，主要包括滤波器、PI 控制器、电力电子装置和直流电动机电磁模型。将该数学模型按照 2.1 节连续系统数字仿真方法转换为差分方程，即仿真实际系统。为保证该电流闭环控制系统有较好的跟随性能，以典型Ⅰ型系

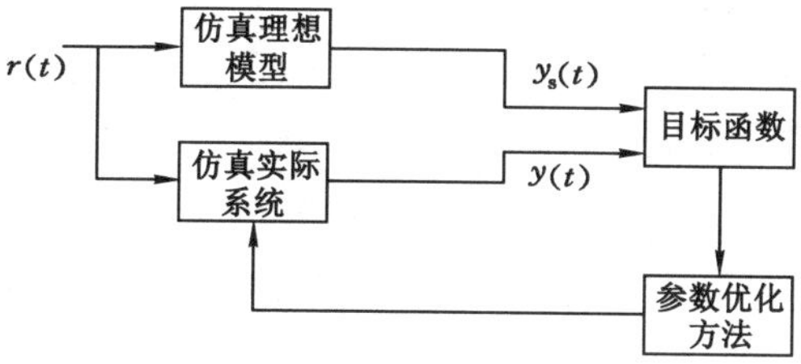

图 2.9　控制系统优化设计数字仿真基本架构

统为理想系统,如图 2.11 所示。

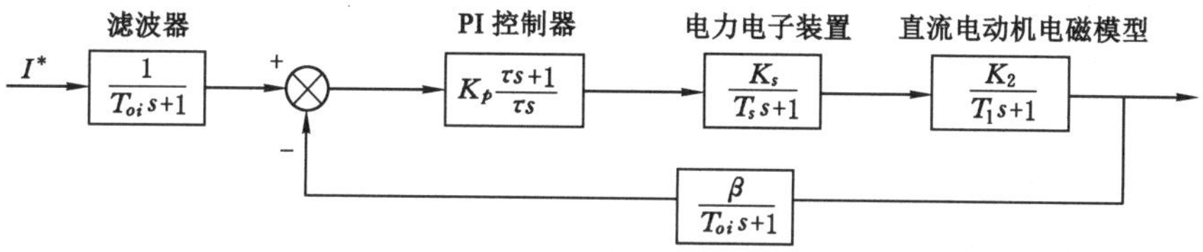

图 2.10　直流电动机电流闭环控制系统数学模型

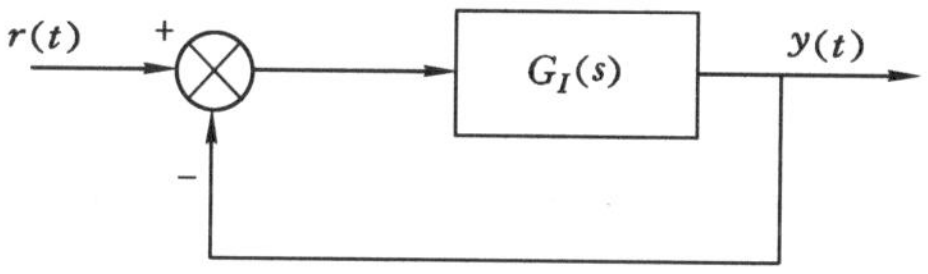

图 2.11　典型Ⅰ型系统

$$G_I(s)=\frac{K}{s(Ts+1)} \tag{2.3.1}$$

典型Ⅰ型系统为二阶系统,自然振荡角频率 $\omega_n=\sqrt{\frac{K}{T}}$,阻尼比 $\xi=\frac{1}{2}\sqrt{\frac{1}{KT}}$。在阻尼比 $\xi=0.707$ 时,典型Ⅰ型系统超调量 $\sigma=4.3\%$,上升时间 $t_r=4.7T$,能满足性能指标要求,那么,我们可以选择该阻尼比下系统参数作为理想模型参数。

$$T=T_s \tag{2.3.2}$$

$$K=\frac{1}{4\xi^2 T} \tag{2.3.3}$$

将直流电动机电流闭环控制系统的仿真实际系统和典型Ⅰ型系统分别放入图 2.8,并仿真输出相应结果到目标函数,计算后,利用参数优化方法调整 PI 控制器参数,多次反复仿真运算,从而获得较优的 PI 控制器参数。

2.3.2　控制系统优化设计数字仿真中的目标函数

控制系统优化设计数字仿真中的目标函数一般有两大类:第一类为加权性能指标型目标函数;第二类为误差积分型目标函数。

(1) 加权性能指标型目标函数

这一类目标函数是依据控制系统在典型信号作用下的多个性能指标，并考虑到这些性能指标要求相互矛盾性，基于加权方法建立的。如在阶跃信号作用下的跟随性能指标有：上升时间 t_r、峰值时间 t_p、调整时间 t_s、超调量 $\sigma(\%)$及振荡次数 N 等，在阶跃信号作用下的抗扰性能指标有动态降落 ΔC、恢复时间 t_v 等。那么，如依照跟随性能指标可建立目标函数为

$$J_{\min}=\left(k_1\frac{t_r}{t_{r0}}+k_2\frac{t_p}{t_{p0}}+k_3\frac{t_s}{t_{s0}}\right)\left(1+\frac{\sigma}{\sigma_0}\right)\left(1+\frac{N}{N_0}\right) \tag{2.3.4}$$

式中，$k_1+k_2+k_3=1, k_1\geqslant 0, k_2\geqslant 0, k_3\geqslant 0, t_{r0}$、$t_{p0}$、$t_{s0}$、$\sigma_0(\%)$、$N_0$ 分别是上升时间、峰值时间、调整时间、超调量、振荡次数的期望值。

二阶系统的上升时间 t_r、峰值时间 t_p、调整时间 t_s 与超调量 $\sigma_0(\%)$、N 存在矛盾。式(2.3.4)采用一个目标函数将 5 个跟随性能指标折中考虑，以期获得综合性能较优的控制参数。

(2) 误差积分型目标函数

误差积分型目标函数一般将期望结果与输出结果比较后误差值的积分作为评价指标。如误差值表示为

$$e(t)=y_s(t)-y(t) \tag{2.3.5}$$

那么，这类目标函数常用的公式有 6 种，如表 2-3 所示。

表 2-3 目标函数常用公式

序号	名称	公式
1	误差绝对值的积分	$J_{\min}=\int_0^{\infty}\lvert e(t)\rvert\,dt$
2	误差平方的积分	$J_{\min}=\int_0^{\infty}e(t)^2\,dt$
3	时间乘以误差绝对值的积分	$J_{\min}=\int_0^{\infty}t\lvert e(t)\rvert\,dt$
4	时间乘以误差平方的积分	$J_{\min}=\int_0^{\infty}te(t)^2\,dt$
5	时间平方乘以误差绝对值的积分	$J_{\min}=\int_0^{\infty}t^2\lvert e(t)\rvert\,dt$
6	时间平方乘以误差平方的积分	$J_{\min}=\int_0^{\infty}t^2e(t)^2\,dt$

如果希望误差收敛速度加快，可将时间作为指标因数放入误差积分公式，如表 2-3 中第 3、第 4 个公式；如果希望更快速度地收敛误差，可用表 2-3 中第 5、第 6 个公式。误差积分型目标函数中误差不收敛，积分值就会一直增加。为此，实际仿真中时间 t 取一个足够反映系统性能的有限值即可。

2.3.3 控制系统参数寻优的方法——遗传算法

遗传算法是一种通过模拟自然进化过程的搜索最优解方法。它最初是由美国密歇根大学 J.Holland(约翰·霍兰德)教授，于 1975 年首先提出的，收录在颇有影响的专著 *Adaptation in*

Natural and Artificial Systems 上。目前遗传算法在函数优化、组合优化、机器人学、图像处理、遗传编码和机器学习等领域应用广泛。图 2.12 为遗传算法的一般流程图。

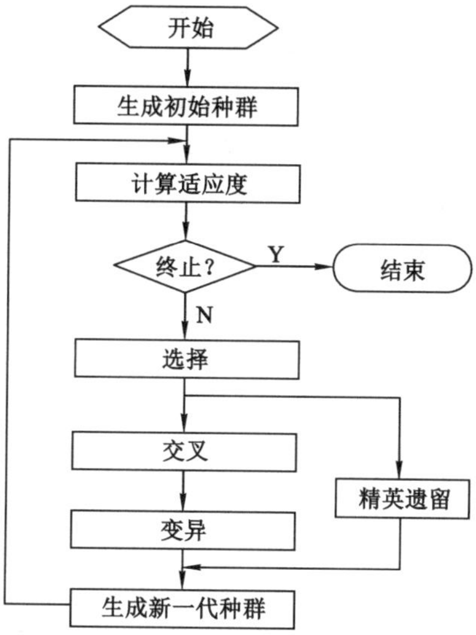

图 2.12　遗传算法流程图

种群是模拟生物种群，是由若干个体组成的群体，即控制参数组的集合。它一般是整个搜索空间的一个很小的子集，而个体是模拟生物个体而对问题中的对象(一般就是问题的解)的一种称呼，一个个体也就是搜索空间中的一个点。个体由某种字符串形式编码，如二进制编码，即染色体表示，而字符串中的字符也就称为基因。例如：

个体		染色体
11	————	1011
(3,4,7)	————	011　100　111

为衡量个体对问题的符合程度，需要一种表征其优劣的测度即适应度。而适应度函数是问题中的全体个体与其适应度之间的一个对应关系。它一般是一个实值函数，是遗传算法中指导搜索的评价函数，即上节中的目标函数。因此，采用遗传算法作为参数优化方法时，需将种群中的控制参数组一一代入仿真系统，并与理想仿真模型的仿真结果一同放入适应度函数，计算各个控制参数组的适应度。

通过编码组成初始群体后，就需要对群体的个体按照适应度施加一定的操作，从而实现优胜劣汰的进化过程，最终实现最优解的逼近。遗传操作包括三个基本遗传算子：选择、交叉、变异。选择是按一定的选择概率，从种群中随机选定 N 个个体并将其染色体复制，然后将复制所得的 N 个染色体组成新群体。一般适应度越高，选中的概率就越大。常用的选择算子有适应度比例方法、轮盘赌选择法、随机遍历抽样法和局部选择法等。交叉是按一定交叉率从新群体中随机确定参加交叉的染色体数，配对后进行交叉操作，并用产生的新染色体代替原染色体，得到新群体。变异是按变异率所决定的变异次数，从交叉得到的新群体中随机确定若干个染色体，分别进行变异操作，并用产生的新染色体代替原染色体，得到新群体。

为防止一些较优个体在选择、交叉、变异中丢失，还可以采用精英遗留的方法，保证新的种群中包含上一代最优的若干个体，加快搜索过程。

通过这一系列的过程，可使种群像自然进化一样，后生代种群比前代更加适应于环境，经过一定的代数后，末代种群中的最优个体经过解码，就可以作为问题近似最优解，当然末代种群的确立也可根据最优个体的适应度情况确定。上述种群中的个体产生还可以通过一定的约束条件进行约束，从而保证个体在解的范围内。

在计算时，遗传算法的整体搜索策略和优化搜索方法不依赖于梯度信息或其他辅助知识，而只需要影响搜索方向的目标函数和相应的适应度函数，所以遗传算法提供了一种求解复杂控制系统参数设计问题的通用框架，它不依赖于问题的具体领域，对问题的种类有很强的鲁棒性。

2.4 控制系统建模数字仿真

2.4.1 控制系统建模步骤

我们把建立准确描述系统特征与行为的数学模型的过程称为系统建模。控制系统建模的实质是建立实际控制系统与一种数学描述之间的相似关系，这种相似性是性能相似。

控制系统建模是一项复杂而细致的工作，需要我们认真对待其过程中的每一个环节。而目的、方法、验证是建模工作中的三要素，即在建模过程中要注意如下三个要点，概括地说就是：明确目的→系统建模→模型验证→仿真实验，如图 2.13 所示。

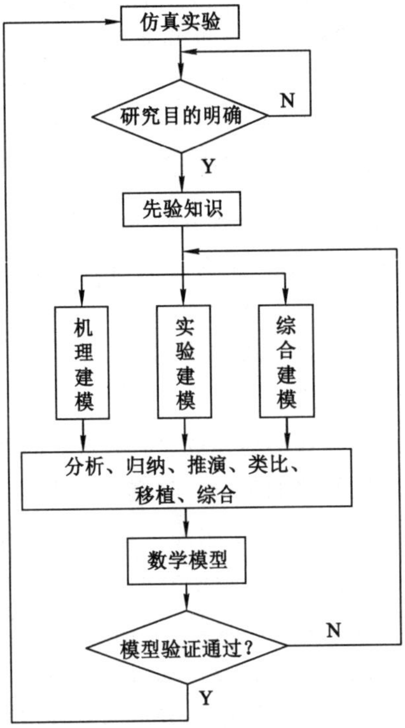

图 2.13　系统建模过程示意图

(1) 目的要明确

在建模过程中,首先要明确建模的目的。即使同一个系统,所研究的目的不同,所用建模的机理、方法与所建立的模型也不一定相同。例如:在设计电机时,如果目的是研究电机的动态性能,那么建模时就需要应用适合的"电磁学"方面的原理与方法;而要研究电机的结构与强度时,则需要应用"结构力学"方面的原理与方法。

(2) 方法要恰当

在系统建模过程中,人们经常应用"归纳、推演、类比、移植"等逻辑推理的概念与方法。

"归纳"是从特殊、具体的认识到一般、普遍的认识的一种思维方法。它立足于"观察、经验、实验"以及从中得到的大量、基本的数据。开普勒第三定律(行星运行周期的平方与其椭圆轨道长半轴的三次方成正比)就是归纳建模的典型例子。

"推演"是由一般性命题推出特殊性命题的一种推理方法。它立足于已有的机理、定理来推导具体问题。牛顿的万有引力定律是以微积分为工具,在开普勒第三定律和牛顿第二运动定律的基础上推演出来的。

"类比"是针对不同类型事物的行为具有相似性这一特点,人们可应用一种"简单事物"的分析/结果来表征或推测另一种相对"复杂事物"的某些特征。

"移植"是人们把某一学科或领域中的理论与方法移植应用到其他学科或领域的研究方法,它体现了科学发展上学科交叉、互动、联系的特点。法国科学家布丰(Buffon)投针实验就是一种用物理实验法来估计数学上值的移植法。

利用上述几种逻辑方法,可针对不同的具体问题实施有效的建模方法,具体来说有如下三种建模方法:

① 机理建模

所谓机理模型,实际上就是采用由一般到特殊的推理演绎方法,对已知结构、参数的物理系统,运用相应的物理定律或定理,经过合理分析、简化而建立起来的描述系统各物理量动、静态变化性能的数学模型。

因此,机理建模法主要是通过理论分析推导方法建立系统模型。根据确定元件或系统行为所遵循的自然机理,如常用的物质不灭定律(用于液位、压力调节等)、能量守恒定律(用于温度调节等)、牛顿第二运动定律(用于速度、加速度调节等)、基尔霍夫定律(用于电气网络)等,对系统各种运动规律的本质进行描述,包括质量、能量的变换和传递等过程,从而建立起变量间相互制约又相互依存的精确的数学关系。通常情况下,是给出微分方程形式或其派生形式——状态方程、传递函数等。

建模过程中,必须对控制系统进行深入的分析研究,提取本质、主流方面的因素,忽略一些非本质、次要的因素,合理确定对系统模型准确度有决定性影响的物理变量及相互作用关系,适当舍弃对系统性能影响微弱的物理变量和相互作用关系,避免出现冗长、复杂、烦琐的公式方程堆砌。最终目的是要建造出既简单清晰,又具有相当精度,能基本反映实际物理量变化的控制系统模型。

建立机理模型还应注意所研究系统模型的线性化问题。大多数情况下,实际控制系统由于种种因素的影响,都存在非线性现象,如机械传动中的死区间隙、电气系统中磁路饱和等，严格地说都属于非线性系统，只是其非线性程度有所不同。在一定条件下，可以通过合理的简化、近似，用线性系统模型近似描述非线性系统。其优点在于可利用线性系统中许多成熟的计算分析方法和特性，使控制系统的分析、设计更为简单方便，易于实用。但也应指出，线性化处理方法并非对所有控制系统都适用，对于包含本质非线性环节的系统需要采用特殊的研究方法。

② 实验建模

对于那些内部结构与特性不清楚(或不很清楚)的系统(又称之为黑箱或灰箱问题)，我们可依据人工经验或实验所得数据，经过分析、归纳、类比等推理建立系统模型，称之为实验建模。仿真实际上也是一种实验，因此，可采用仿真技术建立系统模型。实验建模将在2.4.2小节重点介绍。

③ 综合建模

在许多工程实际问题的建模过程中，有这样一类问题：人们对其内部的结构与特性有部分了解，但又难以完全用机理建模的方法来描述，需要结合一定的实验方法确定另外一部分不甚了解的结构与特性，或者是通过实际测定来求取模型参数。这一建模方法实际上就是将机理建模法与实验建模法有机地结合起来，故又称为综合建模法。综合建模法在实际工程中是一项很好的方法与手段。

(3) 结果要验证

建立模型后，需要对其进行“行为上的可信性”“动态性能的有效性”“实验数据、可测数据的逼近精度”“研究目的的可达性”等问题的检验，以验证所建立的模型是否能够真实反映实际系统(或者说能够与真实系统达到较高精度的性能相似)。

2.4.2 实验建模法

所谓实验建模法，就是采用由特殊到一般的逻辑归纳方法，根据一定数量的在系统运行过程中实测、观察的物理量数据，运用统计规律、系统辨识等理论合理估计出反映系统各物理量相互制约关系的数学模型的建模方法。其主要依据是来自系统的大量实测数据，因此又称之为实验测定法。

当不能对所研究系统内部的机理变化规律进行确定时机理建模法也就无法应用。而根据所测到的系统输入输出数据，采用一定方法进行分析及处理来获得数学模型的统计模型法正好适用于这种情况。通过对系统施加激励，观察和测取其响应，了解其内部变量的特性，并建立能近似反映同样变化的模拟系统的数学模型，就相当于建立起实际系统的数学描述(方程、曲线或图表等)。

频率特性法是研究控制系统的一种应用广泛的工程实用方法。其特点在于通过建立系统频率响应与正弦输入信号之间的稳态特性关系，不仅可以反映系统的稳态性能，而且可以用来研究系统的稳定性和暂态性能；可以根据系统的开环频率特性，判别系统闭环后的各种性能；可以较方便地分析系统参数对动态性能的影响，并能大致指出改善系统性能的途径。

频率特性物理意义十分明确，对稳定的系统或元件、部件都可以用实验方法确定其频率特性，尤其对一些难以列写动态方程、建立机理模型的系统，有特别重要的意义。

由此，无论采用何种方法建模，其实质就是设法获取关于系统尽可能多的信息并经过恰当信息处理而得到对系统准确合理的描述。物理定律公式、实测实验数据等都是反映系统性能的重要信息，机理建模法、实验建模法只是信息处理过程不同而已，在实际建模过程中应灵活掌握运用。

频率特性法由于对系统了解得不很清楚，主要靠实验测取数据确定数学模型，受数据量不充分、数据精度不一致、数据处理方法不完善等局限性影响，所得的数学模型的准确度只能满足一般工程需要，难以达到更高精度的要求。

系统辨识法是现代控制理论与系统建模中常用的方法，它依据测量到的输入与输出数据来建立静态与动态系统的数学模型，但其输出响应不局限于频率响应，阶跃响应或脉冲响应等时间响应都可作为反映系统模型静态与动态特性的重要信息。而且，确定模型的过程更依赖于各种高效率的最优算法以及如何保证所测取数据的可靠性。因其在实践中能得到很好的运用，故已被广泛接受，并逐渐发展成为较成熟且日臻完善的一门学科。

系统辨识作为一种系统建模方法，有相应的专著阐述。受篇幅所限，本书不深入讨论。但是，下面的几个概念我们应该有所了解。

(1) 系统辨识的基本原理与三要素

所谓系统辨识，就是按照一定的准则，在一类假设模型中选择一个与实验数据拟合(或逼近)得最好的一种模型，其原理如图 2.14 所示。由图 2.14 可见，数据、假设模型、准则是系统辨识建模过程中的三要素。图 2.15 给出了系统辨识法建模的过程与步骤。其中，参数估计与模型验证的数学方法较多，感兴趣的读者可参阅系统辨识与参数估计方面的专著。

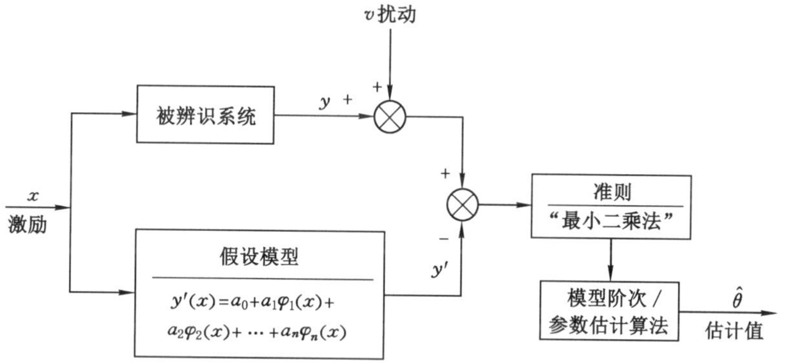

图 2.14　系统辨识建模法的基本原理

(2) 实验数据的平滑处理——插值与逼近

对于确定的系统，由于用实验方法建立模型时，人们只能测取有限的数据；如何用有限的数据建立起相应的数学描述(或模型)，以尽可能精确地反映实际系统的特性，我们简称这一问题为逼近，所用的基本方法为插值。

所谓插值，就是求取两测量点之间函数值的计算方法，常用的有线性插值和三次样条插值。线性插值，即两测量点之间用“直线”连接，其间呈线性关系。

线性插值的缺点是所建立的数学描述(或模型)在插值点上是非光滑的，解决这一问题的方法之一就是采用三次样条插值，也就是用三次多项式来逼近两个插值点之间的数学描

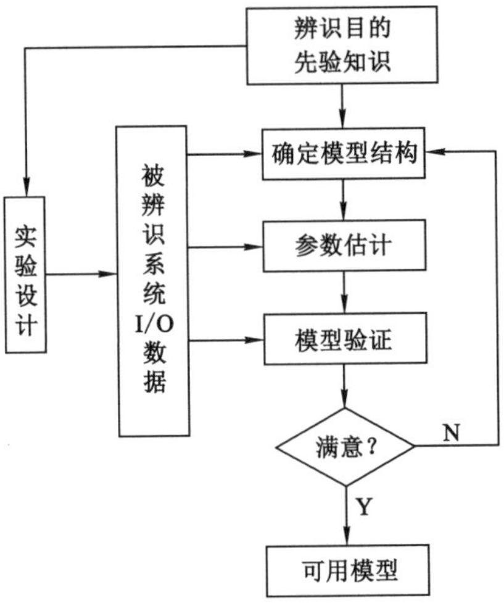

图 2.15　系统辨识建模过程

述（或模型）。三次样条插值可以较完美地逼近理想的数学描述（或模型）（在插值点上导数连续），其代价是计算量与存储空间的增加。利用插值来实现数学描述（或模型）逼近的方法在系统辨识与建模中经常使用。

(3) 实验数据的统计处理——最小二乘法

对于确定型系统，它的输出完全可以用它的输入来唯一描述。但是，对于随机型系统（例如，考虑带有随机扰动的确定型系统时，系统可认为是一个随机型系统），其对于确定的系统给定，它的输出可能是多样的。

对于随机型系统，其数据处理需要依据数理统计的理论与方法来处理，常用的方法是最小二乘法。

在科学实验的统计研究中，往往要根据一组测得的数据，例如

$$(x_i, y_i), i = 1, 2, \cdots, n \tag{2.4.1}$$

去求得自变量 x 和因变量 y 的一个近似函数关系 $y=\varphi(x)$。由于受随机扰动的影响，每次测量的结果都不会是一样的（或者说绝对准确的）。所以，我们不必去要求 $y=\varphi(x)$ 经过所有的点 (x_i, y_i)，而只要求 $y=\varphi(x)$ 是某给定函数类 H 中的一个函数，并要求 $\varphi(x)$ 能使 y_i 与 $\varphi(x_i)$ 的差的平方和

$$\sum_{i=1}^{n}[y_i - \varphi(x_i)]^2 \tag{2.4.2}$$

相对于同一函数类 H 中的其他函数而言是最小的。换言之，要在 H 中求函数 $\varphi(x_i)$ 使它满足

$$\sum_{i=1}^{n}[y_i - \varphi(x_i)]^2 = \min_{\varphi \in H}\sum_{i=1}^{n}[y_i - \varphi(x_i)]^2 \tag{2.4.3}$$

这就是所谓的最小二乘法（二乘的意思就是平方）。用几何语言来描述，也可称之为最小二乘曲线拟合。至于函数类 H，可视具体数据情况人为地取比较低次的多项式，或比较简单的函数。

最小二乘法最初是由高斯在进行行星轨道预测研究时提出的，其在数学上有如下描述。

假设：

① 所求的系统模型为

$$y=\theta_1\varphi_1(x)+\theta_2\varphi_2(x)+\cdots+\theta_n\varphi_n(x) \tag{2.4.4}$$

式中，$\varphi_i(i=1,2,3,\cdots,n)$是已知函数，而 $\theta_1,\theta_2,\cdots,\theta_n$ 是未知参数。

② 观测值$\{(x_i,y_i),i=1,2,\cdots,n\}$可由实验测得，且所有观测值具有相同的精度。

目的：确定参数 θ_i，使由模型与试验值 x_i 算出的变量 $\hat{y}_i$，和实测的变量值 y_i 尽可能一致。

最小二乘法：应该如此选择参数 θ_i，以使损失函数

$$J(\theta)=\frac{1}{2}\sum_{i=1}^{N}\varepsilon_i^2 \tag{2.4.5}$$

为最小，其中 $\varepsilon_i=y_i-\hat{y}_i=y_i-\theta_1\varphi_1(x_1)-\cdots-\theta_n\varphi_n(x_i),i=1,2,\cdots,N$。

为简化计算，引入了向量符号。

$$\begin{aligned}\boldsymbol{\varphi}&=[\varphi_1\quad\varphi_2\quad\cdots\quad\varphi_n]^{\mathrm{T}}\\\boldsymbol{\theta}&=[\theta_1\quad\theta_2\quad\cdots\quad\theta_N]^{\mathrm{T}}\\\boldsymbol{y}&=[y_1\quad y_2\quad\cdots\quad y_N]^{\mathrm{T}}\\\boldsymbol{\varepsilon}&=[\varepsilon_1\quad\varepsilon_2\quad\cdots\quad\varepsilon_N]^{\mathrm{T}}\end{aligned} \tag{2.4.6}$$

数据矩阵表示如下

$$\boldsymbol{\Phi}=\begin{bmatrix}\boldsymbol{\varphi}(x_1)\\\vdots\\\boldsymbol{\varphi}(x_n)\end{bmatrix}=\begin{bmatrix}\varphi_1(x_1)&\varphi_2(x_1)&\cdots&\varphi_n(x_1)\\\vdots&\vdots&&\vdots\\\varphi_1(x_n)&\varphi_2(x_n)&\cdots&\varphi_n(x_n)\end{bmatrix} \tag{2.4.7}$$

则最小二乘法有如下的表达形式：

$$J(\theta)=\frac{1}{2}\boldsymbol{\varepsilon}^{\mathrm{T}}\boldsymbol{\varepsilon}=\frac{1}{2}\|\boldsymbol{\varepsilon}\|^2 \tag{2.4.8}$$

式中

$$\boldsymbol{\varepsilon}=\boldsymbol{y}-\hat{\boldsymbol{y}}$$
$$\hat{\boldsymbol{y}}=\boldsymbol{\Phi\theta}$$

如要确定参数 $\boldsymbol{\theta}$ 使 $\|\boldsymbol{\varepsilon}\|^2$ 最小，则可有如下定理得出。

定理：当参数 $\hat{\boldsymbol{\theta}}$ 满足

$$\boldsymbol{\Phi}^{\mathrm{T}}\boldsymbol{\Phi}\cdot\hat{\boldsymbol{\theta}}=\boldsymbol{\Phi}^{\mathrm{T}}\boldsymbol{y} \tag{2.4.9}$$

时，函数式(2.4.5)可达到最小。而且，如果矩阵 $\boldsymbol{\Phi}^{\mathrm{T}}\boldsymbol{\Phi}$ 非奇异，则最小值是唯一的，并由下式给出。

$$\hat{\boldsymbol{\theta}}=(\boldsymbol{\Phi}^{\mathrm{T}}\boldsymbol{\Phi})^{-1}\boldsymbol{\Phi}^{\mathrm{T}}\boldsymbol{y} \tag{2.4.10}$$

说明：方程式(2.4.9)为正规方程；式中的 $\boldsymbol{\Phi}$ 是由 $x_1,x_2,\cdots,x_n$ 确定的矩阵；$\boldsymbol{y}$ 是由实测变量 $y_1,y_2,\cdots,y_N$ 确定的。因此，参数 $\hat{\boldsymbol{\theta}}$ 是可以确定的。

可见，最小二乘法实际上就是求出使实际观测值与理想模型计算值之差的平方和达到

极小的参数值作为估计值。

最小二乘法具有如下特点：原理易于理解（不需要数理统计方面的知识）；应用广泛（动态/静态系统，线性/非线性系统的辨识）；所得的“估计值”具有条件最优的统计特性（即具有一致/无偏/有效的性质）。

(4) 模型的阶次辨识

最小二乘法实际上是模型阶次已知前提下的参数辨识问题，但如果假设的模型阶次不合适，会建立一个不够精确的系统模型。为此，需要对控制系统模型阶次进行辨识。一般上，从假设阶次开始找到残差平方和（损失函数）极小点，再接着增加一个阶次，再找损失函数极小点。随着阶次增加，损失函数会逐渐减少，但是在一定阶次后这种趋势会逐渐变缓。当损失函数不再显著变化的阶次应该是系统模型的合适阶次。基于 N 组观测数据的统计量为

$$f=\frac{J(n_1)-J(n_2)}{J(n_2)}\cdot\frac{N-2n_2}{2(n_2-n_1)} \tag{2.4.11}$$

式中，n_1 是前一次所建模型阶次，n_2 是当前所建模型阶次。

如果 N 很大时，f 是渐进 $F(f_1,f_2)$ 分布。它有两个自由度 $f_1=2(n_2-n_1)$ 和 $f_2=N-2n_2$。一般情况下，每次阶次增加 1，则 $f_1=2$。表 2-4 给出 $f_1=2$ 时 $F(f_1,f_2)$ 分布的临界值。其中，α 为风险水平（$1-\alpha$ 为置信度）。

表 2-4 $F(f_1,f_2)$分布的临界值($f_1=2$)

α	f_2								
	10	20	30	40	60	80	100	120	∞
0.1	2.92	2.59	2.49	2.44	2.39	2.37	2.36	2.35	2.30
0.05	4.10	3.49	3.32	3.23	3.15	3.11	3.09	3.07	3.00
0.01	7.56	5.85	5.39	5.1	4.98	4.88	4.85	4.79	4.61

只要在一定的风险水平 α 下，式(2.4.11)计算结果小于表 2-4 中对应的 $F(f_1,f_2)$ 分布的临界值，则可以认为损失函数的变化不显著。此时的模型及参数估计值满足建模需求。一般统计检验的置信度在 0.9 至 0.99 之间，工程上常选置信度 0.95，即 $\alpha=0.05$。而工程上一般取 $f_2\geqslant 150$，$\alpha=0.05$，F 分布临界值 $f^*=3.0$ 作为显著性检验的指标值。

设原模型阶次为 n，那么参数估计值 $\hat{\boldsymbol{\theta}}$ 维度为 $2n$，当增加模型阶次 m 后，增加参数估计值 $\hat{\boldsymbol{\theta}}_2$ 维度为 $2m$。那么新的数据矩阵 $\boldsymbol{\Phi}^*$ 有

$$\boldsymbol{\Phi}^*=[\boldsymbol{\Phi}\quad\boldsymbol{\Phi}_2] \tag{2.4.12}$$

式中

$$\boldsymbol{\Phi}_2=\begin{bmatrix}\varphi_{n+1}(x_1) & \varphi_{n+2}(x_1) & \cdots & \varphi_{n+m}(x_1)\\ \vdots & \vdots & & \vdots\\ \varphi_{n+1}(x_n) & \varphi_{n+2}(x_n) & \cdots & \varphi_{n+m}(x_n)\end{bmatrix}$$

参考式(2.4.9)，可化简求解新模型的参数估计值 $\hat{\boldsymbol{\theta}}^*$。

$$\hat{\boldsymbol{\theta}}^* = \begin{bmatrix} \hat{\boldsymbol{\theta}} \\ \hat{\boldsymbol{\theta}}_2 \end{bmatrix} = \begin{bmatrix} \hat{\boldsymbol{\theta}} + \boldsymbol{P}_3 \boldsymbol{\Phi}_2^{\mathrm{T}} (\boldsymbol{\Phi}\hat{\boldsymbol{\theta}} - \boldsymbol{y}) \\ -\boldsymbol{P}_2 \boldsymbol{\Phi}_2^{\mathrm{T}} (\boldsymbol{\Phi}\hat{\boldsymbol{\theta}} - \boldsymbol{y}) \end{bmatrix} \tag{2.4.13}$$

式中

$$\boldsymbol{P}_1 = [\boldsymbol{\Phi}^{\mathrm{T}} \boldsymbol{\Phi}]^{-1}$$

$$\boldsymbol{P}_2 = [\boldsymbol{\Phi}_2^{\mathrm{T}} \boldsymbol{\Phi}_2 - \boldsymbol{\Phi}_2^{\mathrm{T}} \boldsymbol{\Phi} \boldsymbol{P}_1 \boldsymbol{\Phi}^{\mathrm{T}} \boldsymbol{\Phi}_2]^{-1}$$

$$\boldsymbol{P}_3 = \boldsymbol{P}_1 \boldsymbol{\Phi}^{\mathrm{T}} \boldsymbol{\Phi}_2 \boldsymbol{P}_2$$

(5) 基于最小二乘法的控制系统建模仿真步骤

① 取 $f_2 \geqslant 150$，$\alpha = 0.05$，F 分布临界值 $f^* = 3.0$；

② 按式(2.4.6)构造 $\boldsymbol{y}$，按式(2.4.7)构造 $\boldsymbol{\Phi}$；

③ 用式(2.4.9)计算参数估计值 $\hat{\boldsymbol{\theta}}$，用式(2.4.8)计算残差平方和 $J(\theta)$；

④ 增加一个阶次，按照式(2.4.12)构造新的数据矩阵 $\boldsymbol{\Phi}^*$；

⑤ 用式(2.4.13)计算新的参数估计值 $\hat{\boldsymbol{\theta}}^*$，用式(2.4.8)计算残差平方和 $J(\theta)$；

⑥ 用式(2.4.11)计算 f；

⑦ 若 $f < f^*$，则输出阶次 n 及参数估计值；否则转到下一步；

⑧ 判断 $f_2 \geqslant 150$ 是否成立，若不成立则输出辨识失败，否则，转到第④步继续计算。

2.5 仿真算法稳定性

2.5.1 仿真误差

仿真中误差主要来自两个方面。

一是连续系统离散化时引入的模型转换误差。例如，数值积分算法实质上是先在 $t = t_k$ 附近用泰勒级数展开求得在 t_{k+1} 处的解析解[式(2.5.1)]，然后以该级数的不同项数之和而得到的近似解，获得不同精度的数值积分算法。

$$y(t_k + h) = y(t_k) + h\dot{y}(t_k) + \frac{1}{2!}h^2\ddot{y}(t_k) + \cdots + \frac{1}{r!}h^r y^{(r)}(t_k) + O(h^{r+1}) \tag{2.5.1}$$

这一近似过程相当于单独一步就会引进的附加误差，称为局部截断误差。仿真步长 h 越小，局部截断误差就越小。不同的数值积分算法，其局部截断误差不同。若一种数值积分算法取泰勒级数前 $r+1$ 项，则称该算法为 r 阶的，它的局部截断误差记作 $O(h^{r+1})$。算法的阶数是衡量算法精确度的一个重要指标。

数值积分算法在 $k-1$ 步与 k 步之间都会引入局部截断误差，而第 k 步计算结果与微分方程解析解之间也存在误差，这一误差称为整体截断误差。整体截断误差比局部截断误差低一阶，记作 $O(h^r)$。

二是由于计算机的有限字长、仿真软件使用的数制系统以及运算次序等因素，在计算过程中不可避免地会产生舍入误差。舍入误差与仿真步长 h 成反比。如果仿真步长 h 小，计算次数多，则舍入误差就大。

因此，仿真步长 h 过大，会带来较大的截断误差，仿真步长 h 取得过小，又会增加计算步数，而使舍入误差累积增大。所以，仿真的总误差与步长 h 的关系不是单调函数关系，而是一个具有极值的函数关系，如图 2.16 所示。显然，并不是步长越小，精度越高，而是存在一个最佳步长。

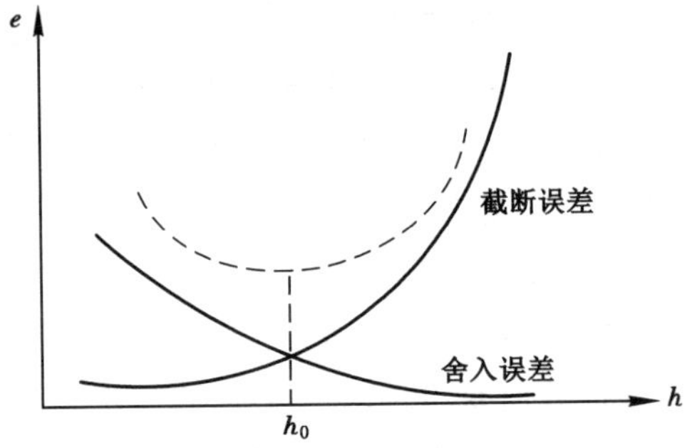

图 2.16　仿真步长和误差的关系曲线

2.5.2　计算稳定性

控制系统仿真实质上是一种从初值开始进行递推计算的过程。由于在每步递推计算中都将引入截断误差及舍入误差，如果这些误差的累积越来越大，将使仿真计算不断偏离原系统实际运行结果，计算出现不稳定性，从而得到错误的结果。因此，首先必须保证仿真算法对稳定系统进行仿真时保持原系统的稳定性。需要注意的是，原系统的稳定性与计算稳定性是两个不同的概念。原系统的稳定性由系统自身特性决定。选用的仿真算法不同，即使对于同一系统，所得差分方程不相同，计算稳定性也就各不一样。

下面以欧拉法为例，采用一个简单的一阶微分方程作为其计算稳定性测试方程，说明计算稳定性。

$$\begin{cases}\dot{y}=\lambda y\\ y(0)=y_0\end{cases}\tag{2.5.2}$$

式中，$\lambda=\sigma+\mathrm{j}\omega$ 为方程的特征根。根据稳定性理论，当特征根 λ 位于左半 s 平面，即 $\mathrm{Re}\lambda=\sigma<0$ 时，原系统稳定。

采用欧拉法将测试方程转换为差分方程

$$y_{k+1}=y_k+\lambda h y_k=(1+\lambda h)y_k \quad k=0,1,\cdots\tag{2.5.3}$$

假设仅在初始值 y_0 处引入了一个初始误差 ε_0，在递推计算过程没有引进其他任何误差。此时 y_{k+1} 的误差 ε_{k+1} 仅由 y_k 的误差 ε_k 引起，所以有

$$y_{k+1}+\varepsilon_{k+1}=y_k+\varepsilon_k+\lambda h(y_k+\varepsilon_k)=(1+\lambda h)(y_k+\varepsilon_k)\tag{2.5.4}$$

用式(2.5.4)减去式(2.5.3)，得到每步误差

$$\varepsilon_{k+1}=(1+\lambda h)\varepsilon_k\tag{2.5.5}$$

依次类推，有

$$\varepsilon_{k+1}=(1+\lambda h)\varepsilon_k=(1+\lambda h)^2\varepsilon_{k-1}=\cdots=(1+\lambda h)^k\varepsilon_0\tag{2.5.6}$$

当 $|1+\lambda h|>1$ 时，$|\varepsilon_{k+1}|>|\varepsilon_k|$。表明若在递推计算过程中的某步引入了误差，则随着递推步数的增加，这个误差将逐渐扩大，最终导致差分方程的解完全失真。

反之，当$|1+\lambda h|\leqslant 1$时，$|\varepsilon_{k+1}|<|\varepsilon_k|$。表明随着递推步数的增加，引入的误差会被逐渐减小或保持有界。在这种情况下，称差分方程是计算稳定的。

因此，对于欧拉法，选择步长h使其满足$|1+\lambda h|\leqslant 1$，即λh在$(-2,0)$范围内，才能保持计算稳定性。因此$|\mathrm{Re}\lambda|=|\sigma|$越大，步长$h$就应该取得越小。

这类对步长h有所限制才能保证计算稳定性的仿真算法称为条件稳定算法。而只要步长$h>0$就可实现计算稳定的仿真算法称为绝对稳定算法。龙格-库塔法是一种条件稳定算法，时域离散相似算法、双线性变换法、根匹配法是绝对稳定算法。

第3章　典型电气系统基本原理

3.1　列车牵引四象限变流器

3.1.1　列车牵引变流器拓扑

CRH3 型动车组的原型是德国的 ICE-3 列车（西门子 Velaro），由唐山动车组车辆厂与德国西门子公司合作生产，最高运行时速为 350 km/h。该车型是分散动力型设计，4 动 4 拖结构，分别由 2 个牵引单元对 4 节动车进行供电，从而牵引 8 节车厢。该动车组共有四个交直交变流器，每个变流器由三部分组成，分别为整流部分、中间直流环节和逆变部分。

变流器通过车载变压器从网侧接收 25～27.5 kV 的单相交流电压，经过二重化四象限变流器的整流作用，可以得到电压为 3 000 V 左右的直流电，然后逆变成三相交流电驱动电机。其中，中间直流环节起到了滤除直流电压中的二倍频波动和稳压的作用。牵引变流器的拓扑如图 3.1 所示。图中，T_{11}～T_{14}、T_{21}～T_{24}是二重化四象限变流器的 8 个 IGBT 功率开关管；L_2 为二次滤波回路电感，C_2 为二次滤波回路电容，C_d 为稳压电容，这三个元件构成为中间直流环节；T_{31}～T_{36}为三相逆变器的 6 个 IGBT 功率开关管。

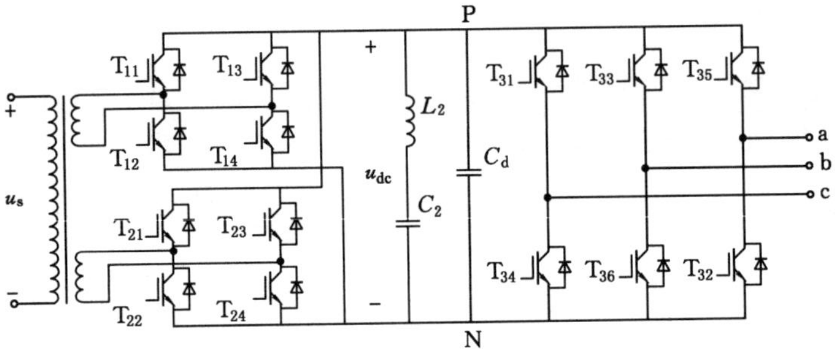

图 3.1　CRH3 型动车组牵引变流器拓扑

四象限变流器作为牵引网和动车组进行电能传输和转化的核心接口装置，是车网耦合系统中非常重要的部分。在研究车网耦合问题时，常对机车内部的变流器进行简化。逆变器和电机部分作为四象限变流器的负荷且位于直流侧，常被等效为电阻环节以进行分析。

3.1.2　四象限变流器工作原理

四象限变流器作为动车组的网侧变流器，运行过程中有两种工作方式。在牵引工况时处于整流工作方式，在再生制动时处于逆变工作方式。一方面，四象限变流器需要给逆变器提供稳定的直流电压，以保证电机控制部分动态性能不降低；另一方面，为了提高变流器的能量转化率，需要使交流侧电流与电压同相位，保证四象限变流器功率因数接近 1。CRH3 型动车组的四象限变流器以车载牵引变压器二次侧的 1 550 V 交流电为输入，通过控制 IGBT 的开通和关断，实现输出 2 700～3 600 V 的直流电压，从而为逆变器和电机进行供电。CRH3 型动车组的牵引变流器均采用两电平拓扑结构，四象限变流器主电路采用单相两电平拓扑。四象限变流器的拓扑如图 3.2 所示。

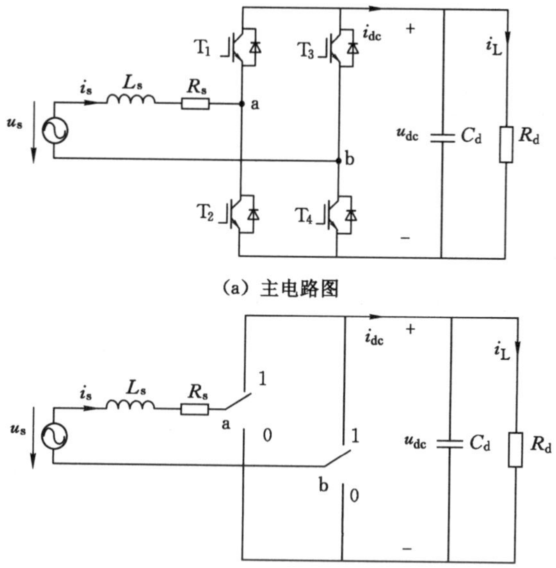

(a) 主电路图

(b) 开关等效电路图

图 3.2　四象限变流器拓扑

图 3.2 中，图(a)为四象限变流器的主电路图，图(b)为四象限变流器的开关等效电路图。u_s 为车载变压器二次侧输出电压；i_s 为车载变压器二次侧输出电流；L_s、R_s 分别为车载变压器的等效电感、电阻；C_d 表示直流侧稳压电容；R_d 为四象限变流器的等效负载。

为了便于分析，定义理想开关函数 S_a，S_b 分别为：

$$S_a=\begin{cases}1 & T_1\text{ 导通，}T_2\text{ 关断}\\0 & T_1\text{ 关断，}T_2\text{ 导通}\end{cases}\tag{3.1.1}$$

$$S_b=\begin{cases}1 & T_3\text{ 导通，}T_4\text{ 关断}\\0 & T_3\text{ 关断，}T_4\text{ 导通}\end{cases}\tag{3.1.2}$$

根据上下桥臂不能同时导通的原则，其开关状态仅有 4 种，S_aS_b＝00、10、01、11。四象限变流器输入端电压 U_{ab} 有 U_{dc}、0、$-U_{dc}$ 三种电平，两者关系式为

$$u_{ab}=(S_a-S_b)U_{dc}\tag{3.1.3}$$

根据功率守恒原则，可得

$$i_{dc}=(S_a-S_b)i_s\tag{3.1.4}$$

根据基尔霍夫定律可得四象限变流器主电路数学模型为

$$\begin{cases} L_s \dfrac{di_s}{dt} + R_s i_s = u_s - u_{ab} \\ C_d \dfrac{du_{dc}}{dt} = i_{dc} - \dfrac{u_{dc}}{R_d} \end{cases} \tag{3.1.5}$$

将式(3.1.3)和式(3.1.4)代入式(3.1.5)，得到式(3.1.6)。

$$\begin{cases} L_s \dfrac{di_s}{dt} + R_s i_s = u_s - (S_a - S_b) u_{dc} \\ C_d \dfrac{du_{dc}}{dt} = (S_a - S_b) i_s - \dfrac{u_{dc}}{R_d} \end{cases} \tag{3.1.6}$$

则有四象限变流器的状态空间模型。

$$\frac{d}{dt}\begin{bmatrix} i_s \\ u_{dc} \end{bmatrix} = \begin{bmatrix} -R_s/L_s & -(S_a - S_b)/L_s \\ (S_a - S_b)/C_d & -1/C_d R_d \end{bmatrix} \begin{bmatrix} i_s \\ u_{dc} \end{bmatrix} + \begin{bmatrix} 1/L_s \\ 0 \end{bmatrix} u_s \tag{3.1.7}$$

3.1.3 瞬态电流控制策略

四象限变流器的控制目标有两个：一是将直流侧电压稳定在允许范围内，二是使变压器侧电压、电流同相位，功率因数尽可能接近 1(或－1)，提高能量转化率，这也是交流传动技术的一大优势。四象限变流器的控制策略根据是否引入电流反馈可以分为间接电流控制和直接电流控制两类。前者仅需电压环进行稳压控制，该策略为单环控制，设计简单，而且通过减少电流传感器降低了成本。但由于缺少电流环，电流响应变慢，变压器侧电流中可能含有直流分量，而且该策略鲁棒性较差，系统参数变化会对控制效果产生较大的影响。因此，间接电流控制策略不适合用在动车组这种对控制性能要求很高的产品中。相比之下，直接电流控制引入了电流反馈，使得其结构和算法较间接电流控制更为复杂，增加了控制成本，但该策略可以获得较高品质的电流响应，而且系统参数变化时能迅速做出调整。由于动车组中变流器有较高的控制需求，一般选择直接电流控制策略。CRH3 型动车组选择的是瞬态电流控制策略(Transient current control strategy，TCCS)。该策略需要引入电流反馈，属于直接电流控制策略的一种。

瞬态电流控制策略中电流环采用的是 P 调节器，该环节主要控制交流侧电流快速跟踪给定，电压环采用的是 PI 调节器，该环节主要保证直流侧电压稳定运行。为了使得系统动态响应更快，该策略中加入了前馈环节，使得系统达到稳态花费的时间更短。瞬态电流控制策略实现简单，可以有效抑制二次绕组的谐波电流，而且对开关频率要求不高，因此在高速动车组和重载机车中较多的采用。其控制框图如图 3.3 所示。

在图 3.3 中，PLL 为锁相环，是一种反馈控制电路。其特点是利用外部输入的参考信号控制环路内部振荡信号的频率和相位，除了可以得到较广的振荡频率范围以外，其频率的稳定度也很高。

瞬态电流控制策略实质上是一种将电压、电流双闭环反馈控制与前馈控制相结合的控制方法。该方法需要实时采集的电气量有 4 个，分别为直流侧电压 U_{dc}，直流侧电流 i_{dc}，交流侧电流 i_s，交流侧电压 u_s。其中，u_s 提供了内环给定电流的相位信息。直流侧电压给定 U_{dc}^* 和 U_{dc} 的差值为电压环的输入，电压环输出加前馈控制环节的输出得到内环给定电流的幅值后，再经过电流环可得到四象限变流器的调制波信号。瞬态电流控制策略的数学表达

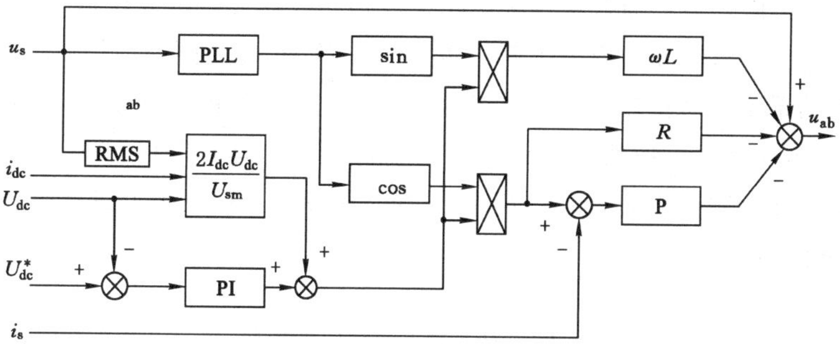

图 3.3　瞬态电流控制框图

式如式(3.1.8)所示。

$$\begin{cases} I_{s1} = K_{vp}(U_{dc}^* - U_{dc}) + K_{vi}\int(U_{dc}^* - U_{dc})\mathrm{d}t \\ I_{s2} = \dfrac{2I_{dc}U_{dc}}{U_{sm}} \\ I_s^* = I_{s1} + I_{s2} \\ u_{ab} = u_s - \omega LI_s^* \sin \omega t - RI_s^* \cos \omega t - K_{ip}[I_s^* \cos \omega t - i_s] \end{cases} \tag{3.1.8}$$

式中，K_{vp}，K_{vi}分别为电压外环 PI 调节器的比例和积分参数；K_{ip}为电流内环 P 调节器参数；I_{s1}为电压环输出，I_{s2}为前馈控制环节输出，I_s^* 为内环给定电流的幅值；ω 为网侧电压角频率；u_{ab}为调制波信号。

3.1.4　四象限变流器的 PWM 技术

四象限变流器采用了正弦脉宽调制(SPWM)技术，两电平拓扑的 SPWM 技术分为单极性调制和双极性调制。两者区别在于单极性调制输出的 PWM 波形有$+U_d$、0、$-U_d$ 三种，而双极性调制输出$\pm U_d$ 两种电平。动车组中四象限变流器采用的是单极性调制，当调制波信号大于载波时，桥臂输入 PWM 信号为 1，否则为 0，另一相采用相同的载波信号和相位相差 180°的调制波信号，其实现方式如图 3.4 所示。

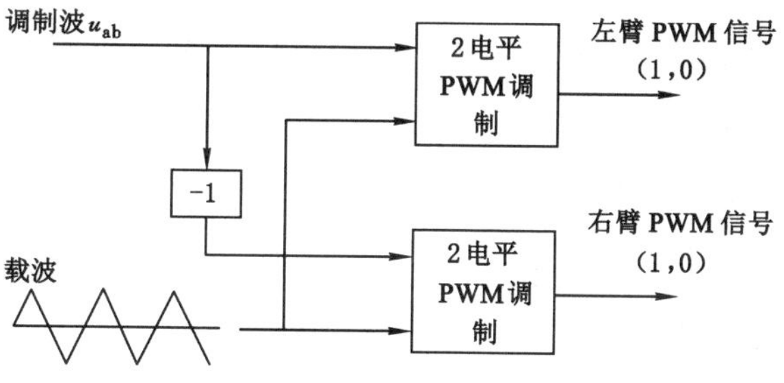

图 3.4　四象限变流器单极性调制

目前我国在线运行的高速动车组中，四象限变流器为两电平结构的动车组均采用多重化技术。由于动车组的传动系统功率较大，考虑到损耗和发热等问题，一般选择低至几百赫兹的开关频率。这样可以有效地降低开关损耗，提高功率因数，但随之带来的是交流侧较高的谐波含量。四象限变流器通过采用多重化载波移相技术可以有效地解决这个问题。多重化技术理论上能将整流单元的容量提升一倍，并提高等效开关频率，适用于大功率、低开关频率的交流传动系统。而且在实际运行过程中，若一个整流单元的某一个四象限变流器出现了问题，另一台仍可以支持系统运行，进一步提高了列车运行的可靠性。

为了验证上述控制策略的有效性，可搭建动车组变流器仿真模型进行验证，仿真参数如表 3-1 所示，可供参考。

表 3-1　动车组变流器仿真参数

参数名称	参数取值
变流器额定输入功率/kW	4×1 410
车载变压器变比	25 000/1 550
载波频率/Hz	350
直流侧电压/V	3 000
变压器漏感/mH	4
二次滤波电感/mH	0.84
二次滤波电容/μF	3 000
电压环 PI 控制器比例系数	0.5
电压环 PI 控制器积分系数	5

3.2　基于 LCL 型 PWM 并网变换器

3.2.1　LCL 型 PWM 并网变换器数学模型

基于 LCL 的 PWM 并网变换器的系统结构如图 3.5 所示，其中变量定义如下：E 为直流侧电压；T_1～T_6 为逆变桥六个 IGBT 功率开关器件；i_c 为直流母线滤波电容电流；L 为逆变器侧滤波电感；R 代表电感 L 的内阻和每相桥臂上下开关管互锁死区引起的电压损失的等效电阻之和；L_g 为网侧电感值；R_g 为网侧电感的等效电阻；i_k（k＝a，b，c）为逆变器侧电流；i_{gk}（$k=a,b,c$）为电网三相电流；u_k（k＝a，b，c）为逆变桥每相电压；C_f 为滤波电容；e_k（k＝a，b，c）为电网电压。

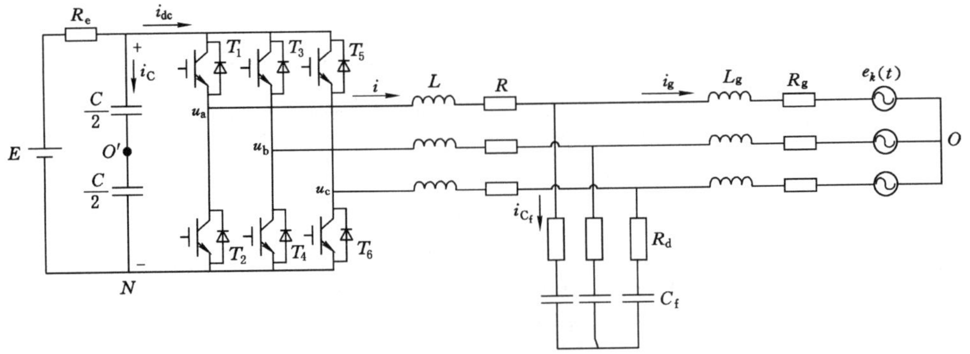

图 3.5　基于 LCL 的 PWM 变换器系统拓扑结构图

(1) 三相静止(a-b-c)坐标系并网变换器的数学模型

根据图 3.5 所示的拓扑结构,结合 KVL、KCL 定理可以得到每相支路的电压电流方程。

$$\begin{cases} u(t)=Ri(t)+L\dfrac{\mathrm{d}i(t)}{\mathrm{d}t}+u_{C_f}(t) \\ i(t)=i_g(t)+C_f\dfrac{\mathrm{d}u_{C_f}(t)}{\mathrm{d}t} \\ u_{C_f}(t)=R_g i_g(t)+L_g\dfrac{\mathrm{d}i_g(t)}{\mathrm{d}t}+e(t) \end{cases} \tag{3.2.1}$$

将该方程组写成三相电压电流表达式的形式为:

$$\frac{\mathrm{d}}{\mathrm{d}t}\begin{bmatrix} i_a(t) \\ i_b(t) \\ i_c(t) \\ i_{ga}(t) \\ i_{gb}(t) \\ i_{gc}(t) \\ u_{Cfa}(t) \\ u_{Cfb}(t) \\ u_{Cfc}(t) \end{bmatrix}=A\begin{bmatrix} i_a(t) \\ i_b(t) \\ i_c(t) \\ i_{ga}(t) \\ i_{gb}(t) \\ i_{gc}(t) \\ u_{Cfa}(t) \\ u_{Cfb}(t) \\ u_{Cfc}(t) \end{bmatrix}+B\begin{bmatrix} u_a(t) \\ u_b(t) \\ u_c(t) \\ e_a(t) \\ e_b(t) \\ e_c(t) \end{bmatrix} \tag{3.2.2}$$

上式中 $\boldsymbol{A}$、$\boldsymbol{B}$ 矩阵分别为

$$\boldsymbol{A}=\begin{bmatrix} -\dfrac{R}{L} & 0 & 0 & 0 & 0 & 0 & -\dfrac{1}{L} & 0 & 0 \\ 0 & -\dfrac{R}{L} & 0 & 0 & 0 & 0 & 0 & -\dfrac{1}{L} & 0 \\ 0 & 0 & -\dfrac{R}{L} & 0 & 0 & 0 & 0 & 0 & -\dfrac{1}{L} \\ 0 & 0 & 0 & -\dfrac{R_g}{L_g} & 0 & 0 & \dfrac{1}{L_g} & 0 & 0 \\ 0 & 0 & 0 & 0 & -\dfrac{R_g}{L_g} & 0 & 0 & \dfrac{1}{L_g} & 0 \\ 0 & 0 & 0 & 0 & 0 & -\dfrac{R_g}{L_g} & 0 & 0 & \dfrac{1}{L_g} \\ \dfrac{1}{C_f} & 0 & 0 & -\dfrac{1}{C_f} & 0 & 0 & 0 & 0 & 0 \\ 0 & \dfrac{1}{C_f} & 0 & 0 & -\dfrac{1}{C_f} & 0 & 0 & 0 & 0 \\ 0 & 0 & \dfrac{1}{C_f} & 0 & 0 & -\dfrac{1}{C_f} & 0 & 0 & 0 \end{bmatrix}$$

$$B=\begin{bmatrix}\frac{1}{L} & 0 & 0 & 0 & 0 & 0\\ 0 & \frac{1}{L} & 0 & 0 & 0 & 0\\ 0 & 0 & \frac{1}{L} & 0 & 0 & 0\\ 0 & 0 & 0 & \frac{1}{L_g} & 0 & 0\\ 0 & 0 & 0 & 0 & \frac{1}{L_g} & 0\\ 0 & 0 & 0 & 0 & 0 & \frac{1}{L_g}\\ 0 & 0 & 0 & 0 & 0 & 0\\ 0 & 0 & 0 & 0 & 0 & 0\\ 0 & 0 & 0 & 0 & 0 & 0\end{bmatrix} \tag{3.2.3}$$

(2) 两相静止(α-β)坐标系并网变换器的数学模型

采用 Clark 变换将三相静止坐标系(a-b-c)下的数学模型变换到两相静止坐标系(α-β)下,图 3.6 表示了三相静止坐标系与两相静止坐标系的空间位置关系及其矢量分解,其中 α 轴与 α 轴重合,而 β 轴超前 α 轴 90°。

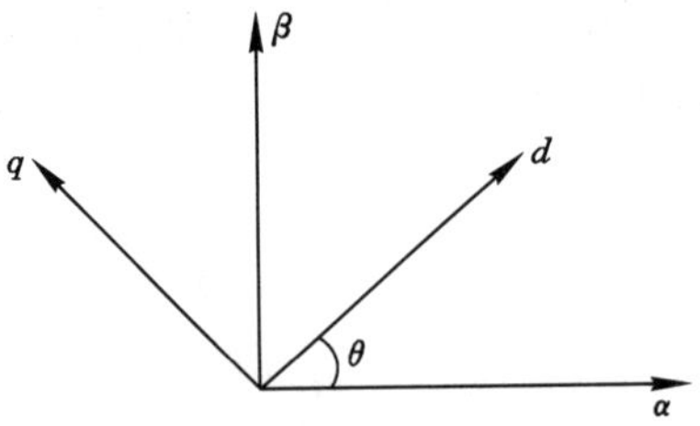

图 3.6

结合坐标矢量分解图可得,三相静止坐标系和两相静止坐标系(α-β)之间的转换表达式。

$$\begin{bmatrix}x_\alpha\\ x_\beta\end{bmatrix}=\frac{2}{3}\begin{bmatrix}1 & -\frac{1}{2} & -\frac{1}{2}\\ 0 & \frac{\sqrt{3}}{2} & -\frac{\sqrt{3}}{2}\end{bmatrix}\begin{bmatrix}x_a\\ x_b\\ x_c\end{bmatrix} \text{或} \begin{bmatrix}x_a\\ x_b\\ x_c\end{bmatrix}=\begin{bmatrix}1 & 0\\ -\frac{1}{2} & \frac{\sqrt{3}}{2}\\ -\frac{1}{2} & -\frac{\sqrt{3}}{2}\end{bmatrix}\begin{bmatrix}x_\alpha\\ x_\beta\end{bmatrix} \tag{3.2.4}$$

在上式中,若针对三相 PWM 并网变换器讨论,则有

$$\begin{cases}x_k=\{e_k, i_k, s_k\} & (k=a,b,c)\\ x_j=\{e_j, i_j, s_j\} & (j=\alpha,\beta)\end{cases} \tag{3.2.5}$$

将式(3.2.3)代入式(3.2.2)并化简，可以得到基于 LCL 的 PWM 并网变换器在两相静止坐标系(α-β)下的数学模型为

$$\frac{\mathrm{d}}{\mathrm{d}t}\begin{bmatrix} i_\alpha(t) \\ i_\beta(t) \\ i_{g\alpha}(t) \\ i_{g\beta}(t) \\ u_{Cf\alpha}(t) \\ u_{Cf\beta}(t) \end{bmatrix} = \boldsymbol{A}\begin{bmatrix} i_\alpha(t) \\ i_\beta(t) \\ i_{g\alpha}(t) \\ i_{g\beta}(t) \\ u_{Cf\alpha}(t) \\ u_{Cf\beta}(t) \end{bmatrix} + \boldsymbol{B}\begin{bmatrix} u_\alpha(t) \\ u_\beta(t) \\ e_\alpha(t) \\ e_\beta(t) \end{bmatrix} \tag{3.2.6}$$

$$\boldsymbol{A} = \begin{bmatrix} -\frac{R}{L} & 0 & 0 & 0 & -\frac{1}{L} & 0 \\ 0 & -\frac{R}{L} & 0 & 0 & 0 & -\frac{1}{L} \\ 0 & 0 & -\frac{R_g}{L_g} & 0 & \frac{1}{L_g} & 0 \\ 0 & 0 & 0 & -\frac{R_g}{L_g} & 0 & \frac{1}{L_g} \\ \frac{1}{C_f} & 0 & -\frac{1}{C_f} & 0 & 0 & 0 \\ 0 & \frac{1}{C_f} & 0 & -\frac{1}{C_f} & 0 & 0 \end{bmatrix} \quad \boldsymbol{B} = \begin{bmatrix} \frac{1}{L} & 0 & 0 & 0 \\ 0 & \frac{1}{L} & 0 & 0 \\ 0 & 0 & -\frac{1}{L_g} & 0 \\ 0 & 0 & 0 & -\frac{1}{L_g} \\ 0 & 0 & 0 & 0 \\ 0 & 0 & 0 & 0 \end{bmatrix} \tag{3.2.7}$$

其中：e_α、e_β 分别表示电网电压的 α、β 分量值；i_α、i_β 表示变换器侧电流的 α、β 分量值；$u_\alpha = u_{dc}s_\alpha$、$u_\beta = u_{dc}s_\beta$ 表示逆变器交流输出电压的 α、β 分量值；$i_{g\alpha}$、$i_{g\beta}$ 为网侧电流的 α、β 分量值；$u_{cf\alpha}$、$u_{cf\beta}$ 为 LCL 滤波电容电压的 α、β 分量值。

将式(3.2.5)写成状态方程的形式，如式(3.2.6)所示，该数学模型用于 PWM 并网变换器在两相静止坐标系(α-β)下进行控制器设计。

$$\begin{cases} \begin{bmatrix} u_\alpha \\ u_\beta \end{bmatrix} - \begin{bmatrix} u_{Cf\alpha} \\ u_{Cf\beta} \end{bmatrix} = \begin{bmatrix} Ls+R & 0 \\ 0 & Ls+R \end{bmatrix}\begin{bmatrix} i_\alpha \\ i_\beta \end{bmatrix} \\ \begin{bmatrix} u_{Cf\alpha} \\ u_{Cf\beta} \end{bmatrix} - \begin{bmatrix} e_\alpha \\ e_\beta \end{bmatrix} = \begin{bmatrix} L_g s+R & 0 \\ 0 & L_g s+R \end{bmatrix}\begin{bmatrix} i_{g\alpha} \\ i_{g\beta} \end{bmatrix} \\ \begin{bmatrix} i_\alpha \\ i_\beta \end{bmatrix} - \begin{bmatrix} i_{g\alpha} \\ i_{g\beta} \end{bmatrix} = C_f\begin{bmatrix} s & 0 \\ 0 & s \end{bmatrix}\begin{bmatrix} u_{Cf\alpha} \\ u_{Cf\beta} \end{bmatrix} \end{cases} \tag{3.2.8}$$

$$\begin{bmatrix} i_\alpha \\ i_\beta \end{bmatrix} = C_{3s/2s}\begin{bmatrix} i_a \\ i_b \\ i_c \end{bmatrix} \quad \begin{bmatrix} u_\alpha \\ u_\beta \end{bmatrix} = C_{3s/2s}\begin{bmatrix} u_a \\ u_b \\ u_c \end{bmatrix} = \begin{bmatrix} s_\alpha \\ s_\beta \end{bmatrix} u_{dc} \quad \begin{bmatrix} e_\alpha \\ e_\beta \end{bmatrix} = C_{3s/2s}\begin{bmatrix} e_a \\ e_b \\ e_c \end{bmatrix} \tag{3.2.9}$$

根据式(3.2.5)可以得到并网变换器在 α-β 坐标系下的数学模型框图，如图 3.7 所示，由图可以知道，α、β 轴之间不存在耦合现象。因此，可采用控制器分别控制 α、β 轴上的

电流。

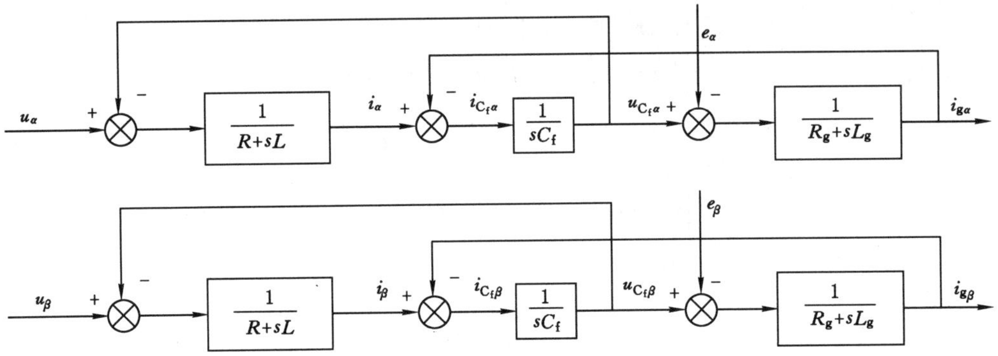

图 3.7　LCL 型 PWM 并网变换器 α-β 坐标系下数学模型框图

(3) 两相旋转(d-q)坐标系并网变换器的数学模型

三相并网变换器在三相静止坐标系下的数学模型具有物理意义清晰、直观等优点。但是在这种数学模型下并网变换器交流侧均为时变交流量,因而不利于控制系统的设计,为此可以通过坐标变换将三相静止坐标系(a-b-c)转换成以电网基波频率同步旋转的两相旋转坐标系(d-q),经过坐标变换后,将三相静止坐标系下的基波正弦量转换为同步旋转坐标系下的直流量,简化控制器的设计。

为了得到两相同步旋转坐标系下的数学模型,同时简化分析,将两相同步旋转坐标系(d-q)下的 d 轴与电网电动势 $\boldsymbol{e}$ 同轴,即 d 轴按矢量 $\boldsymbol{e}$ 定向,在 d 轴方向的电流分量 i_d 与 $\boldsymbol{e}$ 重合为有功电流,而比 $\boldsymbol{e}$ 超前 90°相角(q 轴)方向电流分量 i_q 为无功电流。

根据 Park 变换的原理可以得到

$$\begin{cases}\begin{bmatrix}x_d\\x_q\end{bmatrix}=\begin{bmatrix}\cos\omega t & \sin\omega t\\-\sin\omega t & \cos\omega t\end{bmatrix}\begin{bmatrix}x_\alpha\\x_\beta\end{bmatrix}\\[2ex]\begin{bmatrix}x_\alpha\\x_\beta\end{bmatrix}=\begin{bmatrix}\cos\omega t & -\sin\omega t\\\sin\omega t & \cos\omega t\end{bmatrix}\begin{bmatrix}x_d\\x_q\end{bmatrix}\end{cases}\tag{3.2.10}$$

结合式(3.2.5)、式(3.2.6)、式(3.2.9)可以得到三相 PWM 并网变换器在两相同步旋转坐标系下的数学模型为

$$\frac{\mathrm{d}}{\mathrm{d}t}\begin{bmatrix}i_d(t)\\i_q(t)\\i_{gd}(t)\\i_{gq}(t)\\u_{Cfd}(t)\\u_{Cfq}(t)\end{bmatrix}=\boldsymbol{A}\begin{bmatrix}i_d(t)\\i_q(t)\\i_{gd}(t)\\i_{gq}(t)\\u_{Cfd}(t)\\u_{Cfq}(t)\end{bmatrix}+\boldsymbol{B}\begin{bmatrix}u_d(t)\\u_q(t)\\e_d(t)\\e_q(t)\end{bmatrix}\tag{3.2.11}$$

$$
\boldsymbol{A}=\begin{bmatrix}
-\frac{R}{L} & \omega & 0 & 0 & -\frac{1}{L} & 0 \\
-\omega & -\frac{R}{L} & 0 & 0 & 0 & -\frac{1}{L} \\
0 & 0 & -\frac{R_g}{L_g} & \omega & -\frac{1}{L_g} & 0 \\
0 & 0 & -\omega & -\frac{R_g}{L_g} & 0 & -\frac{1}{L_g} \\
\frac{1}{C_f} & 0 & -\frac{1}{C_f} & 0 & 0 & \omega \\
0 & \frac{1}{C_f} & 0 & -\frac{1}{C_f} & -\omega & 0
\end{bmatrix}
\quad
\boldsymbol{B}=\begin{bmatrix}
\frac{1}{L} & 0 & 0 & 0 \\
0 & \frac{1}{L} & 0 & 0 \\
0 & 0 & -\frac{1}{L_g} & 0 \\
0 & 0 & 0 & -\frac{1}{L_g} \\
0 & 0 & 0 & 0 \\
0 & 0 & 0 & 0
\end{bmatrix}
\tag{3.2.12}
$$

其中：ω 为电网电压基波角频率；e_d、e_q 表示电网电压的 d、q 分量值；i_d、i_q 表示变换器侧电流的 d、q 分量值；$u_d=u_{dc}s_d$、$u_q=u_{dc}s_q$ 表示逆变器交流输出电压的 d、q 分量值；i_{gd}、i_{gq}为网侧电流的 d、q 分量值；u_{C_fd}、u_{C_fq}为滤波电容电压的 d、q 分量值。

同样，将式(3.2.10)写成状态方程的形式如式(3.2.12)所示，该数学模型用于 PWM 变换器在两相旋转坐标系(d-q)下的控制器设计。

$$
\begin{cases}
\begin{bmatrix} u_d \\ u_q \end{bmatrix}-\begin{bmatrix} u_{C_fd} \\ u_{C_fq} \end{bmatrix}=\begin{bmatrix} Ls+R & -\omega L \\ \omega L & Ls+R \end{bmatrix}\begin{bmatrix} i_d \\ i_q \end{bmatrix} \\
\begin{bmatrix} u_{C_fd} \\ u_{C_fq} \end{bmatrix}-\begin{bmatrix} e_d \\ e_q \end{bmatrix}=\begin{bmatrix} L_gs+R & -\omega L \\ \omega L & L_gs+R \end{bmatrix}\begin{bmatrix} i_{gd} \\ i_{gq} \end{bmatrix} \\
\begin{bmatrix} i_d \\ i_q \end{bmatrix}-\begin{bmatrix} i_{gd} \\ i_{gq} \end{bmatrix}=C_f\begin{bmatrix} s & -\omega \\ \omega & s \end{bmatrix}\begin{bmatrix} u_{Cfd} \\ u_{Cfq} \end{bmatrix}
\end{cases}
\tag{3.2.13}
$$

$$
\begin{bmatrix} i_d \\ i_q \end{bmatrix}=C_{2s/2r}\begin{bmatrix} i_\alpha \\ i_\beta \end{bmatrix}\quad\begin{bmatrix} u_d \\ u_q \end{bmatrix}=C_{2s/2r}\begin{bmatrix} u_\alpha \\ u_\beta \end{bmatrix}
\tag{3.2.14}
$$

由式(3.2.12)可以得到图 3.8 所示的并网变换器在 d-q 坐标系下的数学模型，该模型控制的目的是给出正确的控制矢量 u 使网侧电流 i_g 与电网电压矢量 e 同相位。可以看出 d 轴和 q 轴分量存在耦合现象，i_d、i_q 之间通过 ωL 项相互作用，i_{gd}、i_{gq}之间通过 ωL_g 项相互作用，u_{C_fd}、u_{C_fq}之间通过 ωC_f 项相互作用，耦合情况非常复杂。因此基于 LCL 滤波的整流器是一个高阶、非线性、强耦合的多变量系统。

3.2.2　三相并网变换器主电路设计

在推导并网变换器数学模型的过程中，并未对主电路的参数设计进行介绍，在本节将对主电路的参数进行设计与分析。众所周知，主电路参数的合理性直接影响并网电流的谐波含量，只有主电路参数满足系统运行的要求才能使网侧电流达到并网技术要求。

(1) 直流侧电压的选择

当并网变换器工作在逆变状态下时，系统向电网输送电能，此时直流侧电压存在最低

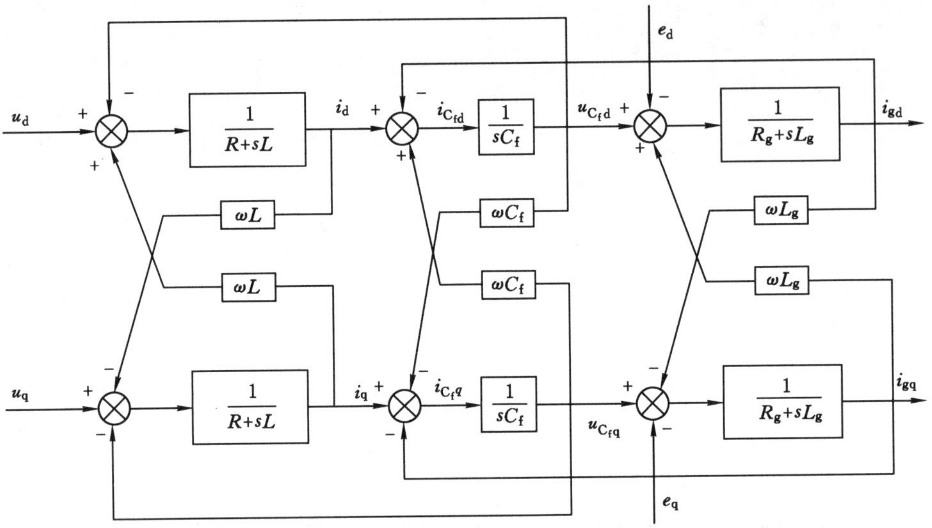

图 3.8　LCL 型 PWM 并网变换器 d-q 坐标系下数学模型框图

值。所谓直流电压最低值，是指三相并网变换器交流侧接入电网且功率管不调制时，由于功率管中续流二极管的作用，此时三相并网变换器相当于一个三相不控整流电路，其整流电压输出电压 u_{dc} 即为直流电压的最低值。而所谓并网变换器的额定直流电压，是指在额定负载条件下，直流侧输出额定功率时的直流电压，即

$$U_{de}=\sqrt{p_e \cdot R_{Le}} \tag{3.2.15}$$

式中 p_e 为直流侧额定输出功率；R_{Le} 为额定直流负载电阻；U_{de} 为并网变换器的直流侧电压。

根据电力电子技术的原理，可以得到直流电压在不同的调制方法下的直流电压下限值为

$$\begin{cases}\text{SPWM}: u_{d0} \geqslant 2\sqrt{2}e_k \\ \text{SVPWM}: u_{d0} \geqslant \sqrt{6}e_k\end{cases} \quad (k=\mathrm{a,b,c}) \tag{3.2.16}$$

式中 SPWM 表示采用正弦波 PWM 调制方式；SVPWM 表示采用空间矢量 PWM 调制方式；e_k 表示网侧电压基波有效值。

（2）直流侧电容的设计

直流侧电容在并网变换器的主电路中占有重要的地位，其主要有以下作用：

缓冲直流侧与交流侧负载间的能量交换，且稳定直流侧电压；抑制直流侧谐波电压。

一般而言，从满足电压环控制的跟随性指标看，直流侧电容值应该尽量小，以确保直流侧电压的快速跟随性；而从满足电压环控制的抗扰性指标分析，直流侧电容值应该尽量大，以限制负载扰动时的直流电压动态降落。下面在兼顾跟随性和抗扰性的两项指标进行直流侧电容的设计。

① 满足直流侧电压跟随性指标的电容设计

当三相并网变换器的直流电压指令阶跃给定为额定直流电压给定值，并且电压调节器

采用 PI 调节时，则在三相并网变换器的实际直流电压未超过指令值前，电压调节器一直饱和输出。由于电压调节器输出表示三相并网变换器交流侧电流幅值指令，因此若忽略电流环的惯性，则此时三相并网变换器交流侧将以最大电流 I_{dm} 对直流侧电容和负载充电，从而使三相并网变换器直流电压最快速度上升，这一动态过程如图 3.9 所示。

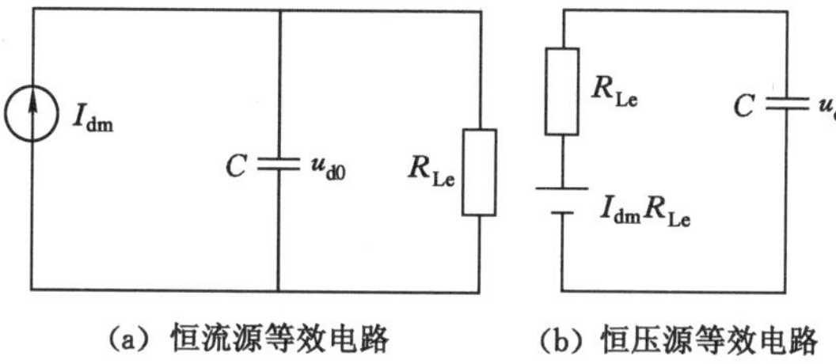

图 3.9　直流电压跃动时动态等效电路

图 3.9(a)为恒流源等效电路，图 3.9(b)为恒压源等效电路，若考虑直流电压初始值为 u_{d0}，则由图 3.9(b)可以得到

$$u_{dc} - u_{d0} = (I_{dm}R_{Le} - u_{d0})(1 - e^{-\frac{t}{\tau_1}}) \quad \tau_1 = R_{Le}C \tag{3.2.17}$$

令 $u_{dc} = u_{de}$，并将其代入上式化简可以得到

$$t = \tau_1 \ln \frac{I_{dm}R_{Le} - u_{d0}}{I_{dm}R_{Le} - u_{de}} \quad \tau_1 = R_{Le}C \tag{3.2.18}$$

根据跟随性能指标的特点，若要求直流电压以初始值 u_{d0} 跃变到额定直流电压 u_{de} 时的上升时间不大于 t_r^*，则

$$R_{Le}C\ln \frac{I_{dm}R_{Le} - u_{d0}}{I_{dm}R_{Le} - u_{de}} \leqslant t_r^* \tag{3.2.19}$$

由于 $u_{de} \geqslant u_{d0}$，显然

$$C \leqslant \frac{t_r^*}{R_{Le}\ln \dfrac{I_{dm}R_{Le} - u_{d0}}{I_{dm}R_{Le} - u_{de}}} \tag{3.2.20}$$

一般情况下，工程上取

$$\begin{cases} I_{dm} = 1.2\dfrac{u_{de}}{R_{Le}} \\ u_{de} = 3e_k \end{cases} \tag{3.2.21}$$

将式(3.2.21)、式(3.2.20)代入式(3.2.19)并化简得

$$C \leqslant \frac{t_r^*}{0.74R_{Le}} \tag{3.2.22}$$

可见，在满足三相并网变换器直流电压控制的跟随性指标时，可求出直流侧电容的上限值。

② 满足直流电压的抗扰性指标的电容设计

在满足系统抗扰性指标的情况下，介绍一种基于瞬态时间估算方法的电容下限值的设计方法。

根据三相并网变换器的等效电路图可以知道，瞬态过程最长时间发生在电源电压最大并且和桥式电路输出电压符号相同时，由此可以估算瞬态时间为

$$T_{\text{trans}}=\frac{2L_{\text{T}}I_{\text{m}}}{\frac{2}{3}u_{\text{dc}}-E_{\text{m}}} \tag{3.2.23}$$

式中 L_{T} 为交流侧总电感值；I_{m} 为电网电流峰值；E_{m} 为电网电动势峰值；

又结合三相电路应该满足

$$I_{\text{m}}=\frac{2P_l}{3E_{\text{m}}\cos\varphi} \tag{3.2.24}$$

式中 $\cos\varphi$ 表示变换器的功率因素；P_l 表示变换器的额定功率。

结合式(3.2.23)、(3.2.24)可以得到最大瞬态过程时间。三相电路各相之间是相互关联的，只要其中一相发生瞬态过程，必然导致另外两相瞬态过程的产生。而桥式电路不可能三相同时都输出最大电压，所以对任何一相而言，最大电压不可能持续整个瞬态过程，这就导致估算存在偏差，但电源电压是变化的，在瞬态过程中也不可能维持最大，这将一定程度补偿前面原因引起的估算偏差，所以可以认为式(3.2.23)的估算合理。在瞬态过程的开始时刻，系统输入输出功率偏差最大，为额定功率的 2 倍，然后逐渐减小，到瞬态过程结束时减到零，从平均的角度来讲，可近似认为瞬态过程中平均功率偏差为额定功率。功率偏差引起的能量偏差全部积累在直流电容上，由此引起的电容电压波动为

$$\Delta u_{\text{dc}}=\frac{P_lT_{\text{trans}}}{Cu_{\text{dc}}} \tag{3.2.25}$$

如果规定了电容电压波动的上限，便可以得到直流电容的表达式。

$$C\geqslant\frac{P_lT_{\text{trans}}}{u_{\text{dc}}\Delta u_{\text{dcmax}}} \tag{3.2.26}$$

结合式(3.2.23)～式(3.2.26)可以得到电容下限值的表达式为

$$C\geqslant\frac{4L_{\text{T}}P_l^2}{3u_{\text{dc}}\Delta u_{\text{dcmax}}E_{\text{m}}\cos\varphi\left(\frac{2}{3}u_{\text{dc}}-E_{\text{m}}\right)} \tag{3.2.27}$$

由此，在兼顾跟随性和抗扰性指标，得到了直流电容取值的上下限。但是需要注意的是，t_{r}^{*} 和 Δu_{dcmax} 是两个矛盾量，它们分别表征了系统对稳定性和快速性的要求。在设计中，只有先协调好这两者的关系，然后才能根据式(3.2.22)和式(3.2.27)来确定直流侧电容的取值。

(3) LCL 滤波器设计方法

基于以上分析作为参考，在尽量节约总的电感磁芯材料的前提下，设计出滤波效果最优的 LCL 滤波器的参数值，同时还需要保证 LCL 滤波器的谐振频率不能太小，以免成为制约电流控制器设计时的因素。

目前针对 LCL 滤波器的设计方法都比较复杂。如图 3.10 所示，首先对设计中变量标幺值定义如下

$$\begin{cases} Z_b = \dfrac{(E_n)^2}{P_n} \\ C_b = \dfrac{1}{\omega_n Z_b} \end{cases} \tag{3.2.28}$$

式中，E_n 为系统线电压有效值；P_n 为系统额定功率；ω_n 为电网的基波频率。

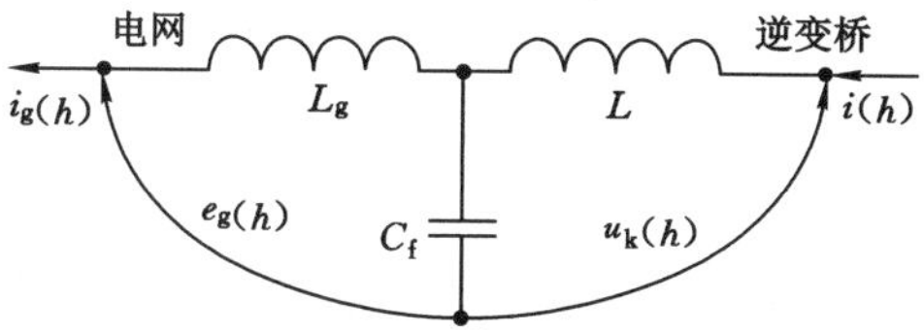

图 3.10　单相 LCL 滤波器高频等效电路

LCL 滤波器的三个参数之间相互耦合，每一个参数的变化都会对滤波器的滤波效果产生影响，如不对参数设计的条件加以限制，则会增加设计的复杂程度，下面对滤波器参数的设计限制条件进行阐述。

① 滤波电容吸收的无功功率不能大于系统额定有功功率的 5%。

② LCL 滤波器总的电感所产生的阻抗压降小于正常额定工作情况下电网电压的 10%；

$$U_{LT} = (X_L + X_{L_g}) I_n = 2\pi f_1 (L + L_g) I_n \leqslant 10\% E_n \tag{3.2.29}$$

式中 I_n 为系统额定电流；E_n 为电网相电压有效值；f_1 为电网基波频率。

③ 为了不使 LCL 滤波器的谐振峰不出现在低频段或高频段，所以在设计 LCL 滤波器谐振频率 $f_{res} = \frac{1}{2\pi}\sqrt{L + L_g / LL_gC_f}$ 时，应该大于电网基波频率的 10 倍，小于开关频率的一半，即

$$10 f_1 < f_{res} < \frac{1}{2} f_{sw} \tag{3.2.30}$$

④ LCL 滤波器中滤波电容上串联的无源阻尼电阻取值不能太大，以免增加整个系统额外损耗；同时取值过小，对 LCL 滤波器的谐振峰抑制效果不明显也会失去其作用，所以需要通过计算选取一个合适的值。

综合上述限制条件，可按如下步骤对 LCL 滤波器进行分步设计：

① 首先按照在额定工况下可容忍的纹波电流比例(通常 10%～20%)计算并网变换器总电感 L_T 然后可以令电网侧的电感 $L_g = rL$，r 代表两个电感值之间的比例关系。

② 假设并网逆变器向电网输送的额定有功功率为 P_n，电网相电压有效值为 E_n，根据式(3.2.28)对基准阻抗的定义，可得 LCL 滤波电容 $C_f = xC_b$，其中 x 为额定工况下滤波电容吸收的无功功率比例。

③ LCL 滤波器的 LC 部分是为了减小开关频率附近的高次谐波，谐波的衰减比例是滤波器设计的一个重要参数，其值的大小与电网对高次谐波的要求有关，其表达式为

$$\frac{i_g(h_{sw})}{i(h_{sw})}=\frac{1}{|1+r(1-ax)|} \tag{3.2.31}$$

式中 $a=LC_b\omega_{sw}$ 为常量。

④ 根据 LCL 滤波器谐振频率的表达式,令谐振频率和开关频率的关系为 $\omega_{res}=k\omega_{sw}$,结合 $L_g=rL$、$C_f=xC_b$,整理得到

$$k=b\sqrt{\frac{1+r}{rx}},b=\frac{1}{\omega_{sw}\sqrt{C_bL_g}} \tag{3.2.32}$$

式中,b 为常量。

⑤ 由于 LCL 滤波器在谐振频率时阻抗为 0,很容易引起系统振荡,所以为了抑制振荡的谐振峰,在某些系统中,采用在电容支路串入电阻的无源阻尼控制方法。而无源阻尼电阻 R_d 的取值一般为谐振频率点容抗值的 1/3。

该方法往往需要多次反复计算,下面给出了简化方案。首先利用电流的纹波要求,得出滤波器的总等效电感,然后利用谐波频率作为中间参数,推导出以电流谐波衰减比例为变量的二次方程,通过求解方程,可以很方便地求出滤波器的其他参数值。

① 总电感取值限制条件

并网逆变器交流侧稳态矢量关系如图 3.11 所示。由该图可知,在只考虑基波分量并忽略交流侧电阻的影响,当以电网电动势矢量为参考时,通过控制交流电压矢量 $\vec{U}$ 即可实现三相并网逆变器的四象限运行。假设 $\vec{I}$ 不变,则 $|\vec{U}_L|=\omega L|\vec{I}|$ 也固定不变,在这种情况下并网逆变器交流电压矢量 $\vec{U}$ 端点运动轨迹构成了以 $|\vec{U}_L|$ 为半径的圆。由此,根据矢量关系并结合余弦定理可得总电感 L_r 的限制条件。

$$\begin{aligned}|\vec{U}|&=|\vec{E}|+|\vec{U}_L|-2|\vec{E}||\vec{U}_L|\cos\theta\\&=|\vec{E}|+|\vec{U}_L|-2|\vec{E}||\vec{U}_L|\sin\varphi\end{aligned} \tag{3.2.33}$$

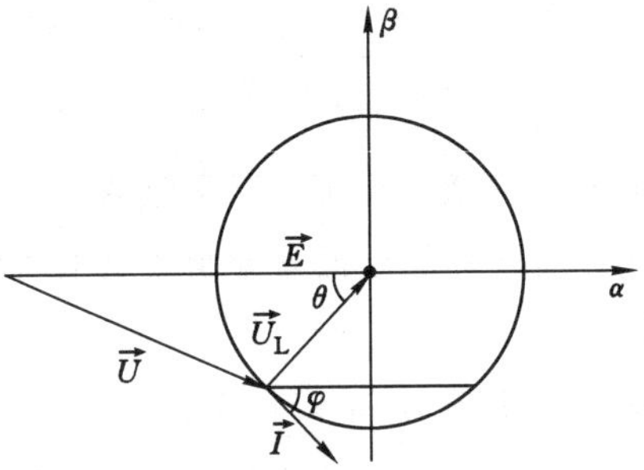

图 3.11　并网变换器交流侧稳态矢量关系

将 $|\vec{U}_L|=\omega L_T|\vec{I}|$ 代入式(3.2.33),并化简可得

$$\omega^2L_T^2|\vec{I}|-2\omega L_T\sin\varphi|\vec{E}||\vec{I}|+|\vec{E}|^2-|\vec{U}|^2=0 \tag{3.2.34}$$

求解上式中以 L_T 为变量的二次方程,得

$$L_{T}=\frac{|\vec{E}|\sin\varphi+\sqrt{|\vec{E}|^{2}\sin^{2}\varphi+|\vec{U}|^{2}-|\vec{E}|^{2}}}{\omega|\vec{I}|}$$

$$=\frac{E_{m}\sin\varphi+\sqrt{E_{m}\sin^{2}\varphi+U_{m}^{2}-E_{m}^{2}}}{\omega I_{m}} \tag{3.2.35}$$

式中，$L_T=L+L_g$ 为滤波器的等效电感；E_m 是电网相电压峰值；I_m 是相电流峰值；U_m 是逆变器输入相电压基波峰值。

在采用 SVPWM 调制时，最大基波相电压值 $U_m=u_{dc}/\sqrt{3}$，其中 u_{dc} 为直流母线电压，故

$$L_{T}<\frac{\sqrt{\frac{u_{dc}^{2}}{3}-E_{m}^{2}}}{\omega I_{m}} \tag{3.2.36}$$

又当 A 相上桥臂导通，B、C 下桥臂导通时，三相逆变器的 A 相具有最大的纹波电流。

$$\Delta I_{max}<\frac{1}{4\sqrt{3}}\times\frac{u_{dc}}{L_{T}f_{sw}} \tag{3.2.37}$$

因此

$$L_{T}>\frac{1}{4\sqrt{3}}\times\frac{u_{dc}}{\Delta I_{max}f_{sw}} \tag{3.2.38}$$

结合式(3.2.36)、式(3.2.38)可以得到电感的取值范围

$$\frac{1}{4\sqrt{3}}\times\frac{u_{dc}}{\Delta I_{max}f_{sw}}<L_{T}<\frac{\sqrt{\frac{u_{dc}^{2}}{3}-E_{m}^{2}}}{\omega I_{m}} \tag{3.2.39}$$

② 电容取值限制条件

在处理电容值时，滤波电容吸收的无功功率不能大于系统额定有功功率的 5%，在基波频率下对等效单相滤波电路进行简化，可以认为网侧电感和变换器侧电感串联后与滤波电容并联，由此可得

$$Q_{C_f}=\lambda P_{n}=\frac{3E_{s}^{2}}{1/(2\pi f_{1}C_{f})} \tag{3.2.40}$$

因此可得到 C_f 的表达式为

$$C_{f}=\frac{\lambda P_{n}}{3\times 2\pi f_{1}E_{s}^{2}} \tag{3.2.41}$$

式中 Q_{C_f} 为滤波电容吸收的基波无功功率；P_n 为并网逆变器额定功率；E_s 为电网相电压有效值；λ 为滤波电容吸收无功比例系数。

③ 电感 L 和 L_g 的选取

首先 $L_T=(1+r)L$，结合 LCL 滤波器谐振频率可得

$$dr^{2}+(2d+1-d\omega_{sw}^{2}L_{T}C_{f})r+d+1=0 \tag{3.2.42}$$

为了避免谐振发生在主要谐波频率附近，仍应该满足频率限制条件表达式(3.2.30)，并结合式(3.2.31)得

$$\frac{i_g(h_{sw})}{i(h_{sw})}=\frac{1}{|1+r(1-4\pi^2 f_{sw}^2 LC_f)|} \tag{3.2.43}$$

令 $k=f_{res}/f_{sw}$，结合式(3.2.42)、式(3.2.43)可得

$$\frac{i_g(h_{sw})}{i(h_{sw})}=\frac{1}{(\frac{1}{k^2}-1)(1+r)} \tag{3.2.44}$$

定义高次谐波衰减比例系数 $d=i_g(h_{sw})/i(h_{sw})$，可将上式转化为

$$k=\sqrt{\frac{d(1+r)}{1+d(1+r)}} \tag{3.2.45}$$

高次谐波衰减比例系数在设计滤波器参数时是已知量，由此可得 f_{res} 和 f_{sw} 的关系为

$$f_{res}=f_{sw}\sqrt{\frac{d(1+r)}{1+d(1+r)}} \tag{3.2.46}$$

联立式(3.2.42)和式(3.2.46)可得以 r 为变量的二次方程。

$$dr^2+(2d+1-d\omega_{sw}^2 L_T C_f)r+d+1=0 \tag{3.2.47}$$

首先要根据高次谐波衰减比例系数 d、总电感值 L_T、滤波电容 C_f 确定方程是否有解，如果方程没有实数解，则应该改变 d、L_T、C_f 直到方程有解为止，根据方程所求 r 可以得到 L、L_g 的大小，其中

$$\begin{cases} L=\dfrac{1}{r+1}L_T \\ L_g=rL \end{cases} \tag{3.2.48}$$

上述两种方法都是基于对电流纹波的限制为前提，都需要反复计算和测试，不利于工业应用。因而，工业中常常采用简易设计法设计 LCL 滤波器参数。

① 首先计算总电感 L_T 的值。其主要以谐波电流峰值 ΔI_{max} 为选择依据，ΔI_{max} 通常取最大额定电流峰值的 10%～20%，这里取折中值 15%，由此可得网侧电感表达式

$$L_T=\frac{E_n}{2\sqrt{6}\Delta I_{max} f_{sw}} \tag{3.2.49}$$

② 为了得到良好的滤波效果，根据式(3.2.49)得到总电感值后，一般变换器两电感取值通常根据经验公式：

$$L=2L_g \tag{3.2.50}$$

③ 电容的选择仍然按照电容吸收的无功功率不超过系统额定功率的 5%来选择。即

$$C_f\leqslant 5\%C_b \tag{3.2.51}$$

除此之外，LCL 滤波器的谐振频率仍应满足式(3.2.30)约束条件。

下面将以 LCL 滤波器设计实例加以说明。

三相并网变换器设计参数说明如下：

输出功率 P_n：10 kW

直流母线电压：650 V

开关频率：5 kHz

电网相电压有效值 E_n:220 V

要求逆变器侧的纹波电流小于 20%的额定电流;

并网电流 THD 小于 5%,高次谐波满足(IEEEStd519—1992)相关要求。

首先根据式(3.2.29),要求系统的总电感上的压降小于系统额定电压的 10%设计电感的上限值,系统的额定电流为:

$$I_n = \frac{P_n}{3E_n} = \frac{10\ 000}{3 \times 220} = 15.15\ \text{A} \tag{3.2.52}$$

$$L_T \leqslant \frac{0.1E_n}{2\pi \times 50 \times I_n} = \frac{0.1 \times 220}{2 \times \pi \times 50 \times 15.15} = 4.6\ \text{mH} \tag{3.2.53}$$

滤波电容的选取方法:仍然规定滤波电容吸收的基波无功功率不能大于系统额定有功功率的 5%。因此可以得出电容吸收的无功功率:

$$C_f = \frac{\lambda P_n}{3 \times 2\pi f_1 \times E_n^2} = \frac{0.05 \times 10\ 000}{3 \times 2\pi \times 50 \times 220^2} = 10.96\ \mu\text{F} \tag{3.2.54}$$

电感比例系数根据经验公式(3.2.50),并结合式(3.2.48)可得

$$\begin{cases} L_g = \dfrac{1}{r+1} L_T = \dfrac{1}{3} \times 4.6 \times 10^{-3}\ \text{H} = 1.533\ \text{mH} \\ L = rL_g = 2 \times 1.533 \times 10^{-3}\ \text{H} = 3.067\ \text{mH} \end{cases} \tag{3.2.55}$$

此时 LCL 滤波器的谐振频率为

$$\begin{aligned} f_{res} &= \frac{1}{2\pi} \sqrt{\frac{L + L_g}{LL_g C_f}} \\ &= \frac{1}{2\pi} \sqrt{\frac{4.6 \times 10^{-3}}{3.067 \times 10^{-3} \times 1.533 \times 10^{-3} \times 1.096 \times 10^{-5}}} = 1.5\ \text{kHz} \end{aligned} \tag{3.2.56}$$

可见,系统的谐振频率满足式(3.2.30)的要求,再根据阻尼电阻可得

$$R_d = \frac{1}{3 \times \omega_{res} C_f} = \frac{1}{3 \times 2 \times \pi \times 1.5 \times 10^3 \times 1.096 \times 10^{-5}} = 3.22\ \Omega \tag{3.2.57}$$

根据 $L_g C_f$ 滤波器在开关频率处具有 −20 dB 的衰减的要求可得由网侧电流到逆变器侧电流的传递函数为

$$G(s) = \frac{i_g(s)}{i(s)} = \frac{1}{L_g C_f s^2 + 1} \tag{3.2.58}$$

通过 MATLAB 作式(3.2.58)的幅频特性如图 3.12 所示,可以看到当 $L_g = 3.067$ mH、$C_f = 10.96\ \mu$F 时,系统的幅频特性在开关频率 5 kHz 具有 −30.3 dB 的衰减,满足系统所要求的限制条件。

3.2.3　三相并网变换器控制系统设计

在三相并网变换器的控制系统设计中,采用同步旋转坐标系下的电压定向控制。其中电压外环的作用是维持直流母线电压稳定,减少直流电压的波动对网侧电流的干扰;电流内环的作用是按电压外环输出的电流指令进行电流控制,实现网侧变换器单位功率因数运行。其控制原理为:将网侧电压、电流经过 3s/2r 坐标变换,并且对电压进行矢量定向,使 d、q 轴

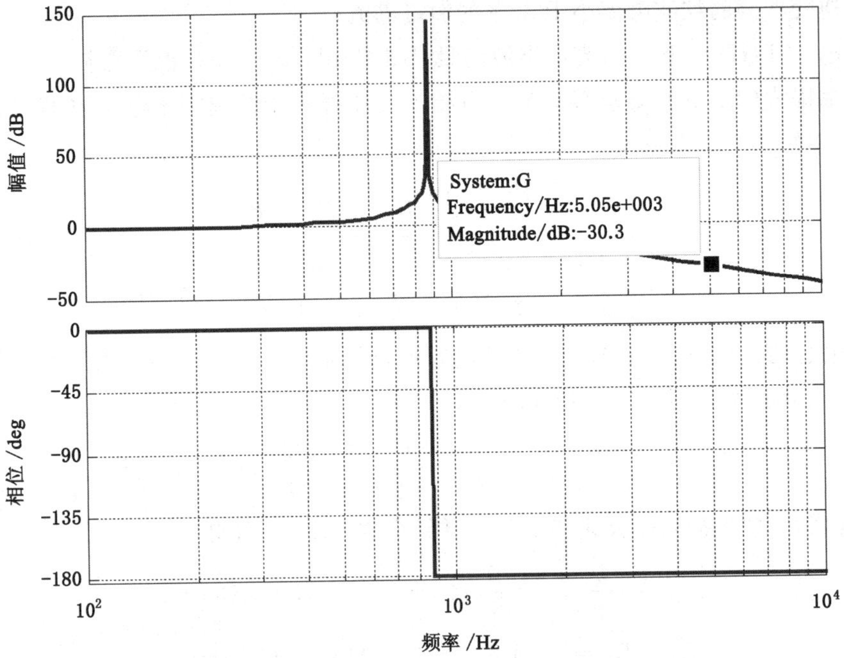

图 3.12　滤波器 Bode 图

上的电流分量 i_d、i_q 分别控制网侧的有功功率和无功功率。直流电压外环经过 PI 调节器后，输出为桥臂侧电流有功分量指令 i_d^*，与可独立控制的无功电流指令 i_q^* 一起经过 PI 调节器后得到整流器交流侧电压的 d、q 分量 u_d、u_q，经过反旋转变换，得到两相静止坐标系下的电压矢量 u_α、u_β，再经过 SVPWM 调制后生成 PWM 脉冲信号，进而控制网侧变换器运行。其双闭环控制原理框图如图 3.13 所示。

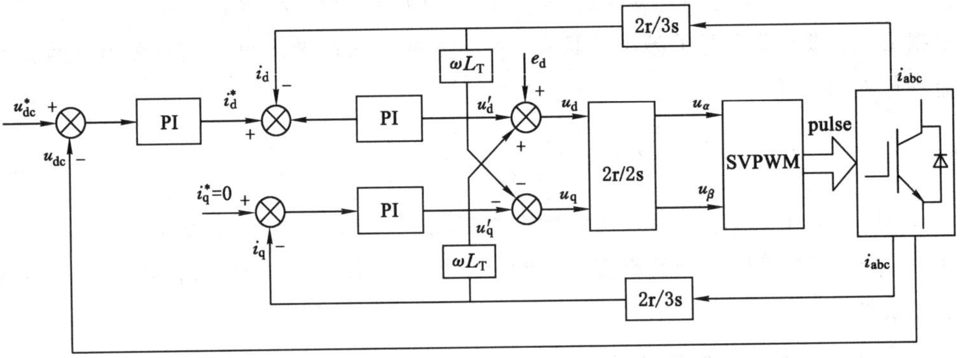

图 3.13　双闭环控制结构框图

(1) 电流内环设计

电流内环的作用主要是按电压外环输出的电流指令进行电流控制。从本质上讲，并网变换器是关于电能交直流转换的能量变换系统。因为电网电压基本上是一定的，所以对输入电流快速有效的控制也就有效地控制了能量流动速度和大小。

将 LCL 滤波器等效为单电感滤波器，L 为总电感值，R 为网侧总电阻，三相并网逆变器的拓扑结构以及两相旋转坐标系下的数学模型表达式可描述为

$$\begin{bmatrix} e_d \\ e_q \end{bmatrix} = \begin{bmatrix} Lp+R & -\omega L \\ \omega L & Lp+R \end{bmatrix} \begin{bmatrix} i_d \\ i_q \end{bmatrix} + \begin{bmatrix} u_d \\ u_q \end{bmatrix} \tag{3.2.59}$$

式中：p 为微分算子；e_d、e_q 分别表示电网电压的 d、q 分量值；i_d、i_q 表示变换器侧电流的 d、q 分量值；$u_d = u_{dc} s_d$、$u_q = u_{dc} s_q$ 表示变换器交流输出电压的 d、q 分量值。

设 d-q 坐标系中 d 轴与电网电动势矢量 $\boldsymbol{E}_{dq}$ 重合，则电网电动势的 q 轴分量 e_q 为零。并网逆变器的 d、q 轴分量相互耦合，这对控制器的设计带来一定困难，因此采用前馈解耦控制策略。当电流调节器采用 PI 调节器时，可得 u_d、u_q 的控制方程。

$$\begin{cases} u_d = -\left(K_{iP} + \dfrac{K_{iI}}{s}\right)(i_d^* - i_d) + \omega L i_q + e_d \\ u_q = -\left(K_{iP} + \dfrac{K_{iI}}{s}\right)(i_q^* - i_q) - \omega L i_d + e_q \end{cases} \tag{3.2.60}$$

式中，K_{iP}、K_{iI} 为电流内环比例和积分增益；i_d^*、i_q^* 为 i_d、i_q 电流指令值。

将式(3.2.60)代入式(3.2.59)并化简可得

$$p\begin{bmatrix} i_d \\ i_q \end{bmatrix} = \begin{bmatrix} -\left[R-\left(K_{iP}+\dfrac{K_{iI}}{s}\right)\right]/L & 0 \\ 0 & -\left[R-\left(K_{iP}+\dfrac{K_{iI}}{s}\right)\right]/L \end{bmatrix} \begin{bmatrix} i_d \\ i_q \end{bmatrix} - \frac{1}{L}\left(K_{iP}+\frac{K_{iI}}{s}\right)\begin{bmatrix} i_d^* \\ i_q^* \end{bmatrix} \tag{3.2.61}$$

显然，式(3.2.61)表明：基于前馈解耦的控制算法式(3.2.60)使三相并网逆变器电流内环实现解耦控制。图 3.14 给出三相并网逆变器内环解耦控制结构图。由于两电流内环具有对称性，先以 d 轴电流为例讨论电流内环控制系统设计。

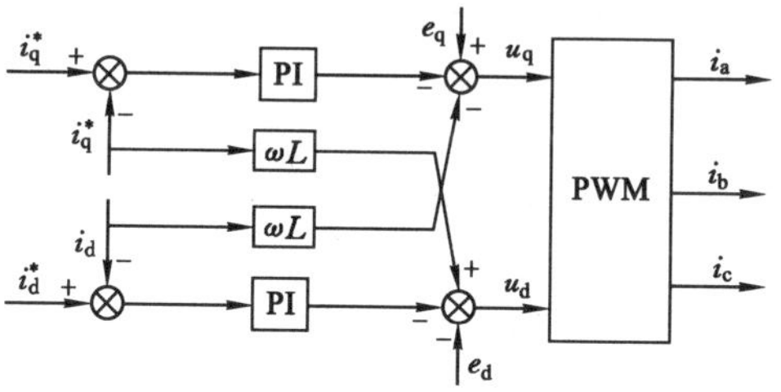

图 3.14　三相并网逆变器内环解耦控制结构图

考虑电流内环信号采样的延迟和 PWM 控制的小惯性特性，已经解耦的电流内环结构如图 3.15 所示。

在图 3.15 中，T_s 为电流内环电流采样周期(即亦为 PWM 开关周期)，K_{PWM} 为 PWM 等效增益。为简化分析，暂不考虑 e_d 扰动的影响，且将 PI 调节器写成零极点形式，即

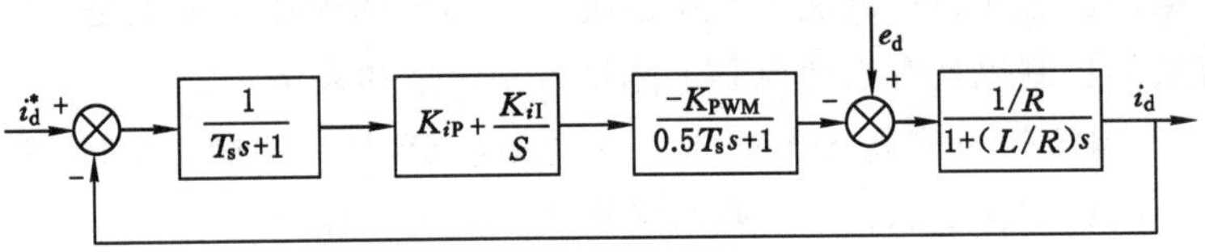

图 3.15　i_d 电流环结构图

$$K_{iP}+\frac{K_{iI}}{s}=K_{iP}\frac{\tau_i s+1}{\tau_i s},K_{iI}=\frac{K_{iP}}{\tau_i} \tag{3.2.62}$$

将小时间常数 T_s、$0.5T_s$ 的惯性环节合并，得到简化内环结构，如图 3.16 所示。

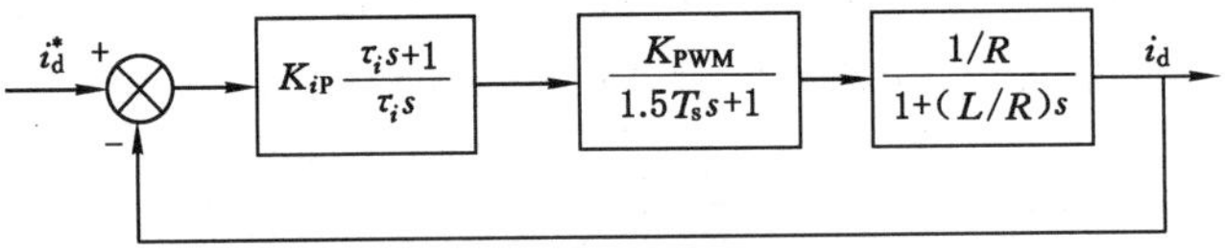

图 3.16　无 e_d 扰动时的电流内环简化结构图

对于典Ⅰ型系统和典Ⅱ型系统而言，它们在阶跃输入下都是稳态无静差的，但动态性能有所不同。一般来说，动态过程中，典Ⅰ型系统可以在跟随性能上做到超调量小，但抗扰性能差；而典Ⅱ型系统的超调量相对较大，但抗扰性能却比较好。电流环控制对象是双惯性的，为了获得较快的动态响应，超调量小，应该把电流环校正成典Ⅰ型系统。因此，可按典Ⅰ型系统来设计电流调节器。由图 3.16 可知，只需将 PI 调节器引入的零点与控制对象中小大惯性环节的极点对称相消即可，令 $\tau_i=L/R$，则电流内环的开环传递函数化简为

$$W_{oi}(s)=\frac{K_{iP}K_{PWM}}{R\tau_i s(1.5T_s s+1)} \tag{3.2.63}$$

由典Ⅰ型系统参数整定关系，当系统阻尼比取 $\xi=0.707$ 时，有

$$\frac{1.5T_s K_{iP}K_{PWM}}{R\tau_i}=\frac{1}{2} \tag{3.2.64}$$

求解上式，可得

$$K_{iP}=\frac{L}{3T_s K_{PWM}} \tag{3.2.65}$$

$$K_{iI}=\frac{R}{3T_s K_{PWM}} \tag{3.2.66}$$

式(3.2.65)和式(3.2.66)即为电流内环 PI 调节器参数计算公式。

另外，电流内环的闭环传递函数为

$$W_{ci}(s)=\frac{1}{\frac{1.5T_s L}{K_{iP}K_{PWM}}s^2+\frac{L}{K_{iP}K_{PWM}}s+1} \tag{3.2.67}$$

当开关频率足够高，即 T_s 足够小时，则将式(3.2.67)简化为

$$W_{ci}(s)=\frac{1}{\dfrac{L}{K_{iP}K_{PWM}}s+1} \tag{3.2.68}$$

将式(3.2.65)代入式(3.2.68)可得

$$W_{ci}(s)=\frac{1}{3T_s s+1} \tag{3.2.69}$$

式(3.2.69)表明：电流内环按典Ⅰ型系统设计时，电流内环可近似等效为一个惯性环节，其惯性时间常数为 $3T_s$，显然当开关频率足够高时，电流内环具有较高的动态响应。

依照 3.2.2 节实例参数，可得电流内环 PI 调节器的传递函数为

$$C_i(s)=7.67+\frac{240}{s} \tag{3.2.70}$$

根据式(3.2.63)和式(3.2.70)得到电流环的单位阶跃响应曲线如图 3.17 所示。

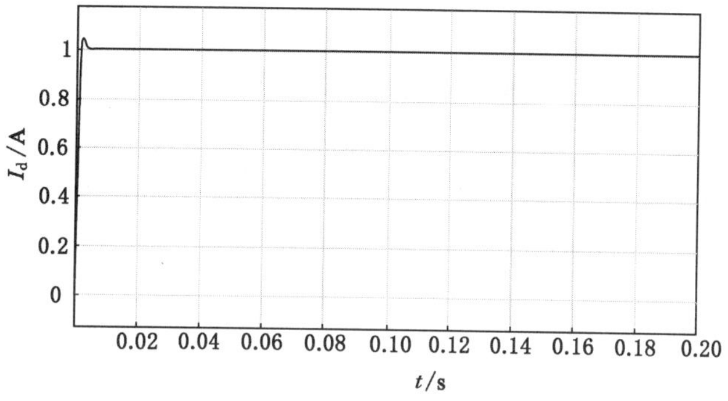

图 3.17　电流内环单位阶跃响应

由上图所示，电流环的阶跃响应超调较小，调节时间短，满足电流环快速跟踪的要求。

(2) 电压外环设计

电压环的作用是建立稳定的直流侧电压，需推导出从电压环的输入(指令电压同实际电压的差值)到直流侧电压的传递函数，再对电压环中的 PI 调节器进行设计。由于 PI 调节器结构是确定的，所以只需根据功率守恒原理建立从其输出到直流侧电压的函数关系。

为简化控制系统设计，当开关频率远高于电网基波频率时，可忽略谐波分量，对于单位功率因数正弦波电流控制，三相并网变换器网侧电流为

$$\begin{cases} i_a=I_m\sin\omega t \\ i_b=I_m\sin\left(\omega t-\dfrac{2}{3}\pi\right) \\ i_c=I_m\sin\left(\omega t+\dfrac{2}{3}\pi\right) \end{cases} \tag{3.2.71}$$

式中，I_m 为三相并网变换器网侧电流幅值。

由式(3.2.71)可得

$$i_a^2+i_b^2+i_c^2=1.5I_m^2 \tag{3.2.72}$$

电压环中的 PI 调节器输出电流指令 i^*(单位功率因素时 $i^*=I_d$)，在稳态工作时，可将

其看作稳态分量 I_m 与扰动量 $\hat{i}^*$ 之和。由于 $\hat{i}^* \ll I_m$，所以

$$i^* \approx I_m \tag{3.2.73}$$

由功率守恒定律，整流器主电路的功率平衡方程式为

$$P_{in} = P_{Ls} + P_{Rs} + P_C + P_L \tag{3.2.74}$$

式中，P_{in} 为输入功率，P_{Ls}、P_{Rs}、P_C 分别为交流侧电感 L、电阻 R、直流侧电容 C 上的功率，P_L 为负载 R_L 上的功率。

考虑式(3.2.72)，得到

$$\begin{cases} P_{in} = \sum\limits_{k=a,b,c} e_k(t) i_k(t) = 1.5 E_m I_m \\ P_{Ls} = L \sum\limits_{k=a,b,c} \dfrac{di_k(t)}{dt} i_k(t) = 1.5 L I_m \dfrac{dI_m}{dt} \\ P_{Rs} = R \sum\limits_{k=a,b,c} i_k^2(t) = 1.5 R I_m^2 \\ P_C + P_L = U_{dc}(t) i_{dc}(t) \end{cases} \tag{3.2.75}$$

将式(3.2.72)代入式(3.2.74)，并考虑式(3.2.73)得

$$\begin{cases} i_{dc}(t) = \dfrac{1.5}{U_{dc}(t)} \left(E_m i^* - L i^* \dfrac{dt^*}{dt} - R(i^*)^2 \right) \\ i_{dc}(t) = C \dfrac{dU_{dc}(t)}{dt} + \dfrac{U_{dc}(t)}{R_L} \end{cases} \tag{3.2.76}$$

在稳态工作点考虑小信号扰动量

$$\begin{cases} i_{dc}(t) = I_{dc} + \hat{i}_{dc}(t) \\ U_{dc}(t) = U_{dc} + \hat{U}_{dc}(t) \\ i^*(t) = I_m + \hat{i}^*(t) \end{cases} \tag{3.2.77}$$

将式(3.2.77)代入(3.2.76)，分离出微分变量后联立得：

$$\frac{d\hat{U}_{dc}(t)}{dt} + \frac{\hat{U}_{dc}(t)}{0.5 R_L C} = \frac{1.5}{C U_{dc}} \left[(E_m - 2 R I_m) \hat{i}^* - L I_m \frac{d\hat{i}^*}{dt} \right] \tag{3.2.78}$$

通常 $E_m \gg 2RI_m$，所以式(3.2.78)可写为：

$$\frac{d\hat{U}_{dc}(t)}{dt} + \frac{\hat{U}_{dc}(t)}{0.5 R_L C} = \frac{1.5}{C U_{dc}} \left(E_m \hat{i}^* - L I_m \frac{d\hat{i}^*}{dt} \right) \tag{3.2.79}$$

此为三相并网变换器从电压环 PI 调节器输出($\hat{i}^*$)到直流侧电压($\hat{U}_{dc}$)的小信号线性时域模型，对其进行拉普拉斯变换得

$$G(s) = \frac{\hat{U}_{dc}(s)}{\hat{i}^*(s)} = K \frac{1 - T_v s}{1 + T_i s} \tag{3.2.80}$$

式中，

$$\begin{cases} T_i = 0.5 R_L C \\ T_v = L \dfrac{I_m}{E_m} \approx \dfrac{L P_{in}}{1.5 E_m^2} \\ K = \dfrac{3 R_L E_m}{4 U_{dc}} \end{cases} \tag{3.2.81}$$

考虑到电压信号的采样延时，电压环的控制框图如图 3.18 所示。

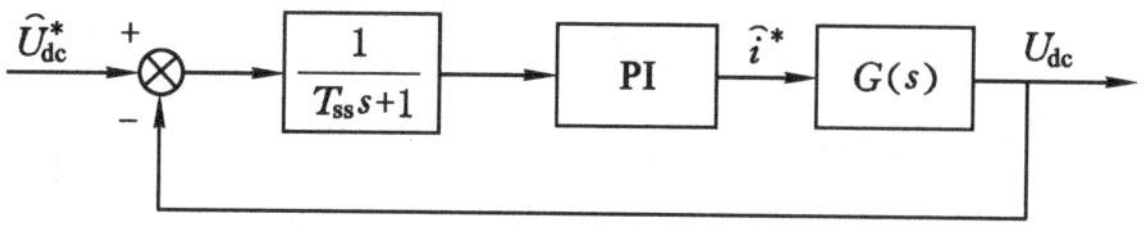

图 3.18 电压外环控制结构框图

图 3.18 中，T_{ss} 为直流侧电压采样环节时间常数。根据控制到输出传递函数 $G(s)$ 的特点来确定电压环中 PI 调节器的参数。

设电压环中 PI 调节器数学模型为 $K_{uP}+\frac{K_{uI}}{s}$，则有

$$K_{uP}+\frac{K_{uI}}{s}=\frac{K_{uP}(\tau_{ui}s+1)}{\tau_{ui}s} \tag{3.2.82}$$

其中：$K_{uI}=K_{uP}/\tau_{ui}$，由式(3.2.80)和式(3.2.82)得到电压环开环传递函数为：

$$Q(s)=\frac{K_{uP}K(\tau_{ui}s+1)(1-T_v s)}{\tau_{ui}s(1+T_i s)(T_{ss}s+1)} \tag{3.2.83}$$

为实现电流的完全跟踪，电压环的频带宽度应远小于电流环的频带宽度，通常电压环的带宽应小于开关频率的 1/5，这里取为 360 rad/s。从式(3.2.83)得到电压环带宽为 $K_{uP}K/\tau_{ui}$，所以 $K_{uP}=360\tau_{ui}/K$。

为提高系统的稳定性，PI 调节器的零点设计应在 $G(s)$ 的最低极点处，以补偿极点所引起的相位滞后，因为 $T_i \gg T_{ss}$，即有

$$\tau_{ui}s+1=T_i s+1 \Rightarrow \tau_{ui}=T_i \tag{3.2.84}$$

根据上述分析并结合设计的 LCL 滤波器参数，得到电压外环 PI 调节器参数为：

$$\begin{cases} K_{uP}=\dfrac{360T_i}{K} \\ K_{uI}=\dfrac{K_{uP}}{\tau_{ui}}=\dfrac{360}{K} \end{cases}$$

根据上述分析，设 $R_L=10\ \Omega$，$C=4\ 000\ \mu F$，$E_m=311$ V，$U_{dc}=600$ V，得到电压环 PI 调节器参数为：$\begin{cases} K_{uP}=1.85 \\ K_{uI}=92 \end{cases}$。依据图 3.18，作出电压环的单位阶跃响应曲线，如图 3.19 所示。图中直流侧电压响应处于过阻尼状态，如需更快响应速度，所设计 K_{uP} 可以微增一点。

因此，需要说明的是，电压环和电流环的参数设计值和实际应用到软件仿真或硬件实验，所设计的参数并不一定使系统的运行性能最好，通过对 PI 参数的微调以达到系统运行的最佳性能要求。

为了验证双闭环控制策略的有效性，可搭建仿真模型进行验证，本书给出一个并网变换器仿真参数，如表 3-2 所示，可供读者参考。

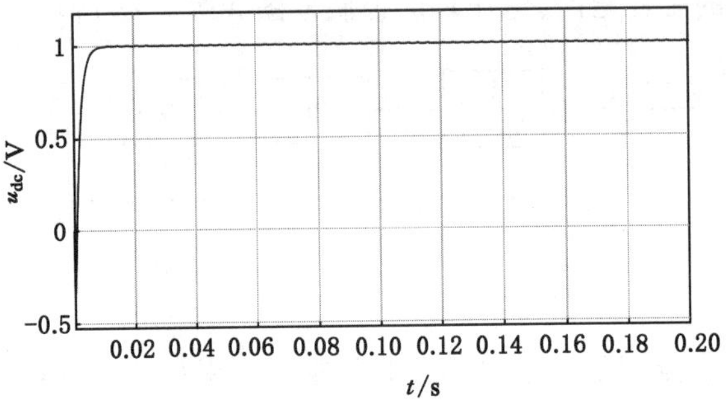

图 3.19　电压环单位阶跃响应

表 3-2　仿真系统参数表

参数名	值	参数名	值
系统额定功率	10 kW	K_{iP}	7.67
开关频率	5 kHz	K_{iI}	240
电网相电压有效值	220 V	K_{uP}	1.85
直流侧电容	4 000 μF	K_{uI}	92
直流母线电压	650 V	网侧电感	1.533 mH
滤波电容	10 μF	逆变器侧电感	3.067 mH
阻尼电阻 R_d	3.22 Ω		

3.3　H 桥级联 STATCOM 控制系统

3.3.1　H 桥级联型 STATCOM 数学模型

H 桥级联型 STATCOM 由交流侧连接电感和电压源型变流器构成，其中电压源变流器的每一相由完全相同的 H 桥模块串联组成，通过增加或减少串联的 H 桥模块数调整电平数。

图 3.20 所示为星型接法和角型接法的 STATCOM 结构图。星型接法的 STATCOM 每一相所承受的电压为电网相电压，角型接法每一相两端都与电网相连，承受电压为线电压，故角型接法每一相承受电压约为星型接法的 1.732 倍。星型接法由于存在公共连接点，各相之间的控制相互耦合，需要采用合适的控制策略平衡各个模块的直流侧电容电压，角型接法各相两端都通过电感与电网相连，各相可以实现独立控制而不互相干扰，但是在相同电压等级下角型接法需要串联更多的 H 桥模块来实现更高的耐压，目前星型接法与角型接法都在工程上有一定的应用。

对 H 桥级联型 STATCOM 的数学模型进行分析，探讨其输入输出特性。首先对 H 桥模块的数学模型进行分析。图 3.21 所示为 H 桥模块结构图，包括一个电容器和 4 个 IGBT 和反并联二极管组成。

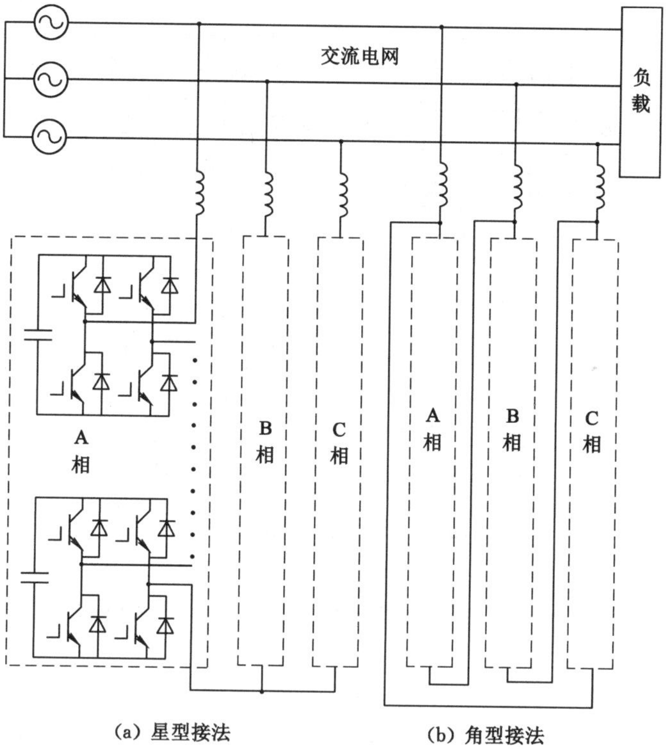

图 3.20　H 桥级联型 STATCOM 结构

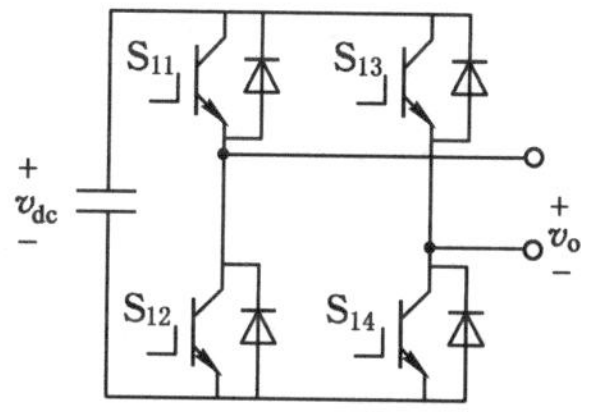

图 3.21　H 桥模块理想结构

为了便于分析，假设二极管与 IGBT 都是理想器件不存在开关损耗，线路上的损耗也忽略不计，并认为直流侧电容电压保持稳定。v_{dc} 为直流侧电压，v_o 为输出电压；S_{11}、S_{12}、S_{13}、S_{14} 分别代表 4 个 IGBT 的开关状态，定义 1 表示开通状态，0 表示关断。由于上下串联的两个 IGBT 一般用作互补输出，因此 4 个 IGBT 组合有 4 种开关状态。

(1) $S_{11}=1$、$S_{13}=1$ 时，模块处于旁路状态，输出电压 $v_o=0$，导通路径如图 3.22(a)所示。

(2) $S_{11}=0$、$S_{13}=0$ 时，模块处于旁路状态，输出电压 $v_o=0$，导通路径如图 3.22(b)所示。

(3) $S_{11}=1$、$S_{13}=0$ 时，模块处于正向导通状态，输出电压 $v_o=+v_{dc}$，导通路径如图 3.22(c)所示。

(4) $S_{11}=0$、$S_{13}=1$ 时，模块处于反向导通状态，输出电压 $v_o=-v_{dc}$，导通路径如图 3.22

(d)所示。

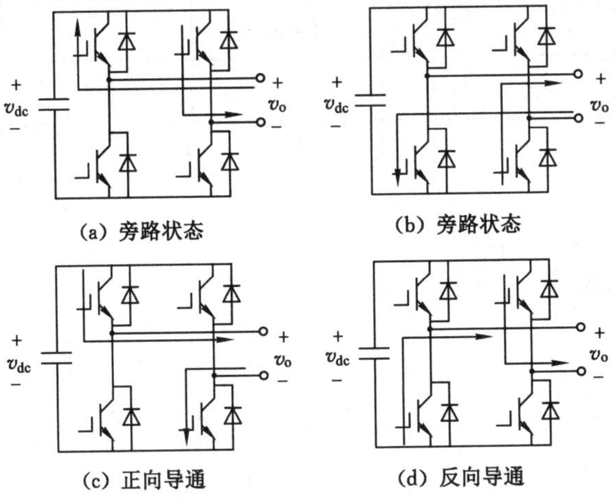

图 3.22　H 桥模块运行模式

可以看出，H 桥模块的输出电压一共有 0、$+v_{dc}$、$-v_{dc}$ 三种状态，根据 S_{11} 和 S_{13} 的状态可得公式(3.3.1)。

$$v_o=(S_{11}-S_{13})v_{dc} \tag{3.3.1}$$

定义 S_{jk}，其中 j 表示 H 桥模块的编号，k 表示 IGBT 在此 H 桥模块内部的位置。H 桥级联型 STATCOM 每一相由 n 个 H 桥模块串联而成，则输出相电压 v_c 可由式(3.3.2)表示。

$$v_c=\sum_{j=1}^{n}(S_{j1}-S_{j3})v_{dc} \tag{3.3.2}$$

为了便于推导 H 桥级联型 STATCOM 整体数学模型，做如下假设：① 电网电压三相对称，三相线路上的参数相同；② 设备与电网之间的连接电抗器加线路电感用 L_c 表示；③ 系统消耗的有功用 R 等效；④ 各 H 桥模块参数完全相同，各模块电容电压相同；⑤ 推导过程中只考虑基波分量，不考虑谐波分量的影响。

如图 3.23 所示，v_{ga}、v_{gb}、v_{gc} 表示连接点处的电网相电压，R 表示系统消耗有功的部分，L_c 为设备与电网的连接电感，v_{ca}、v_{cb}、v_{cc} 表示设备经调制后输出的多电平相电压，i_{ca}、i_{cb}、i_{cc} 为 STATCOM 补偿电流，用 v_{dc_Ai}、v_{dc_Bi}、v_{dc_Ci} 表示三相 H 桥模块中的电容电压(i 代表 H 桥模块在各相中的位置)，根据上文的假设可得公式(3.3.3)，即各模块电容电压都为 v_{dc}。

$$v_{dc\_Ai}=v_{dc\_Bi}=v_{dc\_Ci}=v_{dc} \tag{3.3.3}$$

由图 3.23 所示电路，可列出三相电压方程的数学表达式，如式(3.3.4)所示。

$$\begin{cases} v_{ga}=i_{ca}R+L_c\dfrac{di_{ca}}{dt}+v_{ca} \\ v_{gb}=i_{cb}R+L_c\dfrac{di_{cb}}{dt}+v_{cb} \\ v_{gc}=i_{cc}R+L_c\dfrac{di_{cc}}{dt}+v_{cc} \end{cases} \tag{3.3.4}$$

在图 3.23 中，用电阻 R 表示有功消耗的部分，并假设图中的 H 桥模块内部不存在有功的消耗，每一相有 n 个 H 桥模块，因此直流侧根据能量守恒有

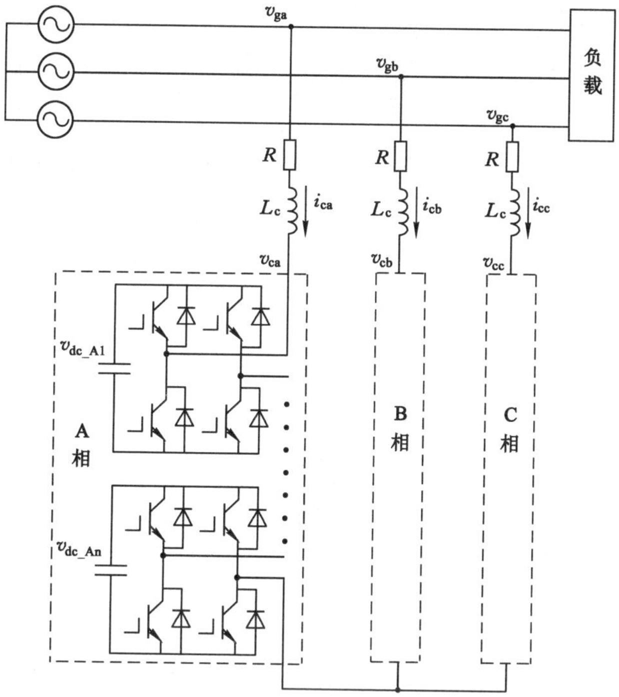

图 3.23　星型 H 桥级联 STATCOM 结构

$$3nv_{dc}C\frac{dv_{dc}}{dt}=v_{ca}i_{ca}+v_{cb}i_{cb}+v_{cc}i_{cc} \tag{3.3.5}$$

由式(3.3.4)和式(3.3.5)可列出 H 桥级联型 STATCOM 在三相静止坐标系下的数学模型，见式(3.3.6)。

$$\begin{cases} v_{ga}=i_{ca}R+L_c\dfrac{di_{ca}}{dt}+v_{ca} \\ v_{gb}=i_{cb}R+L_c\dfrac{di_{cb}}{dt}+v_{cb} \\ v_{gc}=i_{cc}R+L_c\dfrac{di_{cc}}{dt}+v_{cc} \\ 3nv_{dc}C\dfrac{dv_{dc}}{dt}=v_{ca}i_{ca}+v_{cb}i_{cb}+v_{cc}i_{cc} \\ i_{ca}+i_{cb}+i_{cc}=0 \end{cases} \tag{3.3.6}$$

进行 park 变换将其从三相静止坐标系变换到两相旋转坐标系下进行分析。选取旋转坐标轴的 d 轴与电网电压矢量重合，变换矩阵如式(3.3.7)所示。

$$C_{3s/2r}=\sqrt{\frac{2}{3}}\begin{bmatrix}\sin\omega t & \sin(\omega t-120°) & \sin(\omega t+120°)\\ \cos\omega t & \cos(\omega t-120°) & \cos(\omega t+120°)\end{bmatrix} \tag{3.3.7}$$

将电压、电流量变换到 $d-q$ 坐标系下得式(3.3.8)：

$$\begin{bmatrix}v_{cd}\\ v_{cq}\end{bmatrix}=C_{3s/2r}\begin{bmatrix}v_{ca}\\ v_{cb}\\ v_{cc}\end{bmatrix},\begin{bmatrix}v_{gd}\\ v_{gq}\end{bmatrix}=C_{3s/2r}\begin{bmatrix}v_{ga}\\ v_{gb}\\ v_{gc}\end{bmatrix},\begin{bmatrix}i_{cd}\\ i_{cq}\end{bmatrix}=C_{3s/2r}\begin{bmatrix}i_{ca}\\ i_{cb}\\ i_{cc}\end{bmatrix} \tag{3.3.8}$$

将式(3.3.8)代入式(3.3.6)可得 STATCOM 在两相旋转坐标系下的数学模型。

$$\frac{\mathrm{d}}{\mathrm{d}t}\begin{bmatrix}i_{cd}\\ i_{cq}\end{bmatrix}=\begin{bmatrix}-\frac{R}{L_c} & \omega\\ -\omega & -\frac{R}{L_c}\end{bmatrix}\begin{bmatrix}i_{cd}\\ i_{cq}\end{bmatrix}+\frac{1}{L_c}\begin{bmatrix}v_{gd}\\ v_{gq}\end{bmatrix}-\frac{1}{L_c}\begin{bmatrix}v_{cd}\\ v_{cq}\end{bmatrix} \tag{3.3.9}$$

根据瞬时功率理论，STATCOM 运行时与电网交换的有功功率与无功功率可表示为式(3.3.10)：

$$\begin{cases}p=3/2(v_{gd}i_{cd}+v_{gq}i_{cq})\\ q=3/2(v_{gq}i_{cd}-v_{gd}i_{cq})\end{cases} \tag{3.3.10}$$

由于定义 d 轴与电网电压矢量同向，因此 $v_{gq}=0$，将式(3.3.10)简化为式(3.3.11)：

$$p=\frac{3}{2}v_{gd}i_{cd},q=-\frac{3}{2}v_{gd}i_{cq} \tag{3.3.11}$$

通过坐标变换，将三相静止坐标系下正弦量变换到旋转坐标系下的直流量，易于控制器实现无静差的跟踪与控制。由公式(3.3.11)看出，通过控制 i_{cd} 和 i_{cq} 就可以实现 STATCOM 与电网进行有功和无功的交换。

3.3.2 H 桥级联型 STATCOM 多电平调制技术

载波移相正弦调制技术(CPS-SPWM)是在正弦脉宽调制(SPWM)技术基础上发展而来的。在 H 桥级联型 STATCOM 中，每个 H 桥模块采用频率相同的三角载波，三角载波通过与调制波比较得出开关信号。调整各个模块的调制波就可以实现对电容电压的控制。它还可以降低器件的开关频率，输出较高的等效开关频率。相比于其他调制方式，它具有简单、可靠的特点。

CPS-SPWM 的实现方式主要有双极性调制和单极倍频调制两种。

(1) 双极性调制

使用双极性调制时，单个 H 桥模块的开关原理如图 3.24 所示。结合图 3.21 的 H 桥模块对图 3.24 进行说明。三角载波与调制波进行比较产生开关信号，当调制信号幅值大于三角载波幅值时，S_{11} 和 S_{14} 导通，S_{12} 和 S_{13} 关断，输出电压 $v_o=+v_{dc}$，当调制信号幅值小于三角载波幅值时，S_{12} 和 S_{13} 导通，S_{11} 和 S_{14} 关断，输出电压 $v_o=-v_{dc}$。

设每一相的 H 桥模块使用相同的调制信号 $M\sin(\omega_s t)$，其中 M 为调制信号的调制度，ω_s 为调制信号频率，使用频率为 k_T 的三角载波，相邻模块三角载波相位差为 $1/N$ 载波周期，N 为这一相上串联的 H 桥模块数目。第 i 个 H 桥模块使用的三角载波相角为 $\delta_i=\delta_1+2\pi i/N$，其中 δ_1 为第一个 H 桥模块的相角。双极性调制经过载波移相后，可以获得

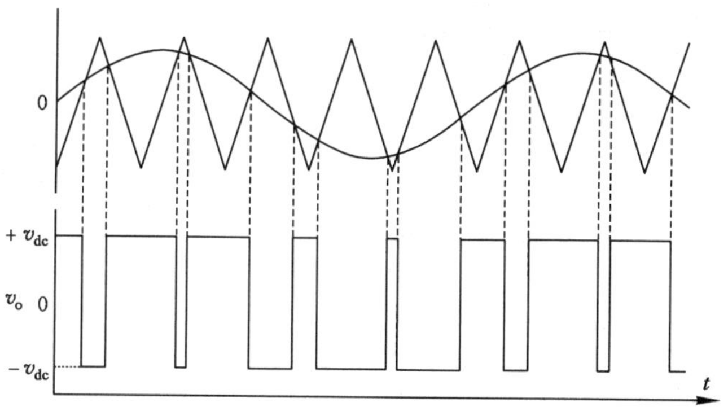

图 3.24　H 桥模块双极性调制原理

$N+1$电平的输出电压。图 3.25 所示为双极性载波移相调制波形，每一相上有 4 个 H 桥模块，v_{o1}、v_{o2}、v_{o3}、v_{o4}分别为 4 个 H 桥模块的输出电压，三角载波频率为 250 Hz，v_{o_sum}为串联后总的输出电压，可以看出叠加后的总输出电压电平数为 5。

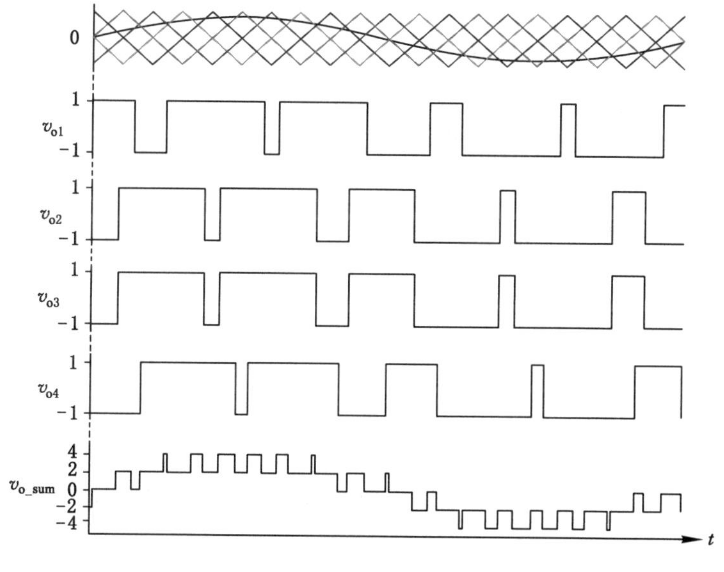

图 3.25　双极性载波移相调制波形

（2）单极倍频调制

图 3.26 所示为 H 桥单元模块单极倍频调制原理。两条反向的三角载波与调制波进行比较，其中一条三角载波与调制波比较，当调制波大于载波时，S_{11}导通 S_{12}关断，当调制波小于载波时，S_{11}关断 S_{12}导通；另外一条反向的三角载波与调制波比较后，当调制波大于载波时，S_{14}导通 S_{13}关断，当调制波小于载波时，S_{14}关断 S_{13}导通。输出电压 v_o 有$+v_{dc}$、$-v_{dc}$、0 三种状态。

图 3.27 所示为单极倍频载波移相的调制波形，各个 H 桥模块使用相同的调制信号 $M\sin(\omega_s t)$，使用频率为 k_T 的三角载波，相邻模块三角载波相位差为 $1/2N$ 载波周期，N 为

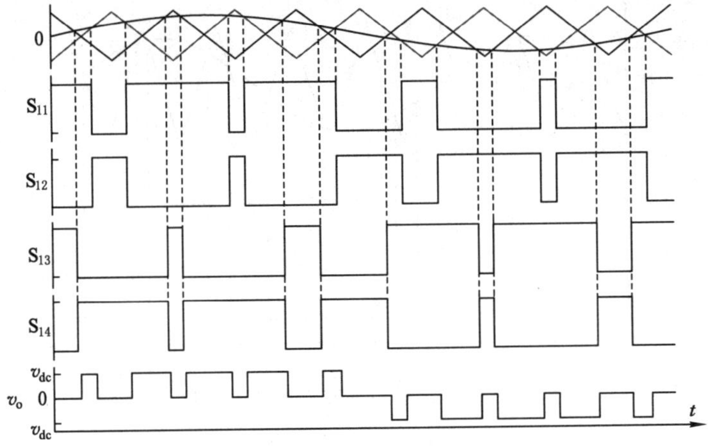

图 3.26　H 桥模块单极倍频调制原理

这一相上串联的 H 桥模块数目。第 i 个 H 桥模块使用的三角载波相角为 $\delta_i=\delta_1+\pi i/N$，各个模块的电平数叠加后输出，总电平数为 $2N+1$。如图 3.27 所示，每一相串联 4 个 H 桥模块，三角载波频率为 250 Hz，总输出电压 v_{o_sum} 的电平数为 9。

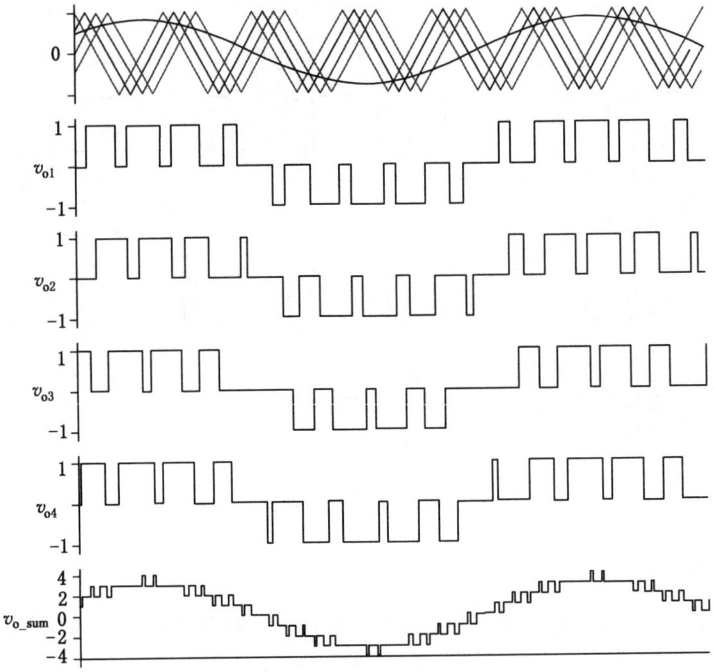

图 3.27　单极倍频载波移相调制波形

对双极性调制和单极性调制进行傅里叶分析，可得两种调制方法的傅里叶级数表达式。

$$F_L(t)=NMV_{dc}\sin(\omega_s t)+f(\omega_s,t) \tag{3.3.12}$$

式中，V_{dc} 为直流侧电容电压，$f(\omega_s,t)$ 为谐波函数。

由此可知，两种调制策略的幅值相等。对其进行傅里叶分析可知，双极性载波移相调制后输出电压的谐波出现在 $Nk_{\mathrm{T}} \cdot 2\pi/\omega_{\mathrm{s}}$ 附近，而单极倍频载波移相调制后输出电压的谐波出现在 $2Nk_{\mathrm{T}} \cdot 2\pi/\omega_{\mathrm{s}}$ 附近。可以看出，双极性载波移相将等效开关频率提高到了原来的 N 倍，而单极倍频载波移相将等效开关频率提高到了原来的 $2N$ 倍。图 3.28 所示为级联数 N 为 4，三角载波频率 k_{T} 为 250 Hz 的谐波分析图，结果与上述结论一致。

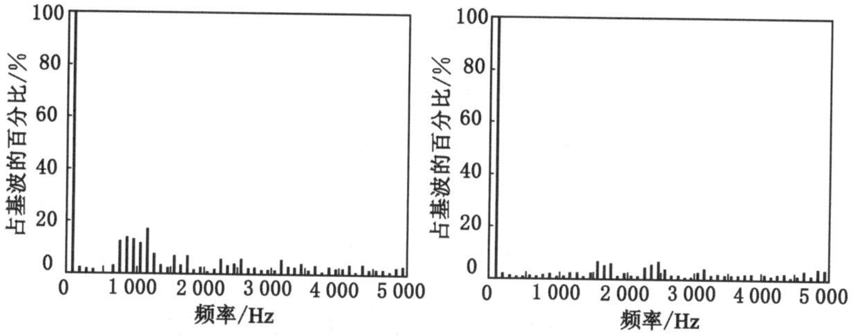

(a) 双极性调制　(b) 单极性调制

图 3.28　载波移相调制信号谐波分析

通过分析可知，在单个 IGBT 开关频率一样的情况下，使用单极倍频载波移相调制的等效开关频率是双极性载波移相调制的两倍，且输出的电平数更多，谐波含量更少。因此，在大功率级联多电平变流器中单极倍频载波移相调制得到了广泛的应用。

3.3.3　交流侧功率解耦控制策略

对 STATCOM 的数学模型进行分析，其控制部分包括有功功率和无功功率的控制。有功功率控制用来维持直流侧电容电压的稳定，这是 STATCOM 保持正常运行的前提条件；无功功率控制用来跟踪补偿电流指令或电网无功指令，满足系统动态无功补偿的要求。目前，对于 H 桥级联型 STATCOM 多采用分层控制的策略。在上层控制中，对 STATCOM 需要吸收的总有功功率和无功功率进行控制；在下层控制中，对有功功率进行内部分配，实现各个模块的电压平衡控制。

在上层控制中，大多采用功率解耦控制。功率解耦通过控制 STATCOM 输出电压的幅值与相位，从而控制补偿电流的幅值与相位，达到有功功率与无功功率的控制。此方法可以实现有功与无功的单独控制，选取适当的 PI 参数能够获得良好的动、静态性能。

基于 STATCOM 的数学模型，对式(3.3.9)进行拉普拉斯变换，得公式(3.3.13)。

$$L_{\mathrm{c}} S \begin{bmatrix} I_{\mathrm{cd}}(S) \\ I_{\mathrm{cq}}(S) \end{bmatrix} = \begin{bmatrix} -R & \omega L_{\mathrm{c}} \\ -\omega L_{\mathrm{c}} & -R \end{bmatrix} \begin{bmatrix} I_{\mathrm{cd}}(S) \\ I_{\mathrm{cq}}(S) \end{bmatrix} + \begin{bmatrix} V_{\mathrm{gd}}(S) \\ V_{\mathrm{gq}}(S) \end{bmatrix} - \begin{bmatrix} V_{\mathrm{cd}}(S) \\ V_{\mathrm{cq}}(S) \end{bmatrix} \tag{3.3.13}$$

根据式(3.3.13)得到系统控制模型如图 3.29 所示。

从图 3.29 中可以看出，对输出电压 $V_{\mathrm{cd}}(S)$ 和 $V_{\mathrm{cq}}(S)$ 进行控制就可以调节输出的补偿电流 $I_{\mathrm{cd}}(S)$ 和 $I_{\mathrm{cq}}(S)$。但是在有功控制部分存在 $\omega L_{\mathrm{c}} I_{\mathrm{cq}}(S)$ 量，在无功控制部分存在 $\omega L_{\mathrm{c}} I_{\mathrm{cd}}(S)$ 量，有功控制与无功控制耦合在一起相互影响，因此，需要采用解耦控制策略实现有功与无功的单独控制。

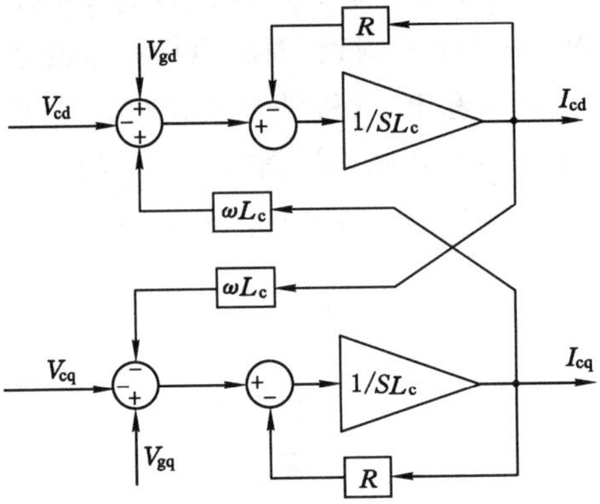

图 3.29　STATCOM 系统模型结构

为了解决式(3.3.13)中电流耦合问题,对其进行改写为式(3.3.14)。

$$\frac{\mathrm{d}}{\mathrm{d}t}\begin{bmatrix} i_{cd} \\ i_{cq} \end{bmatrix}=\begin{bmatrix} -\dfrac{R}{L_c} & 0 \\ 0 & -\dfrac{R}{L_c} \end{bmatrix}\begin{bmatrix} i_{cd} \\ i_{cq} \end{bmatrix}+\frac{1}{L_c}\begin{bmatrix} v_{gd}-v_{cd}+\omega L_c i_{cq} \\ v_{gq}-v_{cq}-\omega L_c i_{cd} \end{bmatrix} \tag{3.3.14}$$

引入两个中间变量 x_1、x_2,令

$$\begin{cases} x_1=v_{gd}-v_{cd}+\omega L_c i_{cq} \\ x_2=v_{gq}-v_{cq}-\omega L_c i_{cd} \end{cases} \tag{3.3.15}$$

由于以电网电压进行定向,故 $v_{gq}=0$。将 x_1、x_2 代入式(3.3.15)中,可得式(3.3.16)。

$$\begin{cases} x_1=L_c\dfrac{\mathrm{d}i_{cd}}{\mathrm{d}t}+Ri_{cd} \\ x_2=L_c\dfrac{\mathrm{d}i_{cq}}{\mathrm{d}t}+Ri_{cq} \end{cases} \tag{3.3.16}$$

由式(3.3.16)可以看出,x_1、x_2 与 i_{cd}、i_{cq} 存在一阶微分关系,且损耗电阻 R 上存在电压,这部分压降需要进行补偿,引入 PI 控制可以实现稳态无静差控制。

$$\begin{cases} x_1=k_{dp}(i_{cd}^*-i_{cd})+k_{di}\int(i_{cd}^*-i_{cd}) \\ x_2=k_{qp}(i_{cq}^*-i_{cq})+k_{qi}\int(i_{cq}^*-i_{cq}) \end{cases} \tag{3.3.17}$$

式(3.3.17)中,i_{cd}^*、i_{cq}^* 为有功、无功电流指令,k_{dp}、k_{di}、k_{qp} 和 k_{qi} 分别为 PI 控制器的参数。对式(3.3.15)、式(3.3.17)进行拉普拉斯变换,得到前馈解耦控制模型,如图 3.30 所示。

对式(3.3.16)进行拉普拉斯变换,并将图 3.30 与图 3.29 结合,得到 STATCOM 的数学模型,如图 3.31 所示。

对图 3.31 进行化解,可以得到系统解耦控制模型,如图 3.32 所示。

因此可知,引入新的变量 x_1,x_2 后,可以实现有功功率与无功功率的解耦,能够分别对有功电流与无功电流单独控制。

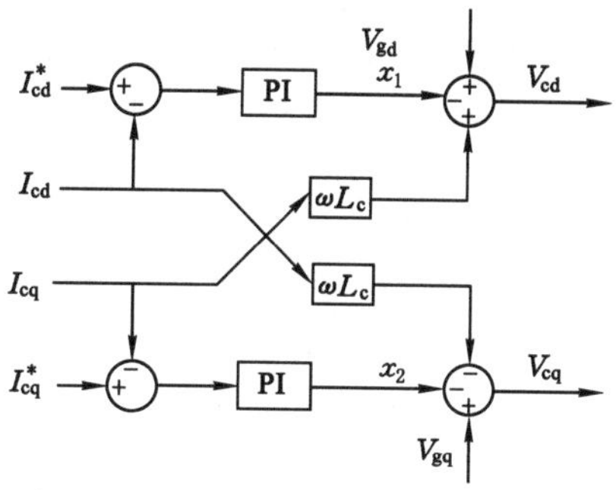

图 3.30　前馈解耦控制框图

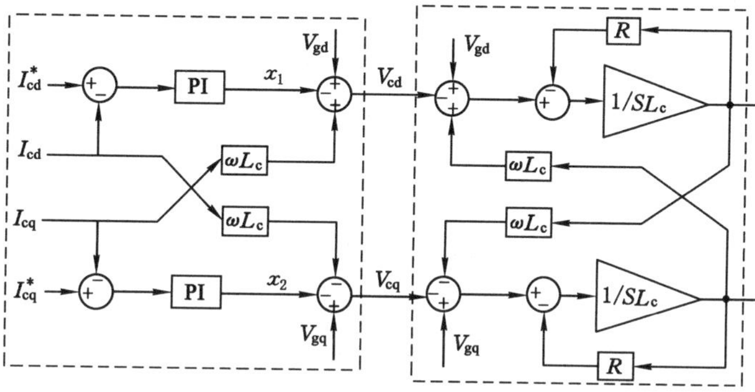

图 3.31　STATCOM 功率解耦控制图

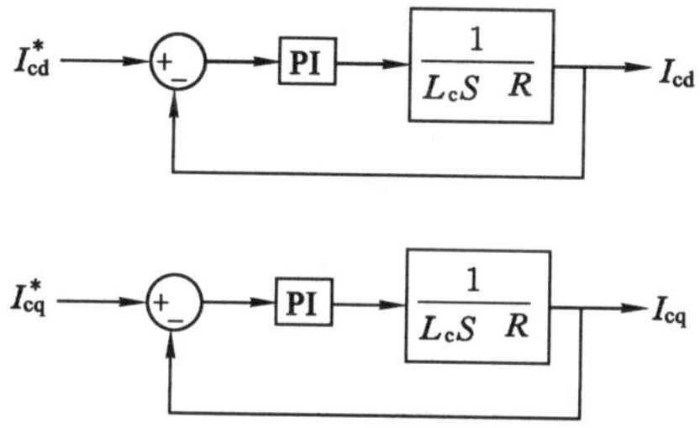

图 3.32　功率解耦等效控制框图

图 3.33 所示为 STATCOM 功率解耦控制总体系统框图，其中 θ 为电网电压矢量角，i_{cd}^* 通过将总的电容电压平均值与给定电压指令比较后经过计算得到，i_{cq}^* 是根据瞬时功率理论检测负载的无功电流或者由上级给定得到。

将 STATCOM 三相补偿电流 i_{ca}、i_{cb}、i_{cc} 经过坐标变换得到 i_{cd}、i_{cq} 再与 i_{cd}^*、i_{cq}^* 进行比较、积分，解耦后得到调制电压 v_{cd}、v_{cq}，经过坐标变换得到三相的调制电压 v_{ca}、v_{cb}、v_{cc}，在 PWM 生成模块中将 v_{ca}、v_{cb}、v_{cc} 分别与各相的平均电容电压进行比较，得到各相调制信号的调制度，再与三角载波比较产生 PWM 信号，触发 IGBT。

总体的电容电压控制框图如图 3.34 所示。其中 v_{dc}^* 为设定的电容电压值，$v_{\text{all-average}}$ 为所

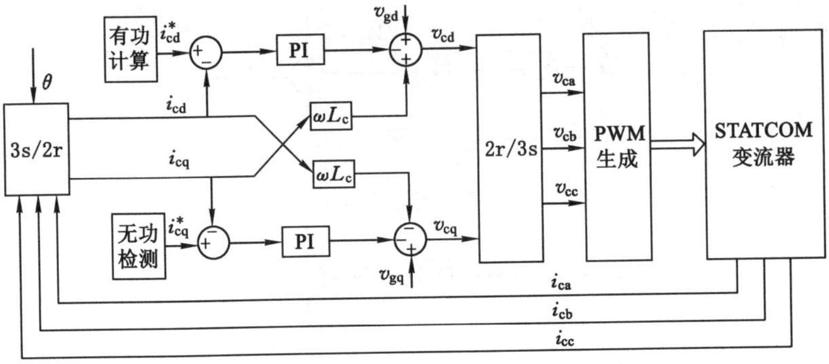

图 3.33　STATCOM 功率解耦控制总体系统框图

有模块的电容电压相加后取平均值。经过 PI 后，得到有功电流 v_{cd}^*，通过交流侧解耦控制后实现对 v_{cd}^* 的跟踪，最终使总体的电容电压达到设定值。

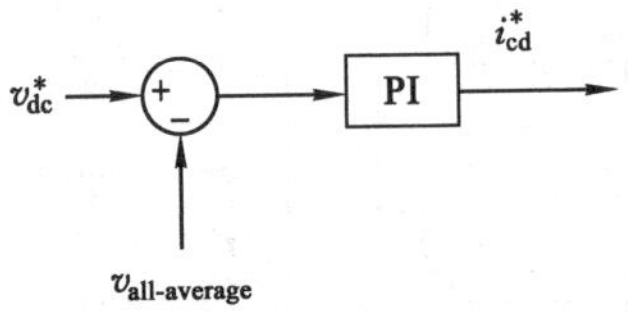

图 3.34　总体电容电压控制

3.3.4　直流侧电容电压平衡控制

H 桥级联型 STATCOM 在运行过程中，各个 H 桥模块独立运行。由于各个 IGBT 驱动的开关延迟不同，造成各模块吸收的功率产生差异，主电路及各模块中元器件的参数差异，电网发生故障等情况都会造成消耗的功率不平衡。

从 H 桥模块功率平衡的角度对其进行分析，如图 3.35 所示。图中 v_{dc} 为直流侧电容电压，v_0 为模块输出电压，i_c 为流过 H 桥模块的电流，R 用来等效模块中线路和电容的损耗。

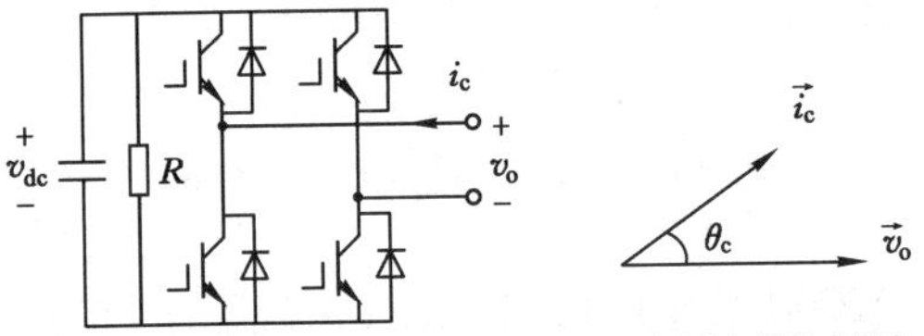

(a) H 桥模块电路　　(b) 电压电流矢量图

图 3.35　H 桥模块电路与矢量图

列出 H 桥模块的功率平衡方程：

$$\Delta P = P_{in} - P_{loss} = C\frac{v_{dc} \cdot \Delta v_{dc}}{\Delta t} \tag{3.3.18}$$

式(3.3.18)中，P_{in} 为模块从电网侧吸收的有功功率，P_{loss} 为模块内部损耗消耗的用功功率。

P_{in}可由式(3.3.19)计算。

$$P_{in}=v_o\cdot I_c\cdot\cos\theta_c \tag{3.3.19}$$

式中,v_o 为输出电压基波的幅值,I_c 为流经电流的幅值,θ_c 为 $\vec{v}_o$ 和 $\vec{i}_c$ 的夹角。H 桥模块的损耗 P_{loss}由开关器件的损耗 P_E 和线路及电容的损耗 P_R 组成。列出损耗的计算公式:

$$\begin{cases}P_R=\dfrac{(V_{dc\text{-}average})^2}{R}\\ P_E=\dfrac{4}{\pi}f[E_{on}(\text{nom})+E_{off}(\text{nom})]\dfrac{I_c}{I_{nom}}\dfrac{V_{dc\text{-}average}}{U_{nom}}\end{cases} \tag{3.3.20}$$

其中,$V_{dc\text{-}average}$为电容电压的平均值,f 为开关频率,$E_{on}(\text{nom})$为开关器件在额定条件下的开通损耗,$E_{off}(\text{nom})$为开关器件在额定条件下的关断损耗,I_{nom}、U_{nom}分别为开关器件的额定电流和额定电压。

综合上述公式(3.3.20)分析可知,系统稳定运行时,造成 H 桥模块直流侧电容电压不平衡的原因主要有:线路、电容参数差异造成的损耗差异;开关器件开通、关断、导通过程中的损耗差异;驱动信号延迟差异;PWM 信号分配不均等。因此,为了确保各个模块电容电压平衡,需要使用平衡控制策略平衡不同模块间损耗差异。

(1) 直流侧电容电压分层控制策略

要使各模块电容电压达到平衡,一是可以从器件方面入手,选用同一型号同一批次的产品以减小固有的损耗误差,二是从控制策略进行改进,使其具有补偿各个模块不平衡损耗的能力。

对 H 桥级联型 STATCOM 的电容电压采用分层控制的策略。第一层为总体的电容电压控制,其目标为使所有 H 桥模块的电容电压之和达到设定值;第二层为相间电容电压,其目标为使每一相的电容电压之和与其他两相相等;第三层为相内电容电压,其目标为使相内各个模块的电容电压相等。

总体的电容电压见图 3.34,相间电容电压控制方法主要有负序电压控制、负序电流控制、零序电压控制等,其控制策略将在下文中具体给出。

相内电容电压控制可以通过调节各模块输出电压的幅值实现。以 A 相为例,如图 3.36 所示,$v_{A\text{-}average}$为 A 相所有电容电压的平均值,v_{A1}、v_{A2}、v_{An}分别为各个 H 桥模块的直流侧电容电压,$I_{A\text{-}sign}$为流进 A 相的电流的方向(取值±1),v_{ca}为经过上两层控制策略计算后得到的 A 相调制电压,v_{ca1}、v_{ca2}、v_{can}为送给 A 相各子模块的调制电压信号,P 为比例环节。各个子模块的电容电压与这一相的平均电压进行比较后经过比例环节,再与此时电流的方向相乘,通过增加或减小调制电压的幅值来吸收或释放有功功率。

(2) 相间电容电压平衡控制

对 H 桥级联型 STATCOM 进行相间电容电压控制的方法主要有负序电压法、负序电流法、零序电压法,本书使用负序电流法对相间有功功率进行分配。

根据图 3.23,列出 STATCOM 输出的电压电流方程。式(3.3.21)为 STATCOM 输出电压方程,其中 ω 为角速度,t 为时间,v_{ca}、v_{cb}、v_{cc}为三相输出电压,U_p 为正序电压幅值,初相角为 θ^+,相对于电网电压;U_n 为负序电压幅值,初相角为 θ^-,U_z 为零序电压幅值,初

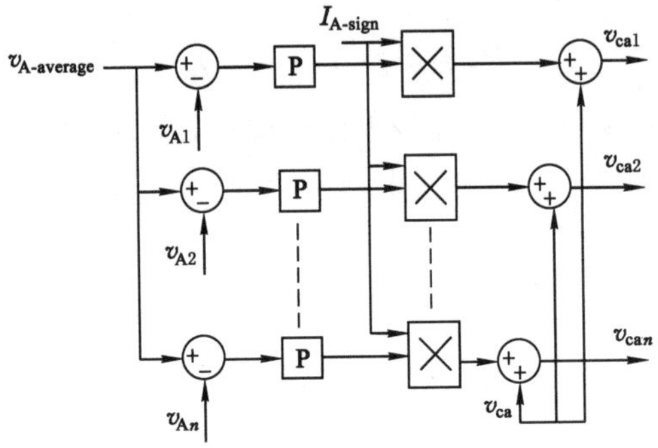

图 3.36　相内电容电压控制

相角为 τ。式(3.3.22)为输出电流方程，其中 i_{ca}、i_{cb}、i_{cc} 为三相输出电流，I_p 为正序电流幅值，初相角为 γ^+，I_n 为负序电流幅值，初相角为 γ^-，由于采用三相三线制接法，故输出电流中不含零序分量。

$$\begin{cases} v_{ca}=U_p\cos(\omega t+\theta^+)+U_n\cos(\omega t+\theta^-)+U_z\cos(\omega t+\tau) \\ v_{cb}=U_p\cos(\omega t+\theta^+-\dfrac{2\pi}{3})+U_n\cos(\omega t+\theta^-+\dfrac{2\pi}{3})+U_z\cos(\omega t+\tau) \\ v_{cc}=U_p\cos(\omega t+\theta^++\dfrac{2\pi}{3})+U_n\cos(\omega t+\theta^--\dfrac{2\pi}{3})+U_z\cos(\omega t+\tau) \end{cases} \tag{3.3.21}$$

$$\begin{cases} i_{ca}=I_p\cos(\omega t+\gamma^+)+I_n\cos(\omega t+\gamma^-) \\ i_{cb}=I_p\cos(\omega t-\dfrac{2\pi}{3}+\gamma^+)+I_n\cos(\omega t+\dfrac{2\pi}{3}+\gamma^-) \\ i_{cc}=I_p\cos(\omega t+\dfrac{2\pi}{3}+\gamma^+)+I_n\cos(\omega t-\dfrac{2\pi}{3}+\gamma^-) \end{cases} \tag{3.3.22}$$

对系统的平均功率进行计算，如式(3.3.23)所示。P_n 为某一相的平均功率，v_n 为单相的瞬时电压，i_n 为单相的瞬时电流，T 为周期时间。系统单相的平均功率的表达式如式(3.3.24)所示，P 表示平均有功功率，Q 表示平均无功功率。

$$P_n=\frac{\int_0^T v_n i_n \mathrm{d}(\omega t)}{T} \tag{3.3.23}$$

$$\begin{cases} P=UI\cos\psi \\ Q=UI\sin\psi \end{cases} \tag{3.3.24}$$

按平均功率的计算方法计算 STATCOM 各相的有功和无功，并引入正负序分量，得到各相功率表达式，如式(3.3.25)、式(3.3.26)所示。各相电容电压的平衡与各相吸收的有功功率有关，故只对公式进行分析。各相存在平衡功率部分和不平衡有功部分，将有功的平衡功率部分定义为 P_s。

可以发现，通过控制 STATCOM 输出的负序电压、负序电流和零序电压可以实现有功功率在相间的分配，从而达到平衡各相有功的消耗。当电网电压不平衡度较低时，STATCOM 输出的负序电流主要由自身输出的负序电压加载到电感上产生。输出负序电压与负序电流的关系如公式(3.3.27)所示。

$$\begin{cases} P_a = \frac{1}{2}[U_p I_p \cos(\theta^+ - \gamma^+) + U_n I_p \cos(\theta^- - \gamma^+) + U_z I_p \cos(\tau - \gamma^+) \\ \quad + U_p I_n \cos(\theta^+ - \gamma^-) + U_n I_n \cos(\theta^- - \gamma^-) + U_z I_n \cos(\tau - \gamma^-)] \\ P_b = \frac{1}{2}[U_p I_p \cos(\theta^+ - \gamma^+) + U_n I_p \cos(\theta^- - \gamma^+ - \frac{2\pi}{3}) + U_z I_p \cos(\tau - \gamma^+ + \frac{2\pi}{3}) \\ \quad + U_p I_n \cos(\theta^+ - \gamma^- + \frac{2\pi}{3}) + U_n I_n \cos(\theta^- - \gamma^-) + U_z I_n \cos(\tau - \gamma^- - \frac{2\pi}{3})] \\ P_c = \frac{1}{2}[U_p I_p \cos(\theta^+ - \gamma^+) + U_n I_p \cos(\theta^- - \gamma^+ + \frac{2\pi}{3}) + U_z I_p \cos(\tau - \gamma^+ - \frac{2\pi}{3}) \\ \quad + U_p I_n \cos(\theta^+ - \gamma^- - \frac{2\pi}{3}) + U_n I_n \cos(\theta^- - \gamma^-) + U_z I_n \cos(\tau - \gamma^- + \frac{2\pi}{3})] \end{cases} \tag{3.3.25}$$

$$\begin{cases} Q_a = \frac{1}{2}[U_p I_p \sin(\theta^+ - \gamma^+) + U_n I_p \sin(\theta^- - \gamma^+) + U_z I_p \sin(\tau - \gamma^+) \\ \quad + U_p I_n \sin(\theta^+ - \gamma^-) + U_n I_n \sin(\theta^- - \gamma^-) + U_z I_n \sin(\tau - \gamma^-)] \\ Q_b = \frac{1}{2}[U_p I_p \sin(\theta^+ - \gamma^+) + U_n I_p \sin(\theta^- - \gamma^+ - \frac{2\pi}{3}) + U_z I_p \sin(\tau - \gamma^+ + \frac{2\pi}{3}) \\ \quad + U_p I_n \sin(\theta^+ - \gamma^- + \frac{2\pi}{3}) + U_n I_n \sin(\theta^- - \gamma^-) + U_z I_n \sin(\tau - \gamma^- - \frac{2\pi}{3})] \\ Q_c = \frac{1}{2}[U_p I_p \sin(\theta^+ - \gamma^+) + U_n I_p \sin(\theta^- - \gamma^+ + \frac{2\pi}{3}) + U_z I_p \sin(\tau - \gamma^+ - \frac{2\pi}{3}) \\ \quad + U_p I_n \sin(\theta^+ - \gamma^- - \frac{2\pi}{3}) + U_n I_n \sin(\theta^- - \gamma^-) + U_z I_n \sin(\tau - \gamma^- + \frac{2\pi}{3})] \end{cases} \tag{3.3.26}$$

$$U_n = \omega L I_n \tag{3.3.27}$$

在不考虑电网负序电压的情况下，有 $\theta^- = \gamma^- + \frac{\pi}{2}$，因此可以对式(3.3.25)进行改写，如式(3.3.28)。

$$\begin{cases} P_a = P_s + \frac{1}{2}[U_n I_p \cos(\theta^- - \gamma^+) + U_z I_p \cos(\tau - \gamma^+) \\ \quad + U_p \frac{U_n}{\omega L} \cos(\theta^+ - \theta^- + \frac{\pi}{2}) + U_z \frac{U_n}{\omega L} \cos(\tau - \theta^- + \frac{\pi}{2})] \\ P_b = P_s + \frac{1}{2}[U_n I_p \cos(\theta^- - \gamma^+ - \frac{2\pi}{3}) + U_z I_p \cos(\tau - \gamma^+ + \frac{2\pi}{3}) \\ \quad + U_p \frac{U_n}{\omega L} \cos(\theta^+ - \theta^- + \frac{\pi}{2} + \frac{2\pi}{3}) + U_z \frac{U_n}{\omega L} \cos(\tau - \theta^- + \frac{\pi}{2} - \frac{2\pi}{3})] \\ P_c = P_s + \frac{1}{2}[U_n I_p \cos(\theta^- - \gamma^+ + \frac{2\pi}{3}) + U_z I_p \cos(\tau - \gamma^+ - \frac{2\pi}{3}) \\ \quad + U_p \frac{U_n}{\omega L} \cos(\theta^+ - \theta^- + \frac{\pi}{2} - \frac{2\pi}{3}) + U_z \frac{U_n}{\omega L} \cos(\tau - \theta^- + \frac{\pi}{2} + \frac{2\pi}{3})] \end{cases} \tag{3.3.28}$$

本书采用负序电流法对 STATCOM 进行相间的有功分配，实现电容电压的平衡控制，并且当采用电网电压定向时，$\theta^{+}=0$。因此可以进一步简化式(3.3.28)，并列出各相的不平衡功率 ΔP_{a}、ΔP_{b}、ΔP_{c}，得到公式(3.3.29)。

$$\begin{cases}\Delta P_{a}=\dfrac{I_{n}}{2}[U_{p}\cos(\gamma^{-})+\omega LI_{p}\sin(\gamma^{+}-\gamma^{-})]\\ \Delta P_{b}=\dfrac{I_{n}}{2}[U_{p}\cos(\gamma^{-}-\dfrac{2\pi}{3})+\omega LI_{p}\sin(\gamma^{+}-\gamma^{-}+\dfrac{2\pi}{3})]\\ \Delta P_{c}=\dfrac{I_{n}}{2}[U_{p}\cos(\gamma^{-}+\dfrac{2\pi}{3})+\omega LI_{p}\sin(\gamma^{+}-\gamma^{-}-\dfrac{2\pi}{3})]\end{cases} \tag{3.3.29}$$

可以看出，通过控制 I_{n} 和 γ^{-} 可以实现相间有功功率的分配。对 ΔP_{a}、ΔP_{b}、ΔP_{c} 进行 $\alpha\beta/abc$ 变换得到 ΔP_{α}、ΔP_{β}，如公式(3.3.30)所示。

$$\begin{bmatrix}\Delta P_{\alpha}\\ \Delta P_{\beta}\end{bmatrix}=\frac{\sqrt{2}}{2}\begin{bmatrix}\sqrt{3}\Delta P_{a}\\ \Delta P_{b}-\Delta P_{c}\end{bmatrix} \tag{3.3.30}$$

计算得到负序电流的幅值和相位，如式(3.3.31)、式(3.3.32)所示，式中 $M=I_{p}\cos\gamma^{+}$，$N=I_{p}\sin\gamma^{+}-\dfrac{U_{p}}{\omega L}$。

$$I_{n}=\frac{2}{3\omega L}\sqrt{\frac{6(P_{\alpha}^{2}+P_{\beta}^{2})}{M^{2}+N^{2}}} \tag{3.3.31}$$

$$\gamma^{-}=\begin{cases}\cot^{-1}(\dfrac{N\Delta P_{\alpha}+M\Delta P_{\beta}}{M\Delta P_{\alpha}-N\Delta P_{\beta}})-\dfrac{2}{\pi},M\Delta P_{\alpha}\neq N\Delta P_{\beta}\\ \dfrac{2}{\pi}\mathrm{sign}(N\Delta P_{\alpha}+M\Delta P_{\beta})-\dfrac{2}{\pi},M\Delta P_{\alpha}=N\Delta P_{\beta}\end{cases} \tag{3.3.32}$$

将得到的 I_{n} 和 γ^{-} 加入负序电流控制环中，产生所需的负序电流，计算框图如图 3.37 所示。总的平均电压 $v_{\text{all-average}}$ 与各相的平均电压 $v_{\text{A-average}}$、$v_{\text{B-average}}$ 和 $v_{\text{C-average}}$ 进行比较，经过 PI 调节器得出各相所需的有功功率，然后经过 $abc/\alpha\beta$ 变换得到 P_{α}、P_{β}，与输出电流的正负分量的幅值和相位 I_{p}、γ^{+} 一起代入上述公式进行计算得到需要注入的负序电流 I_{n} 与相位 γ^{-}。将相位角 γ^{-} 取反后求正余弦并与幅值 I_{n} 相乘，得到在负序旋转坐标系上的指令值 $i_{\text{cd\_n}}^{*}$ 和 $i_{\text{cq\_n}}^{*}$。

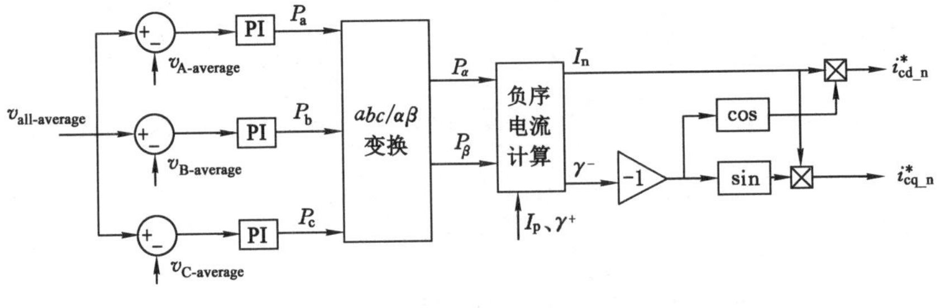

图 3.37　负序电流计算框图

图 3.38 为含有正电流环和负序电流环的控制框图。对三相电网电压 v_{ga}、v_{gb}、v_{gc} 进行

正、负序分解，得到正序旋转坐标系下的 v_{gd_p}、v_{gq_p} 和负序旋转坐标系下的 v_{gd_n}、v_{gq_n}。同样，对补偿电流进行正、负序分解，得到 i_{cd_p}、i_{cq_p} 和 i_{cd_n}、i_{cq_n}。使用正电流环对 STATCOM 整体吸收的有功功率和发出的无功功率进行控制，使用负序电流环控制流过 STATCOM 的负序电流，从而进行相间的有功功率分配。将正序电流环计算得到的 v_{cd_p}、v_{cq_p} 使用正负 $2r/3s$ 变换得到三个正序调制信号 v_{ca_p}、v_{cb_p}、v_{cc_p}，负序电流环计算得到的 v_{cd_n}、v_{cq_n} 使用负序 $2r/3s$ 变换得到三个负序调制信号 v_{ca_n}、v_{cb_n}、v_{cc_n}，将这几个信号按相位相加，得到最终的调制信号 v_{ca}、v_{cb}、v_{cc}，再与电容电压和三角载波比较生成 PWM 信号。

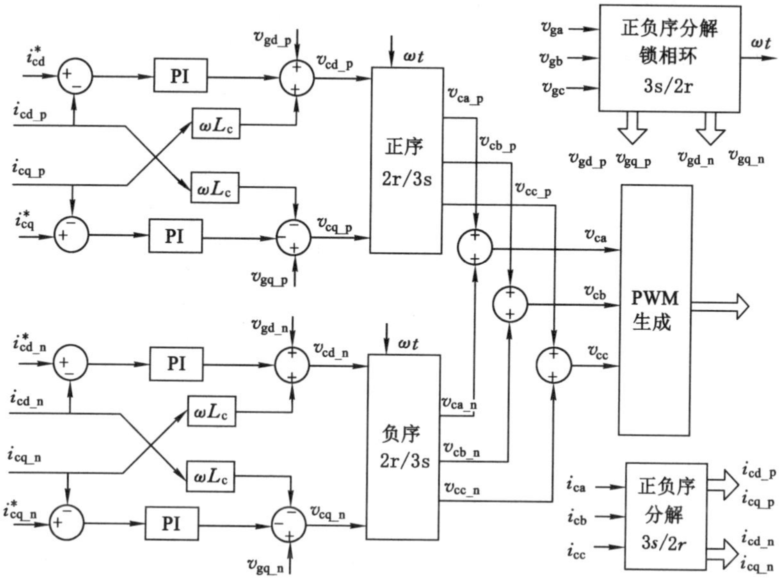

图 3.38　正负电流控制框图

为了对 STATCOM 基本控制算法进行验证，可在 MATLAB/Simulink 环境下搭建相应的仿真模型。主电路采用星型 H 桥级联结构，每相串联 2 个 H 桥模块，仿真参数如表 3-3 所示，可供参考。

表 3-3　仿真参数设计

参数名称	数值	单位
电网线电压	380	V
电网频率 f	50	Hz
直流侧电容 C	3 300	μF
串联电抗器 L_c	4	mH
载波频率 f_c	1 000	Hz
设备容量	15	kVar
链节个数	2	—

3.4 永磁同步电动机控制系统

3.4.1 永磁同步电机控制原理

图 3.39 给出了永磁同步电机驱动主电路图，$S_1 \sim S_6$ 为功率开关管，U_{dc}是逆变器直流侧电压，i_a、i_b、i_c 是永磁同步电机三相定子绕组上的相电流，图中采用一个两电平逆变器驱动永磁同步电机。永磁同步电机驱动系统原理是根据不同工况的控制需要，通过控制逆变器开关器件动作产生相应的三相输出电流，该电流将流入永磁同步电机三相定子绕组上产生电磁转矩驱动电机。控制系统的核心是控制算法的设计，而控制算法的设计依据的是电机数学模型，因此对永磁同步电机调速系统的研究首先应该是建立精准的电机数学模型。

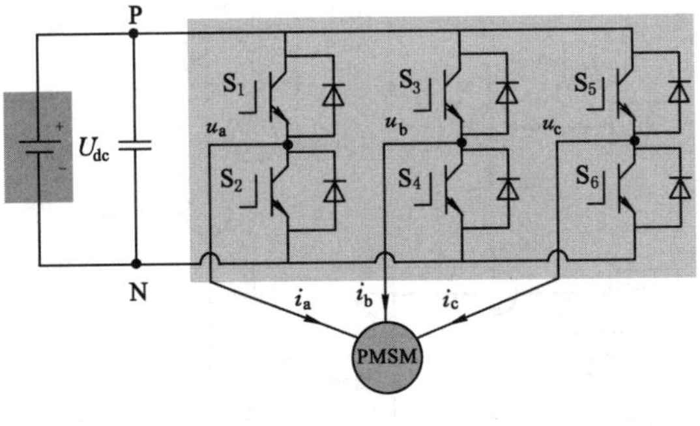

图 3.39　永磁同步电机驱动主电路

图 3.40 给出了永磁同步电机工作原理示意图，图 3.41 为其相量图，如图 3.41 所示，a、b、c 分别是三相定子绕线的轴线，ψ_f 为转子在定子绕组中产生的转子磁链矢量，θ_e 是转子磁链角即转子磁链矢量与 a 相轴线的夹角，i_s 为定子电流矢量，ω_e 为转子磁场的角频率。

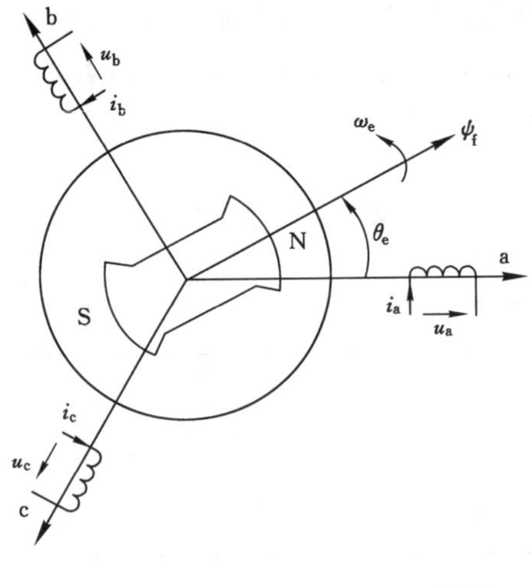

图 3.40　永磁同步电机工作原理示意图

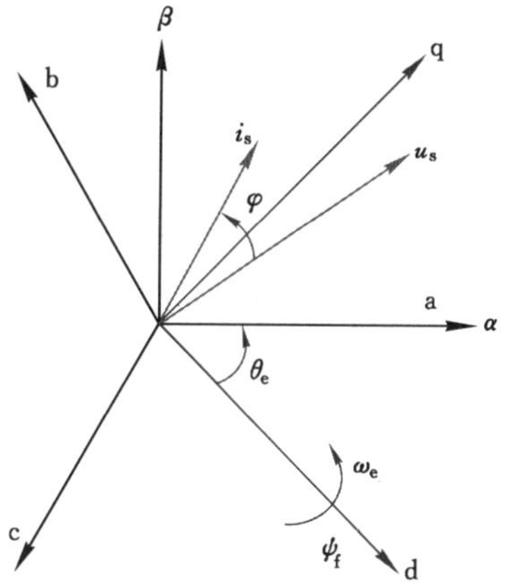

图 3.41　永磁同步电机相量图

在建立电机数学模型之前，首先进行几点假设：永磁体产生的反电势和定子线圈通电后产生的感应电动势均为理想正弦波形；忽略铁心磁饱和，并且涡流和磁滞损耗均不计；转子上没有阻尼绕组，永磁体没有阻尼作用。

可以写出永磁同步电机的三相电压方程，用如下矩阵表示。

$$\begin{bmatrix} u_a \\ u_b \\ u_c \end{bmatrix} = \begin{bmatrix} R_s & 0 & 0 \\ 0 & R_s & 0 \\ 0 & 0 & R_s \end{bmatrix} \begin{bmatrix} i_a \\ i_b \\ i_c \end{bmatrix} + p \begin{bmatrix} \psi_a \\ \psi_b \\ \psi_c \end{bmatrix} \tag{3.4.1}$$

其中 u_a、u_b、u_c 是定子三相电压，R_s 是每相定子绕组的电阻阻值，i_a、i_b、i_c 是定子三相电流，p 是微分算子，ψ_a、ψ_b、ψ_c 是三相绕组的磁链。

永磁同步电机三相绕组磁链方程可写为：

$$\begin{bmatrix} \psi_a \\ \psi_b \\ \psi_c \end{bmatrix} = \begin{bmatrix} L_{aa} & L_{ab} & L_{ac} \\ L_{ba} & L_{bb} & L_{bc} \\ L_{ca} & L_{cb} & L_{cc} \end{bmatrix} \begin{bmatrix} i_a \\ i_b \\ i_c \end{bmatrix} + \psi_f \begin{bmatrix} \cos(\theta_e) \\ \cos(\theta_e - 120^\circ) \\ \cos(\theta_e + 120^\circ) \end{bmatrix} \tag{3.4.2}$$

其中 L_{aa}、L_{bb}、L_{cc}是三相绕组各自的自感，其余电感是绕组间的互感。从式(3.4.2)中可以看出，求三相磁链的值需要得知绕组自感和互感的值。这些自感和互感值与电机转子角度相关，并且难以测量。可以看出永磁同步电机在 a-b-c 三相静止坐标系下的模型具有多变量、非线性、强耦合的特点，这不仅增加了系统动态和稳态分析的难度，也不利于电机控制算法设计，为了解决这一麻烦，工程上经常使用永磁同步电机在同步旋转 d-q 坐标系下的模型进行控制算法设计。

a-b-c 三相静止坐标系下的永磁同步电机经过两次坐标变换，可以得到 d-q 同步旋转坐标系下的模型。首先将 a-b-c 三相静止坐标系下的模型变为 α-β 两相静止坐标系下的模型，需要用到 Clark 变换，Clark 变换又称为 3/2 变换，一般有两种约束条件，其一是幅值不变，其二是功率不变，本书中使用幅值不变的约束条件。

$$\begin{bmatrix} f_\alpha \\ f_\beta \end{bmatrix} = \frac{2}{3}\begin{bmatrix} 1 & -\frac{1}{2} & -\frac{1}{2} \\ 0 & \frac{\sqrt{3}}{2} & -\frac{\sqrt{3}}{2} \end{bmatrix}\begin{bmatrix} f_a \\ f_b \\ f_c \end{bmatrix} \tag{3.4.3}$$

式中 f 代表电压、磁链或电流，再结合三相电压和磁链方程得到电压方程：

$$\begin{cases} u_\alpha = \dfrac{d\psi_\alpha}{dt} + R_s i_\alpha \\ u_\beta = \dfrac{d\psi_\beta}{dt} + R_s i_\beta \end{cases} \tag{3.4.4}$$

磁链方程可写为式(3.4.5)所示。

$$\begin{bmatrix} \psi_\alpha \\ \psi_\beta \end{bmatrix} = \begin{bmatrix} L_\alpha & L_{\alpha\beta} \\ L_{\beta\alpha} & L_\beta \end{bmatrix}\begin{bmatrix} i_\alpha \\ i_\beta \end{bmatrix} + \psi_f \begin{bmatrix} \cos\theta_e \\ \sin\theta_e \end{bmatrix} \tag{3.4.5}$$

为方便推导，令初始转子磁链角为零，即有：

$$\theta_e = \omega_e t \tag{3.4.6}$$

由式(3.4.4)、式(3.4.5)和式(3.4.6)可得 α-β 静止坐标系下的永磁同步电机标量数学模型。

$$\begin{cases} u_\alpha = R_s i_\alpha + L_\alpha \dfrac{di_\alpha}{dt} - \omega_e \psi_f \sin\theta_e \\ u_\beta = R_s i_\beta + L_\beta \dfrac{di_\beta}{dt} + \omega_e \psi_f \cos\theta_e \end{cases} \tag{3.4.7}$$

其中 u_α，u_β 分别是 α-β 轴定子电压；i_α，i_β 分别是 α-β 轴定子电流；ψ_α，ψ_β 为定子磁链 α-β 轴分量；L_α，L_β 为绕组在 α-β 轴的自感；$L_{\alpha\beta}$，$L_{\beta\alpha}$ 为两轴间的互感。此模型有一定的简化，然而电感 L_α，L_β 实际上仍然和转子位置有关的一个时变量，因此系统仍旧是非线性时变系统。继续进行坐标变换，得到两相同步旋转坐标系下数学模型。这里用到 Park 变换，Park 变换将 α-β 两相静止坐标系下的电压或电流变化成 d-q 同步旋转坐标系下的电压或电流。设 d 轴和 α 轴夹角为 θ，则有：

$$\begin{bmatrix} f_d \\ f_q \end{bmatrix} = \begin{bmatrix} \cos\theta & -\sin\theta \\ \sin\theta & \cos\theta \end{bmatrix}\begin{bmatrix} f_\alpha \\ f_\beta \end{bmatrix} \tag{3.4.8}$$

再根据静止坐标系下的电压和磁链方程，可推导出永磁同步电机在同步旋转 d-q 坐标系下的电压方程、磁链方程：

$$\begin{cases} u_d = \dfrac{d\psi_d}{dt} - \omega_e \psi_q + R_s i_d \\ u_q = \dfrac{d\psi_q}{dt} + \omega_e \psi_d + R_s i_q \end{cases} \tag{3.4.9}$$

$$\begin{cases} \psi_d = L_d i_d + \psi_f \\ \psi_q = L_q i_q \end{cases} \tag{3.4.10}$$

其中 u_d，u_q 分别是 d-q 轴定子电压；i_d，i_q 分别是 d-q 轴定子电流；ψ_d，ψ_q 分别为定子磁链 d-q 轴分量。在同步旋转 d-q 坐标系下，其同步电感值 L_d，L_q 和转子位置无关，是线性时不变系统。该模型既可以进行动态分析，也可以进行稳态分析，因此在工程实际中应用的也最多。将式(3.4.10)代入式(3.4.9)中，可以得到同步旋转 d-q 坐标系下永磁同步电机标量模型如下：

$$\begin{cases} u_d = R_s i_d + L_d \dfrac{di_d}{dt} - \omega_e L_q i_q \\ u_q = R_s i_q + L_q \dfrac{di_q}{dt} + \omega_e (L_d i_d + \psi_f) \end{cases} \tag{3.4.11}$$

同理，可以得到 d-q 坐标系下的电磁转矩方程，具体推导过程这里不再赘述，只写结果如下所示。

$$T_e = \frac{3}{2} n_p (\psi_d i_q - \psi_q i_d) = \frac{3}{2} n_p [\psi_f i_q + (L_d - L_q) i_d i_q] \tag{3.4.12}$$

一般在设计电流调节器时，需要永磁同步电机 d-q 坐标系下标量数学模型，见式(3.4.11)。本节选择研究的对象是表贴式永磁同步牵引电机，属于隐级电机，由 $L_d = L_q = L_s$，结合式(3.4.11)可得表贴式永磁同步电机 d-q 同步旋转坐标系下标量数学模型框图(图 3.42)。

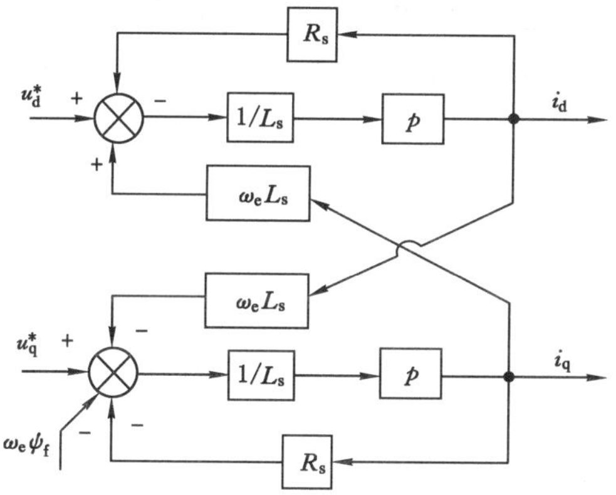

图 3.42　表贴式永磁同步电机标量数学模型框图

在永磁同步电机调速系统中，通常使用比例积分控制器(PI 控制器)来设计转速外环调节器以及电流内环调节器，称为双闭环 PI 控制。由式(3.4.11)可知永磁同步电机调速系统电流内环存在耦合，通常采用电压前馈解耦方式进行解耦。

如图 3.42 所示，给出了永磁同步电机电压前馈解耦的双闭环 PI 控制系统结构，该控制系统主要包括转速 PI 控制器单元、电流 PI 控制器单元，坐标变换单元、解耦单元、采样单元、调制单元、逆变器单元与控制对象电机单元。其中，坐标变换单元包含了 Clarke 变换、Park 变换及其对应的逆变换；解耦单元输出补偿电压值；采样单元包括采集定子电流的电流传感器以及检测转子位置的光电编码器；调制单元采用空间电压矢量脉宽调制(SVPWM)调制策略；逆变器单元采用两电平拓扑逆变器；电机模块采用表贴式永磁同步电机(图 3.42)。

电压前馈解耦的双闭环 PI 控制系统的工作过程如下：电机上安装的编码器测得电机实

时的转子位置，经过计算得到电机实时的实际转速；参考转速与实际转速的差值输入转速环PI控制器中，经过计算输出电机定子q轴参考电流；由于采用 $i_d=0$ 矢量控制，所以电机定子d轴参考电流设置为0；同时，由电流传感器采集三相定子电流经过Clarke变换、Park变换后转换为同步旋转d-q坐标系下的定子电流，分别与对应参考电流作差，差值输入电流环PI控制器，输出d-q坐标系下命令电压；此时，解耦模块计算出的补偿电压加入上述d-q坐标系下命令电压中，得到补偿后的命令电压；由于SVPWM需要在两相静止(α-β)坐标系下确定出命令电压的扇区，所以补偿后的命令电压还需要经过Park逆变换转换得到(α-β)坐标系下命令电压，经过SVPWM调制后输出六路逆变器开关管驱动信号；最终逆变器接收到驱动信号后开关管动作产生三相交流电压，给电机输入三相定子电流产生同步旋转的定子磁场驱动永磁同步电机。

3.4.2 电流闭环控制系统设计

永磁同步电机电压前馈解耦的双闭环PI控制系统的系统性能取决于转速外环和电流内环两个子控制系统的设计，一般双闭环的控制系统先设计内环控制器再设计外环。

由图3.43可知，电流环控制系统中总共包含了电流PI控制器环节、调制环节、采样环节以及控制对象环节，通过对各个环节的传递函数进行分析才能设计出满足系统性能要求的控制器。首先分析控制对象永磁同步电机传递函数，表贴式永磁同步电机定子电压方程可写为：

$$\begin{cases} u_d = R_s i_d + L_s \dfrac{di_d}{dt} - \omega_e L_s i_q \\ u_q = R_s i_q + L_s \dfrac{di_q}{dt} + \omega_e (L_s i_d + \psi_f) \end{cases} \tag{3.4.13}$$

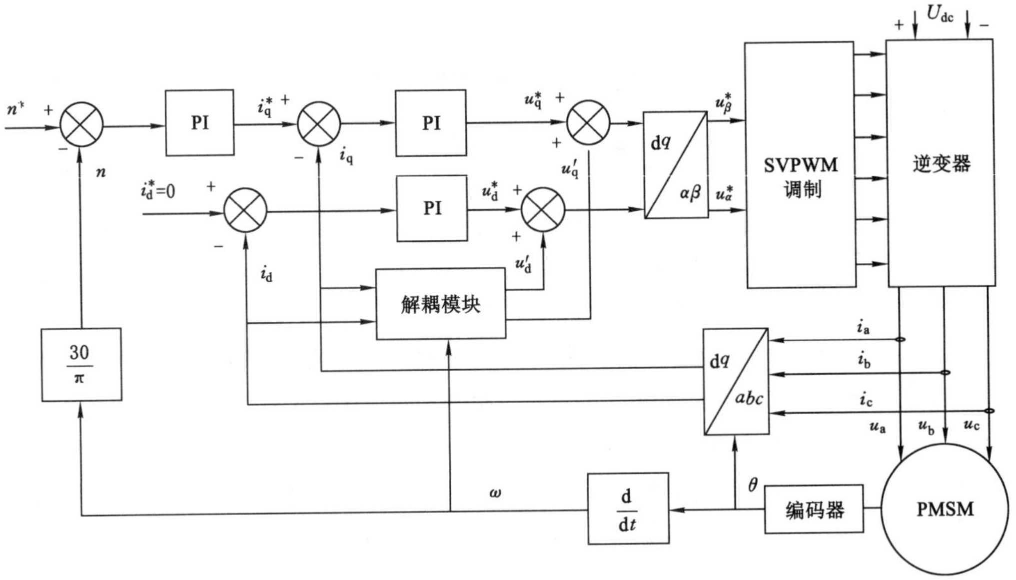

图3.43 永磁同步电机电压前馈解耦的双闭环PI控制结构图

由式(3.4.13)可以看出定子电压方程中的耦合分量，利用电压前馈解耦解除耦合，可得补偿电压方程如下：

$$\begin{cases} u_d{}' = -\omega_e L_s i_q \\ u_q{}' = \omega_e (L_s i_d + \psi_f) \end{cases} \tag{3.4.14}$$

由于选择的是隐级电机，d、q 轴电流 PI 控制器设计是一致的，故以 q 轴为例，结合式(3.4.13)、式(3.4.14)可得电机传递函数。

$$\frac{i_q(s)}{u_q(s)} = \frac{1/R_s}{1+\tau_s s} \tag{3.4.15}$$

在分析调制环节和采样环节传递函数时，通常考虑这两个环节的延时问题，将采样环节看作一个开关周期的采样滞后环节，将调制环节看作半个开关周期的 PWM 滞后环节。为了简化分析，通常能够将这两个环节合并成一个 1.5 倍开关周期的滞后环节，可得采样与调制环节的传递函数。

$$\frac{u_q(s)}{u_q{}^*(s)} = \frac{K_{PWM}}{1+1.5T_s s} \tag{3.4.16}$$

电流控制器环节由于采用了 PI 控制器，其传递函数为

$$\frac{u_q{}^*(s)}{i_q{}^*(s)} = K_p + \frac{K_i}{s} \tag{3.4.17}$$

结合式(3.4.15)、式(3.4.16)和式(3.4.17)可得定子电流控制系统结构框图，如图 3.44 所示。

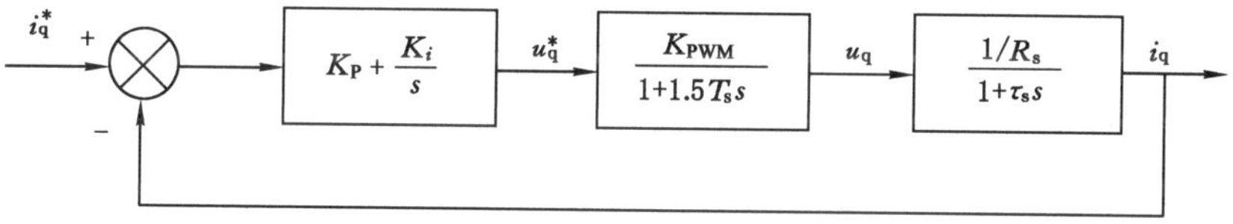

图 3.44　永磁同步电机定子电流控制系统结构图

可得定子电流控制系统开环传递函数。

$$G(s) = \frac{K_{ic}(1+T_{ic}s)}{s} \cdot \frac{K_{PWM}}{1+1.5T_s s} \cdot \frac{1/R_s}{1+\tau_s s} \tag{3.4.18}$$

其中，定子电流控制器时间常数 T_{ic} 表达式为：

$$T_{ic} = \frac{K_{pc}}{K_{ic}} \tag{3.4.19}$$

电流控制系统的控制性能要求是电流跟踪速度快，因此常将定子电流控制系统设计成典 Ⅰ 型系统。由式(3.4.18)可知将零点 $1/T_{ic}$ 与极点 $1/\tau_s$ 互消，有

$$T_{ic} = \tau_s = \frac{L_s}{R_s} \tag{3.4.20}$$

此时的定子电流控制系统即为典 Ⅰ 型系统，零极点互消后的开环传递函数为：

$$G_c(s) = \frac{K_{pc}K_{PWM}}{L_s s + 1.5L_s T_s s^2} \tag{3.4.21}$$

由式(3.4.21)可得定子电流控制系统闭环传递函数。

$$F_c(s)=\frac{K_{pc}K_{PWM}}{1.5L_sT_ss^2+L_ss+K_{pc}K_{PWM}} \tag{3.4.22}$$

根据工程上常使用的二阶最佳系统设计方法,可得电流环 PI 控制器参数为:

$$\begin{cases}K_{pc}=\dfrac{L_s}{3K_{PWM}T_s}\\[2ex] K_{ic}=\dfrac{R_s}{3K_{PWM}T_s}\end{cases} \tag{3.4.23}$$

此时定子电流控制系统闭环传递函数为:

$$F_c(s)=\frac{1}{4.5T_s^2s^2+3T_ss+1} \tag{3.4.24}$$

3.4.3 转速环控制系统设计

转速环控制系统主要包含转速 PI 控制器环节、定子电流环控制环节、电机机电能量转换环节以及转速滤波环节。为了方便设计控制系统,下面逐一分析各个环节的传递函数。

转速 PI 控制器环节的传递函数如下:

$$\frac{n^*(s)}{i_q^*(s)}=K_{pn}+\frac{K_{in}}{s} \tag{3.4.25}$$

为了方便设计转速 PI 控制器,可以将定子电流控制环节近似看成一个一阶惯性环节,即:

$$F_c(s)\approx\frac{1}{3T_ss+1} \tag{3.4.26}$$

电机机电能量转换环节包含了两个过程,分别是电磁转矩产生的过程以及转子产生运动的过程,其中由电磁转矩方程式可知,定子电流 q 轴分量与转子磁链产生了电磁转矩。同时,依据动力学原理,可以得到电机的运动方程。

$$T_e-T_L=\frac{J\pi}{30}\cdot\frac{\mathrm{d}n}{\mathrm{d}t} \tag{3.4.27}$$

电机在运行过程中周围的电磁环境比较复杂,一般为了避免转速信号受到外界电磁干扰,会在转速信号采集过程中加入转速滤波环节,可将该环节等效成一个一阶小惯性环节,时间常数为 T_n。

通过上述对几个环节的分析,可以得到永磁同步电机转速控制系统结构图,如图 3.45 所示。

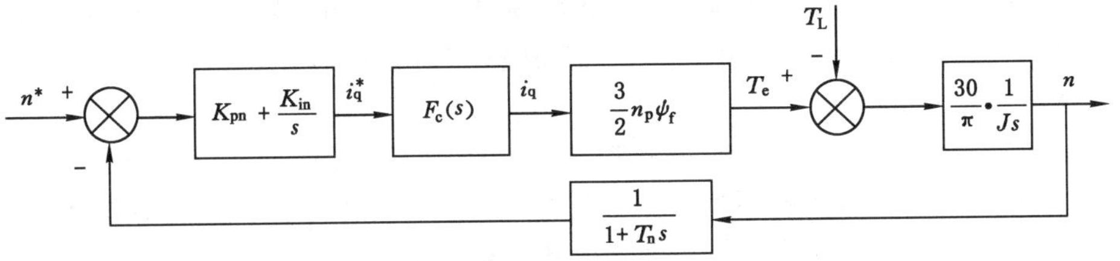

图 3.45 永磁同步电机转速控制系统结构图

为了简化控制系统设计，将转速滤波时间常数与定子电流控制系统时间常数两个小惯性环节合并成为一个小惯性环节，即有：

$$T_{\sum n} = T_n + 3T_s \tag{3.4.28}$$

其中 $T_{\Sigma n}$ 为转速控制系统等效小时间常数，此时得到简化的永磁同步电机转速控制系统结构图，如图 3.46 所示。

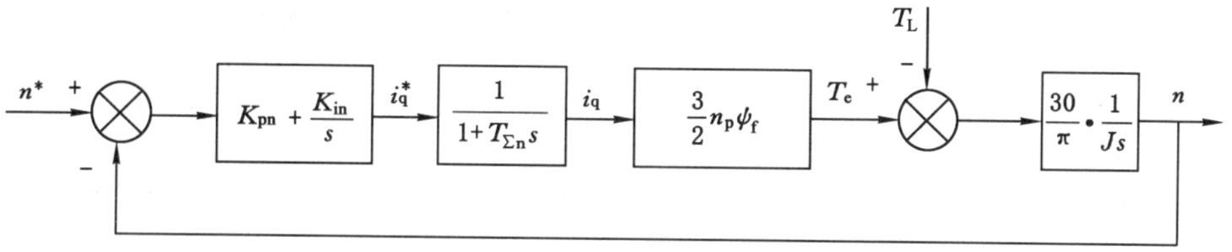

图 3.46　简化永磁同步电机转速控制系统结构图

由图 3.46 可以给出永磁同步电机转速控制系统开环传递函数。

$$G_n(s) = \frac{45K_{in}n_p\psi_f}{\pi J} \cdot \frac{T_{in}s+1}{s^2(T_{\sum n}s+1)} \tag{3.4.29}$$

其中，转速 PI 控制器时间常数 T_{in} 表达式为：

$$T_{in} = \frac{K_{pn}}{K_{in}} \tag{3.4.30}$$

令转速控制系统开环增益 K_n 为：

$$K_n = \frac{45K_{in}n_p\psi_f}{\pi J} \tag{3.4.31}$$

则转速控制系统开环传递函数写成：

$$G_n(s) = \frac{K_n(T_{in}s+1)}{s^2(T_{\sum n}s+1)} \tag{3.4.32}$$

典Ⅱ型系统具有较典Ⅰ型系统更好的抗扰性能，一般在双闭环控制系统中将外环设计成典Ⅱ型系统，所以本节选择将外环转速控制系统设计成典Ⅱ型系统。按照典Ⅱ型系统设计方法，有：

$$\begin{cases} T_{in} = hT_{\sum n} \\ K_n = \dfrac{h+1}{2h^2T_{\sum n}^2} \end{cases} \tag{3.4.33}$$

其中，h 为中频宽，一般无特殊要求时选择 $h=5$，再结合上式可得转速 PI 控制器设计参数。

$$\begin{cases} K_{pn} = \dfrac{\pi J}{25n_p\psi_f T_{\sum n}} \\ K_{in} = \dfrac{\pi J}{375n_p\psi_f T_{\sum n}^2} \end{cases} \tag{3.4.34}$$

为了检验所设计的控制系统性能，可在 MATLAB/ Simulink 软件环境下搭建永磁同步电机电压前馈解耦的双 PI 控制系统仿真模型，本节选择一个 600 kW 大功率永磁同步牵引电机作为控制对象，电机参数如表 3-4 所示，可供参考。

表 3-4 永磁同步牵引电机的基本参数

参数名称	参数
额定功率	600 kW
额定转矩	1 000 N·m
额定转速	2 000 r/min
定子电感	7.5 mH
定子电阻	0.26 Ω
转子磁通	1.6 Wb
转动惯量	0.85 kg·m^2
极对数	3

3.5 基于 MMC 的轻型直流输电系统

3.5.1 MMC 基本原理及控制策略

(1) MMC 数学模型

MMC 单相等效模型如图 3.47 所示。图中，u_{sk} 为交流电网电压(k=a、b、c，下同)；PCC (point of common coupling)为 MMC 接入交流电网的公共连接点；L_T 为换流变压器等效漏抗(忽略换流变压器等效电阻)；i_k 为 MMC 交流侧电流；$2L_0$ 为桥臂电抗；u_{vk} 为 MMC 交流侧输出电压；u_{pk}、u_{nk} 为 MMC 上、下桥臂电压；i_{pk}、i_{nk} 为 MMC 上、下桥臂电流；U_{dc}、I_{dc} 为 MMC 直流电压、直流电流；P、N 为 MMC 正、负直流母线。

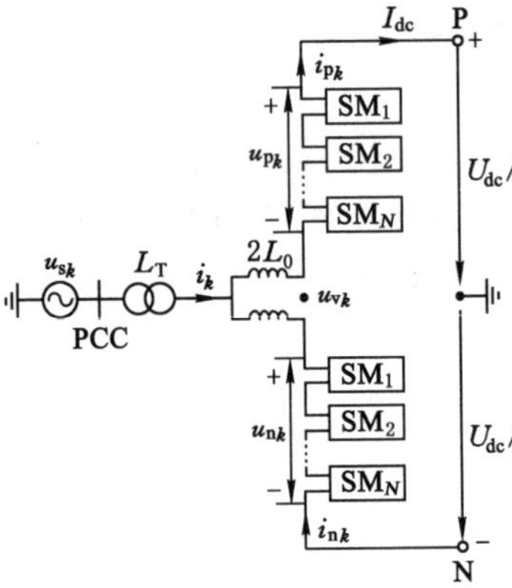

图 3.47 MMC 单相电路拓扑

根据图 3.47，由基尔霍夫电压定律，得式(3.5.1)；由基尔霍夫电流定律，得式(3.5.2)。

$$\begin{cases} u_{sk}-\left(\dfrac{U_{dc}}{2}-u_{pk}\right)=2L_0\dfrac{\mathrm{d}i_{pk}}{\mathrm{d}t}+L_T\dfrac{\mathrm{d}i_k}{\mathrm{d}t} \\ u_{sk}-\left(u_{nk}-\dfrac{U_{dc}}{2}\right)=-2L_0\dfrac{\mathrm{d}i_{nk}}{\mathrm{d}t}+L_T\dfrac{\mathrm{d}i_k}{\mathrm{d}t} \end{cases} \tag{3.5.1}$$

$$i_k = i_{pk} - i_{nk} \tag{3.5.2}$$

联立式(3.5.1)、式(3.5.2)，可得式(3.5.3)。

$$u_{sk} - u_{vk} = L\frac{\mathrm{d}i_k}{\mathrm{d}t} \tag{3.5.3}$$

式中，$u_{vk}=(u_{nk}-u_{pk})/2$ 为 MMC 交流侧输出电压；$L=L_T+L_0$ 为 MMC 等效连接电抗，包括变压器等效漏抗 L_T 和桥臂等效电抗 L_0。

将式(3.5.3)写成三相形式，可得 MMC 三相静止坐标系(a-b-c 坐标系)下的时域方程，如式(3.5.4)。

$$\begin{cases} u_{sa}(t) - u_{va}(t) = L\dfrac{\mathrm{d}i_a(t)}{\mathrm{d}t} \\ u_{sb}(t) - u_{vb}(t) = L\dfrac{\mathrm{d}i_b(t)}{\mathrm{d}t} \\ u_{sc}(t) - u_{vc}(t) = L\dfrac{\mathrm{d}i_c(t)}{\mathrm{d}t} \end{cases} \tag{3.5.4}$$

a-b-c 坐标系下，MMC 交流侧均为时变交流量，不利于控制器设计。为方便控制器设计，同时实现 MMC 有功无功解耦控制，构建以电网电压 $\boldsymbol{U}_s$ 为基准的两相旋转坐标系(d-q 坐标系)，如图 3.48 所示。利用变换矩阵 $\boldsymbol{P}$，对式(3.5.4)施以 Park 变换，得 MMC 在 d-q 坐标系下的时域方程，如式(3.5.6)所示。

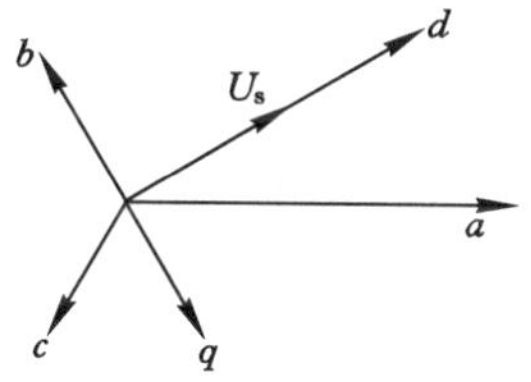

图 3.48　U_s 为基准的两相旋转坐标系

$$\boldsymbol{P} = \frac{2}{3}\begin{bmatrix} \cos\theta & \cos(\theta - 2\pi/3) & \cos(\theta + 2\pi/3) \\ \sin\theta & \sin(\theta - 2\pi/3) & \sin(\theta + 2\pi/3) \end{bmatrix} \tag{3.5.5}$$

$$\begin{cases} u_{sd}(t) - u_{vd}(t) = L\dfrac{\mathrm{d}i_d(t)}{\mathrm{d}t} + \omega L i_q(t) \\ u_{sq}(t) - u_{vq}(t) = L\dfrac{\mathrm{d}i_q(t)}{\mathrm{d}t} - \omega L i_d(t) \end{cases} \tag{3.5.6}$$

式中，u_{sd}、u_{sq} 为交流电网电压 d、q 轴分量；u_{vd}、u_{vq} 为 MMC 交流输出电压 d、q 轴分量；i_d、i_q 为交流电流 d、q 轴分量；ω 为电网电压 $\boldsymbol{U}_s$ 的旋转角速度。

对式(3.5.6)进行拉普拉斯变换，可得 MMC 在 d-q 坐标系下的频域方程。

$$\begin{cases} u_{sd}(s) - u_{vd}(s) - \omega L i_q(s) = L s i_d(s) \\ u_{sq}(s) - u_{vq}(s) + \omega L i_d(s) = L s i_q(s) \end{cases} \tag{3.5.7}$$

根据瞬时无功功率理论，交流电网在 PCC 点注入 MMC 的有功功率 P、无功功率

Q 为：

$$\begin{cases}P=1.5(u_{sd}i_d+u_{sq}i_q)\\Q=1.5(u_{sd}i_q-u_{sq}i_d)\end{cases}\tag{3.5.8}$$

d-q 坐标系以 $\boldsymbol{U}_s$ 为基准，即 $u_{sq}=0$，故式(3.5.8)可简化为：

$$\begin{cases}P=1.5u_{sd}i_d\\Q=1.5u_{sd}i_q\end{cases}\tag{3.5.9}$$

(2) MMC 双闭环控制策略

MMC-HVDC 系统是一个多变量、强耦合、非线性的复杂系统，一般控制技术很难达到理想的控制效果。目前，应用于 MMC 的控制策略包括：直接电流控制、间接电流控制。直接电流控制动静态性能好、系统鲁棒性强，具有较强的技术优势。基于 d-q 坐标系的双闭环控制是最具代表性的直流电流控制策略，在直流输电领域应用广泛。

适用于 MMC 的双闭环控制策略包含内环控制器和外环控制器。内环控制器主要作用是实时跟踪外环指令信号，直接控制 MMC 交流电流的幅值、相角；外环控制器主要作用是根据 MMC 有功、无功、电压给定值，计算内环参考值。

由式(3.5.7)，MMC 数学模型存在电流耦合项 ωLi_d、ωLi_q 和交流电网电压前馈项 u_{sd}、u_{sq}。为实现电流解耦控制并消除交流电网电压干扰，MMC 内环控制器控制方程为：

$$\begin{cases}u_{vd}^*=-\left[k_{p1}(i_d^*-i_d)+k_{i1}\int(i_d^*-i_d)dt\right]-\omega Li_q+u_{sd}\\u_{vq}^*=-\left[k_{p2}(i_q^*-i_q)+k_{i2}\int(i_q^*-i_q)dt\right]+\omega Li_d+u_{sq}\end{cases}\tag{3.5.10}$$

式中，u_{vd}^*、u_{vq}^* 为 MMC 交流电压参考值的 d、q 轴分量；i_d^*、i_q^* 为 MMC 交流电流参考值的 d、q 轴分量；k_{p1}、k_{p2} 为内环控制器 d、q 轴比例系数；k_{i1}、k_{i2} 为内环控制器 d、q 轴积分系数。

MMC 内环控制器如图 3.49 所示。电流环解耦控制不但消除了 d、q 轴的交叉耦合问题，而且提高了系统的动态性能，进一步强化了 MMC-HVDC 有功无功独立控制、潮流快速可控的技术优势。

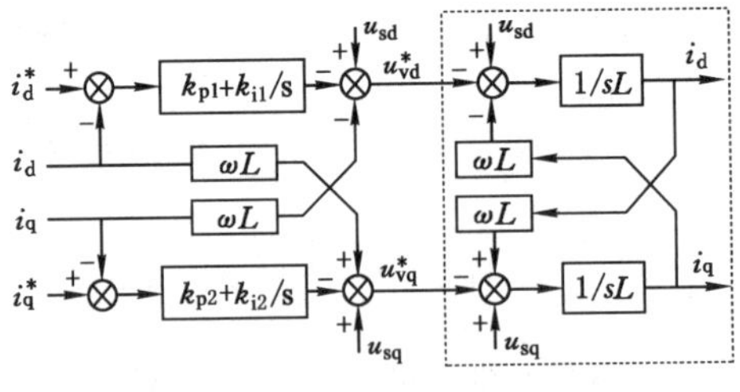

图 3.49　MMC 内环控制器

如图 3.50 所示，MMC 外环控制器通常包含定直流电压控制、定有功功率控制、定无功功率控制、定交流电压控制四种。其中，定直流电压控制、定有功功率控制属于有功类控制，定无功功率控制属于无功类控制。交流电压反映系统无功潮流分布，本质上也属于无功类控制。当 MMC 接入无源网络或考虑风电场接入时,定交流电压控制可独立使用。

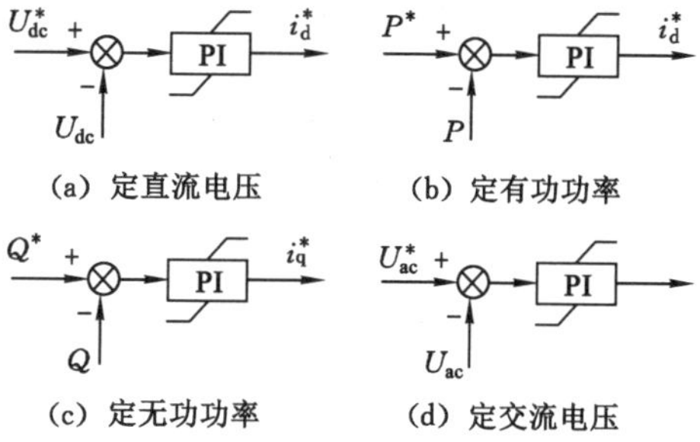

图 3.50　MMC 外环控制器

3.5.2　MMC 调制及均压策略

(1) 最近电平逼近调制

目前,应用于级联型多电平换流器(cascaded multilevel converter,CMC)的调制方式主要分为两类:脉宽调制和阶梯波调制。CPS-SPWM、CD-SPWM 是典型的脉宽调制方式,而 NLM 则是典型的阶梯波调制方式。相比于脉宽调制,阶梯波调制主要优点体现在程序简单、开关次数少、子模块规模庞大时运算量小;主要缺点体现在电平数较低时波形质量较差。但对于 CMC 而言,电平数量多,交流侧输出电压正弦度很高,谐波已不是主要问题。实际高压直流输电(HVDC)工程中,MMC 电平数众多,如西门子的 Trans Bay Cable 工程,每个桥臂含有 216 个子模块。因此 NLM 是 MMC-HVDC 最常用的调制方式。

最近电平逼近,又称量化取整法,其核心思想在于:通过控制子模块投切状态,MMC 每一时刻均投入距离调制波最近的电平,进而实现通过阶梯波逼近正弦波的目的。

NLM 流程如下:① 内环控制器输出交流电压参考值 u_{vd}^*、u_{vq}^*,经 Park 变换,变成 a-b-c 坐标系下的参考输出电压 u_{va}^*、u_{vb}^*、u_{vc}^*。② 已知 u_{vk}^*,利用式(3.5.11)计算每一时刻 MMC 上、下桥臂投入的子模块数。③ 根据电容电压均衡原则,向各子模块发出合适的触发脉冲,使其完成投切状态转变。

理论上,NLM 可将 MMC 输出电压和调制波电压之差控制在($\pm U_C/2$)之内,U_C 是各桥臂子模块电容电压值。

$$\begin{cases} n_{pk} = \dfrac{N}{2} - \mathrm{round}\left(\dfrac{u_{vk}^*}{U_C}\right) \\ n_{nk} = \dfrac{N}{2} + \mathrm{round}\left(\dfrac{u_{vk}^*}{U_C}\right) \end{cases} \tag{3.5.11}$$

式中,n_{pk}、n_{nk}代表 MMC 上、下桥臂投入的子模块数,round(x)代表取整函数。

图 3.51 给出应用于 21 电平 MMC 的 NLM 波形(以 a 相为例,调制度 $M=0.9$)。由图可知,在电平数众多的情况下,NLM 波形具有拟合效果好,波形质量高的优点。

(2) 基于保持因子的排序均压策略

MMC 每个相单元包含 $2N$ 个彼此隔离的子模块电容。各子模块电容容值、充放电时

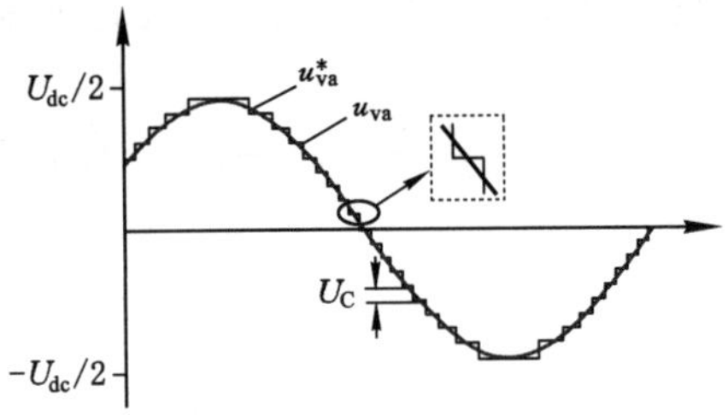

图 3.51　最近电平逼近调制波形

间、损耗等差异会导致电容电压出现不平衡，严重危害 MMC 正常运行。保持子模块电容电压 U_C 平衡，进而保证直流电压 U_{dc} 恒定，是 MMC 稳定、可靠运行的重要前提。

MMC 电容电压变化情况由子模块 SM 投切状态和桥臂电流方向决定。以 MMC 整流器 a 相为例（MMC 桥臂电压、电流参考方向如图 3.47）：SM 处于投入状态且桥臂电流为正，电容放电，电容电压下降；SM 处于投入状态且桥臂电流为负，电容充电，电容电压上升；SM 处于切除状态且无论桥臂电流方向，电容电压不变。

MMC 整流器 a 相交流电压、电流示意图如图 3.52 所示，理想情况 a 相上、下桥臂电流表达式如式(3.5.12)所示。由图 3.52、式(3.5.12)，MMC 整流器上、下桥臂电流含有直流分量和交流分量：直流分量为正方向，子模块电容持续放电，相单元向直流系统输送能量；交流分量正负半周交替出现，由于功率因数角 φ 小于 90°，子模块电容充电能量大于放电能量，相单元从交流系统吸收能量。因此，MMC 桥臂电流的直流、交流分量分别对应相单元向直流系统输送的能量和相单元从交流系统吸收的能量；交直流侧能量平衡，理论上促成了子模块电容的充放电平衡。

$$\begin{cases} i_{pa} = \dfrac{I_{dc}}{3} + \dfrac{i_a}{2} \\ i_{na} = \dfrac{I_{dc}}{3} - \dfrac{i_a}{2} \end{cases} \tag{3.5.12}$$

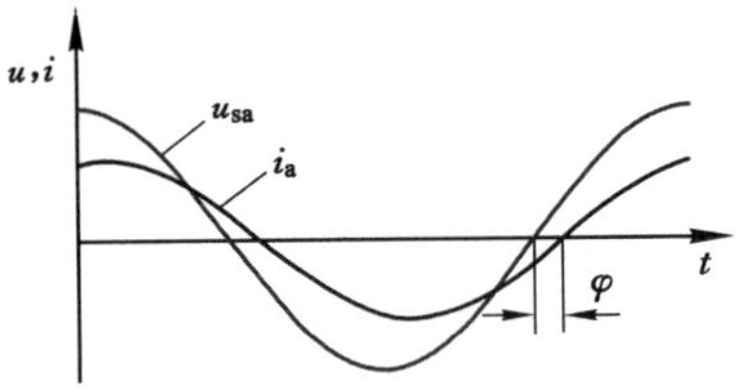

图 3.52　MMC 电气量示意图

交直流侧能量平衡是 MMC 电容电压均衡策略的理论基础。配合 NLM 技术，本书采用基于保持因子的改进排序均压策略。优化平衡控制策略的具体步骤如下：

① 测量桥臂中的各子模块电容电压值，实时输入存储器。

② 监测桥臂电流方向，判定子模块充放电情况。

③ 利用保持因子修正子模块电容电压值。若子模块充电，将处于切除状态的子模块电

容电压乘以略大于1的保持因子后再参与排序，增加其保持切除状态的可能性；若子模块放电，将处于投入状态的子模块电容电压乘以略大于1的保持因子后再参与排序，增加其保持投入状态的可能性。子模块电容电压越限，则不再利用保持因子修正。

④ 控制器对修正后的子模块电容电压排序，并根据调制结果向子模块发送触发信号：若子模块充电，则按降序排列，投入电容电压较低的子模块；若子模块放电，则按升序排列，投入电容电压较高的子模块。

图3.53为优化平衡控制系统框图。图中，U_C 为各桥臂子模块电容电压值；U_{Cmax} 为子模块电容电压上限值，U_{Cmin} 为子模块电容电压下限值，一般地，MMC子模块电容电压波动幅度为额定电容电压的5%；k 为保持因子，k 略大于1；f_1 为MMC电容电压排序频率，与控制器性能、排序算法、MMC电平数等因素有关；f_2 为MMC触发控制频率。优化平衡控制通过引入 k 因子，提高了MMC子模块维持原先电平状态的可能性，在保证电容电压平衡的同时，降低了电力电子器件开关频率，对于MMC-HVDC经济运行具有重要意义。

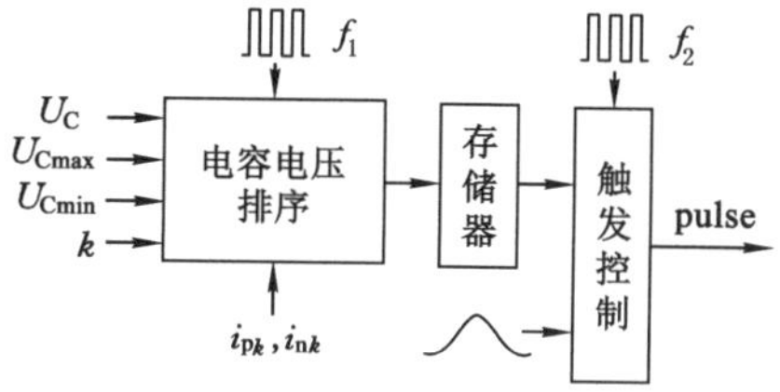

图3.53 优化平衡控制系统

3.5.3 MMC-MTDC 协调控制策略

相对于交流电力系统兼顾功角、频率及电压稳定性，直流系统稳定性取决于直流电压的控制特性，因此保持直流电压恒定是MMC-MTDC系统协调控制的核心。直流网络功率平衡是保证直流电压恒定的重要前提。以 n 端MMC-MTDC系统为例，直流网络功率平衡原则如式(3.5.13)所示。式中，P_i 为第 i 个换流站流入交流PCC点的有功功率，这里规定功率流入直流网络的方向为正；P_{loss} 为MMC-MTDC系统有功功率损耗之和，包括换流变压器等效损耗、MMC开关损耗、MMC桥臂电感损耗、输电线路损耗等等。另外，MMC-MTDC系统安全运行应至少满足 $N-1$ 法则，即任一换流站退出运行，MMC-MTDC系统均能寻找到新的稳态工作点，且过渡过程产生的暂态过电压不超过设备绝缘裕度。

$$\sum_{i=1}^{n} P_i + P_{loss} = 0 \tag{3.5.13}$$

目前，MMC-MTDC协调控制策略包括三类：主从控制、电压裕度控制、电压下垂控制。本节将从运行原理、控制方法、优缺点等方面详细阐述这三种传统协调控制策略。

(1) 主从控制

主从控制是一种最简单、最基础的多端协调控制策略。其主要思想如下：选择一个换流站作为主站，采用定直流电压控制；其他换流器作为从站，采用定有功功率控制。主换流站是主从控制的核心，一方面维系 MMC-MTDC 系统直流电压恒定，一方面参与直流网络功率平衡调节。因此，主换流站往往需要具备一定的富余调节容量。主从控制下，MMC-MTDC 系统分四层控制器：系统级控制器、换流器级控制器、换流阀级控制器、子模块级控制器。系统级控制器采集各个换流站交流 PCC 点有功功率并求和，根据潮流分配原则，将有功功率按一定比例分配给各个从站，作为其外环给定值。若发生 $N-1$ 运行，系统级控制器需通过高速通信装置向其中一个从站发出指令，使其控制方式由定有功功率控制切换为定直流电压控制，以维持直流网络功率平衡。

主从控制具有控制特性好、电压质量高、便于实施经济调度策略等优点。目前，实际投运的 MMC-MTDC 系统多采用主从控制策略：南方电网公司承建的南澳三端柔性直流输电工程采用主从控制模式；国家电网公司承建的舟山五端柔性直流输电工程采用主从控制和电压裕度控制备份的模式。但是，主从控制在 $N-1$ 运行工况下严重依赖高速通信，一定程度上制约了多端柔性直流输电尤其是长距离直流输电的发展。

主从控制 P-V 特性曲线如图 3.54 所示（P-V 特性曲线，又称控制特性曲线，是描述 MMC-MTDC 系统运行特性的常用手段，其呈现的结果代表 MMC-MTDC 系统某一特定稳态工况下各换流站有功功率 P 和直流电压 U_{dc} 的关系）。以三端 MMC-MTDC 系统为例，MMC_1 为送端换流站，向直流网络输入有功功率；MMC_2、MMC_3 为受端换流站，将有功功率逆变入网。系统级控制器指定 MMC_2 为主站，采用定直流电压控制，直流电压给定值为 U_{dcN}；MMC_1、MMC_3 为从站，采用定有功功率控制，有功功率给定值分别为 P_0，$-0.5P_0$。由式(3.5.13)，MMC_2 将自动寻找稳态工作点，最终稳定于($-0.5P_0$，U_{dcN})。若从站功率发生波动，主站 MMC_2 将根据功率平衡原则寻找新的稳态工作点，直至直流电压再次恢复稳定状态。另外，采用主从控制模式时，主站 MMC_2 发生 $N-1$ 运行是 MTDC 系统最极端的故障工况。MMC_2 退出运行后，系统级控制器将迅速指定 MMC_1 或 MMC_3 作为主换流站，以继续维持 MMC-MTDC 系统直流电压恒定。

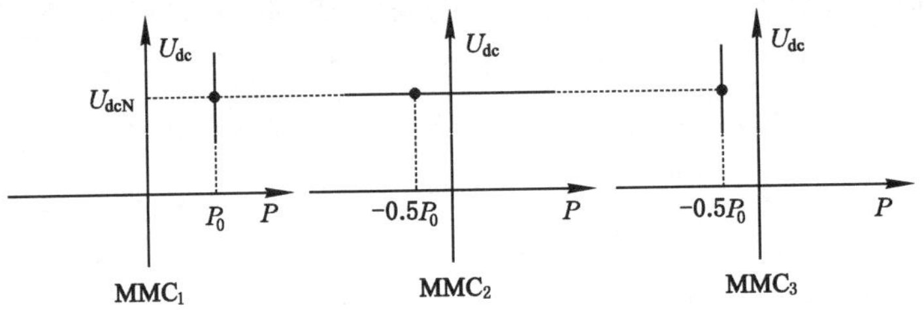

图 3.54　主从控制 P-V 特性曲线

(2) 电压裕度控制

为解决主从控制严重依赖高速通信的问题，电压裕度控制由日本学者 Kenya Sakamoto 于 1998 年提出。电压裕度控制思想如下：主换流站退出运行或功率越限时，后备换流站检测到因功率不平衡而引起的电压偏差，自动将控制方式切换至定直流电压控制。本质上，电压裕度控制是主从控制的完善、补充，一定程度减少了极端工况下主从控制对于高速通信的依赖。

电压裕度控制的设计原则通常包含以下两点：直流电压 U_{dc} 越限时投入电压裕度控制（根据工程经验，U_{dc} 波动幅度一般设定为 $\pm 5\% U_{dcN}$）；功率阶跃引起的暂态电压过冲不会引起控制模式的改变，以防止误切换现象发生。

电压裕度控制器设计如图 3.55 所示。图中，U_{dc} 为直流电压实际值；U_{dcL}^* 为直流电压下限，$U_{dcL}^* = 0.95U_{dcN}$；U_{dcH}^* 为直流电压上限，$U_{dcH}^* = 1.05U_{dcN}$；i_{d1}^*、i_{d2}^*、i_{d3}^* 为 PI 控制器输出量，分别对应定直流电压下限、定有功功率、定直流电压上限三种模式的输出量。电压裕度控制逻辑如式(3.5.14)所示。正常工作时，i_{d1}^*、i_{d3}^* 均处于限幅状态（$U_{dcL}^* < U_{dcN}$，i_{d1}^* 处于下限幅状态；$U_{dcH}^* > U_{dcN}$，i_{d3}^* 处于上限幅状态），$i_d^* = i_{d2}^*$，换流站处于定有功功率控制。发生 $N-1$ 运行时，MMC-MTDC 系统有功功率不平衡，直流电压出现持续上升或跌落现象（取决于退出运行的换流站处于整流或逆变状态）。当直流电压达到设定的电压裕度，即 U_{dcL} 或 U_{dcH}，原本处于饱和状态的 i_{d1}^* 或 i_{d3}^* 开始进入退饱和状态：以直流电压持续上升为例（逆变站退出运行），当直流电压超过 U_{dcH}，i_{d1}^*、i_{d2}^* 保持不变，i_{d3}^* 开始退饱和，经过一定时间后，$i_{d3}^* < i_{d2}^*$，由式(3.5.14)控制逻辑，$i_d^* = i_{d3}^*$，换流站完成控制模式切换过程，开始进入定直流电压控制。

$$i_d^* = \max[i_{d1}^*, \min(i_{d2}^*, i_{d3}^*)] \tag{3.5.14}$$

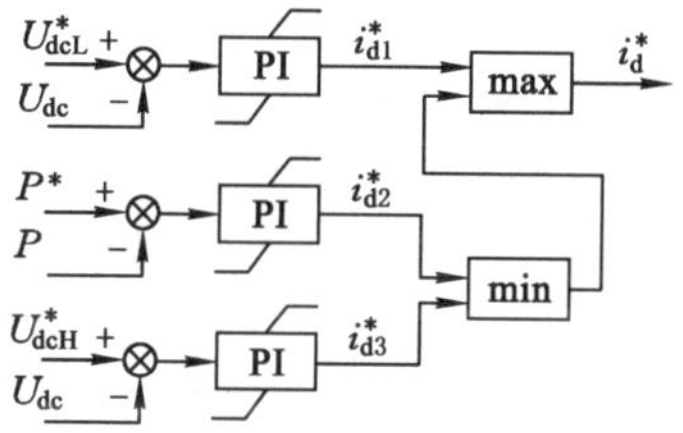

图 3.55　电压裕度控制器

电压裕度控制在不依赖高速通信的前提下实现 $N-1$ 运行，有效提高了 MMC-MTDC 系统可靠性，但是该策略存在以下缺点：响应速度慢，控制模式切换需要经历检测偏差、退饱和两个阶段；模式切换瞬间存在直流电压过冲，可能超出 MMC 绝缘裕度；连接直流网络的换流站数量增加时，后备换流站的优先级难以确认。

电压裕度控制 P-V 特性曲线如图 3.56 所示。以三端 MMC-MTDC 系统为例，MMC_2 为主站，采用定直流电压控制；MMC_1、MMC_3 为从站，分别采用定有功功率控制、电压裕度控制。正常工作时，MMC-MTDC 系统稳态工作点如图 A 点：MMC_1 输入有功功率 P_0，MMC_2、MMC_3 分别接收有功功率 $0.5P_0$、$0.5P_0$，各换流站直流电压为 U_{dcN}（忽略输电线路电压降落）。发生 $N-1$ 运行时，MMC-MTDC 系统稳态工作点变化至 B 点：逆变站 MMC_2 因故障退出运行，不再接收有功功率，MMC_1 输入有功功率 P_0，MMC_3 接收有功功率 P_0，各换流站直流电压为 U_{dcH}。

（3）电压下垂控制

电压下垂控制核心思想在于利用各换流站 P-V（或 I-V）斜率关系维持 MTDC 运行电压恒定。电压下垂控制可看作定直流电压控制和定有功功率控制的结合，其本质是以直流

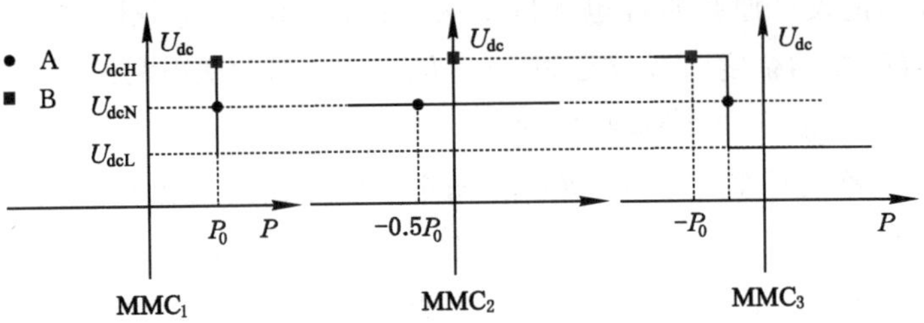

图 3.56　电压裕度控制 P-V 特性曲线

电压静差为代价参与有功功率调节，以达到无须依赖高速通信的前提下实现有功功率平衡的目的。

电压下垂控制器设计如图 3.57 所示。图中，U_{dc} 为直流电压实际值；U_{dc}^* 为直流电压参考值，通常取额定直流电压，$U_{dc}^*=U_{dcN}$；P 为有功功率实际值；P^* 为有功功率参考值，通常取零功率工况，$P^*=0$ MW；k_{droop} 为下垂系数，$k_{droop}>0$。电压下垂控制特性曲线表达式如式(3.5.15)。电压下垂控制中，下垂系数 kdroop 是对系统性能具有决定作用的参数。若 k_{droop} 较大，则下垂曲线较缓，MTDC 系统电压质量较高，但功率分配特性较差，MMC 输送的有功功率可能超出限幅值；若 k_{droop} 较小，则下垂曲线较陡，MTDC 系统功率分配特性较好，但电压质量较差，MMC 直流电压可能超出绝缘裕度。因此，必须合理选择下垂系数 k_{droop}，兼顾功率分配特性和直流电压质量，以确保 MMC-MTDC 系统正常、稳定运行。

$$U_{dc}-U_{dc}^*=-\frac{1}{k_{droop}}(P-P^*) \tag{3.5.15}$$

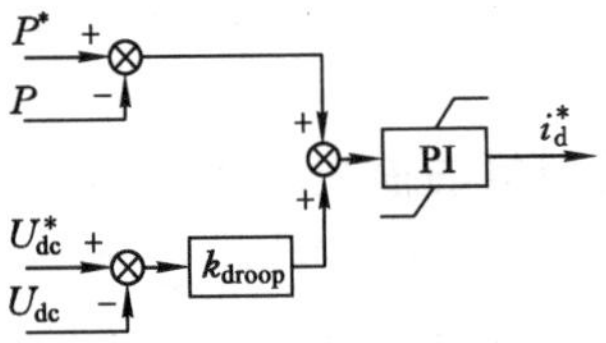

图 3.57　电压下垂控制器

电压下垂控制优点主要包括以下三点：不依赖高速通信，系统可靠性高；响应速度快，功率调节灵活；MMC 发生功率阶跃时，直流电压过冲小。缺点则包括以下两点：MTDC 系统直流电压不再维持恒定，直流电压质量较低；线路阻抗导致直流电压偏移，进而导致实际有功功率分配结果与理论值存在偏差，不利于控制器设计。

电压下垂控制 P-V 特性曲线如图 3.58 所示。仍以三端 MMC-MTDC 系统为例，MMC_1 为送端换流站，采用定有功功率控制；MMC_2、MMC_3 为具有相同地位的受端换流站，采用电压下垂控制，且下垂系数 k_{droop} 相同。图中 A 点是 MMC_1 输入功率为 P_0 时 MMC-MTDC 的稳态工作点，MMC_2、MMC_3 均分有功功率且直流电压发生一定偏置；B 点是 MMC_2 因故障退出运行时 MMC-MTDC 的稳态工作点，MMC_2 不再接收有功功率，

MMC_3 接收的有功功率增加一倍且直流电压进一步偏置。由图 3.58：当直流网络出现功率失衡现象时，采用电压下垂控制的换流站可根据下垂曲线灵活调整稳态运行点，从而恢复 MMC-MTDC 系统正常运行；电压下垂控制的本质是以直流电压偏差为代价参与功率调节，在下垂系数 k_{droop} 一定的前提下，换流站承担的功率分配越多，直流电压偏差越大。

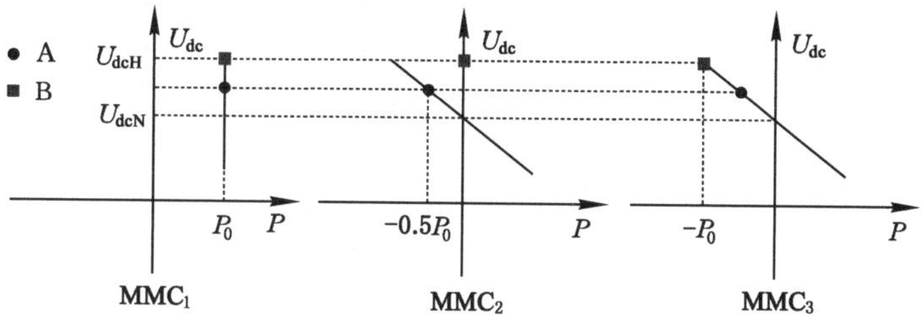

图 3.58　电压下垂控制 P-V 特性曲线

本书给出单端 21 电平 MMC 仿真参数，如表 3-5 所示，可供参考。

表 3-5　MMC 仿真参数

参数	参考值	参数	参考值
额定容量 S_N	400 MVA	变压器变比及接线	1，Yd11
额定直流电压 U_{dcN}	±200 kV	子模块电容 C	3 000 μF
电网电压 U_s	220 kV	桥臂电抗 $2L_0$	60 mH
变压器容量 S_T	500 MVA	单桥臂子模块数 N	20
变压器漏抗 L_T	0.16p.u.	采样频率 f	10 kHz

3.6　三电平 PWM 整流器

建立控制对象的数学模型是研究闭环控制系统的基础，所以建立三电平 PWM 整流器的数学模型很有必要。由于整流器中含有开关函数，它的不连续和非线性影响了系统的分析，所以有必要引进平均状态空间法来消除这种影响。首先建立了三相 a-b-c 坐标系下的数学模型，为了进一步简化数学模型，应用坐标变换的思想，得到同步旋转坐标系下的数学模型，将三相交流量转换成了两相直流量，方便了控制系统的设计与分析。

三电平变换器的 PWM 调制方法主要有两类：载波调制法和电压空间矢量脉宽调制(SVPWM)法。SVPWM 方法由于其直流电压利用率高、电流纹波小并且输出电压形式丰富，得到了广泛应用。本节将 SVPWM 算法应用于三电平整流器中，介绍三电平整流器 SVPWM 基本原理，根据空间电压矢量调制的规律，重点介绍几种三电平 SVPWM 算法。

3.6.1 三电平 PWM 整流器的数学模型

三电平 PWM 整流器的主电路结构图如图 3.59 所示。

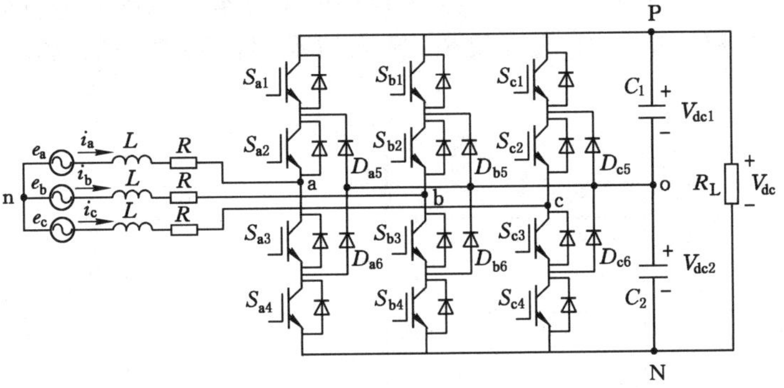

图 3.59 三电平 PWM 整流器的主电路拓扑图

从拓扑图上可以看到，每个桥臂由四个功率开关管 $S_1 \sim S_4$ 和两个箝位二极管 D_5、D_6 组成。e_a、e_b 和 e_c 为三相交流侧输入电压；i_a、i_b 和 i_c 为三相交流侧输入电流；L 为电抗器及线路电感；R 为交流侧等效电阻；C_1、C_2 为直流侧滤波电容。C_1、C_2 电容中间点 o 与箝位二极管的中点相连接，两个电容上的电压分别为 V_{dc1}、V_{dc2}。为了便于分析，直流侧的负载以 R_L 来等效。

定义第 i 相的开关函数为 S_i(i=a,b,c)：

$$S_i=\begin{cases}2, & S_{i1}\text{ 和 }S_{i2}\text{ 导通，且 }S_{i3}\text{ 和 }S_{i4}\text{ 关断}\\1, & S_{i2}\text{ 和 }S_{i3}\text{ 导通，且 }S_{i1}\text{ 和 }S_{i4}\text{ 关断}\\0, & S_{i3}\text{ 和 }S_{i4}\text{ 导通，且 }S_{i1}\text{ 和 }S_{i2}\text{ 关断}\end{cases} \tag{3.6.1}$$

于是，利用开关函数的思想，将图 3.59 电路中的每个功率开关管都用单刀三掷开关来代替，简化后的主电路如图 3.60 所示。

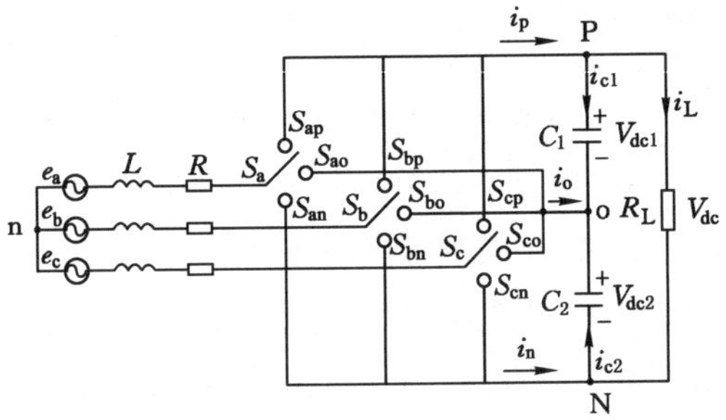

图 3.60 三电平 PWM 整流器主电路简化模型

将开关函数 S_i 分解成 S_{ip}、S_{io}、S_{in} 三个单刀开关，当开关点接通时为 1，断开时为 0。于是可以得到下面结论：

① 如果 $S_i=2$，则 $S_{ip}=1$、$S_{io}=0$、$S_{in}=0$；

② 如果 $S_i=1$，则 $S_{ip}=0$、$S_{io}=1$、$S_{in}=0$；

③ 如果 $S_i=0$，则 $S_{ip}=0$、$S_{io}=0$、$S_{in}=1$。

显然，S_{ip}、S_{io}、S_{in}满足如下关系式：

$$\begin{cases} S_{ip}+S_{io}+S_{in}=1 \\ S_{ij}=1 \text{ 或 } 0 \end{cases} \tag{3.6.2}$$

式中，i=a,b,c,j=p,o,n。

在三电平 PWM 整流器数学模型的推导过程中，通常作如下假设：公共电网为三相对称平衡电网；所有功率器件为理想元件，忽略开关过程所产生的压降和损耗；直流侧负载为阻性负载。

(1) 三相静止坐标系下三电平 PWM 整流器数学模型

在等效电路图 3.60 中，根据基尔霍夫电压定律，列出交流侧 abc 三相的回路电压方程如下：

$$\begin{cases} L\dfrac{di_a}{dt}=e_a-Ri_a-v_{an} \\ L\dfrac{di_b}{dt}=e_b-Ri_b-v_{bn} \\ L\dfrac{di_c}{dt}=e_c-Ri_c-v_{cn} \end{cases} \tag{3.6.3}$$

式中，L 为整流器交流侧电感；R 为整流器交流侧等效电阻；e_a、e_b、e_c 为电网三相相电压；i_a、i_b、i_c 为三相交流侧相电流；v_{an}、v_{bn}、v_{cn}为整流桥三相交流侧对交流电源中点的电压。可以写成下式：

$$\begin{cases} v_{an}=v_{ao}+v_{on} \\ v_{bn}=v_{bo}+v_{on} \\ v_{cn}=v_{co}+v_{on} \end{cases} \tag{3.6.4}$$

式中，v_{on}为直流侧电压中点和三相交流电源中点之间的电压。

此时，为了消除开关函数的不连续性，应用平均状态空间法可得

$$\begin{cases} v_{ao}=S_{ap}V_{dc1}+S_{an}V_{dc2} \\ v_{bo}=S_{bp}V_{dc1}+S_{bn}V_{dc2} \\ v_{co}=S_{cp}V_{dc1}+S_{cn}V_{dc2} \end{cases} \tag{3.6.5}$$

其中，$V_{dc1}+V_{dc2}=V_{dc}$。

故由式(3.6.4)、式(3.6.5)代入式(3.6.3)可得 *a-b-c* 坐标系下的三电平整流器数学模型为

$$\begin{cases} L\dfrac{di_a}{dt}=e_a-Ri_a-S_{ap}V_{dc1}-S_{an}V_{dc2}+v_{no} \\ L\dfrac{di_b}{dt}=e_b-Ri_b-S_{bp}V_{dc1}-S_{bn}V_{dc2}+v_{no} \\ L\dfrac{di_c}{dt}=e_c-Ri_c-S_{cp}V_{dc1}-S_{cn}V_{dc2}+v_{no} \end{cases} \tag{3.6.6}$$

由于假设三相电网电压平衡,则

$$\begin{cases} e_a + e_b + e_c = 0 \\ i_a + i_b + i_c = 0 \end{cases} \tag{3.6.7}$$

由式(3.6.6)、式(3.6.7)可以求出

$$v_{no} = \frac{1}{3}(S_{ap} + S_{bp} + S_{cp})V_{dc1} + \frac{1}{3}(S_{an} + S_{bn} + S_{cn})V_{dc2} \tag{3.6.8}$$

图 3.60 中的节点 P 满足下式:

$$\begin{cases} i_p = i_{c1} + i_L \\ i_p = S_{ap}i_a + S_{bp}i_b + S_{cp}i_c \\ i_{c1} = C_1 \dfrac{dV_{dc1}}{dt} \end{cases} \tag{3.6.9}$$

直流侧中点 o 满足:

$$\begin{cases} i_o = -(i_{c1} + i_{c2}) \\ i_o = S_{ao}i_a + S_{bo}i_b + S_{co}i_c \end{cases} \tag{3.6.10}$$

节点 N 满足:

$$\begin{cases} i_n = i_{c2} - i_L \\ i_n = S_{an}i_a + S_{bn}i_b + S_{cn}i_c \\ i_{c2} = C_2 \dfrac{dV_{dc2}}{dt} \end{cases} \tag{3.6.11}$$

由式(3.6.9)、式(3.6.11)可得

$$\begin{cases} C_1 \dfrac{dV_{dc1}}{dt} = S_{ap}i_a + S_{bp}i_b + S_{cp}i_c - i_L \\ C_2 \dfrac{dV_{dc2}}{dt} = S_{an}i_a + S_{bn}i_b + S_{cn}i_c + i_L \end{cases} \tag{3.6.12}$$

将式(3.6.6)、(3.6.8)、(3.6.12)归纳成矩阵形式,即为三电平 PWM 整流器在 a-b-c 坐标系下的数学模型。

$$\dot{\boldsymbol{X}} = \boldsymbol{A} \cdot \boldsymbol{X} + \boldsymbol{B} \cdot \boldsymbol{E} \tag{3.6.13}$$

式中,

$$\boldsymbol{A} = \begin{bmatrix} -\dfrac{R}{L} & 0 & 0 & -\dfrac{1}{L}\left(S_{ap} - \dfrac{S_{ap}+S_{bp}+S_{cp}}{3}\right) & -\dfrac{1}{L}\left(S_{an} - \dfrac{S_{an}+S_{bn}+S_{cn}}{3}\right) \\ 0 & -\dfrac{R}{L} & 0 & -\dfrac{1}{L}\left(S_{bp} - \dfrac{S_{ap}+S_{bp}+S_{cp}}{3}\right) & -\dfrac{1}{L}\left(S_{bn} - \dfrac{S_{an}+S_{bn}+S_{cn}}{3}\right) \\ 0 & 0 & -\dfrac{R}{L} & -\dfrac{1}{L}\left(S_{cp} - \dfrac{S_{ap}+S_{bp}+S_{cp}}{3}\right) & -\dfrac{1}{L}\left(S_{cn} - \dfrac{S_{an}+S_{bn}+S_{cn}}{3}\right) \\ \dfrac{S_{ap}}{C_1} & \dfrac{S_{bp}}{C_1} & \dfrac{S_{cp}}{C_1} & 0 & 0 \\ \dfrac{S_{an}}{C_2} & \dfrac{S_{bn}}{C_2} & \dfrac{S_{cn}}{C_2} & 0 & 0 \end{bmatrix} \tag{3.6.14}$$

$$\boldsymbol{X}=[i_a \quad i_b \quad i_c \quad V_{dc1} \quad V_{dc2}]^T \tag{3.6.15}$$

$$\boldsymbol{B}=\mathrm{diag}\begin{bmatrix}\frac{1}{L} & \frac{1}{L} & \frac{1}{L} & -\frac{1}{C_1} & \frac{1}{C_2}\end{bmatrix} \tag{3.6.16}$$

$$\boldsymbol{E}=[e_a \quad e_b \quad e_c \quad i_L \quad i_L]^T \tag{3.6.17}$$

(2) 两相同步旋转坐标系下三电平 PWM 整流器数学模型

上文对三相静止 a-b-c 坐标系下三电平 PWM 整流器的数学模型进行了推导，这种数学模型物理意义很清晰，但由于使用的是相互耦合的时变交流量，不便于设计控制系统，所以这里应用坐标变换的思想，将三相静止 a-b-c 坐标系下的数学模型转换成两相同步旋转 d-q 坐标系下。为此，三相时变交流量就转变成了两相同步旋转坐标系中的直流量，简化了控制系统的设计。

引入等矢量坐标变换，将三相静止坐标系转换到两相同步旋转坐标系的转换矩阵定义为

$$T_{dq/abc}=\frac{2}{3}\begin{bmatrix}\cos\theta & \cos(\theta-120°) & \cos(\theta+120°)\\ -\sin\theta & -\sin(\theta-120°) & -\sin(\theta+120°)\end{bmatrix} \tag{3.6.18}$$

式中，$\theta=\omega t+\theta_0$，其中，$\omega=2\pi f$，θ_0 是三相合成空间矢量与 a-b-c 坐标系的初始夹角。

将式中的所有与 a-b-c 坐标系有关的变量都转换到 d-q 坐标系下，可以得到

$$\begin{bmatrix}x_d\\ x_q\end{bmatrix}=T_{dq/abc}[x_a \quad x_b \quad x_c]^T \tag{3.6.19}$$

式中，x 代表两种坐标系下相对应的电压或者电流。

开关函数中，

$$\begin{bmatrix}S_{dp}\\ S_{qp}\end{bmatrix}=T_{dq/abc}[S_{ap} \quad S_{bp} \quad S_{cp}]^T,\ \begin{bmatrix}S_{dn}\\ S_{qn}\end{bmatrix}=T_{dq/abc}[S_{an} \quad S_{bn} \quad S_{cn}]^T \tag{3.6.20}$$

将式(3.6.18)、式(3.6.19)、式(3.6.20)代入式(3.6.13)可得三相电流和直流侧两电容电压的表达式。

$$\begin{cases}L\dfrac{\mathrm{d}i_d}{\mathrm{d}t}=-Ri_d+\omega Li_q-V_{dc1}S_{dp}+V_{dc2}S_{dn}+e_d\\ L\dfrac{\mathrm{d}i_q}{\mathrm{d}t}=-Ri_q-\omega Li_d-V_{dc1}S_{qp}+V_{dc2}S_{qn}+e_q\end{cases} \tag{3.6.21}$$

$$\begin{cases}\dfrac{\mathrm{d}V_{dc1}}{\mathrm{d}t}=\dfrac{3S_{dp}}{2C_1}i_d+\dfrac{3S_{qp}}{2C_1}i_q-i_L\\ \dfrac{\mathrm{d}V_{dc2}}{\mathrm{d}t}=\dfrac{3S_{dn}}{2C_2}i_d+\dfrac{3S_{qn}}{2C_2}i_q-i_L\end{cases} \tag{3.6.22}$$

同样，将式(3.6.21)、(3.6.22)归纳成矩阵形式，可以得到 d-q 同步旋转坐标系下的三电平 PWM 整流器数学模型

$$\dot{\boldsymbol{X}}=\boldsymbol{A}\cdot\boldsymbol{X}+\boldsymbol{B}\cdot\boldsymbol{E} \tag{3.6.23}$$

式中，

$$\boldsymbol{X}=[i_d \quad i_q \quad V_{dc1} \quad V_{dc2}]^T;$$

$$
\boldsymbol{A}=\begin{bmatrix} -\frac{R}{L} & \omega & -\frac{S_{\mathrm{dp}}}{L} & \frac{S_{\mathrm{dn}}}{L} \\ -\omega & -\frac{R}{L} & -\frac{S_{\mathrm{qp}}}{L} & \frac{S_{\mathrm{qn}}}{L} \\ \frac{S_{\mathrm{dp}}}{C_1} & \frac{S_{\mathrm{qp}}}{C_1} & 0 & 0 \\ \frac{S_{\mathrm{dn}}}{C_2} & \frac{S_{\mathrm{qn}}}{C_2} & 0 & 0 \end{bmatrix};
$$

$$
\boldsymbol{B}=\mathrm{diag}\begin{bmatrix}\frac{1}{L} & \frac{1}{L} & -\frac{1}{C_1} & \frac{1}{C_2}\end{bmatrix};\boldsymbol{E}=\begin{bmatrix}e_{\mathrm{d}} & e_{\mathrm{q}} & i_{\mathrm{L}} & i_{\mathrm{L}}\end{bmatrix}^{\mathrm{T}}。
$$

由上面推导过程，可以发现对称的三相正弦量经过坐标变换后，变换成为 d、q 轴上的恒定直流量，三相时变非线性系统变换成为二相线性系统，方便了系统的进一步研究。

3.6.2 三电平空间矢量脉宽调制(SVPWM)算法

源于交流电机变频传动控制的空间电压矢量脉宽调制(SVPWM)技术，由于其电压利用率高、输出波形谐波含量低、易于数字化实现等诸多优点，已被广泛应用于电压型三相变换器中。随着多电平技术的发展，SVPWM 也被越来越多地应用于电压型多电平变换器的控制中。

空间电压矢量描述了三电平 PWM 整流器交流侧相电压(v_{an}、v_{bn}、v_{cn})在复平面上的空间分布。假设两个直流电容电压相同，即 $V_{\mathrm{dc1}}=-V_{\mathrm{dc2}}=V_{\mathrm{dc}}/2$，从三电平 PWM 整流器的主电路拓扑图及其数学模型的分析中可以得出，三电平整流器共有 $3^3=27$ 组输出开关状态，某一组开关状态就对应一条空间矢量，该开关状态时的 v_{an}、v_{bn}、v_{cn} 即为该空间矢量在三轴(a,b,c)上的投影。

对于任意给定的三相基波电压瞬时值 v_{an}、v_{bn}、v_{cn}，若考虑三相为平衡系统，则可在复平面内定义电压空间矢量为

$$
V_{\mathrm{ref}}=\frac{2}{3}(v_{\mathrm{an}}+\alpha v_{\mathrm{bn}}+\alpha^2 v_{\mathrm{cn}}),(\alpha=\mathrm{e}^{j2\pi/3}) \tag{3.6.24}
$$

图 3.61 给出了三电平整流器空间电压矢量在直角坐标系下的分布。电压矢量可分为零矢量、短矢量、中矢量和长矢量，其中 222,111 和 000 为零矢量状态；还有 6 个模为 $V_{\mathrm{dc}}/3$ 的短矢量，6 个模为 $\sqrt{3}V_{\mathrm{dc}}/3$ 的中矢量，6 个模为 $\sqrt{2}V_{\mathrm{dc}}/3$ 的长矢量，它们把正六边形等分为 6 个大三角形区，而每个大三角形区域又被分为 4 个小三角形区。

(1) 传统三电平 SVPWM 算法

传统的三电平 SVPWM 控制方法是根据两电平 SVPWM 方法推广得到的，由上文分析可知，三电平空间矢量图被分成了 6 个大扇区，每个大扇区又分成 4 个三角形小区，则共有 24 个小三角形。由此可列出一系列不等式组，通过参考矢量的幅值和角度判断出所处的扇区和小区。

传统三电平 SVPWM 算法实现的具体步骤如下：

① 确定参考电压矢量 $\mathbf{V}_{\mathrm{ref}}$；

② 判断出参考电压矢量 $\mathbf{V}_{\mathrm{ref}}$ 所处大扇区和小扇区；

③ 找出合成参考矢量的几个基本电压矢量并确定其作用顺序；

④ 计算出基本电压矢量相对应的作用时间；

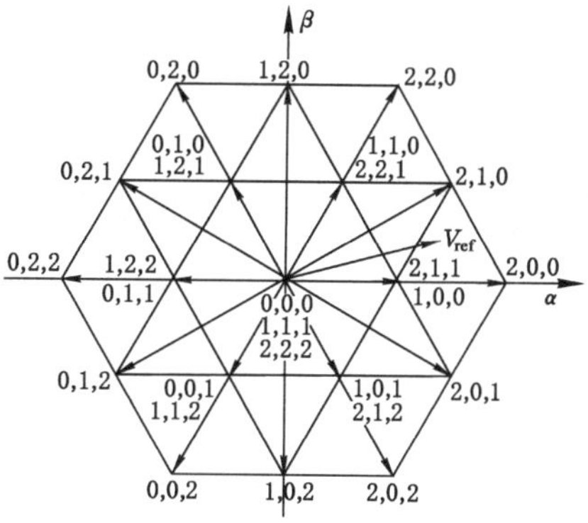

图 3.61　α-β 坐标系下三电平整流器空间电压矢量图

⑤ 将矢量映射为开关状态。

根据负载要求可以确定出参考电压矢量 $\boldsymbol{V}_{ref}$，再由参考电压矢量 $\boldsymbol{V}_{ref}$ 的相角 θ 和幅值 $|\boldsymbol{V}_{ref}|$ 以及直流侧电压 V_{dc}，可以判断出 $\boldsymbol{V}_{ref}$ 的具体位置。

定义调制比为

$$m=\sqrt{3}\ |\boldsymbol{V}_{ref}|\ /\boldsymbol{V}_{dc} \tag{3.6.25}$$

由于三电平矢量的对称性，这里以参考矢量 $\boldsymbol{V}_{ref}$ 落在扇区 1 的三角形小区Ⅲ中进行分析，如图 3.62 所示。此时 $\boldsymbol{V}_{ref}$ 由矢量 $\boldsymbol{V}_{a0}$、$\boldsymbol{V}_{a}$ 和 $\boldsymbol{V}_{b}$ 合成，故有

$$\boldsymbol{V}_{ref}\cdot T_s=(T_{a0}\cdot\boldsymbol{V}_{a0}+T_a\cdot\boldsymbol{V}_a+T_b\cdot\boldsymbol{V}_b) \tag{3.6.26}$$

$$T_{a0}+T_a+T_b=T_s \tag{3.6.27}$$

式中，T_{a0}、T_a、T_b 分别为矢量 V_{a0}、V_a 和 V_b 的作用时间，T_s 为采样周期。那么 T_{a0}、T_a、T_b 分别为

$$\begin{cases}T_{a0}=[2-2m\sin(\pi/3+\theta)]T_s\\ T_a=[2m\sin(\theta-\pi/3)-1]T_s\\ T_b=2mT_s\sin\theta\end{cases} \tag{3.6.28}$$

对于扇区 1 的其他几个小扇区（Ⅰ、Ⅱ和Ⅳ），可以按式(3.6.26)、式(3.6.27)求解出其余各矢量的作用时间。

参考矢量位于其他扇区时各矢量的作用时间可用相同的方法推出。故要确定离参考矢量最近的几个基本矢量，共需分 24 种情况，然后对不同的小区用不同的表达式计算参与合成的矢量和相应的作用时间。

由上述分析可知，传统的 SVPWM 算法需要涉及较多的三角函数运算，计算比较复杂。且随着电平数的增加，基本矢量增多，相应的冗余开关状态也进一步增多。

(2) 基于参考电压分解的三电平 SVPWM 算法

从三电平整流器空间电压矢量图中可以发现，三电平空间矢量可以看成由 6 个两电平空间矢量图构成的，如图 3.63 所示。若将小六边形移到整个大六边形的中心，则三电平空间矢量可简化为两电平空间矢量。

该方法实现的具体步骤如下：

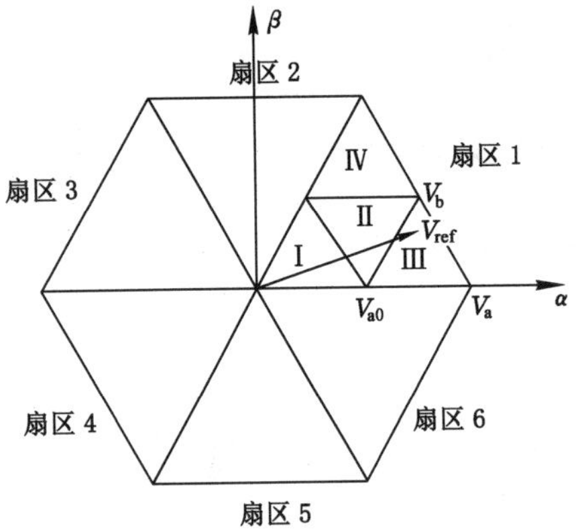

图 3.62　三电平整流器空间矢量小区划分

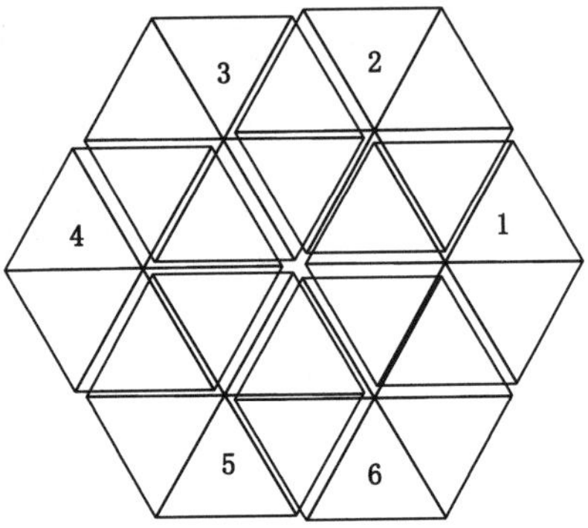

图 3.63　三电平空间矢量的分解

① 根据参考电压矢量位置,确定其所在的小六边形;

② 将参考电压矢量分解成为基矢量和两电平分矢量;

③ 用类似两电平空间矢量的方法确定基本矢量作用顺序,计算对应的作用时间;

④ 将矢量映射为开关状态。

首先要判断出参考电压矢量所在的小六边形,如图 3.63 所示。6 个小六边形之间有相互重叠的部分,故参考电压矢量有可能同时存在于两个小六边形中,所以需要将三电平空间矢量图进一步划分,如图 3.64 所示。三条虚线正好将三电平空间矢量图分为 6 个较大的四边形区域,四边形的区域用变量 S 表示,6 个四边形区域都包含着 6 个小六边形的中心,这样的划分方便了利用传统的两电平 SVPWM 算法,大大简化了计算。首先确定出四边形的区域,然后将参考电压矢量移到该六边形的中心,即减去相应的基矢量,如图 3.65 所示。其中,V_{ref}为原始参考电压矢量,V_{rBase}为修正矢量(基矢量),V'_{ref}为修正后的参考电压矢量。修正后的参考电压矢量 V'_{ref}的小三角形的区域判断,与两电平 SVPWM 方法相同。下面对 6 个大区域中参考电压矢量的修正进行总结(表 3-6)。确定三个基本矢量后,其作用时间的计算方法与传统两电平 SVPWM 方法相同。

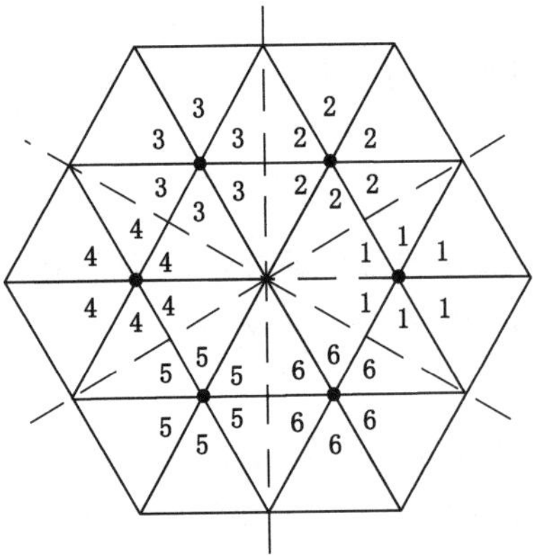

图 3.64　三电平空间矢量区域划分

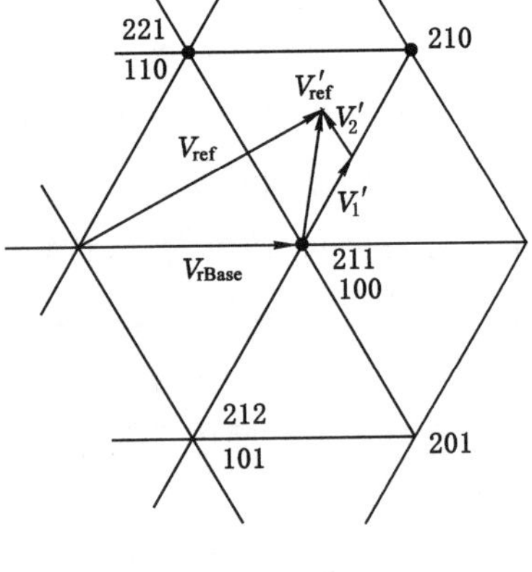

图 3.65　参考电压矢量的分解

表 3-6　参考电压矢量的修正

S	V'_{ra}	V'_{rb}
1	$V_{ra}-V_{dc}/3$	$V_{rb}+V_{dc}/6$
2	$V_{ra}-V_{dc}/6$	$V_{rb}-V_{dc}/6$
3	$V_{ra}+V_{dc}/6$	$V_{rb}-V_{dc}/3$
4	$V_{ra}+V_{dc}/3$	$V_{rb}-V_{dc}/6$
5	$V_{ra}+V_{dc}/6$	$V_{rb}+V_{dc}/6$
6	$V_{ra}-V_{dc}/3$	$V_{rb}+V_{dc}/3$

* $V'_{rc}=-V'_{ra}-V'_{rb}$

以小六边形的中心电压矢量为零矢量，利用两电平 SVPWM 的方法确定矢量作用顺序即可。

这种基于两电平分解的方法，较传统的三电平 SVPWM 算法简单。不足之处是它仍涉及扇区判断。

(3) 基于 g-h 坐标系的三电平 SVPWM 算法

造成 SVPWM 算法复杂的根本原因是经典空间矢量理论是基于 α-β 正交坐标系的，而采用非正交坐标系，不需要进行扇区的判断，避免了大量三角函数或查表运算。非正交坐标系目前有：线电压坐标系、60°坐标系、120°坐标系。

基于线电压坐标系、120°坐标系的 SVPWM 算法和基于 60°坐标系的三电平 SVPWM 算法所用的方法类似，所以本节便不一一介绍。本节将详细介绍基于 60°坐标系的三电平 SVPWM 算法。

60°坐标系即 g-h 坐标系，之所以提出 60°坐标系，是由于三电平基本空间矢量之间的角度均为 60 的倍数。这种算法是多电平整流器 SVPWM 的通解，并且计算简单，容易实现。

取 g 轴与直角坐标系中的 α 轴重合，逆时针旋转 60°为 h 轴，如图 3.66 所示。

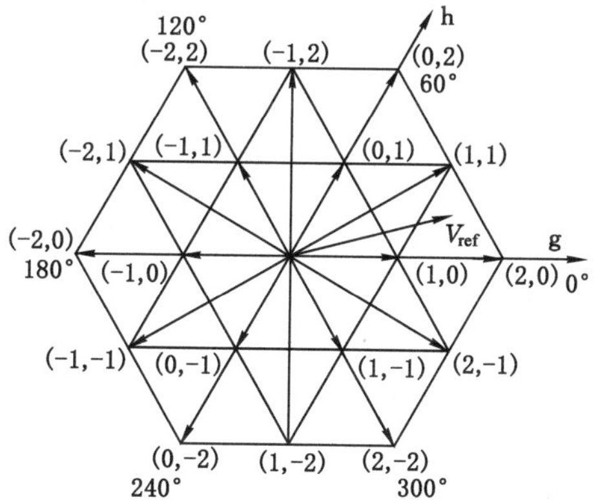

图 3.66　60°坐标系下三电平空间矢量图

该算法实现的具体步骤如下：

① 将 a-b-c 坐标下的变换器输出基本矢量转换为 g-h 坐标的形式，且变换后所有基本

矢量的坐标都归一化为整数；

② 对于任意的参考矢量，分别对其坐标向上和向下取整，取整得到的矢量一共有四个；

③ 求出各个矢量的作用时间；

④ 将矢量映射为开关状态。

首先进行坐标变换，设参考矢量$\boldsymbol{V}_{\text{ref}}$在α-β坐标系下的坐标为$(V_{\text{r}\alpha}, V_{\text{r}\beta})$，变换到g-h坐标系下的坐标为$(V_{\text{rg}}, V_{\text{rh}})$，根据线性关系可得到两种坐标系的变换关系式如下：

$$\begin{bmatrix} V_{\text{rg}} \\ V_{\text{rh}} \end{bmatrix} = [C] \begin{bmatrix} V_{\text{r}\alpha} \\ V_{\text{r}\beta} \end{bmatrix} = \begin{bmatrix} 1 & -\dfrac{1}{\sqrt{3}} \\ 0 & \dfrac{2}{\sqrt{3}} \end{bmatrix} \begin{bmatrix} V_{\text{r}\alpha} \\ V_{\text{r}\beta} \end{bmatrix} \tag{3.6.29}$$

当以a-b-c坐标形式表示时，设三相电压为$V_{\text{ref}}(v_{\text{an}}、v_{\text{bn}}、v_{\text{cn}})$，则由Clark变换容易得到在α-β坐标系下的电压矢量形式$V_{\text{ref}}(V_{\text{r}\alpha}、V_{\text{r}\beta})$，再利用式(3.6.29)可以变换到g-h坐标系下，即可得到$V_{\text{ref}}(V_{\text{rg}}, V_{\text{rh}})$。

从图3.66可以看出所有的基本矢量的坐标都是整数，因此对于任意的空间参考矢量$V_{\text{ref}}(V_{\text{rg}}, V_{\text{rh}})$，可以通过其坐标向上和向下取整，得到距离其最近的4个电压矢量，从而得到图3.66中的参考矢量所对应的4个距离最近的电压矢量如下：

$$\boldsymbol{V}_{\text{ul}} = \begin{bmatrix} \text{floor}(V_{\text{rg}}) \\ \text{ceil}(V_{\text{rh}}) \end{bmatrix}, \boldsymbol{V}_{\text{lu}} = \begin{bmatrix} \text{ceil}(V_{\text{rg}}) \\ \text{floor}(V_{\text{rh}}) \end{bmatrix}, \boldsymbol{V}_{\text{uu}} = \begin{bmatrix} \text{floor}(V_{\text{rg}}) \\ \text{floor}(V_{\text{rh}}) \end{bmatrix}, \boldsymbol{V}_{\text{ll}} = \begin{bmatrix} \text{ceil}(V_{\text{rg}}) \\ \text{ceil}(V_{\text{rh}}) \end{bmatrix}$$

其中，floor代表向上取整，ceil代表向下取整。

从图3.66可以看出，最近的4个电压矢量的终点构成一个平行四边形，并且该平行四边形被$\boldsymbol{V}_{\text{ul}}$和$\boldsymbol{V}_{\text{lu}}$终点构成的对角线平分成两个等边三角形。易发现$V_{\text{ul}}$和$V_{\text{lu}}$总是两个距离最近的矢量，第三个矢量必然在剩下的两个矢量中，由于这个矢量与参考矢量总是落在所形成的对角线的同一侧，该对角线为$V_{\text{rg}}+V_{\text{rh}}=V_{\text{ulg}}+V_{\text{ulh}}$，故可以由以下判据进行判断。

若$V_{\text{rg}}+V_{\text{rh}}-(V_{\text{ulg}}+V_{\text{ulh}})>0$，$V_{\text{uu}}$为所要求的第三个距离最近的矢量；反之，$V_{\text{ll}}$为第三个最近的矢量。这样就确定了最近的三个矢量，它们相应的占空比可以通过求解下面的方程组得出：

$$\boldsymbol{V}_{\text{ref}} \cdot T_{\text{s}} = (T_1 \cdot \boldsymbol{V}_1 + T_2 \cdot \boldsymbol{V}_2 + T_3 \cdot \boldsymbol{V}_3) \tag{3.6.30}$$

$$T_1 + T_2 + T_3 = T_{\text{s}} \tag{3.6.31}$$

其中，$\boldsymbol{V}_1=\boldsymbol{V}_{\text{ul}}$，$\boldsymbol{V}_2=\boldsymbol{V}_{\text{lu}}$，$\boldsymbol{V}_3=\boldsymbol{V}_{\text{ll}}$或$\boldsymbol{V}_3=\boldsymbol{V}_{\text{uu}}$。$T_1$、$T_2$、$T_3$分别为矢量$\boldsymbol{V}_1$、$\boldsymbol{V}_2$和$\boldsymbol{V}_3$的作用时间。

如此便计算出了三个矢量相应的作用时间。可以看出此方法计算简单，可以很好地解决空间矢量PWM控制中随着电平数增多而带来的计算复杂的问题。

同样，在得到了基本电压矢量与它们相应的作用时间之后，能够很容易得出三电平PWM整流器的开关状态。

3.6.3 中点电位平衡控制

二极管箝位型三电平PWM整流器由于具有输入电流正弦性好、可获得单位功率因数、能量双向流动、开关器件承受的电压较低等特性，已经在中高压、大功率场合得到广泛的应用。但是中点电位平衡问题制约着二极管箝位型三电平整流器的发展，只有当中点电位平衡时，每个开关器件所承受的电压才为直流侧电压的一半。如果不对中点电位进行控制，输入电流的谐波含量将大大增加，甚至损坏直流电容和开关器件，故中点电位平衡控制一直以来都是学者研究的热点。

(1) 中点电位波动定性分析

影响三电平 PWM 整流器中点电位的因素有以下几个方面：

① 整流器硬件：直流侧电容的特性、主电路中开关器件的特性等；

② 负载性质：负载和功率因数的大小等；

③ 系统工作状态：系统工作在稳态还是动态，是加速还是减速，是工作在电能消耗状态还是能量反馈状态等；

④ 整流器控制策略：空间电压矢量的选择、空间电压矢量顺序的确定、脉冲宽度的对称性等。

由于前三个影响因素都是不确定的，所以本节主要讨论 SVPWM 控制策略对中点电位的影响，进行定性和定量分析。

从整流器的主电路图可以看出，当中点电流流经直流侧电容时，必然将会引起两个电容上存储电荷的变化，造成中点电位的改变，所以说对中点电位的分析本质上就是对中点电流的分析。

由前面分析知道，三电平 PWM 整流器共有 27 种开关状态，19 个基本矢量，根据基本矢量幅值的不同，分为长矢量、中矢量、短矢量和零矢量。本节以四种不同矢量的五组开关状态 111，200，210，100 和 211 为例，画出整流器电路拓扑和电流回路，分析不同开关状态时中点电流及中点电位情况，如图 3.67 所示。

图 3.67 中 i_0 为中点电流，流入中点为正。显然，零矢量和长矢量对应开关状态与电容中点没有连接，即电容中点没有电流流通，故两个电容上的电压保持不变，中点电位没有偏移，处于平衡状态，如图 3.67(a)和 3.67(b)所示。当中矢量的开关状态为 210 时，如图 3.67(c)所示，由于 b 相直接接入两电容中点，因此中点必有电流流过，它对中点电流的影响是不可控的，其影响取决于 b 相的导通时间和负载功率因数。在连接中 C_1 和 C_2 分别与三相输入电源构成独立的充放电回路，但由于两个充放电电流之间存在相位差，使得 C_1 和 C_2 上电压不同步波动，因此电容电压开始出现不平衡。

对于短矢量的开关状态 100，满足 $i_o=i_a$，如图 3.67(d)所示，当 $i_a>0$ 时，电容 C_1 放电，电容 C_2 充电，造成 V_{dc1} 电压下降，V_{dc2} 电压上升，中点电位上升；而对开关状态 211，有 $i_o=i_b+i_c=-i_a$，如图 3.67(e)所示，电容 C_2 放电，电容 C_1 充电，造成 V_{dc2} 电压下降，V_{dc1} 电压上升，中点电位下降。故 100 和 211 两组开关状态对中点电压的作用完全相反，经过一段时间的积累，中点电位差变化会更加明显。但如果在每个开关周期中，它们的作用时间相同，理论上可以使它们对中点电位的作用相互抵消，所以短矢量对中点电流的影响是可控的。根据电压值的大小，可以将短矢量分为正短矢量和负短矢量。由上面的分析可得到：选择一组短矢量中的正或负短矢量，可以改变中点电流方向，从而改变中点电位。

将三电平整流器主电路中的 27 种开关状态分别进行分析，可以得到各个开关状态所对

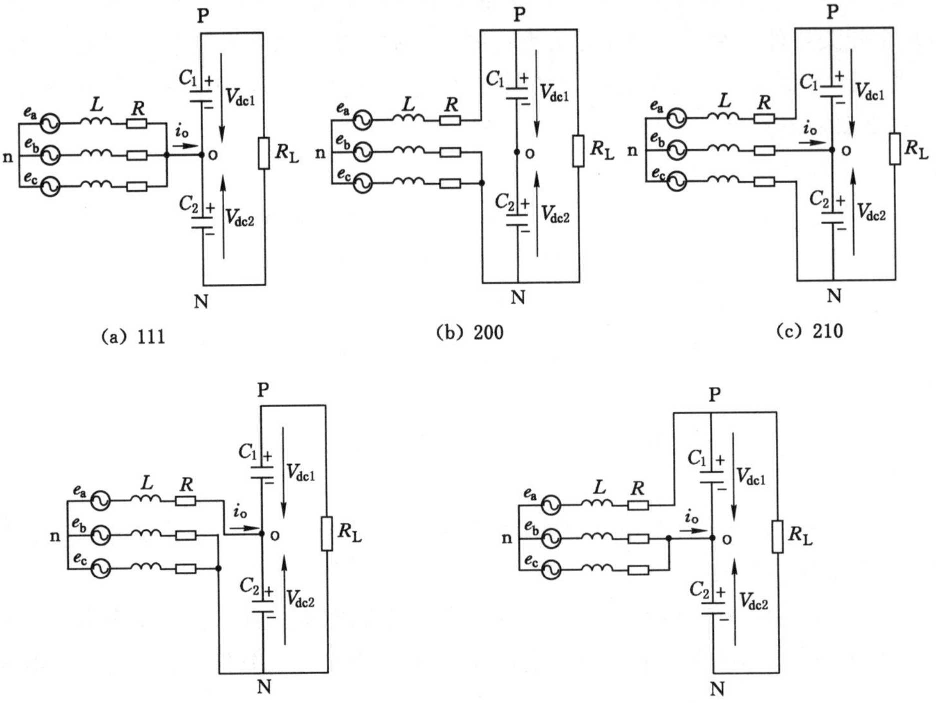

(a) 111 (b) 200 (c) 210 (d) 100 (e) 211

图 3.67 五种矢量的电路拓扑

应的中点电流，其中零矢量和长矢量对应的中点电流 $i_o=0$，短矢量和中矢量所对应的中点电流如表 3-7 所示。

表 3-7 中短矢量各开关状态及其相应的中点电流

正短矢量的开关状态	i_o	负短矢量的开关状态	i_o	中矢量的开关状态	i_o
211	$-i_a$	100	i_a	210	i_b
221	i_c	110	$-i_c$	120	i_a
121	$-i_b$	010	i_b	021	i_c
122	i_a	011	$-i_a$	012	i_b
112	$-i_c$	001	i_c	102	i_a
212	i_b	101	$-i_b$	201	i_c

由此可知，影响中点电压的最根本原因是不为零的中点电流。二极管箝位型三电平 PWM 整流电路要正常工作，就必须使中点电压的波动控制在允许范围内。所以在选择基本矢量时，应该考虑其对电容电压的影响。根据表 3-7 所示的信息，可以选择合适的矢量状态来平衡中点电压的波动。值得注意的是，中点电流对中点电位的影响，不仅取决于中点电

流的大小，还取决于实际三相输入电流的方向。

上面对中点电位波动进行了定性分析，也说明了对中点电位的分析本质上是对中点电流的分析，所以下面借助 SVPWM 算法来对中点电流进行定量分析，从而将各类矢量对应的开关状态对中点电流的影响进行量化。

（2）中点电流定量分析

为了方便分析，定义长矢量为 $\boldsymbol{V}_{\mathrm{L}}$，对应的占空比为 d_{L}；中矢量为 $\boldsymbol{V}_{\mathrm{M}}$，对应的占空比为 d_{M}；开关状态 211、100 所对应的短矢量为 $\boldsymbol{V}_{\mathrm{S0}}$，开关状态 221、110 所对应的短矢量为 $\boldsymbol{V}_{\mathrm{S1}}$，$\boldsymbol{V}_{\mathrm{S0}}$ 和 $\boldsymbol{V}_{\mathrm{S1}}$ 所对应的占空比分别为 d_{S0}、d_{S1}。再分别定义短矢量 $\boldsymbol{V}_{\mathrm{S0}}$、$\boldsymbol{V}_{\mathrm{S1}}$ 对应的正负短矢量作用时间的分配因子为 f_{S0} 和 f_{S1}，且 f_{S0}、$f_{\mathrm{S1}} \in [-1,1]$，通过 f_{S0}、f_{S1} 可以将短矢量对应的开关状态对中点电流的影响进行量化分析。

当旋转矢量 $\boldsymbol{V}_{\mathrm{ref}}$ 落在图 3.68 所示的 D 扇区内时，f_{S0} 可以用来表示 $\boldsymbol{V}_{\mathrm{S0}}$ 所对应的开关状态 100 和开关状态 211 的作用时间的分配因子。

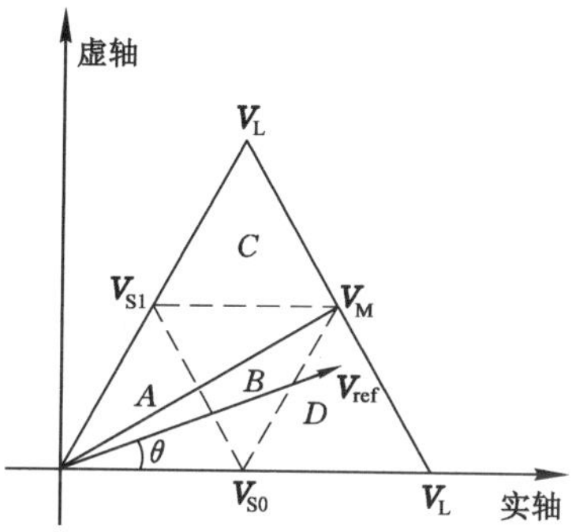

图 3.68　旋转矢量 $\boldsymbol{V}_{\mathrm{ref}}$ 落在 D 扇区的矢量图

其中，开关状态 100 占空比为

$$d_{\mathrm{S0+}} = (1 + f_{\mathrm{S0}}) \cdot d_{\mathrm{S0}}/2 \tag{3.6.32}$$

而开关状态 211 占空比为

$$d_{\mathrm{S0-}} = (1 - f_{\mathrm{S0}}) \cdot d_{\mathrm{S0}}/2 \tag{3.6.33}$$

此时，中点电流可以表达成如下形式

$$i_{\mathrm{o}} = d_{\mathrm{M}} \cdot i_{\mathrm{b}} + d_{\mathrm{S0+}} \cdot i_{\mathrm{a}} - d_{\mathrm{S0-}} \cdot i_{\mathrm{a}} = d_{\mathrm{M}} \cdot i_{\mathrm{b}} + f_{\mathrm{S0}} \cdot d_{\mathrm{S0}} \cdot i_{\mathrm{a}} \tag{3.6.34}$$

同理可以推导出，当旋转矢量 $\boldsymbol{V}_{\mathrm{ref}}$ 落在扇区 B 内时，中点电流为

$$i_{\mathrm{o}} = d_{\mathrm{M}} \cdot i_{\mathrm{b}} + f_{\mathrm{S0}} \cdot d_{\mathrm{S0}} \cdot i_{\mathrm{a}} + f_{\mathrm{S1}} \cdot d_{\mathrm{S1}} \cdot i_{\mathrm{c}} \tag{3.6.35}$$

当旋转矢量 $\boldsymbol{V}_{\mathrm{ref}}$ 落在扇区 C 内时，中点电流为

$$i_{\mathrm{o}} = d_{\mathrm{M}} \cdot i_{\mathrm{b}} + f_{\mathrm{S1}} \cdot d_{\mathrm{S1}} \cdot i_{\mathrm{c}} \tag{3.6.36}$$

当旋转矢量 $\boldsymbol{V}_{\mathrm{ref}}$ 落在扇区 A 内时，中点电流为

$$i_{\mathrm{o}} = f_{\mathrm{S0}} \cdot d_{\mathrm{S0}} \cdot i_{\mathrm{a}} + f_{\mathrm{S1}} \cdot d_{\mathrm{S1}} \cdot i_{\mathrm{c}} \tag{3.6.37}$$

从式(3.6.37)中可以看出，当旋转矢量 $\boldsymbol{V}_{\mathrm{ref}}$ 落在扇区 A 内时，中点电流只受两个短矢量对应的开关状态影响，由于短矢量对中点电位的影响是可控的，所以此时的中点电位最容易控制平衡。

由于当系统稳定时，旋转矢量 V_{ref} 是按固定的幅值和角速度在空间旋转的，所以在一个基波周期内($0°\leqslant\theta\leqslant360°$)，$d_{S0}$、$d_{S1}$、$d_M$、$d_L$ 都是随时间变化的周期函数。另外，它们的波形受调制比 m 的影响。下面给出 $m=0.85$ 时，d_{S0}、d_{S1}、d_M、d_L 的波形，如图 3.69 所示。

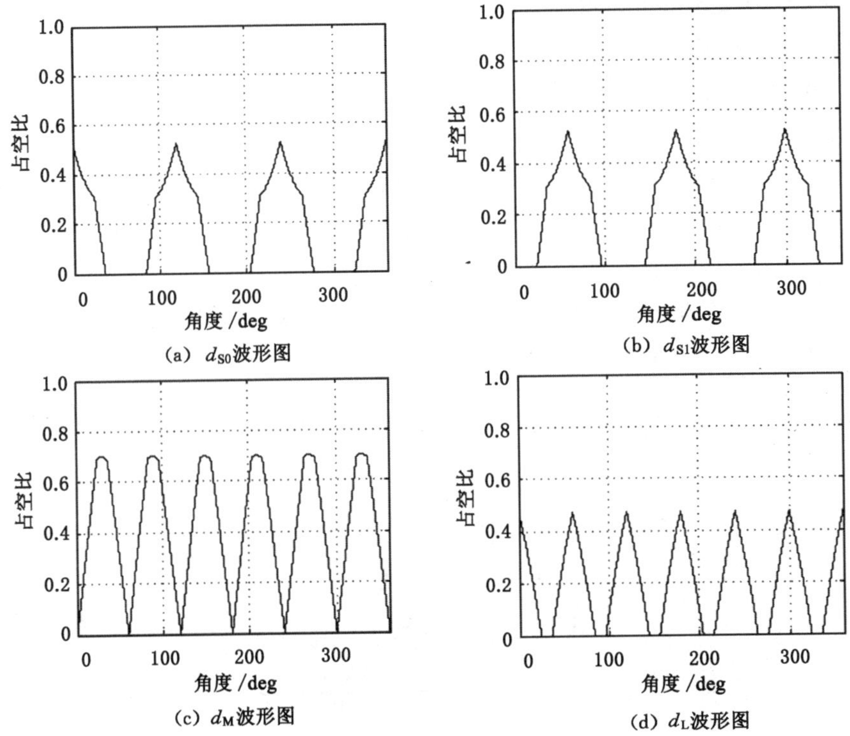

(a) d_{S0}波形图　(b) d_{S1}波形图　(c) d_M波形图　(d) d_L波形图

图 3.69　d_{S0}、d_{S1}、d_M、d_L 的波形图

图 3.69 中的波形在一个基波周期内不同的区间所对应的开关状态其实是不一样的。能够很明显地看出，当电压矢量位于 $0°\leqslant\theta<360°$ 区间时，d_M 是开关状态(210)的占空比，对应的中点电流为 $d_M\cdot i_b$；当位于 $60°\leqslant\theta<120°$ 区间时，d_M 是开关状态(120)的占空比，对应的中点电流为 $d_M\cdot i_a$。因此，在不同的扇区中，它对中点电流的贡献是不同的。所以引入中矢量电流开关函数 M_a、M_b 和 M_c，如表 3-8 所示。

表 3-8　中矢量的电流开关函数

θ/(°)	开关状态	电流开关函数			i_o
		M_a	M_b	M_c	
0～60	210	0	1	0	i_b
60～120	120	1	0	0	i_a
120～180	021	0	0	1	i_c
180～240	012	0	1	0	i_b
240～300	102	1	0	0	i_a
300～360	201	0	0	1	i_c

中矢量引入的中点电流不仅与电流开关函数 M_a、M_b 和 M_c 有关，还与中矢量占空比 d_M 及三相桥臂输出电流 i_a、i_b、i_c 有关，所以归纳出中矢量对中点电流的影响，表示为如下矩阵形式：

$$i_{o\_mediu\_vector}=d_M\cdot[M_a \quad M_b \quad M_c]\cdot\begin{bmatrix}i_a\\i_b\\i_c\end{bmatrix} \tag{3.6.38}$$

和选取中矢量开关函数的方法一样，引入短矢量对应的各开关状态的电流开关函数，如表 3-9、表 3-10 所示。

表 3-9　短矢量 S0 的电流开关函数

$\theta/(°)$	开关状态	电流开关函数			i_o
		$S0_a$	$S0_b$	$S0_c$	
300～60	100/211	1	0	0	$\pm i_a$
60～180	010/121	0	1	0	$\pm i_b$
180～300	001/112	0	0	1	$\pm i_c$

表 3-10　短矢量 S1 的电流开关函数

$\theta/(°)$	开关状态	电流开关函数			i_o
		$S1_a$	$S1_b$	$S1_c$	
0～120	221/110	1	0	0	$\pm i_c$
120～240	122/011	0	1	0	$\pm i_a$
240～360	212/101	0	0	1	$\pm i_b$

同理得出短矢量对中点电流的影响，也通过组合的形式表示如下：

$$i_{o\_small\_vector}=[m_{S0} \quad m_{S1}]\cdot\begin{bmatrix}d_{S0} & 0\\0 & d_{S1}\end{bmatrix}\cdot\begin{bmatrix}S0_a & S0_b & S0_c\\S1_a & S1_b & S1_c\end{bmatrix}\begin{bmatrix}i_a\\i_b\\i_c\end{bmatrix} \tag{3.6.39}$$

将式(3.6.38)、式(3.6.39)综合起来可以得到中点电流的表达式如下：

$$i_o=d_M\cdot[M_a \quad M_b \quad M_c]\cdot\begin{bmatrix}i_a\\i_b\\i_c\end{bmatrix}+[m_{S0} \quad m_{S1}]\cdot\begin{bmatrix}d_{S0} & 0\\0 & d_{S1}\end{bmatrix}\cdot\begin{bmatrix}S0_a & S0_b & S0_c\\S1_a & S1_b & S1_c\end{bmatrix}\begin{bmatrix}i_a\\i_b\\i_c\end{bmatrix} \tag{3.6.40}$$

式(3.6.40)比较准确地表示出了中点电流与短矢量和中矢量的关系。从前面了解到，在同步旋转 d-q 坐标系下能够理解得更直观，所以为了更清楚地分析出短矢量和中矢量对中点电流的影响，这里将式(3.6.40)从三相静止 a-b-c 坐标系变换到同步旋转 d-q 坐标系下，可得

$$i_o=\frac{2}{3}d_M\cdot[M_d\quad M_q]\cdot\begin{bmatrix}i_d\\i_q\end{bmatrix}+\frac{2}{3}[m_{S0}\quad m_{S1}]\cdot\begin{bmatrix}d_{S0}&0\\0&d_{S1}\end{bmatrix}\cdot\begin{bmatrix}S0_d&S0_q\\S1_d&S1_q\end{bmatrix}\begin{bmatrix}i_d\\i_q\end{bmatrix}\tag{3.6.41}$$

化简可得

$$i_o=\frac{2}{3}[d_M\cdot M_d\quad d_M\cdot M_q]\cdot\begin{bmatrix}i_d\\i_q\end{bmatrix}+$$

$$\frac{2}{3}[m_{S0}\cdot d_{S0}\cdot S_{0d}+m_{S1}\cdot d_{S1}\cdot S_{1d}\quad m_{S0}\cdot d_{S0}\cdot S_{0q}+m_{S1}\cdot d_{S1}\cdot S_{1q}]\cdot\begin{bmatrix}i_d\\i_q\end{bmatrix}\tag{3.6.42}$$

式中，$[M_d\quad M_q]=\{T_{3S/2d}\cdot[M_a\quad M_b\quad M_c]^T\}^T$；$[S0_d\quad S0_q]=\{T_{3S/2d}\cdot[S0_a\quad S0_b\quad S0_c]^T\}^T$；$[S1_d\quad S1_q]=\{T_{3S/2d}\cdot[S1_a\quad S1_b\quad S1_c]^T\}^T$；$[i_d\quad i_q]=\{T_{3S/2d}\cdot[i_a\quad i_b\quad i_d]^T\}^T$。

因为单位功率因数控制，网侧三相交流电压和电流相位相同，所以通过坐标变换，i_d 与 u_d 同向，故 i_d 也代表输出电流的有功分量；同理，i_q 则代表着输出电流的无功分量。由式(3.6.42)可以看出，中点电流 i_o 同时受短矢量和中矢量的影响。

定义 $d_M\cdot M_d$ 为中矢量引入的有功电流 i_d 对中点电流的影响因子，$d_M\cdot M_q$ 则为无功电流 i_q 对中点电流的影响因子。当 $m=0.85$ 时，$d_M\cdot M_d$ 和 $d_M\cdot M_q$ 在一个输出基波周期内的波形如图 3.70(a)、3.70(b)所示。

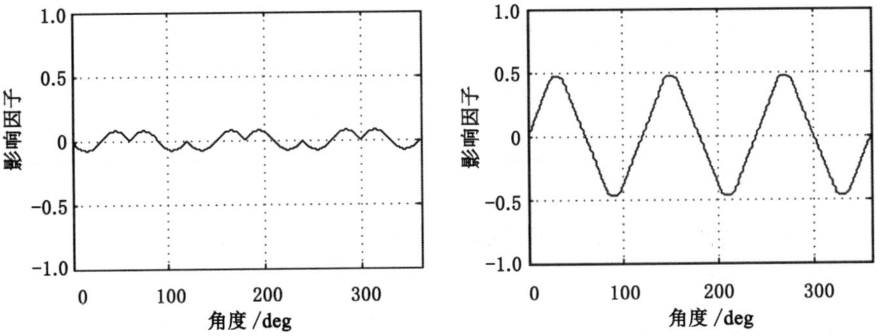

(a) $d_M\cdot M_d$波形图　　(b) $d_M\cdot M_q$波形图

图 3.70　$d_M\cdot M_d$ 和 $d_M\cdot M_q$ 的变化情况

由图 3.70 中能够看出，$d_M\cdot M_d$ 和 $d_M\cdot M_q$ 在一个周期里的平均值为零，所以不能引起中点电位偏移，但中点电位会有低频纹波；从图 3.70 中还可以看出 $d_M\cdot M_q$ 的幅值要比 $d_M\cdot M_d$ 的大，所以无功电流对中点电流的影响更大，低频纹波也更大。

同样，图 3.71 给出了短矢量的有功电流影响因子和无功电流影响因子在一个输出基波周期中的波形图。

图 3.71 中实线和虚线分别代表两种情况。当只选取正的短矢量时，即 $m_{S0}=m_{S1}=1$，$m_{S0}\cdot d_{S0}\cdot S_{0d}$、$m_{S0}\cdot d_{S0}\cdot S_{0q}$、$m_{S1}\cdot d_{S1}\cdot S_{1d}$和 $m_{S1}\cdot d_{S1}\cdot S_{1q}$的变化情况如图 3.71 中实

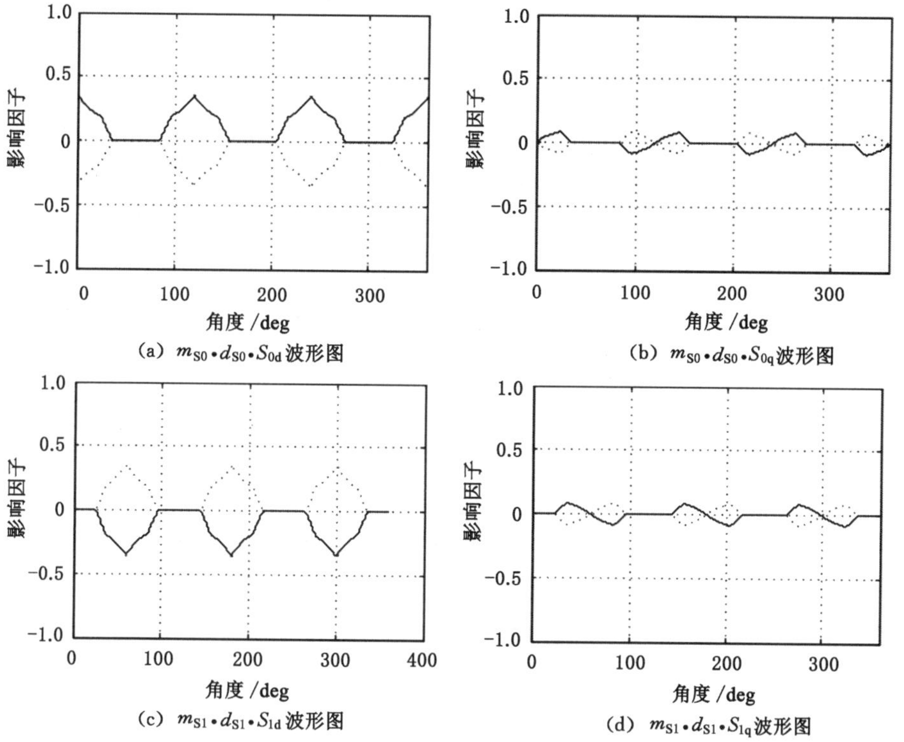

(a) $m_{S0}\cdot d_{S0}\cdot S_{0d}$波形图　(b) $m_{S0}\cdot d_{S0}\cdot S_{0q}$波形图

(c) $m_{S1}\cdot d_{S1}\cdot S_{1d}$波形图　(d) $m_{S1}\cdot d_{S1}\cdot S_{1q}$波形图

图 3.71　$m_{S0}\cdot d_{S0}\cdot S_{0d}$、$m_{S0}\cdot d_{S0}\cdot S_{0q}$、$m_{S1}\cdot d_{S1}\cdot S_{1d}$和 $m_{S1}\cdot d_{S1}\cdot S_{1q}$变化情况

线所示；当只选取负的短矢量时，即 $m_{S0}=m_{S1}=-1$，波形如图 3.71 中虚线所示。可以看到，实线与虚线波形正负刚好相反。

从图 3.71 中可以看出，短矢量有功电流影响因子的幅值比无功电流的大，所以可以得出：短矢量引入的输出电流有功分量 i_d 比无功分量 i_q 对中点电位的影响大。而中矢量对中点电位的影响情况则与此相反。从图 3.70、图 3.71 还可以看出，在中矢量或者短矢量作用时，中点电位波动的频率均为输出基波频率的三倍。

由于中矢量不存在冗余开关状态，所以它对中点电位的影响是不可控的；而短矢量存在着冗余开关状态，一组冗余开关状态可以输出相同的电压，但对中点电位的影响却是截然相反的，因此是可控的。所以在实际的控制系统中，通常通过对短矢量作用时间的处理来补偿由中矢量引起的中点电位波动。

由于中点电位平衡的重要性，目前国内外学者已经提出了很多有效的控制方法。总体看来，主要有硬件平衡电路和软件控制算法两个方向。

通过硬件电路来实现中点电位平衡控制方案的主要思想是通过在三电平整流器后级或三电平逆变器前级加入辅助平衡电路，通过控制辅助平衡电路来控制中点电位。但是，这种方案需要增加额外的开关器件及驱动电路，在大功率应用中增加了系统的复杂性和制造成本，并且也增加了系统的功率损耗，所以在大功率设备中应用较少。

在软件控制方案中，国内外学者提出了诸多中点电位平衡的控制方法。当采用载波调制时，主要是通过在三相调制波中注入零序分量来实现对中点电位的控制。当采用空间电压矢量调制方法时，控制中点电位平衡的方法主要有两种：改变开关次序和重新安排冗余电压矢量时间分配的方法。

改变开关次序的方法也称为 S 因子法，是针对基于参考电压分解的 SVPWM 调制算法的，而重新安排冗余电压矢量时间分配的方法对 SVPWM 算法没有特定的要求。

重新安排冗余电压矢量时间分配的方法也称为平衡因子法，由于平衡因子的确定方法不同，所以重新安排冗余电压矢量时间分配的方法有很多种。平衡因子的确定方法也有难有易，用不同的方法控制平衡因子，获得的中点电位控制效果也有所不同。

本节将针对空间电压矢量调制方法，介绍几种常见且实用的中点电位平衡控制策略。

(3) S 因子控制法

改变开关次序的控制方法仅适用于基于参考电压分解的 SVPWM 算法，在上一节中，已经说明了基于参考电压分解的 SVPWM 控制是将三电平空间矢量平面转换为两电平空间矢量平面，从而简化算法的。当参考电压空间矢量位于相邻的小六边形重叠的区域时，可以通过动态改变四边形区域变量 S 值来控制中点电位平衡，所以也称为 S 因子控制法。

现结合图 3.63 和图 3.65 来详细说明，设直流侧两电容分别为 C_1 和 C_2，对应的电容两端电压值为 V_{dc1} 和 V_{dc2}。从图 3.63 可以看出，两相邻六边形在某些区域是相互重叠的，参考电压矢量在这些区域时，所在的小六边形是不确定的。当参考电压矢量给定如图 3.65 所示时，开关次序为 (211)-(210)-(110)-(100)或(221)-(211)-(210)-(110)。前种开关次序对应 S 为 1，后一种开关次序对应的 S 为 2。

分析两种开关次序可以发现，每一种开关次序中除去一对短矢量和不可控的中矢量，主要区别在 $S=1$ 时，选择了开关状态 110，而 $S=2$ 时，选择了开关状态 211。这两种开关状态对中点电位的影响，不仅取决于中点电流的大小，还取决于实际的三相输入电流的方向。所以为了更好地分析 S 因子控制法，有必要画出 a、b、c 相电流的分布图。

从参考电压矢量的定义可以看出，参考电压矢量的旋转角度 θ 等于当前 a 相电压的相位角，假设直流侧为纯电阻负载，且整流器通过电压定向控制实现了单位因数控制，则当参考电压矢量 V_{ref} 扫过图 3.61 所示空间矢量图的 360°区间时，相应的 a、b、c 相电流的分布见图 3.72 所示。

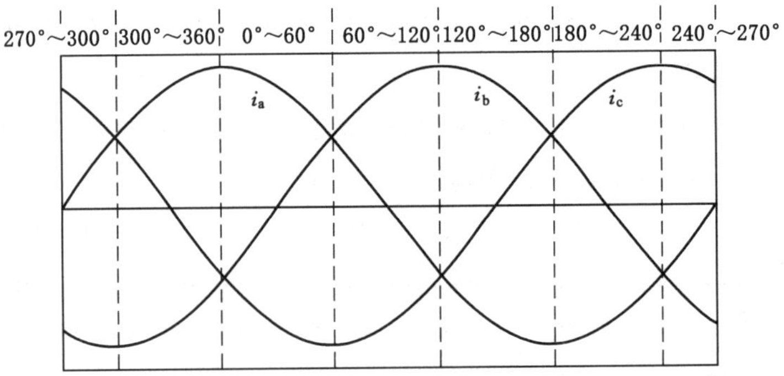

图 3.72　a、b、c 相电流的分布图

从 a、b、c 相电流的分布图 3.72 可以判断出，在 0°～60°区间内，$i_a>0$，$i_c<0$，i_b 的正负不定；在前半区间(0°～30°)，$i_b<0$；在后半区间(30°～60°)，$i_b>0$。

当 $S=1$ 时，对中点电位平衡起主要作用的开关状态 110 的拓扑结构如图 3.73 所示。由于 $i_c<0$，所以电容 C_2 充电，V_{dc2} 上升，C_1 放电，V_{dc1} 下降，中点电位上升；反之，当选择后一种开关次序，即 $S=2$ 时，对中点电位平衡起主要作用的开关状态 211 的拓扑结构如图 3.74 所示，由于 $i_a>0$，所以电容 C_1 充电，V_{dc1} 上升，C_2 放电，V_{dc2} 下降，中点电位下降。由上述分析可以根据两电容电压偏差以及三相电流方向，改变 S 的值(加 1 或减 1)，达到有效控制中点电位平衡的目的。

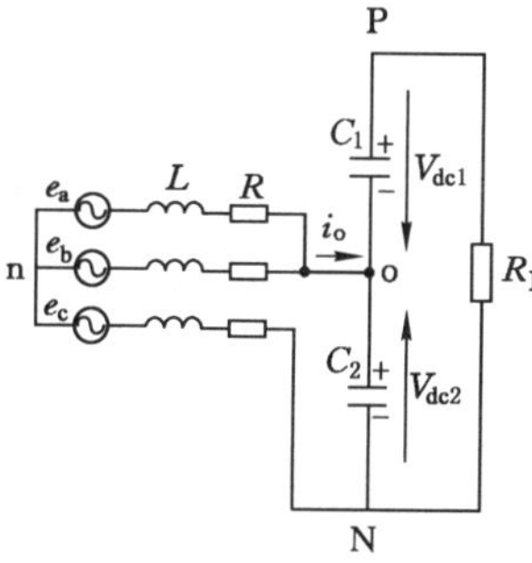

图 3.73 开关状态 110 的拓扑结构图

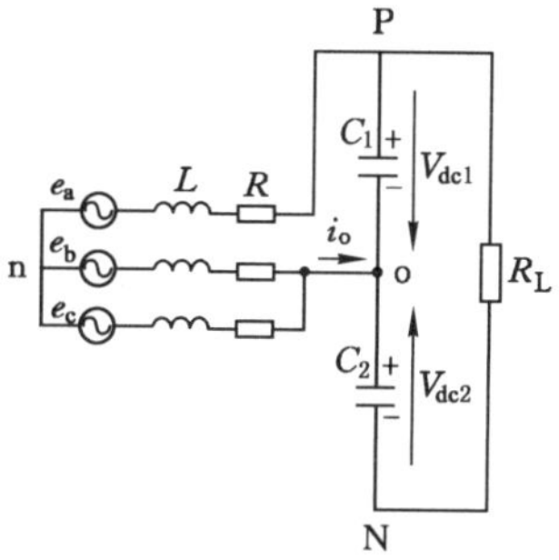

图 3.74 开关状态 211 的拓扑结构图

对矢量图的全部区域进行上述分析后，可以得到以下结论：当 $S=1$、3、5 的时候，中点电位将上升；当 $S=2$、4、6 的时候，中点电位将下降。当参考电压空间矢量处在两电平平面重叠的区域，根据两电容的电压偏差，相应地将 S 值加 1 或者减 1，即可有效地控制中点电位的平衡。

(4) 平衡因子控制法

由于正、负短矢量对中点电位的影响相反，所以在一个采样周期中，只要正、负短矢量的作用时间一定，正短矢量作用时间长还是负短矢量作用时间长并不影响参考电压的合成，但却能影响中点电压。所以调节正负短矢量的作用时间，可以维持中点电位平衡。现针对基于参考电压分解的 SVPWM 算法对这种方法进行说明。

当参考电压矢量仍然位于图 3.61 所示的位置时，开关的作用顺序如下：

$$\begin{array}{cccc}(100) - & (200) - & (210) - & (211) \\ T_{1n} & T_2 & T_3 & T_{1p}\end{array} \tag{3.6.43}$$

其中，T_{1p}、T_2、T_3 和 T_{1n} 为相应电压矢量的作用时间，T_{1p} 和 T_{1n} 分别代表正、负短矢量的作用时间。根据中点电压误差和负载条件，调整 T_{1p} 和 T_{1n} 的值，就能达到控制中点电位电压的目的。由于电压矢量(100)和(211)的幅值和相角相同，故只要满足式(3.6.44)，则改变两个矢量的作用时间，将不会影响输出电压矢量。

$$\begin{cases} T_{1p}+T_{1n}=T_1 \\ T_{1p}=T_1\dfrac{1-f}{2}, [-1\leqslant f\leqslant 1] \\ T_{1n}=T_1\dfrac{1+f}{2} \end{cases} \tag{3.6.44}$$

其中，f 为调整冗余电压矢量的分配因子，即平衡因子。

这里主要介绍两种平衡因子法，也便于后面仿真部分的效果对比。

① 比例调节控制法

比例调节控制法是一种简单的闭环控制技术，直接利用两电容电压误差与直流侧电压的比值，同时考虑中点电流的影响。

定义

$$f=\begin{cases}1 & f>1\\ k\dfrac{V_{dc1}-V_{dc2}}{V_{dc}} & |f|\leqslant 1\\ -1 & f<-1\end{cases}$$

其中，k 的取值原则是保证两电容的电压误差在所允许的电压误差范围内上下波动。

在前文中已经分析了中点电流对中点电位的影响，中点电流不同的流向，对中点电位的影响截然相反，所以为了更好地控制中点电位，这里需要考虑中点电流的影响，从而修正 f 因子的定义。

修正的原则是：如果中点电流 $i_o>0$，f 保持不变；如果中点电流 $i_o<0$，f 取相反数。

② 主动控制法

前面介绍的比例调节控制方法虽然比较简单，但是平衡因子不确定，故该控制策略不能充分发挥正负短矢量对中点电位的补偿作用，不能对中点做出精确补偿。主动控制可以精确计算出平衡因子，所以能尽量使得中点电压不产生偏移，从而达到精确控制中点电位平衡的效果。

引起中点电位偏离零点的原因是一个周期里流入中点的电流不为零，所以直流侧中点电位平衡问题实际上也是直流侧两个电容上的电荷平衡问题，所以主动控制实际上也可以称为中点电荷预估控制。控制的基本思想是：预测直流侧中点电荷的变化趋势，对 SVPWM 算法进行修正，使一个周期里流入中点的电荷为零，从而使中点电位不发生偏移。

在图 3.61 参考矢量所在的三角形中，一个开关周期 T_S 内流入直流侧两电容的电荷为

$$Q_o=\int_{(K-1)T_S}^{KT_S} i_{C_1}(t)\mathrm{d}t+\int_{(K-1)T_S}^{KT_S} i_{C_2}(t)\mathrm{d}t \tag{3.6.45}$$

因为 $i_o=-(i_{C_1}+i_{C_2})$，故

$$Q_o=-\int_{(K-1)T_S}^{KT_S} i_{mid}(t)\mathrm{d}t \tag{3.6.46}$$

将参考矢量所在三角形的开关状态代入表 3-7，即可得出 T_{1P}、T_2、T_3 和 T_{1N} 四个时间段的 i_o，故

$$Q_o=i_a\cdot\frac{T_1(1+f)}{2}+i_b\cdot T_3-i_a\cdot\frac{T_1(1-f)}{2} \tag{3.6.47}$$

化简后得

$$Q_o=i_b\cdot T_3+i_a\cdot f\cdot T_1 \tag{3.6.48}$$

按照主动控制的基本思想，令 $Q_o=0$，则所得的平衡因子为

$$f=\frac{-T_3 \cdot i_b}{T_1 \cdot i_a} \tag{3.6.49}$$

主动控制法中平衡因子就是按照式(3.6.49)来求得的,但如果是由于其他因素,比如说直流侧两电容或主电路中开关器件的特性不一致导致中点电位偏移或者中点电位原本就有偏移等情况时,利用由式(3.6.49)所得平衡因子进行中点电位控制不能对原有的中点电压偏移进行补偿,即不具有将中点电位拉回平衡点的能力,所以本节对此做出改进。

改进的方法如下:在预测完直流侧中点电荷的变化趋势后,要将其计入所需要补偿的中点电压偏移,然后再对 SVPWM 算法进行修正。

设电容 C_1 上的电压为 V_{dc1},储存的电荷 Q_1,电容 C_2 上的电压为 V_{dc2},储存的电荷 Q_2,如图 3.75 所示。为了便于分析,假设两电容特性完全相同,$C_1=C_2=C_d$。

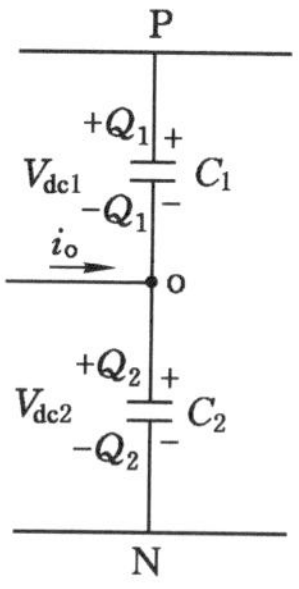

图 3.75 整流器中点电流 i_o 和直流侧电容电压

从图 3.75 中可以发现,如果 $Q_1=Q_2$,则两电容的电压平衡,此时电容 C_1 下极板和电容 C_2 上极板间电荷为零。所以,可以通过流入直流侧两电容中点的电荷来抵消电容 C_1 下极板和电容 C_2 上极板间原有的电荷,使得两极板间电荷为零。根据这一思想,得到式(3.6.50)。

$$Q_2-Q_1+Q_o=0 \tag{3.6.50}$$

其中,$Q_1=C_d \cdot V_{dc1}$,$Q_2=C_d \cdot V_{dc2}$。Q_o 的表达式如式(3.6.48),则平衡因子 f 的准确表达式修正为

$$f=\frac{-T_3 \cdot i_b+C_d \cdot (V_{dc1}-V_{dc2})}{T_1 \cdot i_a} \tag{3.6.51}$$

比较(3.6.49)、(3.6.51)两式可知,改进后的中点电位控制策略就是实时考虑了原有的电压偏差值,当 $V_{dc1}=V_{dc2}$ 时,即不需要考虑原有的偏差,也就没有 $C_d \cdot (V_{dc1}-V_{dc2})$ 这一项了。故用这个改进的方法可以做到在中点电位已偏移的情况下也能将中点电位拉回平衡点,实时精确控制。

由于在精确计算平衡因子时需要用到参考矢量所在三角形的开关状态,所以该方法也只适合需要进行扇区判断的 SVPWM 算法。

3.6.4 三电平 PWM 整流器直接电流控制

从第二章两相同步旋转坐标系下三电平 PWM 整流器的数学模型中可以看出,d、q 轴变量相互耦合,控制器设计较为困难,为此可以通过采用前馈解耦控制策略进行解耦,实现

无功分量和有功分量的独立控制。三电平 PWM 整流器的控制系统采用电压外环、电流内环的双闭环控制结构，这种控制结构简单，物理意义清晰，且控制性能优良。

(1) 三电平 PWM 整流器的控制系统

将式(3.6.21)进行进一步的化简，令

$$\begin{cases} v_{\mathrm{d}} = V_{\mathrm{dc1}} S_{\mathrm{dp}} - V_{\mathrm{dc2}} S_{\mathrm{dn}} \\ v_{\mathrm{q}} = V_{\mathrm{dc1}} S_{\mathrm{qp}} - V_{\mathrm{dc2}} S_{\mathrm{qn}} \end{cases} \tag{3.6.52}$$

可以得到

$$\begin{cases} v_{\mathrm{d}} = e_{\mathrm{d}} + \omega L i_{\mathrm{q}} - L \dfrac{\mathrm{d}i_{\mathrm{d}}}{\mathrm{d}t} - R i_{\mathrm{d}} \\ v_{\mathrm{q}} = e_{\mathrm{q}} - \omega L i_{\mathrm{d}} - L \dfrac{\mathrm{d}i_{\mathrm{q}}}{\mathrm{d}t} - R i_{\mathrm{q}} \end{cases} \tag{3.6.53}$$

当电流调节器采用 PI 调节器时，可得同步旋转 d-q 坐标系下三电平 PWM 整流器直接电流控制时的电压指令。

$$\begin{cases} v_{\mathrm{d}} = -\left(K_{\mathrm{iP}} + \dfrac{K_{\mathrm{iI}}}{s}\right)(i_{\mathrm{d}}^{*} - i_{\mathrm{d}}) + \omega L i_{\mathrm{q}} + e_{\mathrm{d}} \\ v_{\mathrm{q}} = -\left(K_{\mathrm{iP}} + \dfrac{K_{\mathrm{iI}}}{s}\right)(i_{\mathrm{q}}^{*} - i_{\mathrm{q}}) - \omega L i_{\mathrm{d}} + e_{\mathrm{q}} \end{cases} \tag{3.6.54}$$

式中，K_{ip}、K_{ii}为电流内环比例调节增益和积分调节增益；i_{d}^{*}、i_{q}^{*} 为 i_{d}、i_{q} 的电流指令值。

图 3.76 给出了三电平 PWM 整流器控制系统的结构图。该控制系统采用的是传统的电压外环、电流内环的双闭环控制策略，通过电压外环控制 PWM 整流器直流侧电压，通过电流内环将电压外环输出的电流指令进行单位功率因数控制，实现网侧电流正弦化。d 轴电流参考幅值 i_{d}^{*} 由直流电压控制环节产生，q 轴电流 i_{q}^{*} 按照无功功率的要求计算给定。在控制系统中，控制器输出 v_{d} 和 v_{q}，经由 dq/αβ 转换得出参考电压合成矢量，然后通过电压空间矢量 PWM 控制得出各相的开关状态。

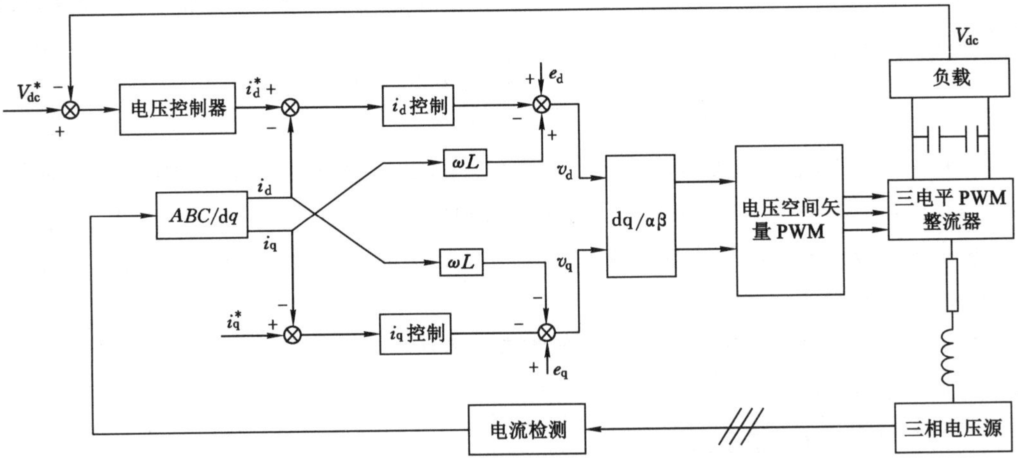

图 3.76　三电平 PWM 整流器控制系统结构

（2）双闭环整流器控制系统设计

在设计调节器之前，假定给定电压在 PWM 线性调制区内没有饱和，d、q 轴电流完全被解耦且经过电网电压的前馈补偿，在 d-q 坐标系下进行调节器的设计。

① 电流调节器设计

电流调节器作为内环调节，能按电压输出的电流指令进行输入电流控制，使之快速跟踪电流指令。在设计电流控制器时，为了接近实际情况，考虑整流器的延时和电流反馈通道的采样保持（S/H）环节，同时还把内环中的整流装置等效为一个有小时间常数的惯性环节，其滞后时间常数 T_{PWM}，其值取开关周期的一半，则整流装置就可以用一个 $K_{PWM}/(T_{PWM}s+1)$ 的小惯性环节来表达。简化 d 轴电流闭环动态结构图如图 3.77 所示。

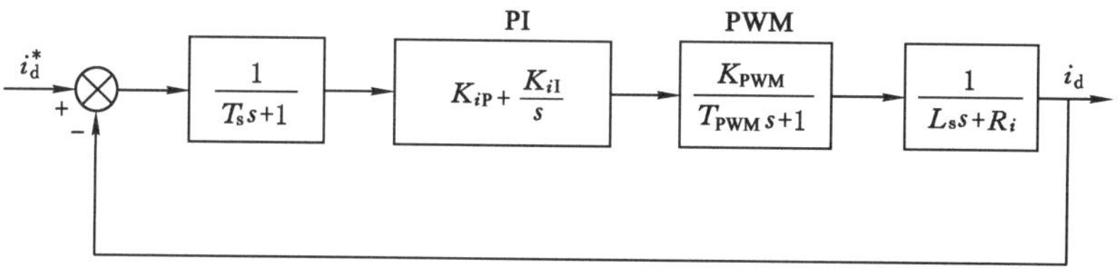

图 3.77　d 轴电流闭环动态结构图

电流环开环传递函数为

$$G(s)=\frac{K_{PWM}K_{iP}(s+\frac{K_{iI}}{K_{iP}})}{L_s s(s+\frac{R_i}{L_s})(T_s s+1)(T_{PWM}s+1)} \tag{3.6.55}$$

为了简化系统设计，将两个小时间常数惯性环节 S/H 和 PWM 合并成一个一阶环节，用一个时间常数为 T_{sf} 的一阶惯性环节来代替。考虑到电流内环需要获得更快的电流跟随性能时，可按照典Ⅰ型系统设计电流调节器，只需要将 PI 调节器零极点抵消电流控制对象传递函数极点，即 $R_i/L_s=K_{iI}/K_{iP}$。则式（3.6.55）可以化简为

$$G(s)=\frac{K_{PWM}K_{iP}}{L_s s(T_{sf}s+1)} \tag{3.6.56}$$

因此，d 轴电流分量闭环传递函数为：

$$W(s)=\frac{G(s)}{1+G(s)}=\frac{\frac{K}{T_{sf}L_s}}{s^2+\frac{1}{T_{sf}}s+\frac{K}{T_{sf}L_s}}=\frac{\omega_n^2}{s^2+2\xi\omega_n s+\omega_n^2} \tag{3.6.57}$$

式中，$\xi=\frac{1}{2}\sqrt{\frac{L_s}{KT_{sf}}}$，$\omega=\sqrt{\frac{K}{T_{sf}L_s}}$，$K=K_{PWM}K_{iP}$，$T_{sf}=T_S+T_{PWM}=1.5T_S$。

由式（3.6.57）可见，这时对应的电流闭环传递函数变为一个典Ⅱ型系统，按照二阶最优的指标，当阻尼比 $\xi=0.707$ 时，系统的超调量与调节时间两者都比较合适。由此算出此时的环路增益 K，从而得出电流调节器的参数。

忽略高阶项，电流闭环传递函数可以简化为

$$W_{i}=\frac{1}{2T_{sf}s+1}=\frac{1}{1+T_{d}s} \tag{3.6.58}$$

其中，$T_d=2T_{sf}$。

同样的，q 轴电流调节器参数也可以根据 q 轴电流闭环系统来求出。

② 电压调节器设计

在设计电压调节器之前，首先要确定交流输入电流 i_d、i_q 和整流器直流侧输出电流 i_{con} 间的变换关系。由于进线电抗器自身的电阻和 IGBT 通态电阻在大功率场合都相对较小，其消耗的功率相对来说可以忽略，所以电网输入到整流器的功率与整流器直流侧的输出功率相等。

$$P_{con}=\frac{3}{2}(e_d i_d+e_q i_q)=V_{dc}i_{con} \tag{3.6.59}$$

由于同步旋转坐标系的 d 轴定向于电网电压矢量，即 $e_d=V_m$。i_{con} 和 i_d 之间的关系为

$$i_{con}=\frac{3V_m i_d}{2V_{dc}} \tag{3.6.60}$$

稳态下 V_{dc} 基本上稳定在电压参考值，电网电压的变化相对于电流的变化非常缓慢，所以可认为 i_{con} 与 i_d 成比例关系。那么，电压闭环系统动态结构图如图 3.78 所示。

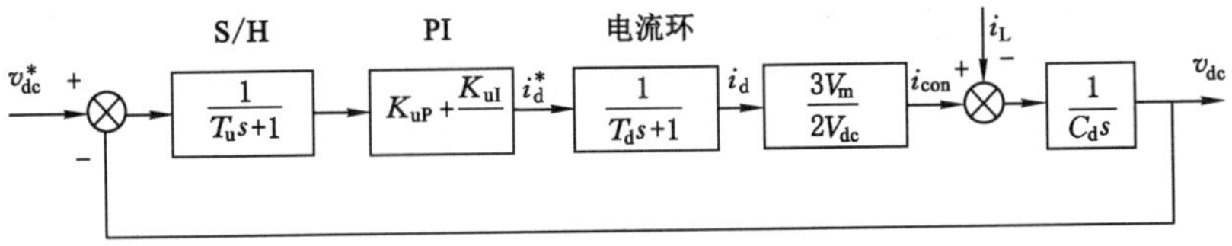

图 3.78　电压闭环系统动态结构图

将电流环函数跟电压采样保持环节合并成一个一阶环节，其等效时间常数为 $T_{du}=T_d+T_u$。电压环的开环传递函数为

$$H(s)=\frac{K_U(\tau_u s+1)}{s^2(T_{du}s+1)} \tag{3.6.61}$$

其中，$K_U=\frac{3V_m K_{uP}}{2V_{dc}\tau_u C_d}$，$\tau_u=\frac{K_{uP}}{K_{uI}}$。

式(3.6.61)是一个典Ⅱ型系统。电压外环的主要作用是稳定直流侧电压，故其系统整定时，应该着重考虑电压环的抗扰作用，则：

$$\tau_u=h_v T_{du} \tag{3.6.62}$$

其中，h_v 为电压环中频宽。

由典Ⅱ型系统控制器参数整定关系得：

$$K_U=\frac{h_v+1}{2h_v^2 T_{du}^2}\Rightarrow K_{uP}=\frac{C_d V_{dc}(h_v+1)}{3V_m h_v T_{du}} \tag{3.6.63}$$

综合考虑电压环控制系统的抗扰性及跟随性，工程上取中频宽 $h_v=5$ 代入式(3.6.63)，

计算得出电压环 PI 调节器的参数。

本书给出三电平 PWM 整流器仿真参数，可供读者参考。

仿真参数如下：三相输入为三相对称正弦电压，相电压幅值 $V_m=311$ V，频率 $f=50$ Hz，输入侧等值电阻 $R=0.1\ \Omega$，电感 $L=8$ mH，直流侧电容 $C_1=C_2=1\ 950\ \mu F$，负载 $R=100\ \Omega$，直流电压给定 $V_{dc}=560$ V，开关频率 $f_S=5$ kHz。电压调节器参数 $K_p=1.04$，$K_i=189$；电流调节器参数 $K_p=11.67$，$K_i=167$。

3.7　三相电网同步技术

3.7.1　三相电压矢量

当三相系统电压具有对称的正弦电压波形，三相电网电压矢量的模值和旋转速度都保持恒定，它们具有相同的幅值、频率和相对相移。如图 3.79 所示，在理想电网电压条件下，电压矢量在 $\alpha\beta$ 平面上描绘了一个圆。

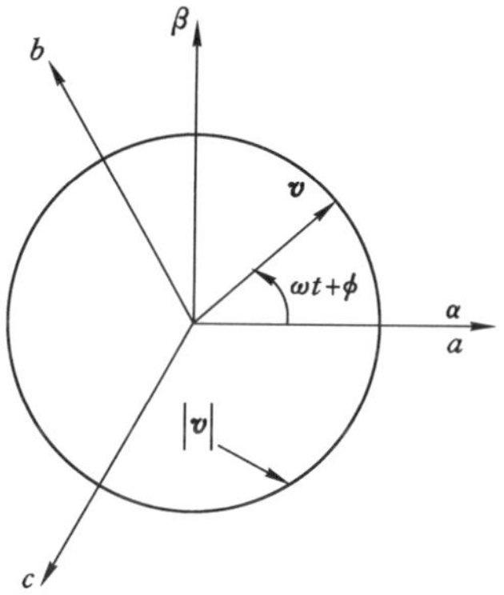

$$v_{abc}=\begin{bmatrix}v_a\\v_b\\v_c\end{bmatrix}=V\begin{bmatrix}\cos(\omega t+\phi)\\\cos(\omega t-\frac{2\pi}{3}+\phi)\\\cos(\omega t+\frac{2\pi}{3}+\phi)\end{bmatrix}$$

$$|v|=\sqrt{v_a^2+v_b^2+v_c^2}=V$$

图 3.79　理想的三相电压矢量

由于非线性负载和暂态电网故障，三相电压会变为不对称和畸变状态。理想条件下，并网变换器应该能在这些不正常工况下与电网正确地同步，不仅只是能保持有效的连接，而且可提供支撑电网（电压/频率）的能力，保持并网状态。

发生故障的三相电压一般可理解为不对称谐波电压之和，所以三相电压可以用一种通用形式表示，如式(3.7.1)所示。上标 $+n$、$-n$ 和 $0n$ 分别表示电压矢量 $\boldsymbol{v}$ 中第 n 次谐波的正序、负序和零序分量。

$$\boldsymbol{v}_{abc}=\begin{bmatrix}\boldsymbol{v}_a\\\boldsymbol{v}_b\\\boldsymbol{v}_c\end{bmatrix}=\sum_{n=1}^{\infty}(\boldsymbol{v}_{abc}^{+n}+\boldsymbol{v}_{abc}^{-n}+\boldsymbol{v}_{abc}^{0n})\tag{3.7.1}$$

式中，

$$
\boldsymbol{v}_{\text{abc}}^{+n}=V^{+n}\begin{bmatrix}\cos(n\omega t+\phi^{+n})\\ \cos(n\omega t-\dfrac{2\pi}{3}+\phi^{+n})\\ \cos(n\omega t+\dfrac{2\pi}{3}+\phi^{+n})\end{bmatrix},\boldsymbol{v}_{\text{abc}}^{-n}=V^{-n}\begin{bmatrix}\cos(n\omega t+\phi^{-n})\\ \cos(n\omega t+\dfrac{2\pi}{3}+\phi^{-n})\\ \cos(n\omega t-\dfrac{2\pi}{3}+\phi^{-n})\end{bmatrix},
$$

$$
\boldsymbol{v}_{\text{abc}}^{0n}=V^{0n}\begin{bmatrix}\cos(n\omega t+\phi^{0n})\\ \cos(n\omega t+\phi^{0n})\\ \cos(n\omega t+\phi^{0n})\end{bmatrix}
$$

考虑本书所述的并网变换器以三相三线制形式与三相电网连接，不会向电网注入零序电流。因此本节中所描述的方程中，忽略电压矢量中的零序分量。

通常，三相并网变换器电网同步的首要任务是正确检测三相电网电压中的正序基波分量。因此，包含正序基波分量和正序或负序 n 次谐波分量的电压矢量可以表示为

$$
\boldsymbol{v}_{\text{abc}}=\boldsymbol{v}_{\text{abc}}^{+1}+\boldsymbol{v}_{\text{abc}}^{n}=V^{+1}\begin{bmatrix}\cos(\omega t)\\ \cos(\omega t-\dfrac{2\pi}{3})\\ \cos(\omega t+\dfrac{2\pi}{3})\end{bmatrix}+V^{n}\begin{bmatrix}\cos(n\omega t)\\ \cos(n\omega t-\dfrac{2\pi}{3})\\ \cos(n\omega t+\dfrac{2\pi}{3})\end{bmatrix} \tag{3.7.2}
$$

式(3.7.2)中，$n>0$ 表示正序分量，而 $n<0$ 表示负序分量。式中的电压矢量通过 Clark 变换表示在两相静止 α-β 坐标系下为

$$
\boldsymbol{v}_{\alpha\beta}=\begin{bmatrix}v_{\alpha}\\ v_{\beta}\end{bmatrix}=C_{3/2}\cdot\boldsymbol{v}_{\text{abc}}=V^{+1}\begin{bmatrix}\cos(\omega t)\\ \sin(\omega t)\end{bmatrix}+V^{n}\begin{bmatrix}\cos(n\omega t)\\ \sin(n\omega t)\end{bmatrix} \tag{3.7.3}
$$

式中的电压矢量采用 Park 变换表示在同步旋转 dq 坐标系为

$$
\boldsymbol{v}_{\text{dq}}=\begin{bmatrix}V_{\text{d}}\\ V_{\text{q}}\end{bmatrix}=C_{2s/2r}\cdot\boldsymbol{v}_{\alpha\beta}=V^{+1}\begin{bmatrix}\cos(\omega t-\theta')\\ \sin(\omega t-\theta')\end{bmatrix}+V^{n}\begin{bmatrix}\cos(n\omega t-\theta')\\ \sin(n\omega t-\theta')\end{bmatrix} \tag{3.7.4}
$$

式中，θ' 表示同步旋转 d-q 坐标系的位置角度。

图 3.80(a)所示为基波正序分量和基波负序分量($n=-1$)之间的相互作用，图 3.80(b)所示为基波正序分量和 5 次负序谐波分量($n=-5$)之间的相互作用。由图 3.81(b)可知，由于电网处于非理想状态，电压矢量轨迹不再是圆形。

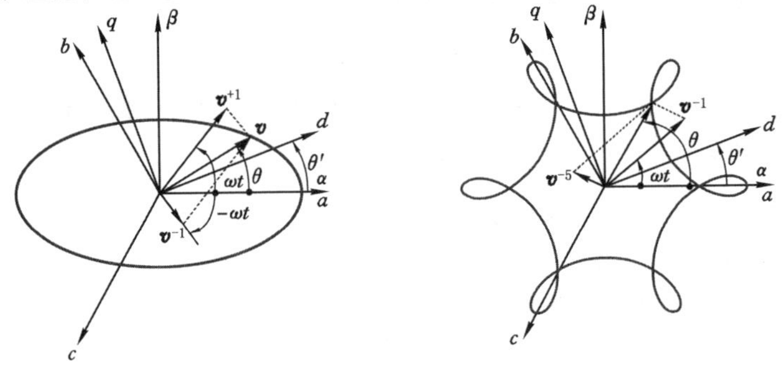

(a) 不对称电压轨迹　　(b) 畸变电压轨迹

图 3.80　电压矢量轨迹

由式(3.7.3)可以得到，三相电压矢量的模值$|\boldsymbol{v}|$和相位θ可表示为

$$|\boldsymbol{v}|=\sqrt{v_\alpha^2+v_\beta^2}=\sqrt{(V^{+1})^2+(V^n)^2+2V^{+1}V^n\cos[(n-1)\omega t]} \tag{3.7.5}$$

$$\theta=\arctan\frac{v_\beta}{v_\alpha}=\omega t+\arctan\left\{\frac{V^n\sin[(n-1)\omega t]}{V^{+1}+V^n\cos[(n-1)\omega t]}\right\} \tag{3.7.6}$$

从式(3.7.5)和式(3.7.6)可以看出，电压复矢量$\boldsymbol{v}$的幅值和相位都不是恒定的数值。

例如，当电网处于不平衡状态时，电压中包含正序分量和负序分量，即$V^+=0.75$ pu和$V^+=0.25$ pu，根据式(3.7.5)和式(3.7.6)，电网不平衡时，电压矢量的幅值和相角可以表示为

$$|\boldsymbol{v}|=\sqrt{0.625+0.375\cos(2\omega t)} \tag{3.7.7}$$

$$\theta=\omega t+\arctan\left[\frac{0.25\sin(-2\omega t)}{0.75+0.25\cos(2\omega t)}\right] \tag{3.7.8}$$

3.7.2　理想电网锁相技术

对于频率稳定的三相电网系统最常用的同步技术就是基于同步参考坐标系-锁相环(SRF-PLL)。传统的同步参考坐标系-锁相环是将三相静止abc坐标系下的三相电压矢量变换到同步旋转d-q坐标系，如图3.81所示。通过闭环控制将q轴变量控制为零，实现dq参考坐标系角度位置的控制。由于采用等量变换，从而可以检测正弦输入信号的幅值以替代输入电压矢量的模值。所以，在系统处于稳态时，d轴分量表示了正弦正序输入电压分量的幅值，而它的相角由闭环输出决定。

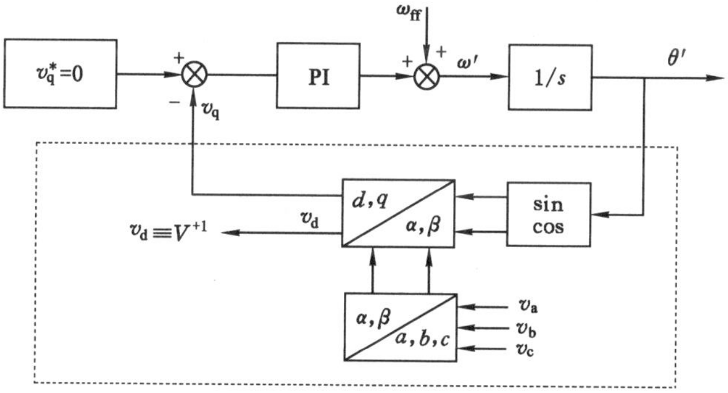

图3.81　基于同步参考坐标系-锁相环基本框图

3.7.3　电网不平衡条件下的锁相技术

在电网不平衡时，基于双二阶广义积分器-锁频环(DSOGI-FLL)锁相技术，可以从三相电网中分离出正序分量和负序分量，然后再根据正、负序锁相，其原理如图3.82所示。该方法首先将三相电压经Clark变换后得到两相静止坐标系下的电压，然后采用二阶广义积分器自适应滤波器(模块C)获得暂态对称分量，根据此电压获得电网电压正、负序分量的相位角。

在三相电网电压不平衡情况下，对称分量法可将不对称正弦波形电压矢量$\boldsymbol{v}_{abc}$根据下

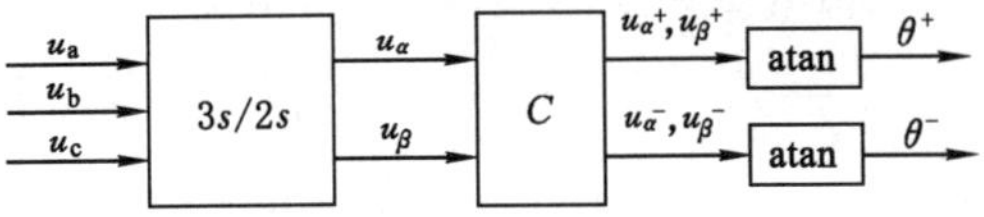

图 3.82　基于双二阶广义积分器-锁频环锁相技术

列的变换分解为瞬时正序、负序和零序，即 $\boldsymbol{v}_{abc}=\boldsymbol{v}_{abc}^{+}+\boldsymbol{v}_{abc}^{-}+\boldsymbol{v}_{abc}^{0}$。

$$\boldsymbol{v}_{abc}^{+}=[T_{+}]\boldsymbol{v}_{abc};\quad \begin{bmatrix}v_a^+\\ v_b^+\\ v_c^+\end{bmatrix}=\frac{1}{3}\begin{bmatrix}1 & a & a^2\\ a^2 & 1 & a\\ a & a^2 & 1\end{bmatrix}\begin{bmatrix}v_a\\ v_b\\ v_c\end{bmatrix} \tag{3.7.9}$$

$$\boldsymbol{v}_{abc}^{-}=[T_{-}]\boldsymbol{v}_{abc};\quad \begin{bmatrix}v_a^-\\ v_b^-\\ v_c^-\end{bmatrix}=\frac{1}{3}\begin{bmatrix}1 & a^2 & a\\ a & 1 & a^2\\ a^2 & a & 1\end{bmatrix}\begin{bmatrix}v_a\\ v_b\\ v_c\end{bmatrix} \tag{3.7.10}$$

$$\boldsymbol{v}_{abc}^{0}=[T_{0}]\boldsymbol{v}_{abc};\quad \begin{bmatrix}v_a^0\\ v_b^0\\ v_c^0\end{bmatrix}=\frac{1}{3}\begin{bmatrix}1 & 1 & 1\\ 1 & 1 & 1\\ 1 & 1 & 1\end{bmatrix}\begin{bmatrix}v_a\\ v_b\\ v_c\end{bmatrix} \tag{3.7.11}$$

式中，$a=e^{j\frac{2\pi}{3}}=-\frac{1}{2}+e^{j\frac{\pi}{2}}\frac{\sqrt{3}}{2}$。

在三相三线制并网变换器中，主要集中于正序、负序分量控制。电压矢量 $\boldsymbol{v}_{abc}$ 的正序、负序分量可通过使用 Clark 变换矩阵表示在 $\alpha\beta$ 参考坐标系上，因此有

$$\begin{aligned}\boldsymbol{v}_{\alpha\beta}^{+}&=C_{3/2}\boldsymbol{v}_{abc}^{+}\\ \boldsymbol{v}_{\alpha\beta}^{-}&=C_{3/2}\boldsymbol{v}_{abc}^{-}\end{aligned} \tag{3.7.12}$$

将式(3.7.9)和式(3.7.10)代入式(3.7.12)中，可得到

$$\begin{aligned}\boldsymbol{v}_{\alpha\beta}^{+}&=C_{3/2}[T_{+}]\boldsymbol{v}_{abc}=C_{3/2}[T_{+}]C_{3/2}^{-1}\boldsymbol{v}_{\alpha\beta}=\frac{1}{2}\begin{bmatrix}1 & -q\\ q & 1\end{bmatrix}\boldsymbol{v}_{\alpha\beta}\\ \boldsymbol{v}_{\alpha\beta}^{-}&=C_{3/2}[T_{-}]\boldsymbol{v}_{abc}=C_{3/2}[T_{-}]C_{3/2}^{-1}\boldsymbol{v}_{\alpha\beta}=\frac{1}{2}\begin{bmatrix}1 & q\\ -q & 1\end{bmatrix}\boldsymbol{v}_{\alpha\beta}\end{aligned} \tag{3.7.13}$$

式中，$q(q=e^{-j\pi/2})$是一个 90°滞后的移相运算，将其应用于时域，可获得输入波形的交轴分量。因此根据式(3.7.13)可以得到两相静止坐标系下的正、负序电压计算结构图，如图 3.83 所示，其中包括正交信号产生模块(Quadrature-Signals Generator，QSG)与正、负序信号计算模块(Positive-/Negative-Sequence Calculator，PNSC)。

(1) 二阶广义积分器产生正交信号

由图 3.83 可知，求得正负序电压矢量，需要正交信号发生器 QSG。本书采用基于二阶广义积分器(Second Order Generalized Integrator，SOGI)的正交信号发生器。它是基于内模原理的自适应滤波器来实现正交信号跟踪的，其框图如图 3.84 所示。

根据图 3.84 可得此正交发生器的传递函数为

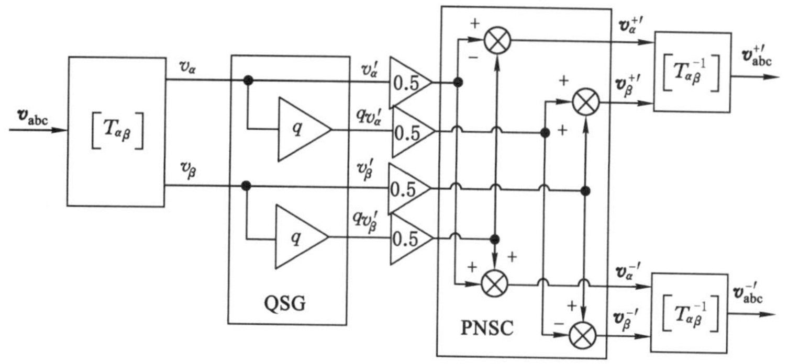

图 3.83　正序、负序电压的计算结构图

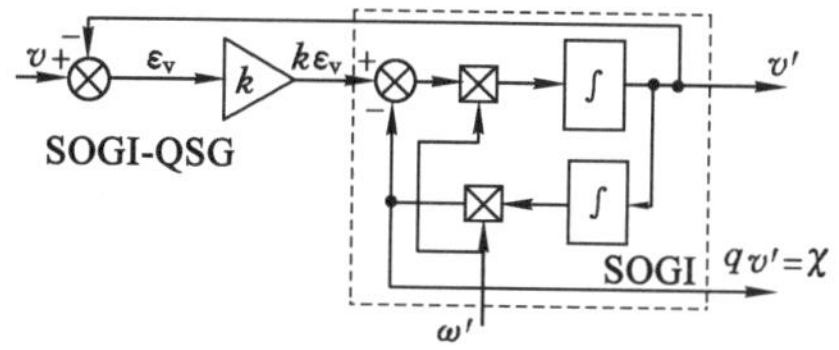

图 3.84　基于二阶广义积分器的正交信号发生器

$$\mathrm{SOGI}(s)=\frac{v'}{k\varepsilon_v}(s)=\frac{\omega' s}{s^2+\omega'^2} \tag{3.7.14}$$

由式(3.7.14)可见，当输入是频率为 ω' 的正弦信号时，SOGI 是一个增益为无穷大的积分器。此外，SOGI-QSG 系统除可以产生正交信号外，还可以用来跟踪输入信号 v，其传递函数为：

$$\begin{aligned} D(s)&=\frac{v'(s)}{v(s)}=\frac{k\cdot\omega'\cdot s}{s^2+k\cdot\omega'\cdot s+\omega'^2}\\ Q(s)&=\frac{qv'(s)}{v(s)}=\frac{k\cdot\omega'^2}{s^2+k\cdot\omega'\cdot s+\omega'^2} \end{aligned} \tag{3.7.15}$$

式中，ω' 和 k 分别是谐振频率和增益。

如果输入信号 v 是一个频率为 ω 的正弦信号，把它用向量 $\bar{v}$ 表示。因此根据式(3.7.15)可得 SOGI-QSG 输出信号的计算公式为：

$$\begin{aligned} &\overline{v'}=\overline{D}\overline{v}\begin{cases} |\overline{D}|=\dfrac{k\omega\omega'}{\sqrt{(k\omega\omega')^2+(\omega^2-\omega'^2)^2}}\\ \angle\overline{D}=\cot^{-1}\left(\dfrac{\omega'^2-\omega^2}{k\omega\omega'}\right) \end{cases}\\ &\overline{qv'}=\overline{Q}\overline{v}\begin{cases} |\overline{Q}|=\dfrac{\omega'}{\omega}|\overline{D}|\\ \angle\overline{Q}=\angle\overline{D}-\dfrac{\pi}{2} \end{cases} \end{aligned} \tag{3.7.16}$$

根据式(3.7.16)可见，稳态时 $\omega'=\omega$，则有 $|\overline{D}|=|\overline{Q}|=1$，这说明图 3.84 所示系统可实

现对给定信号中频率为 ω' 的正弦分量的无静差跟踪，且 SOGI-QSG 的输出信号 qv' 一直落后 v' 有 90°，两者幅值相同，并且与输入信号 v 和 SOGI-QSG 内部参数 ω' 和 k 的取值无关。因此，SOGI-QSG 可用于产生两个正交的信号。图 3.85 为传递函数 $D(s)$ 和 $Q(s)$ 在不同 k 值下的 Bode 图。由图 3.85 可见，v' 和 qv' 的相位相差 90°，SOGI-QSG 系统对输出信号 v' 和 qv' 具有带通和低通滤波特性，其中 k 值越小，越有更良好的滤波特性。从式(3.7.16)可以看出，可以通过选择增益 k 来调整频率响应特性。对式(3.7.16)的分母来讲，当 k 选 $\sqrt{2}$ 时，它对应于一个典型的阻尼二阶系统，这一值可以使系统在超调量和调节时间之间做出合理平衡，因此在下面的讨论中可以作为一个默认值。

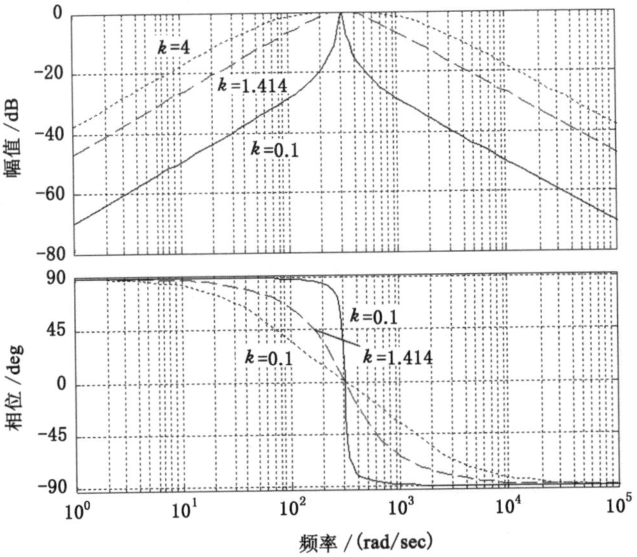

(a) $D(s)$ 的 Bode 图

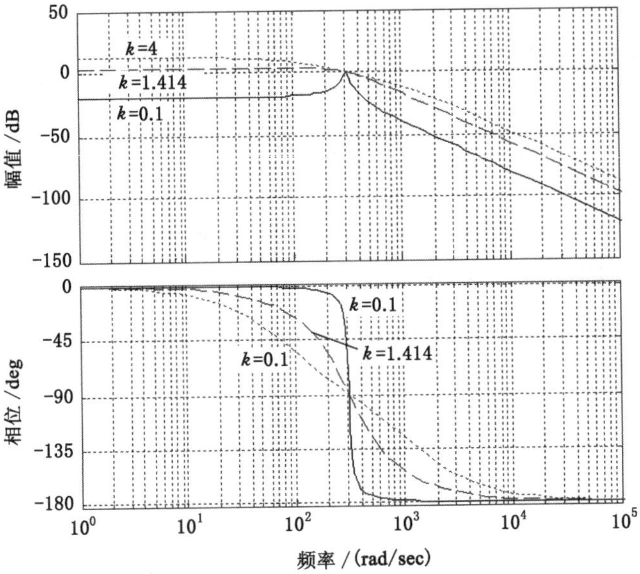

(b) $Q(s)$ 的 Bode 图

图 3.85 $D(s)$、$Q(s)$ 的 Bode 图

(2) 锁频环技术

根据式(3.7.16)可知,当且仅当输入信号和 SOGI 谐振频率相等时,SOGI-QSG 的两个输出信号具有相同的幅值且与输入信号幅值相等。因此,为了获得具有相同幅值的两个正交输出信号,SOGI-QSG 的中心频率应调节到与输入信号的频率相同。

本书采用锁频环(Frequency-Locked Loop,FLL)实现 SOGI-QSG 中心频率的自适应调节,其原理框图如图 3.86 所示,其中 γ 为积分参数。

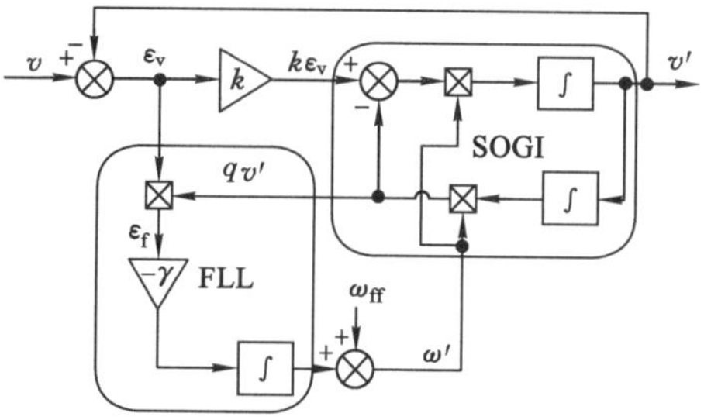

图 3.86　SOGI-FLL 的结构图

从输入信号 v 到误差信号 ε_v 的传递函数如下式所示。

$$E(s)=\frac{\varepsilon_v}{v}(s)=\frac{s^2+\omega'^2}{s^2+k\omega' s+\omega'^2} \tag{3.7.17}$$

可通过分析正交信号 qv' 和误差信号 ε_v 来分析 FLL 的原理。由式(3.7.15)和式(3.7.17)可得传递函数 $E(s)$ 和 $Q(s)$ 的伯德图,如图 3.87 所示。由图 3.87 可知,当输入频率比 SOGI 谐振频率低时($\omega<\omega'$)时,信号 qv' 和 ε_v 是同相的;反之,当 $\omega>\omega'$ 时,信号 qv' 和 ε_v 是反相的。因此,频率误差变量 ε_f 可以定义为 qv' 和 ε_v 的乘积。当 $\omega<\omega'$ 时,ε_f 的平均值大于零;当 $\omega=\omega'$ 时,该值为零;当 $\omega>\omega'$ 时,该值小于零。因此,如图 3.86 所示,带有比例系数的积分器可以调节误差信号为 0,直至 SOGI 谐振频率与输入频率相同。

将 SOGI-QSG 和 FLL 相结合,可得到一个称为 SOGI-FLL 的单相电网同步系统。该系统可产生正交信号的同时,还可以检测输入信号的频率。

(3) 电网不平衡条件下的策略实现

由以上分析可知,基于双二阶广义积分器-锁相环锁相技术图中模块 C 的详细框图可由图 3.88 所示。

首先,电压在两相静止坐标系下的值 v_α,v_β 分别经过 SOGI 系统,获得各自的跟踪信号和正交信号 v'_α,qv'_α,v'_β,qv'_β,然后再根据式(3.7.13)就算得到正、负序电压分量。其中,SOGI 的谐振频率来自 FLL,基于双二阶广义积分器的锁频环结构如图 3.89 所示。该锁频环中,由 α 和 β 信号发生器产生频率误差信号,通过计算平均误差信号的方法合并误差。

$$\varepsilon_f=\frac{\varepsilon_{f(\alpha)}+\varepsilon_{f(\beta)}}{2}=\frac{1}{2}(\varepsilon_\alpha qv'_\alpha+\varepsilon_\beta qv'_\beta) \tag{3.7.18}$$

这种二维锁频环增益可采用正序分量模值二次方和,如 $(v^{+\prime}_\alpha)^2+(v^{+\prime}_\beta)^2$ 进行标准化。

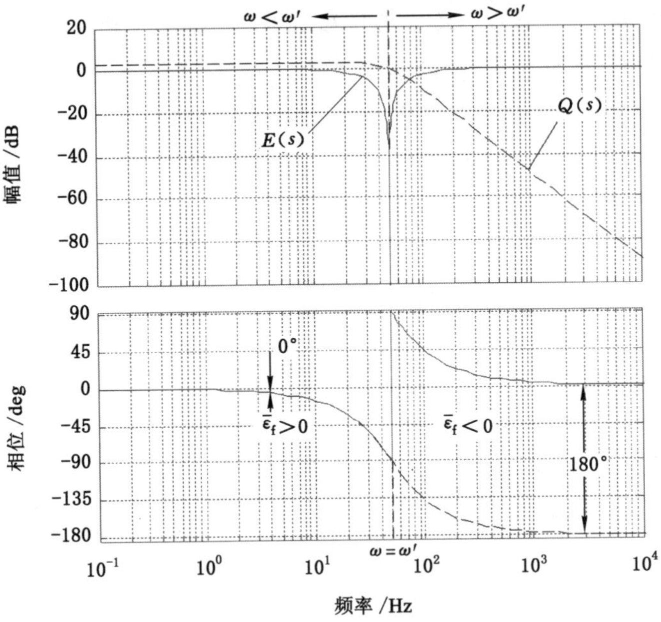

图 3.87 $Q(s)$和 $E(s)$的 Bode 图

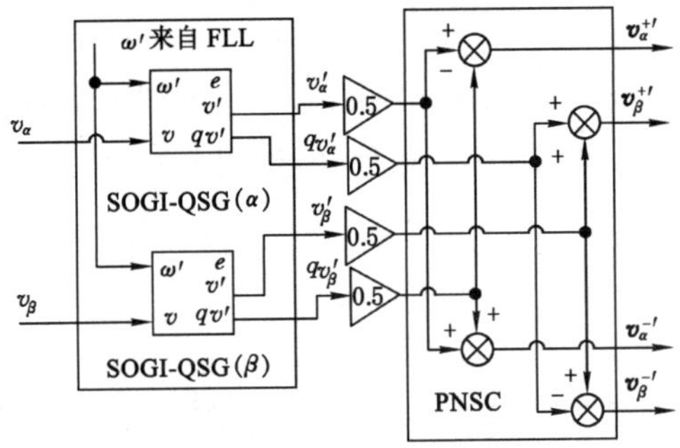

图 3.88 双二阶广义积分器结构图

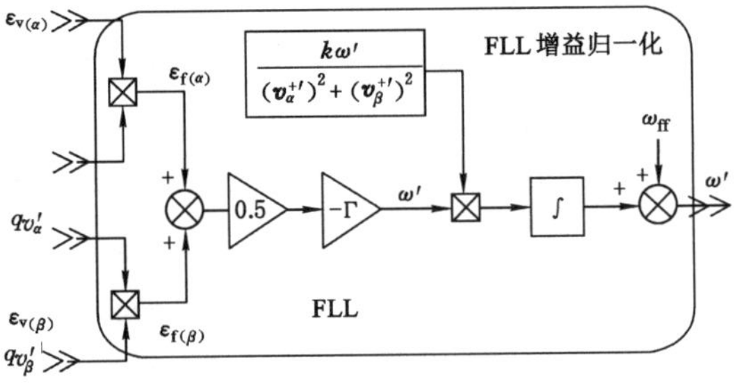

图 3.89 基于双二阶广义积分器的锁频环结构

3.7.4　电网电压畸变条件下的电网同步技术

（1）谐波解耦网络

SOGI-FLL 在一般情况下，能够对输入电压的基频成分进行精确的估测。由于它固有的滤波特性，甚至在输入有扰动的情况下，都能在抑制高次谐波成分方面表现出良好的性能。然而，3 次、5 次这样确定特征低次谐波离基波频率比较近，SOGI 带通特性无法完全衰减，因而，会导致 SOGI-FLL 检测的基波正负序信号产生畸变。

由中心频率不同、协同工作的多个 SOGI-QSG 组成的交叉反馈网络，在电网电压严重畸变的条件下且需精确地检测电网电压的谐波序列成分时，是一种有效的解决方案。三相系统的谐波解耦网络（harmonic decoupling network，HDN）的主要结构如图 3.90 所示。

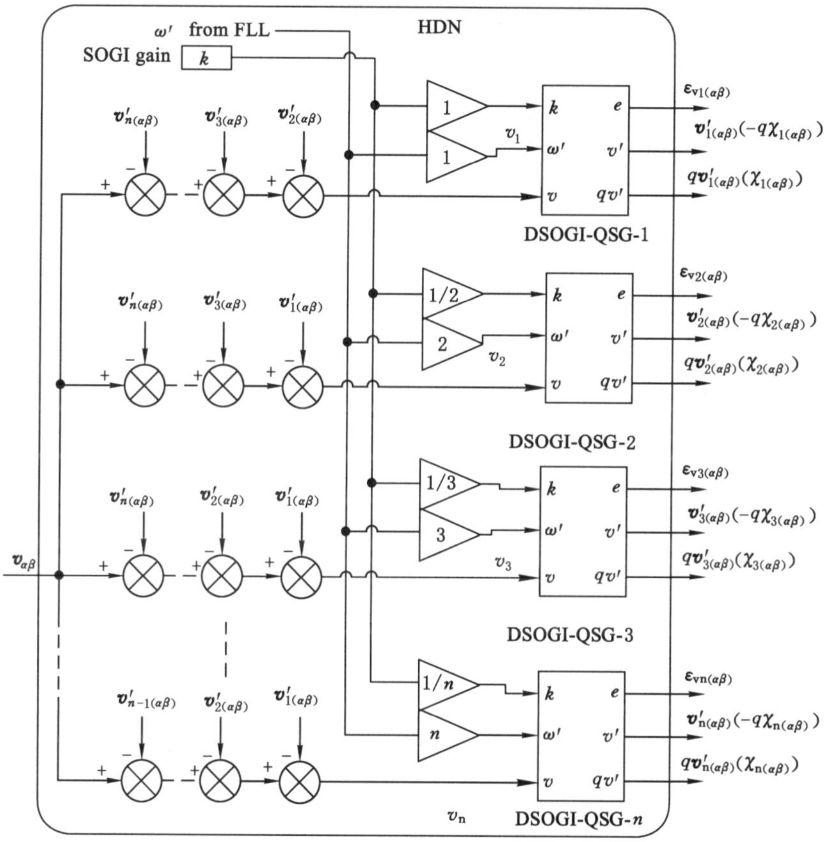

图 3.90　三相系统的 HDN 结构图

从图 3.90 中可以看出，HDN 可以看成是 n 个并行工作的自适应滤波器，每个滤波器的中心频率都不相同。第一个 DSOGI-QSG（D 表示两个）的中心频率设为 FLL 检测到的基波频率值，余下的 DSOGI-QSG 的中心频率设为基波频率值乘以相应的谐波次数。因此该结构可以检测输入信号的不同谐波成分。

当分析单相信号时，设输入信号为 v，$D_i(s)$是 SOGI-QSG-i 的传递函数，如式(3.7.19)所示。

$$v'_i = D_i(s)\left(v - \sum_{\substack{j=1 \\ j \neq i}}^{n} v'_j\right) \tag{3.7.19}$$

该式的中心频率为 $i \cdot \omega'$，ω' 是 FLL 检测到的基波频率，i 是 DSOGI-QSG-i 模块对应的谐波次数。

在图 3.90 中，每个 DSOGI-QSG 的 k 除以相对应的谐波次数保持 $k\omega'$ 值恒定，可确保所有的 DSOGI-QSG 具有相同的带宽。将式(3.7.19)中的 i 从 $1 \sim n$ 取值，并整理可得 HDN 输出的 v'_i 的传递函数。

$$v'_i = \left[D_i(s)\prod_{\substack{j=1 \\ j \neq i}}^{N}\left(\frac{1 - D_j(s)}{1 - D_i(s)D_j(s)}\right)\right]v \tag{3.7.20}$$

HDN 效果的实例如图 3.91 所示。图 3.91 中实线给出了传递函数(3.7.20)中 HDN 的输出 v'_1 的伯德图。这个 HDN 由 4 个中心频率分别为基频、5 次、7 次、11 次谐波频率的 SOGI-QSG 组成。图 3.91 中的虚线是不使用 HDN 时的频率响应曲线。从图 3.91 中可以看出，HDN 中的交叉解耦网络使得频率响应曲线在各个 SOGI-QSG 的中心频率处产生了切痕。这样，每个 SOGI-QSG 的选择性滤波特性得到极大增强，那么在输入电压高畸变条件下的响应特性也加强。

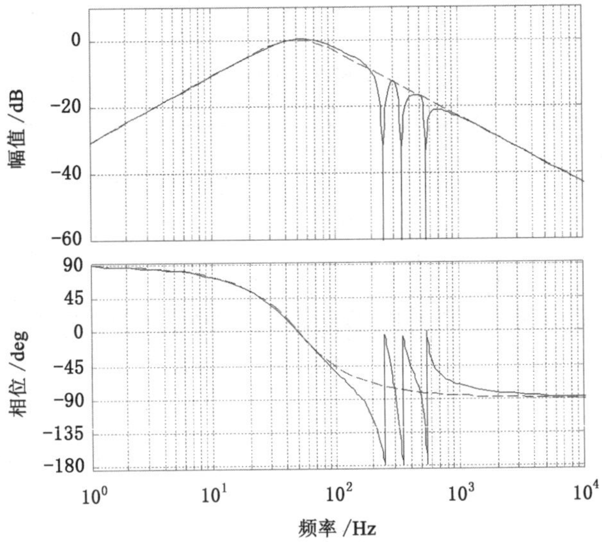

图 3.91　HDN Bode 图

(2) 电网电压畸变条件下的策略实现

电网电压畸变时，多二阶广义积分器-锁相环(MSOGI-FLL)结构框图如图 3.92 所示。首先，将三相静止坐标系的电压值 v_a、v_b、v_c 转化到两相静止坐标系下的值 v_α、v_β，然后经过 HDN 环节，获得各自的跟踪信号 $v'_{1(\alpha\beta)}$，$v'_{n(\alpha\beta)}$ 和正交信号 $qv'_{1(\alpha\beta)}$，…，$qv'_{n(\alpha\beta)}$，然后再根据式(3.7.13)算出基波以及谐波电压的正、负序电压分量。其中，HDN 中谐振频率来自 FLL。

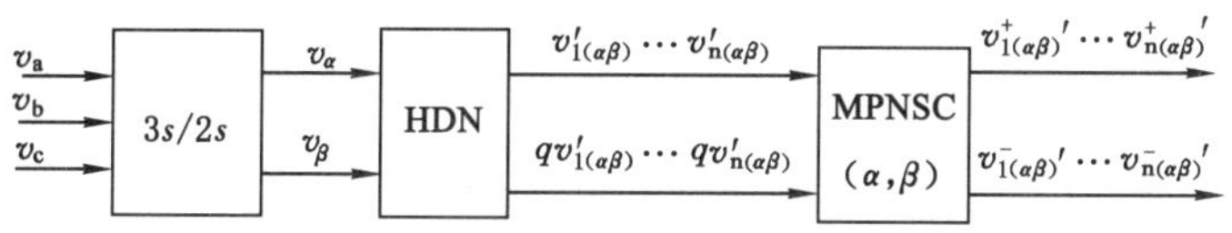

图 3.92　多二阶广义积分器-锁相环框图

3.7.5　基于虚拟磁链估测的电网同步技术

(1) 虚拟磁链估测原理

图 3.93 为并网变换器的基本结构，其控制方法一般依据检测到的 PCC 点电压，通过控制算法调整占空比得到变换器侧电压，由此在滤波电感产生电压差，从而产生所需网侧电流，同时占空比也控制着流入并网变换器直流侧的电流量，从而控制着直流侧电容电压。由于电网本身带有一定的阻抗，会产生一定分压，使得 PCC 点检测到的电压受到变换器电流干扰，如果这一阻抗足够大将影响并网变换器控制性能。而如果将 PCC 点电压补偿上电网阻抗分压，从而得到虚拟 PCC 点电网电压，作为并网变换器的控制依据，明显地，这时电网可以认为不存在阻抗，这将非常有利于变换器的控制稳定。依据图 3.93，如果已知电网阻抗以及并网变换器网侧滤波器参数，可以简单地得到两相静止坐标系下虚拟 PCC 点电网电压的估测公式，如式(3.7.21)所示。

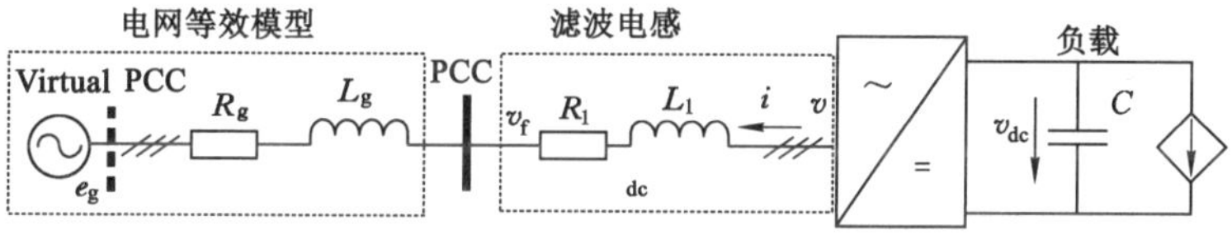

图 3.93　并网变换器的主要结构

$$e_{g,\alpha\beta} = v_{\alpha\beta} - R_z \cdot i_{\alpha\beta} - L_z \cdot \frac{di_{\alpha\beta}}{dt} \tag{3.7.21}$$

式中，$e_{g,\alpha\beta}$是虚拟 PCC 点电网电压，$v_{\alpha\beta}$是变换器桥臂侧输出电压，$i_{\alpha\beta}$是变换器输出电流，参数 L_z 和 R_z 分别表示滤波电抗器和电网阻抗的总电感和总内阻。变换器输出电压可由直流环节 u_{dc}以及变换器三相桥臂开关器件的占空比重构得到，也可以由上一周期的电压调制波指令值代替。然而在式(3.7.21)中，由于计算电感分压需对电流微分，而微分放大的电流噪声将导致虚拟 PCC 点的电网电压预估不准确。依据虚拟磁链原理，使用虚拟磁链代替电压，可以有效避免噪声干扰，那么虚拟 PCC 点电网磁链的计算公式如式(3.7.22)所示。

$$\psi_{g,\alpha\beta} = \int (v_{\alpha\beta} - R_z \cdot i_{\alpha\beta})dt - L_z \cdot i_{\alpha\beta} \tag{3.7.22}$$

引入标幺值运算，电压和磁链的基值如式(3.7.23)：

$$V_b = V_{phase}, V_{b,dc} = 2 \cdot V_b, \psi_b = \frac{V_b}{\omega_b} \tag{3.7.23}$$

虚拟磁链估测可以表示为

$$\psi_{g,\alpha\beta}^{*}=\omega_{b}\int(v_{\alpha\beta}^{*}-R_{z}^{*}\cdot i_{\alpha\beta}^{*})\mathrm{d}t-L_{z}^{*}\cdot i_{\alpha\beta}^{*} \tag{3.7.24}$$

这个等式是虚拟磁链估测一个理想的表达式。因为虚拟磁链与电压积分相对应,它的瞬时相角落后电压相角,因此电网电压相角 θ_g 可以由式(3.7.25)得到。

$$\gamma_{g}=\arctan\left(\frac{\psi_{g,\beta}^{*}}{\psi_{g,\alpha}^{*}}\right),\theta_{g}=\gamma_{g}+90^{\circ} \tag{3.7.25}$$

由于基于纯积分的虚拟磁链估测对被测信号的漂移和饱和比较敏感。实际中最简单的估测方法通常是调整低通和带通滤波器使其等效于对电网电压基频的积分。因此这种方法对电网的频率变化非常敏感,下面介绍基于 SOGI 的虚拟磁链估测方法。

正交输出信号 qv' 等于滤波器输出 v' 的积分乘以振荡频率 ω',如式(3.7.26)所示。

$$qv'=\omega'\int v'\mathrm{d}t=\omega'\cdot\psi=\chi \tag{3.7.26}$$

参考虚拟磁链定义,这个信号可以认为是频率值量化的虚拟磁链。应用这个定义,量化的虚拟磁链估测可以表示为:

$$\chi_{g}=\omega'\int(v_{\alpha\beta}-R_{z}\cdot i_{\alpha\beta})'\mathrm{d}t-\omega'L_{z}\cdot i_{\alpha\beta} \tag{3.7.27}$$

应用 SOGI 的传递函数,可得估测电网频率值量化的虚拟磁链的表达式。

$$\chi_{g}(s)=\frac{k\cdot\omega'^{2}}{s^{2}+k\cdot\omega'\cdot s+\omega'^{2}}[v_{\alpha\beta}(s)-R_{z}\cdot i_{\alpha\beta}(s)]-\omega'\cdot L_{z}\cdot i_{\alpha\beta}(s) \tag{3.7.28}$$

选定量化虚拟磁链的基值为 $\chi_{b}=V_{b}$,那么量化的标幺虚拟磁链为

$$\chi_{g}^{*}(s)=\frac{k\cdot\omega'^{2}}{s^{2}+k\cdot\omega'\cdot s+\omega'^{2}}[v_{\alpha\beta}^{*}(s)-R_{z}^{*}\cdot i_{\alpha\beta}^{*}(s)]-\omega'^{*}\cdot L_{z}^{*}\cdot i_{\alpha\beta}^{*}(s) \tag{3.7.29}$$

(2) 电网不平衡条件下频率自适应电网虚拟磁链估测

上节中讨论的基于 SOGI 的虚拟磁链估测方法具有带通滤波、虚拟磁链估测、正交信号生成等功能。因此,在电网电压不平衡条件下可以采用基于两组平行的 SOGI-QSG,将所有的功能都合并到一个频率自适应结构中的虚拟磁链估测方法。

考虑到 SOGI-QSG 的正交输出信号 qv' 代表虚拟磁链 χ,需要一个与之相差 90°信号用于正负序分离。这个信号可以从同一个 SOGI-QSG 滤波输出信号得到,它相当于 $-q\chi$。那么根据式(3.7.29),就可以得到虚拟磁链的正负序分量。基于这些考虑,虚拟磁链估测方法如图 3.94 所示。虚拟磁链积分和正负序分离基于两个单 SOGI-QSG,因此这个结构叫作基于双二阶广义积分器-虚拟磁链估测(DSOGI-VF)。

如图 3.94 所示,将基于 SOGI 的估测得到的基频磁链通过正负序分离得到其正负序分量,同样基于 SOGI 的估测得到基频电流,通过正负序分离也得到其正负序分量。再将正负序电流在电网电感及滤波器电感产生的磁链进行补偿,从而得到正负序分离的电网虚拟磁链。因此,整个系统中只需要四个 SOGI-QSG,并且该系统没有级联的滤波器延迟效应。

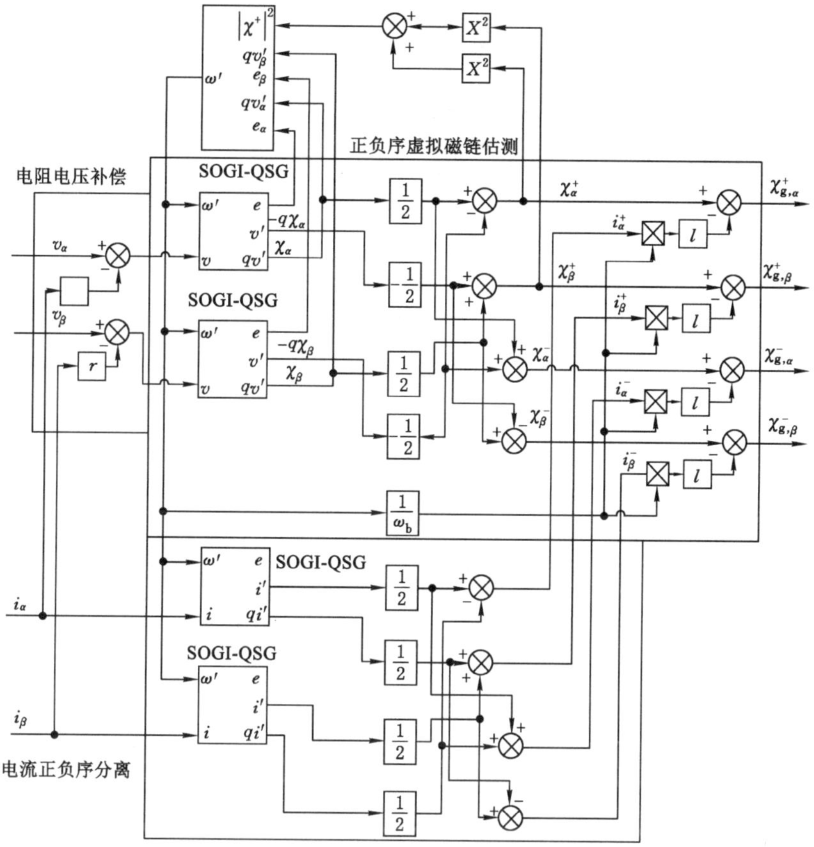

图 3.94　频率自适应的 DSOGI-VF

图 3.94 中，锁频环用于实时跟踪电网角频率，使正负序虚拟磁链估测具有频率自适应的特性。这种二维锁频环采用磁链正序分量模值二次方和，$(\chi_{\alpha}^{+})^{2}+(\chi_{\beta}^{+})^{2}$ 进行标准化。

(3) 电网电压畸变条件下频率自适应电网虚拟磁链估测

在电网严重畸变时，由于谐波的影响，基波虚拟磁链估测的效果就会大大降低，为了实现电网电压畸变条件下基于频率自适应的无电压传感器电网同步，本书给出了如图 3.95 的控制结构。虚拟磁链积分和正负分离是基于多个 SOGI-QSG 模块，因此这个结构叫做基于多二阶广义积分器-虚拟磁链估测(MSOGI-VF)。

如图 3.95 所示，电阻电压补偿后谐波电压对应的正负序虚拟磁链采用前文所示的 HDN 方法解耦及检测，同时检测的磁链需要分别减去电流在电网电感及滤波器电感产生的磁链才能得到电网基波及谐波电压对应的虚拟磁链。因此结构图必须包括测量电流谐波正负序的结构，电流同样采用 HDN 结构进行解耦。锁频环用于实时跟踪电网角频率，从而使虚拟磁链估测具有频率自适应的特性，同样采用磁链基波正序分量模值二次方和进行标准化。

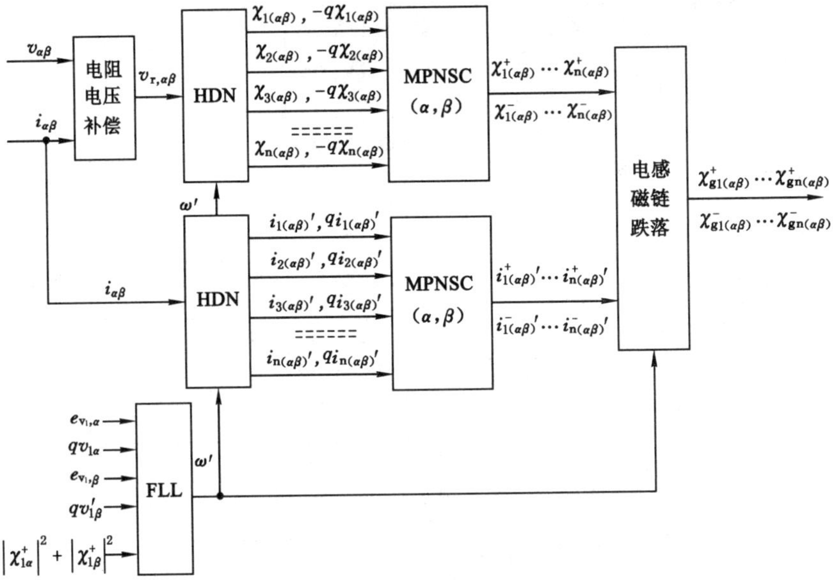

图 3.95　频率自适应的 MSOGI-VF

第 4 章　电气系统的 MATLAB 仿真

MATLAB 是 MathWorks 公司出品的商业数学软件。它以矩阵运算为基础，把计算可视化程序设计融合到了一个交互的工作环境中，可实现工程计算、算法研究、建模和仿真、数据分析及可视化、科学和工程绘图、应用程序开发等功能，是当前国际认可的最优秀的科学计算软件之一。早在 20 世纪 70 年代美国新墨西哥大学计算机科学系主任的 Clever Moler 博士为了减轻学生编程的负担，用 FORTRAN 编写了最早的 MATLAB。1984 年，Little、Moler、Steve Bangert 合作成立了 MathWorks 公司，并正式把 MATLAB 推向市场。到 20 世纪 90 年代，MATLAB 已成为国际控制界的标准计算软件。在 40 多年的发展和竞争中，MATLAB 几乎每年都推出一到两个升级版本。本章主要介绍 MATLAB 相关基础知识、MATLAB/Simulink 仿真环境中电气系统仿真相关模块介绍、使用流程以及应用案例，使学习者初步学会运用 MATLAB/Simulink 仿真环境，同时加深学习者对电气系统仿真的理解，也为更好地学习第 5 章、第 6 章做知识储备。

4.1　MATLAB 基础

为使初学者了解 MATLAB 软件的基本操作方法，首先介绍一下 MATLAB 默认工作界面。双击 MATLAB 图标，可打开工作界面。如图 4.1 所示，MATLAB 工作界面属于集成开发环境，主要由菜单、工具栏、工作目录窗口、工作窗口以及工作空间管理窗口组成。

工作窗口，即命令窗口（Command Window），是 MATLAB 操作界面中最为重要的窗口，也是我们进行各种操作的主要窗口。在这个窗口可以输入各种 MATLAB 的命令、函数和表达式。MATLAB 作为一种解释语言（Interpreted Language）可以直接在命令窗口中运行源代码，无需传统的编译过程。同时，所有结果也会在这个窗口出现（图形结果会单独显示）。希望了解 MATLAB 任何自带命令、函数时，可以直接在命令窗口输入：help 命令名或函数名，回车即可显示详细的解释。

MATLAB 的代码文件分为脚本书件和函数文件两种形式，后缀名都为“.m”。目录窗口可以设置文件存放目录，展示目录中的.m 等不同格式的文件等，同时也可以打开和编辑文件等。

工作空间管理窗口可以查看工作空间（Workspace）中所有变量的类别、名称和大小。在这个窗口可以观察、编辑和提取这些变量。MATLAB 的所有变量都可以理解为矩阵，单个值可理解为 1×1 的矩阵。列表中 Name 是变量名，Size 是矩阵维度，Value 是变量值。右上角的下拉菜单中的 Choose Columns 中还可设置显示更多属性，例如，Bytes 是占用字

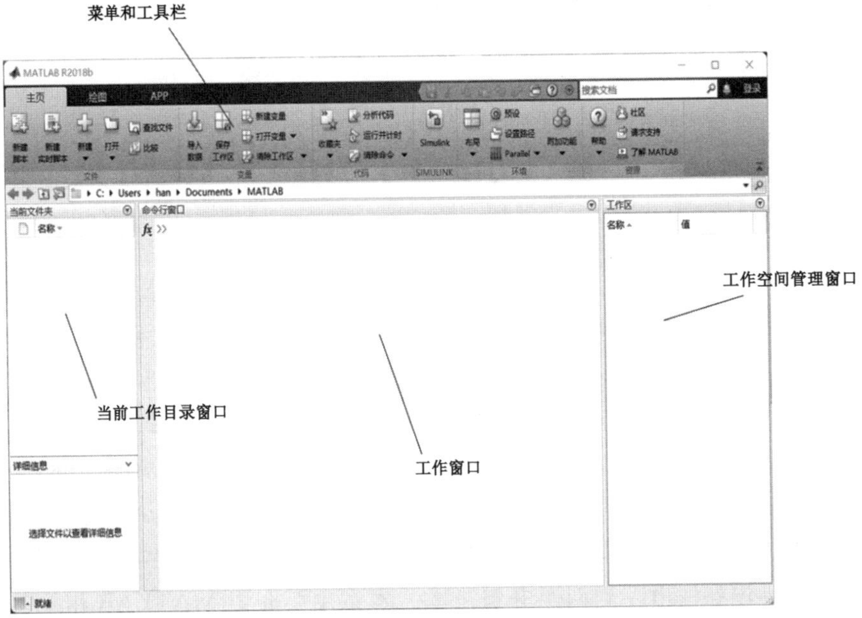

图 4.1　MATLAB 工作界面

节数，Class 是变量类型，Min 是最小值，Max 是最大值，Mean 是平均值，Median 是中位数，Std 是标准差等。双击 Workspace 中的变量可显示变量值。

在菜单和工具栏中包括文件、变量、代码、Simulink、环境设置和资源六个部分。在新建选项中有各种选项，包括脚本书件、函数文件、图片、Simulink 文件等等。文件中的新建脚本可用以编辑 MATLAB 程序。对变量进行操作的区域包括导入数据、保存工作空间、打开和新建变量、消除变量和工作空间的操作。代码区域是由分析代码、执行代码和计时、清除命令三大部分构成。Simulink 区域可以打开 Simulink 的模块库。区域环境可以更改软件的一些默认设置。资源区域可以搜索网上关于 MATLAB 的各种资源。工具栏的绘图是进行画图的快捷方式，可以绘制直方图、线图、饼图、等值图、三维图等不同种类的图形，如图 4.2 所示。最后，APPS 一栏提供了不同种类的工具箱支持，方便用户进行快捷的操作，如图 4.3 所示。

图 4.2　绘图栏

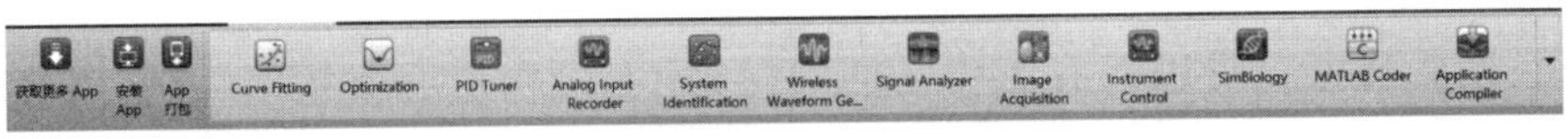

图 4.3　APPS 栏

Simulink 是 MATLAB 提供的实现动态系统建模和仿真的一个软件包。Simulink 挂接在 MATLAB 工作环境中，以 MATLAB 的强大计算功能为基础，利用直观的模块框图进行仿真和计算，如图 4.4 所示。Simulink 提供了各种仿真工具，尤其是它不断扩展的、内容丰富的模块库，为系统的仿真提供了极大便利。在 Simulink 平台上拖曳和连接典型模块就可以绘制仿真对象的模型框图，并对模型进行仿真。这种仿真模型可读性强，避免了在 MATLAB 窗口中使用 MATLAB 命令和函数仿真时需要熟悉记忆大量函数的问题。这些建立的模型框图以.mdl 为后缀名保存，R2012a 版本以后采用.slx 后缀名。

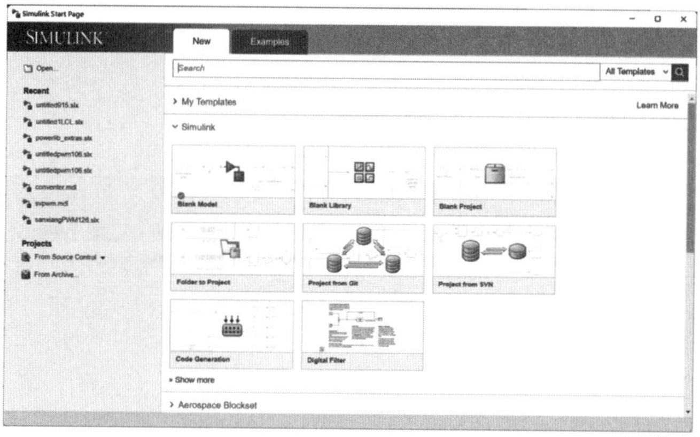

图 4.4　Simulink 模块界面

Simulink 最初是为控制系统的仿真而建立的工具箱，在使用中易编程、易扩展，并且可以解决 MATLAB 不易解决的非线性、变系数等问题。它能够进行连续系统和离散系统的仿真，也能够进行线性系统和非线性系统的仿真，并且支持多种采样频率系统的仿真，使不同的系统能以不同的采样频率组合，可以仿真较大、较复杂的系统。因此，不同的科学领域根据自己的仿真要求，以 MATLAB 为基础，开发了大量的专用仿真程序，并把这些程序以模块的形式放入 Simulink 中，形成了模块库。Simulink 的模块库实际上就是用 MATLAB 基本语言编写的子程序集。Simulink 模块库有三级树状的子目录，在一级目录下就包含了 Simulink 最早开发的数学计算工具箱、控制系统工具箱的内容，之后开发的信号处理工具(DSP Blocks)、通信系统工具箱(Comm)等也并行列入了模块库的一级子目录，逐级打开模块库浏览器(Simulink Library Browser)的目录，就可以看到这些模块。从 Simulink 4.1 版开始包含电气系统模块库(Power System Blockset)，该模块库主要由加拿大 HydroQuebec 和 TECSIM International 公司共同开发。在 Simulink 环境下用电气系统模块库的模块，可以方便地进行 RLC 电路、电力电子电路、电力系统和电机控制系统等的仿真。

4.2　基于 MATLAB/ Simulink 的电气系统模块库介绍

Simulink 在电气系统研究中可以用其来验证电路的原理和特性，用仿真的技术将元件的功能特性表现得更加直观。例如，在电机的交直流调速系统仿真中，可以建立各种电机模型,用仿真技术更直观地描述和解释电机的调速过程;电力系统的仿真中,MATLAB 扮演的主要角色是数学模型和电路模型结构的建立和分析。由此可见,Simulink 在电气领域有很强的适用性。本节仿真实验案例就是在 MATLAB/Simulink 仿真环境下,主要使用电气系统模块库搭建的。

4.2.1 Simulink 仿真窗口

以 MATLAB 2018b 版本为例,介绍进入 Simulink 仿真环境的三种方法(图 4.5):

(1) 在 MATLAB 菜单栏中点击新建,在打开的菜单中找到并单击“Simulink Model”。

(2) 在 MATLAB 菜单栏中单击图标。

(3) 在命令行窗口输入“Simulink”并按下回车键。

任选其中一种方法即可进入 Simulink 仿真环境。

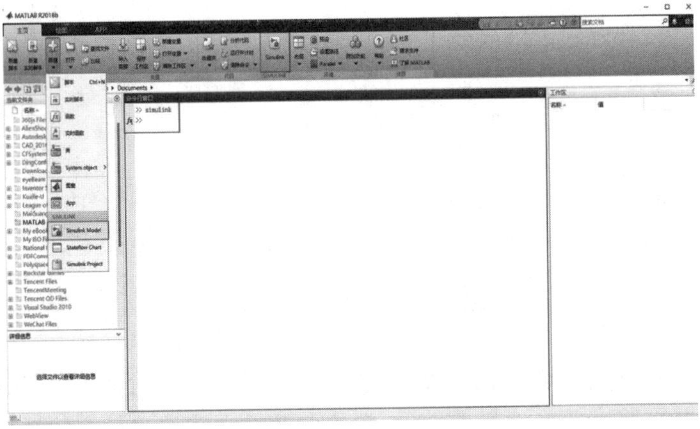

图 4.5 进入 Simulink 仿真环境的方法

4.2.2 模块库查询

进入 Simulink 仿真环境后,有多种方法可以在仿真界面里查询和添加模块,如图 4.6 所示。

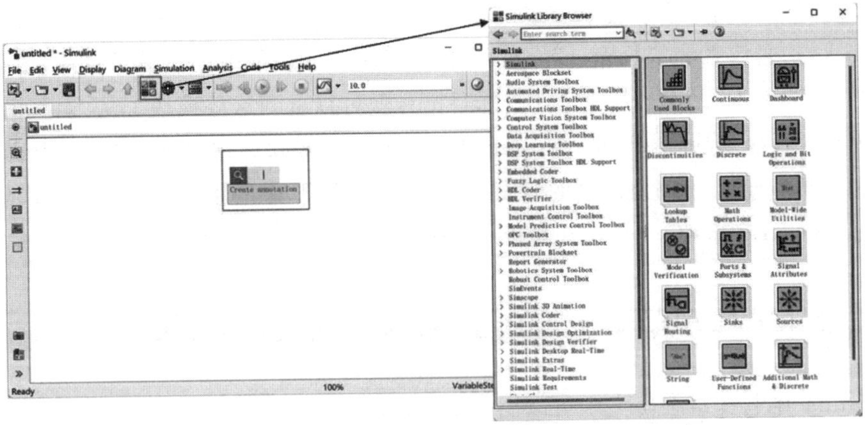

图 4.6 模块查询方法

(1) 直接查询：在新建的仿真文件空白处双击，出现搜索窗口，直接搜索所需模块名称，单击所要的模块即可添加。

(2) 间接查询：在新建的仿真文件菜单栏中通过单击“”，可打开 Simulink Library Browser。此时可以在“Enter search term”框中搜索所需模块，也可以直接在目录中查询并添加所需模块。

4.2.3　基本电气无源器件

在 Simulink 的 Simulink Library Browser 窗口中电气元器件查找路径：Simscape-Electrical-Specialized Power Systems。基本电气无源器件路径位于 Specialized Power Systems /Fundamental Blocks 下的 elements(线性及非线性的电路网络元件模块库)中，包括接口、地、各种电阻、电容、电感元件、断路器及变压器等，如图 4.7 所示。

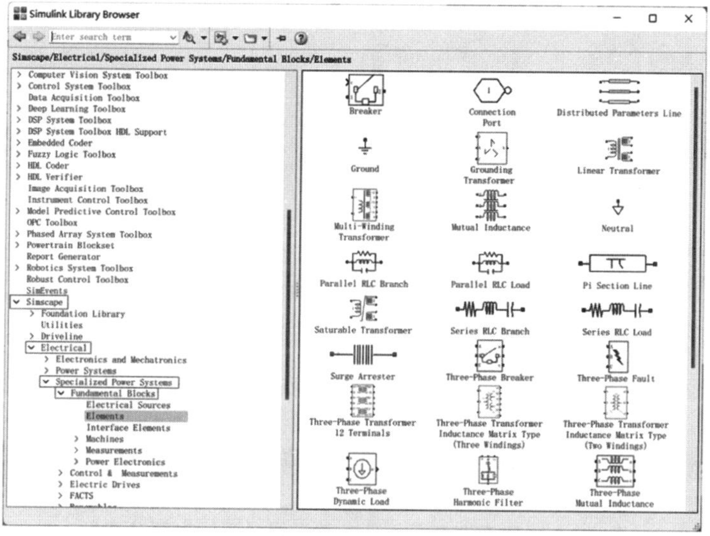

图 4.7　线性及非线性的电路网络元件模块库

以 RLC 模块为例说明电气元器件配置方法。单击 RLC 模块图标，弹出配置对话框，如图 4.8 所示。对于串联 RLC 支路模块可以通过设置 Branch type 来自由组合电阻、电容、电感的串联方式，同时也可以直接设置成单一的电阻、电容、电感元件。按照组合不同，配置对话框将会自动调整相应元器件参数配置条目。

4.2.4　电源模块库

电源模块库(Electrical Sources)位于 Specialized Power Systems /Fundamental Blocks 目录下，包括交流电压(电流)源、干电池、受控电压(电流)源、直流电压源、三相电源以及三相可编程电压源，如图 4.9 所示。例如，三相交流电源配置参数时，可以双击图标打开参数设置框，在 Parameters 中进行参数设置。

针对三相电源的参数设置，表 4-1 中给出了部分参数对应的含义以及备注。

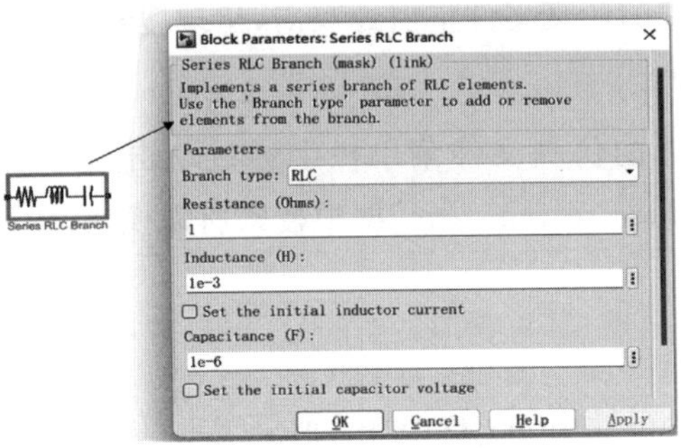

图 4.8　RLC 模块图形与参数设置对话框

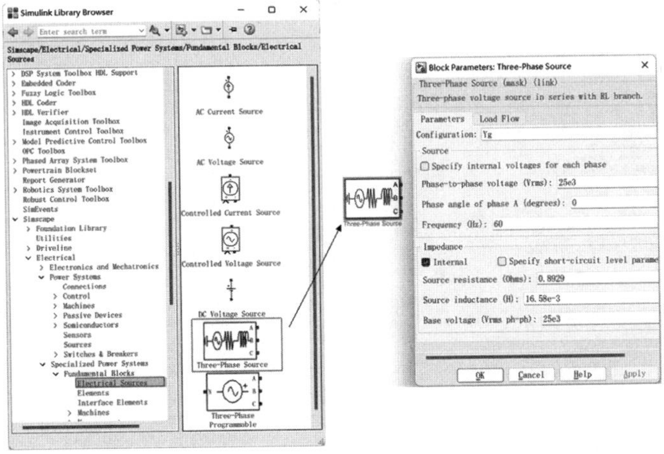

图 4.9　电源模块库及三相交流电源设置对话框

表 4-1　三相交流电源元件参数设置对话框中部分参数

名称	含义	备注
Configuration	三相电源星形联结方式	Y:中性点不接地 Yn:中性点经端子 N 引出 Yg:中性点接地
Phase-to-phase voltage /V	设置三相电源线电压有效值	线电压是相电压的 1.73 倍
Phase angle of phase A/ (°)	设置电源 A 相初始相角	\
Frequency / Hz	设置电源频率	缺省值 60 Hz

4.2.5　电动机模块组

Specialized Power Systems /Fundamental Blocks 下电动机模型库(Machine)提供了直流电动机、交流电动机和同步电动机模块等,如图 4.10 所示。电动机参数有标幺值单位和标准值两种,电动机模块库中有一个通用测量单元,可以测量同步电动机和异步电动机的运行参数。

对于不同的电动机而言,它们都有对应的固有铭牌。在铭牌上有电机参数,可以通过这

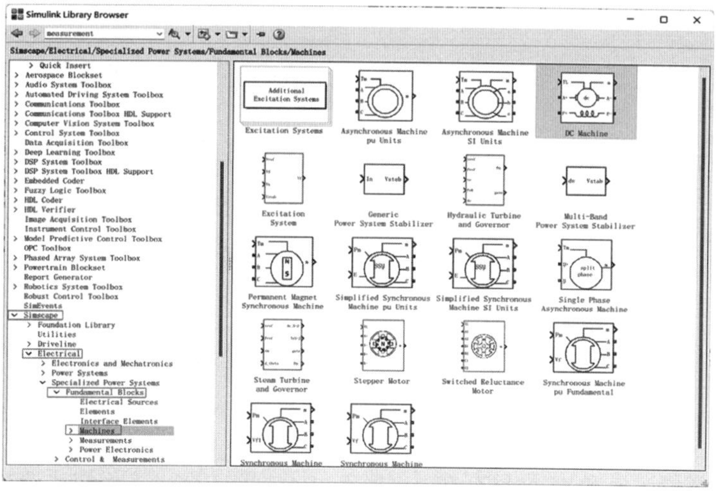

图 4.10　电动机模块库

些参数来计算电动机仿真参数。以直流电机(DC Machine)为例,来介绍一下直流电动机仿真参数的设置。

(1) 直流电机铭牌参数

型号:包括电机的系列、机座号、铁心长度、设计次数、极数等。

额定电压 U_N:电动机额定工作状态下电枢电压。

额定电流 I_N:电动机长期连续运行时从电枢输入电流。

额定转速 n_N:电动机额定运行时转轴转速。

额定功率 P_N:电动机额定运行状态下轴上输出的机械功率。

额定励磁电压 U_{fn}:电动机额定运行情况下励磁绕组两端加的电压。

极对数 p:电机电刷的对数。

励磁方式:有并励式、串励式和复励式等励磁方式。

绝缘等级:是指电机的耐热等级,绝缘材料按耐热能力分为 Y、A、E、B、F、H、C 这 7 个等级,其极限工作温度分别为 90 ℃、105 ℃、120 ℃、130 ℃、155 ℃、180 ℃及 180 ℃以上。

(2) 直流电机仿真参数的设定

如图 4.11 给出直流电动机模块的参数设置框。

① configuration 页

Preset model(已有模型参数):功率为 5 HP(HP 是匹,1HP=745.7 W),电枢电压为 240 V,转速为 1 750 RPM(RPM 就是每分钟转多少圈,r/min),励磁电压为 300 V。

Mechanical input(机械输入):Torque TL 是负载转矩 T_L,Speed ω 是转速。

Field type(磁场类型):一般是灰色的,不能选择,只有在上面的 preset model 选择了 No 之后才能选。

② Parameters 页

这一页是设置电机参数的,除了 initial speed(初速度,单位为 rad/s)和 initial field 两个

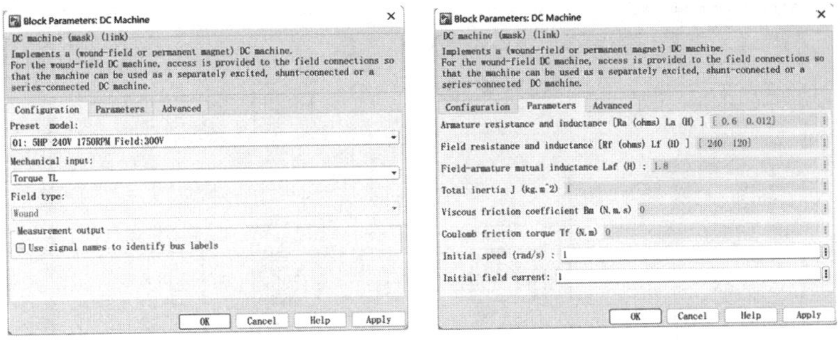

(a) configuration页　　　(b) Parameters页

图 4.11　直流电动机模块的参数设置框

参数外(最下面两行),其他参数只有在 configuration 页的 preset model 选择了 No 之后才能修改。仿真参数说明如表 4-2 所示。

表 4-2　电动机仿真参数

符号	含义	符号	含义
R_a 和 L_a	电枢电阻和电感	B_m	黏滞摩擦系数
R_f 和 L_f	励磁回路电阻和电感	T_f	静摩擦转矩
L_{af}	电枢绕组和励磁绕组互感	n_0	初始速度
J	总转动惯量	I_{f0}	初始励磁电流

通过直流电机铭牌参数可以估算直流电动机 Parameters 页中参数。他励直流电动机估算方法如下:

① 估算电枢回路电阻和电枢电感

$$R_a=\left(\frac{1}{2}\sim\frac{2}{3}\right)\frac{U_N I_N-P_N}{I_N^2} \tag{4.2.1}$$

$$L_a=19.1\times\frac{CU_N}{2pn_N I_N} \tag{4.2.2}$$

式中,无补偿电机 C 取 0.1,有补偿电机 C 取 0.4。

② 计算 $C_e\Phi_N$

$$C_e\Phi_N=\frac{U_N-I_N R_a}{n_N} \tag{4.2.3}$$

式中,C_e 为电动机在额定磁通下的电动势系数,Φ_N 为额定励磁磁通。

③ 额定转矩

$$T_N=9.55C_e\Phi_N I_N \tag{4.2.4}$$

④ 初始速度

$$n_0=\frac{U_N}{C_e\Phi_N} \tag{4.2.5}$$

⑤ 励磁电流

励磁回路电阻 R_f 和电感 L_f 需要专门的测定或者辨识，无法估算。

$$I_f = \frac{U_{fn}}{R_f} \tag{4.2.6}$$

⑥ 电枢绕组和励磁绕组互感

$$E_a = U_n - I_n R_a \tag{4.2.7}$$

$$P_e = E_a I_n \tag{4.2.8}$$

$$L_{af} = \frac{P_e}{I_f I_N \omega} \tag{4.2.9}$$

式中，E_a 为额定电机反电动势，P_e 为额定电磁功率。

⑦ 总转动惯量

$$J = \frac{1}{2} m r^2 \tag{4.2.10}$$

式中，m 为转子质量，r 为转子半径。

⑧ 静摩擦转矩

$$T_f = 9.55 C_e \Phi_N I_0 \tag{4.2.11}$$

式中，I_0 为启动电流。

⑨ 黏滞摩擦系数

$$B_m = \frac{C_e \Phi_N T_i}{R_a} \tag{4.2.12}$$

式中，T_i 为转矩灵敏度。

4.2.6　电力电子器件模块库

电力电子器件模块库包含了常用的晶闸管(SCR)、可关断晶闸管(GTO)、电力场效应晶体管(MOSFET)、绝缘栅双极型晶体管(IGBT)及其典型拓扑等的仿真模型，如图 4.12(a)所示。MATLAB 电力电子器件模型使用的是简化的宏模型，只要求器件的外特性与实际器件特性基本相符，主要仿真了电力电子器件的开关特性，并且不同电力电子器件模型都具有类似的模型结构，如图 4.12(b)所示。

模型中的电阻 R_{on} 和直流电压源 V_f 分别用来反映电力电子器件的导通电阻和导通时的门槛电压。串联电感 L_{on} 限制了器件开关过程中的电流升降速度，模拟器件导通或关断时的动态过程。MATLAB 电力电子器件模型一般都没有考虑器件关断时的漏电流。

在 MATLAB 电力电子器件模型中已经并联了简单的 RC 缓冲电路，在参数表中设置名称分别为 R_s 和 C_s。更复杂的缓冲电路则需要另外建立。对于 MOSFET 模型还反并联了二极管，在使用中要注意，需要设置体内二极管的正向压降 V_f 和等效电阻 R_d。对于 GTO 和 IGBT 需要设置电流下降时间 T_f 和电流拖尾时间 T_t。

下面以通用电桥(Universal Bridge)为例来介绍相关参数的设定，如图 4.13 所示。通用电桥具有可挑选的拓扑结构，由最高 6 个电力电子器件组成三个桥臂，电力电子器件类型和参数可在对话框中挑选。图标中 A、B、C 为三相输入端，右边(+、−)为直流输出端，g 为

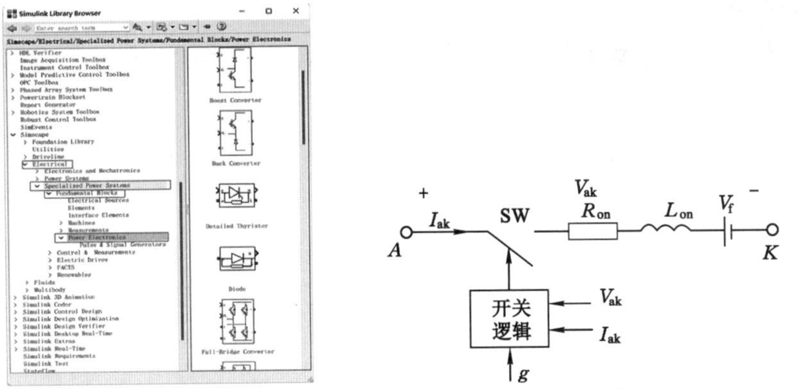

(a) (b)

图 4.12 电力电子器件模块库及开关模型

栅极信号输入端。栅极信号中的脉冲顺序对应于桥臂电力电子器件。对于二极管和晶闸管桥，脉冲顺序对应于换向的自然顺序。对于所有其他电力电子器件，脉冲被发送到 A 相、B 相和 C 相的上开关管和下开关管。例如采用 IGBT 的三相电桥，脉冲顺序分别是 A 相上开关管 $Q1$、下开关管 $Q2$、上开关管 $Q3$、下开关管 $Q4$、上开关管 $Q5$、下开关管 $Q6$。

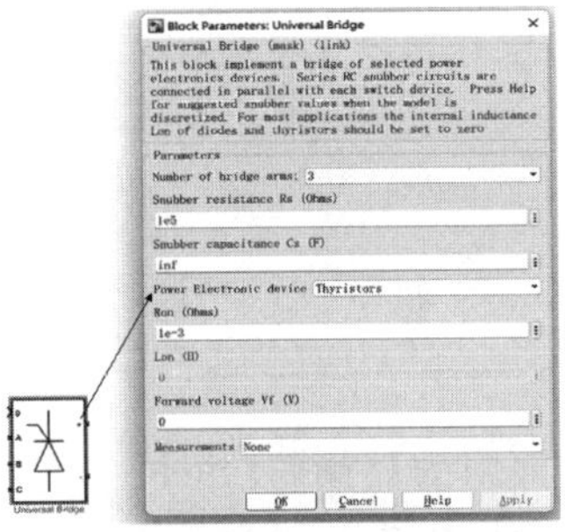

图 4.13 通用电桥元件图形及参数设置对话框

表 4-3 中给出了部分参数对应的含义以及备注。

表 4-3 通用电桥元件参数设置对话框中参数

名称	含义	备注
Number of bridge arms	桥臂数	设置为 1、2：单相变换器 设置为 3：三相变换器
Snubber resistance R_s/Ω	缓冲电阻	与器件并联的 RC 缓冲电路的电阻
Snubber capacitance C_s/F	缓冲电容	与器件并联的 RC 缓冲电路的电容
Power Electronic device	电力电子器件类型	包括理想开关、二极管、SCR、GTO、IGBT、MOSFET
R_{on}/Ω	内部电阻	\
L_{on}/H	内部电感	通常设置为 0，除非 Ron 设置为 0
Forward voltage V_f/V	正向电压	仅限器件是二极管或晶闸管可用

4.2.7　检测和显示模块

（1）总线合成(Bus Creator)和信号合成(Mux)

总线合成和信号合成取自 Simulink 库中的 Commonly Used Blocks，作用是将多路信号集成一束，这一束信号在模型中传递和处理中都看作一个整体，元件图形如图 4.14(a)所示。与之对应的是总线选择(Bus Selector)和信号分成(Demux)，它们将各路信号相互分离以便能对各信号进行单独处理，元件图形如图 4.14(b)所示。

(a) 合成　　(b) 分离

图 4.14　信号分合模块

（2）示波器(Scope)

示波器取自 Simulink 库中的 Commonly Used Blocks，其元件图形如图 4.15(a)所示。双击该图标将出现波形显示窗口，如图 4.15(b)所示。单击窗口工具栏中的 将显示其参数设置对话框，如图 4.15(c)所示。

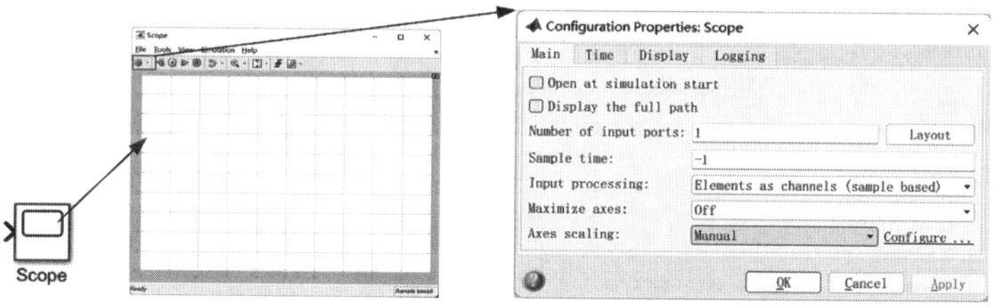

(a)　　(b)　　(c)

图 4.15　示波器图形、窗口及参数设置对话框

参数设置对话框中，Scope 模块默认是一个输入端(number of input ports)。有的时候需要把多个数据放在一张图中进行对比，可在输入端中设置输入端口的个数，如果需要分开多个输入的数据则单击 Layout 选择布局。采样时间(Sample time)一般默认设置即可。首次打开波形显示窗口时，背景为黑色，虚线是白色，想要改变/交换颜色，我们只需在 中点击向下扩展，找到 Style，在其中更改 Figure color 和 Axes colors 即可。

下面介绍一下 Scope 图形的处理和导入 Visio 软件的方法，详见图 4.16 的(a)～(h)的步骤。

（3）电压/电流测量(Voltage/Current Measurement)

Specialized Power Systems /Fundamental Blocks 下测量模块组(Measurements)中的模块主要用于测量电压、电流和阻抗等。如图 4.17 所示，从左到右分别是电压测量元件、电流测量元件以及三相电压和电流测量元件。

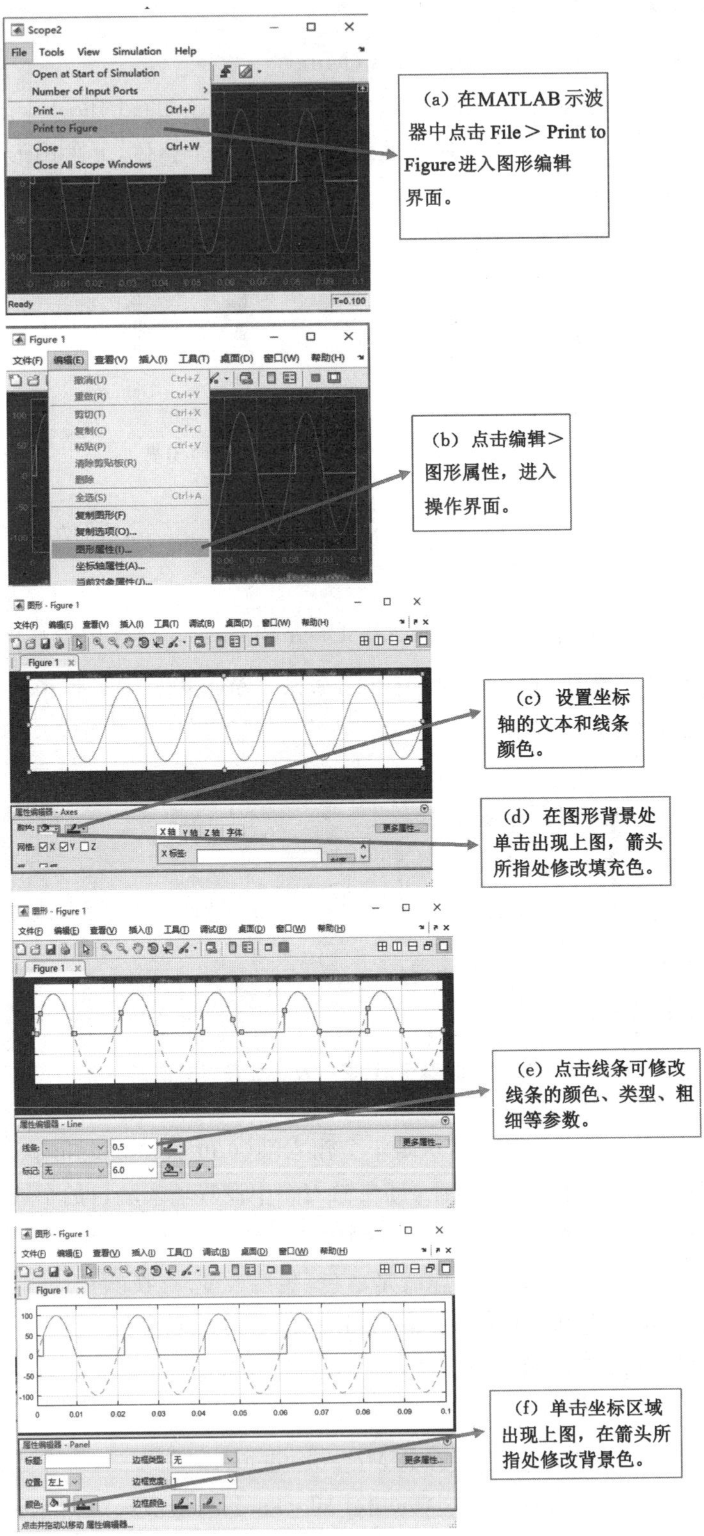

图 4.16　Scope图形的处理和导入 Visio 软件的方法

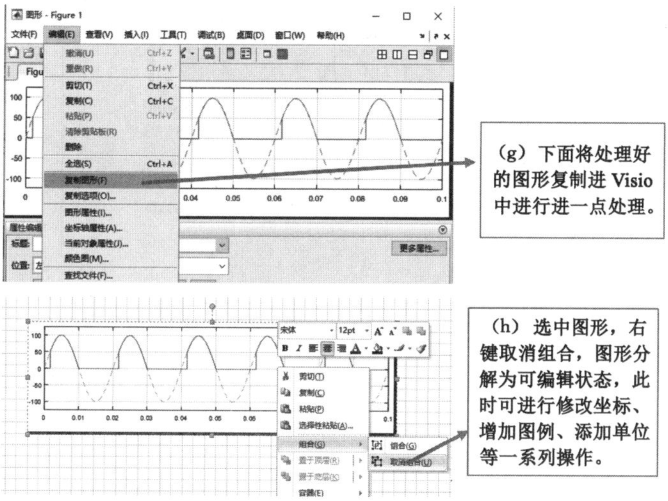

图 4.16(续)

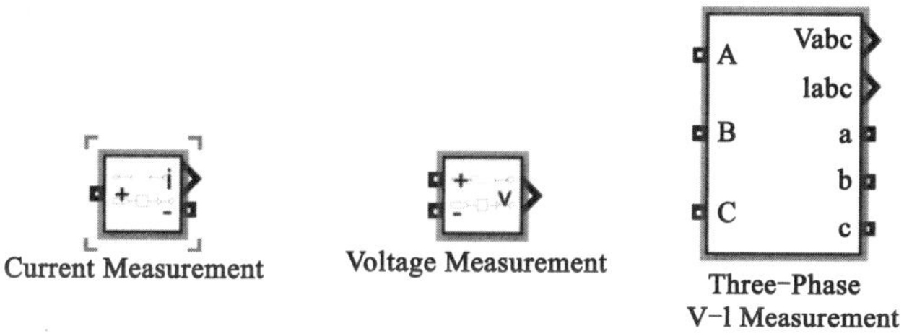

图 4.17　电压/电流测量元件图形

4.2.8　运算和逻辑关系元件

(1) 求和模块

求和(Sum)模块取自 Simulink 下的 Commonly Used Blocks 库,其元件图形如图 4.18(a)所示。修改参数设置对话框内 List of sign 为“ ++…”和“+-…”,可以实现加减计算。

(2) 饱和度模块

饱和度(Saturation)模块取自 Simulink 下的 Commonly Used Blocks 库,其元件图形如图 4.18(b)所示。该模块可以对输入信号设定上下限:当输入在 Lower limit 和 Upper limit 范围内变化时,输入信号无变化输出;若输入信号超出范围,则输出信号被限幅为上限值或下限值。

(3) 关系运算模块

关系(Relational Operator)运算模块取自 Simulink 下的 Logic and Bit Operations 库,其元件图形如图 4.18(c)所示。该模块可用来比较两个输入信号的大小关系(=、≈、<、≤、≥、>等),左边第一个输入(左上端)对应于第一个操作数。例如,若选择“≥”,则当第一个操作数大于等于第二个操作数时输出 1,反之输出 0。

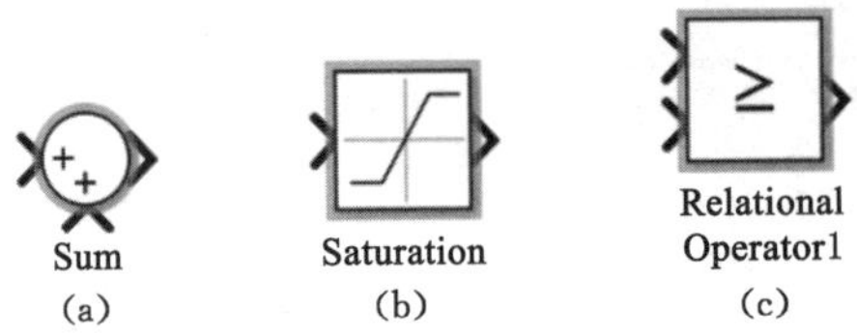

图 4.18　求和、饱和度、关系运算模块图形

4.2.9　其他元件

（1）常数模块

常数(Constant)模块取自 Simulink 下的 Commonly Used Blocks 库。该模块可以产生一个常数，双击该元件即可进行设置，其元件图形如图 4.19(a)所示。

（2）增益模块

增益(Gain)模块取自 Simulink 下的 Commonly Used Blocks 库，其元件图形如图 4.19(b)所示。该模块可用来设置信号的放大倍数。

（3）PID 模块

PID(PID Controller)模块取自 Simulink 下的 Continuous 库，其元件图形如图 4.19(c)所示。该模块输出是比例、积分和微分控制器作用的总和。修改参数设置对话框内 Controller parameters 部分可以选择控制器的形式(PID、PI、PD、P、I)。PID 控制器的传递函数为

$$G(s)=\frac{Y(s)}{U(s)}=P+\frac{I}{s}+D\frac{N}{1+\frac{N}{s}} \tag{4.2.13}$$

式中，增益参数 P、I 和 D 是可调的，N 用来设置微分滤波器的极点位置。

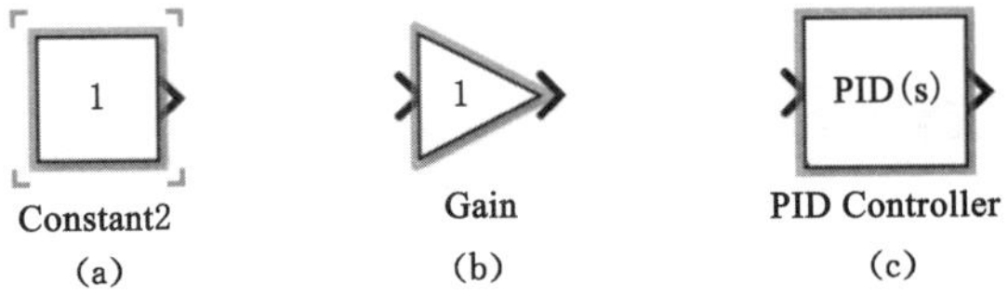

图 4.19　常数、增益以及 PID 控制器元件图形

不同版本 MATLAB 的组织形式可能有差别，若读者使用不同版本时找不到相关模块，可以在工具栏输入全称进行搜索。

（4）Powergui 模块

只要仿真模型中用到了任何 PowerSystems 的模块，就必须包含 Powergui 模块（且一个模型中只能有一个），如图 4.20 所示。大部分情况下，该模块会自动添加，但有些版本可能不太完善，或者用户不小心误删了该模块，就会导致仿真出错。解决方法如下：找一个 Powergui 加到模型中即可，可放在模型的任意位置。该模块位于 PowerSystems 模块集的 Specialized Technology 库下 Fundamental Blocks 中。

Powergui 有三种仿真类型，分别是：连续型，使用来自 Simulink 的可变步长求解器；离散型，在固定时间步长下对电气系统进行离散化以求解；相量型，包括离散向量和连续向量，

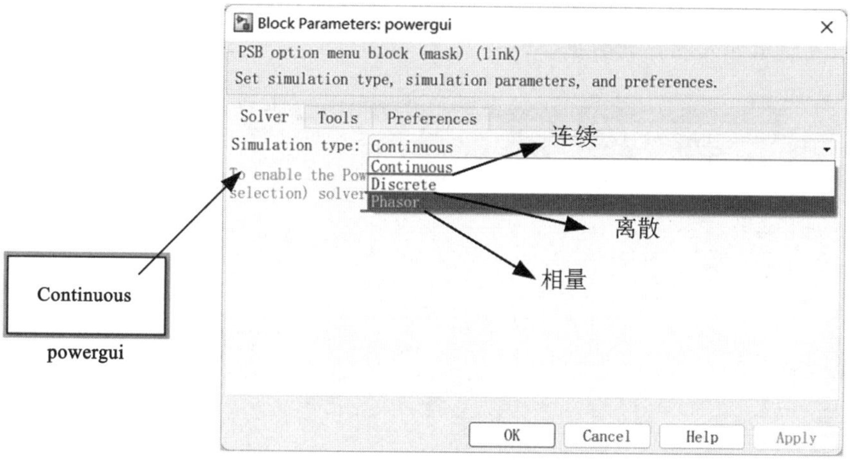

图 4.20　Powergui 模块参数设置框

如图 4.20 所示。Powergui 还可进行稳定性分析、傅里叶分解、潮流计算、阻抗频率响应等计算工具，如图 4.21 所示。

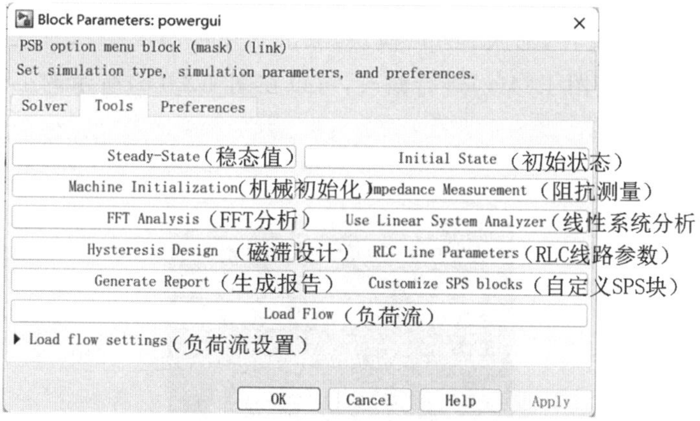

图 4.21　Powergui 求解功能选择框

4.2.10　实际示波器数据的 MATLAB 分析

下面介绍将实际示波器波形 CSV 数据导入到 MATLAB，利用 FFT Analysis 来进行傅里叶分析，得到信号谐波情况。具体操作步骤如下：

(1) 在 MATLAB 工作界面里点击“导入数据”(如图 4.22 所示)，选择要导入的实际示波器的 CSV(Excel)文件。

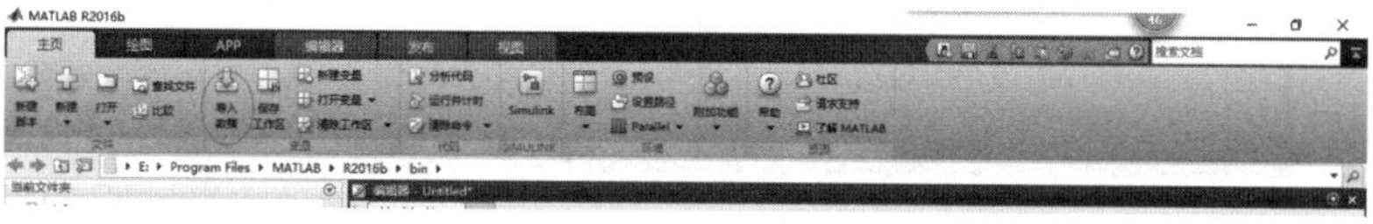

图 4.22　导入数据

(2) 进入到图 4.23(a)所示窗口，然后点击“导入所选内容”，接着进入到图 4.23(b)界面，在工作区显示导入的三列数据。

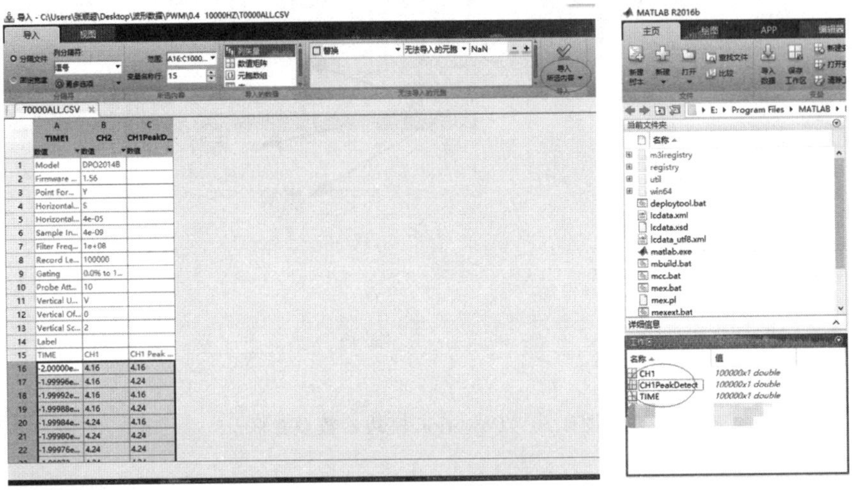

(a)　　(b)

图 4.23　导入所选内容

(3) 创建一个.mdl 文件，加入 Scope 模块，双击 Scope[图 4.24(a)]，点击图 4.24(b)箭头所指 logging 选项。按图 4.24(c)进行修改，可以在图 4.23(b)所示的工作区内看到一个 UU 的变量。

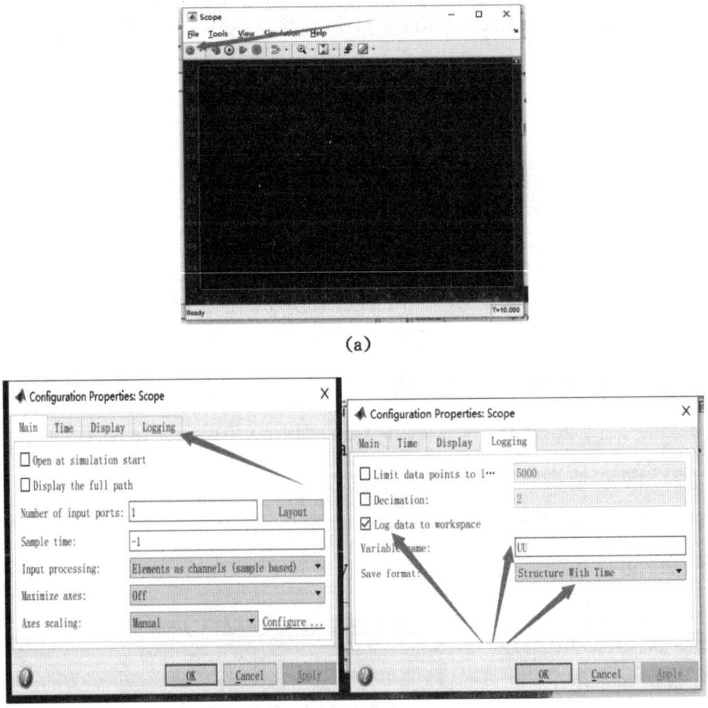

(a)

(b)　　(c)

图 4.24　Scope 模块

(4) 将 UU 的 time 和 values(位于 signal 里面)分为赋值为导入的 TIME、CH1 量。输入指令如下：

UU.time=TIME;

UU.signals.values=CH1;

power_fftscope

按回车键,FFT 分析窗口会弹出。在“Structure”里面选择变量 UU。其他 FFT 设置可自行安排,如图 4.25 所示。

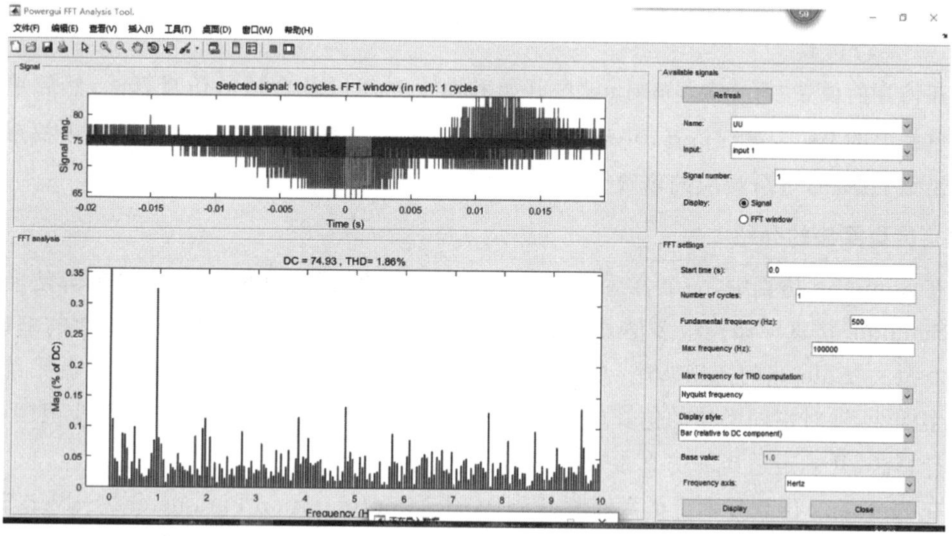

图 4.25　FFT 分析窗口

分别修改图 4.25 的 fundamental frequency,Display style,点击上图右下角 Display,至此完成傅里叶分析。

4.3　基于 MATLAB/Simulink 的电气系统仿真使用流程介绍

4.3.1　仿真操作步骤

(1) 模块的提取

对一个系统进行仿真,首先将需要的模块从模块库中提取出来并放到仿真文件上。按 4.2 节中模块查询方法找出所需模块,按住鼠标左键移至文件上即可,这是最常用的快捷方法。

(2) 模块的处理

模块的处理包括对模块进行复制粘贴、转动、移动、放大(缩小)以及名称的修改。通过选中模块,右击鼠标,在弹出的快捷菜单上选择不同的操作命令来完成复制粘贴和转动的处理。通过选中模块,由鼠标双击模块名称框和直接拖动模块即可实现对模块名称的修改、移动、放大(缩小)等处理。

(3) 模块参数的设置

完成模块的提取后,大多数模块都需要设置模块的参数。将鼠标箭头移到模块图标上,双击使其弹出参数对话框。对话框上面是模块功能的简要介绍,下面为模块参数设置栏,在设置栏中可以按要求输入参数。参数设置好单击 OK 即可完成设置。值得注意的是,在仿真过程中大部分模块参数是无法进行修改的,但有些也可修改,如 PID 模块。

(4) 模块的连接

由于在使用 Simulink 仿真时,一般模型是由多个模块组成,模块与模块之间需要用信号线连接,通过鼠标依次单击模块的"]›"和"›["可自动连接线路。

(5) 运行仿真

在仿真前设置"Simulation time"中开始和结束时间以及合适的仿真算法,然后单击仿真菜单栏上的"▶",进行仿真,并观察仿真结果。如果仿真出错,按照弹出的错误提示框来查看出错的原因,进行相应的修改。

4.3.2 仿真算法的介绍

在 Simulink 仿真中,一个合适的算法关乎着仿真的结果,因此,选择合适的算法非常重要。Simulink 仿真中涉及很多仿真计算方法,这些方法主要是建立在泰勒级数的基础上,包括欧拉法(Euler)、阿达姆斯法(Adams)、龙格-库塔法(Rung-Kutta)。由于控制系统的复杂和多样性,针对不同类型的仿真模型,按照各种算法不同特点、仿真性能与适应范围,正确地选择算法,并确定适当的仿真参数,以得到最佳仿真结果。

在 Simulink 仿真界面上的菜单栏找到 Model Configuration Parameters/Solver/Solver Selection 命令,即可选择不同类型的算法,如图 4.26 所示。

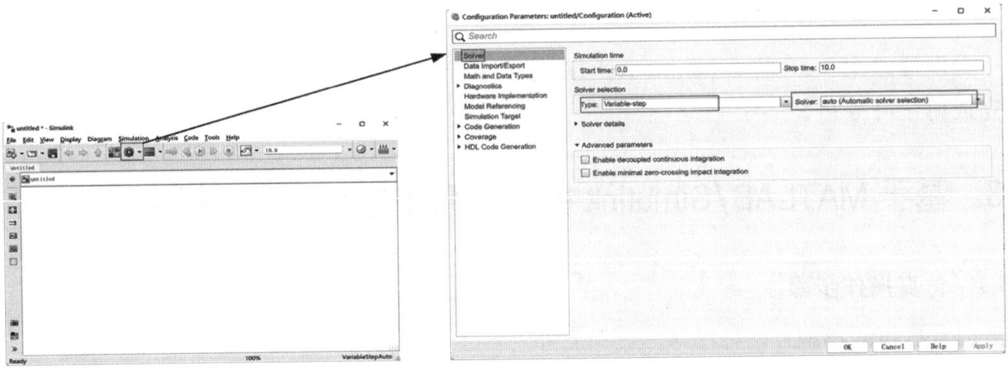

图 4.26 Simulink 仿真算法的设置

仿真算法可分为两大类:可变步长类型算法(Variable-step)和固定步长类型算法(fixed-step)。

可变步长类算法在解算模型(方程)时可以自动调整步长,并通过减小步长来提高计算的精度,该算法有以下几类:

(1) ode45 是基于显式四/五阶 Rung-Kutta 和 Dormand-Prince 组合的算法。它是一种

单步解法，只要知道前一时间点的解，就可以计算出当前时间点的方程解。对于大多数仿真模型来说，使用 ode45 来解算模型是最佳的选择，所以在 Simulink 的仿真算法选择中将 ode45 设为默认的算法。

（2）ode23 为基于显式二/三阶 Rung-Kutta、Bogacki 和 Shampine 相结合的算法，用于解决非刚性问题。它也是一种单步算法。在允许误差方面以及在使用略带刚性问题方面比 ode45 效率要高。

（3）ode113 属于可变阶数的 Adams-Bashforth-Moultion PECE 算法，用于解决非刚性问题。在允许误差要求严格的情况下，比 ode45 更有效。ode113 是一种多步算法，也就是需要知道前几个时间点的值，才能计算出当前时间点的值。

（4）ode15s 属于可变阶数的 NDFs 算法，用于解决刚性问题，它是一种多步算法，当遇到带刚性问题和使用 ode45 算法不行时，可以尝试使用该方法。

（5）ode23s 是一种改进的 Rosenbrock 二阶算法，是一种多步算法。在允许误差比较大的条件下，该算法比 ode15s 更有效，所以在解算一类带刚性的问题时用 ode15s 处理不行的话，可以用 ode23s 算法。

（6）ode23t 采用自由内插法的梯形法。如果模型有一定刚性，又要求解没有数值衰减时，可以使用这种算法。

（7）ode23tb 属于 TR-BDF2 算法，即在 Rung-Kutta 算法的第一阶段使用梯形法，第二阶段使用二阶的 BDFs 算法。在容差比较大时，ode23tb 和 ode23t 都比 ode15s 要好。

（8）discrete 用于处理离散系统（非连续系统）的算法。

固定步长类算法在解算模型（方程）的过程中步长是固定不变的，在 Simulink 中固定步长类算法有如下几类：

（1）ode5 采用 Dormand-Prince 算法，就是固定步长的 ode45 算法。

（2）ode4 属于四阶 Rung-Kutta 算法。

（3）ode3 采用 Bogacki-Shampine 算法，就是固定步长的 ode23 的算法。

（4）ode2 也叫 Heun 法，是一种改进的欧拉算法。

（5）ode1 就是欧拉算法。

（6）ode14X 属于插值法。插值法就是利用已知点来建立插值函数，通过插值函数求出近似点，从而代替未知点。

discrete 为不含积分运算的固定步长方法，适用于求解非连续状态的系统模型问题。

4.3.3　建立子系统

在 Simulink 仿真中，一个复杂系统的模型可能由许多的基本模块组成，此时可以采用建立子系统将其集中在一起，形成新的功能模块。经过封装后的子系统可以有特定的图标与参数设置对话框，成为一个独立的功能模块。例如，对带限幅 P 调节器模块打包成一个子系统。先选中模块和信号线，右击打开菜单栏，点击 Create Subsystem form Selection，即可建立一个子系统，如图 4.27 所示。对子系统点击鼠标右键，打开菜单栏，在菜单栏中单击 Mask/Create Mask 命令，设置参数对话框可对子系统进行相应的封装。

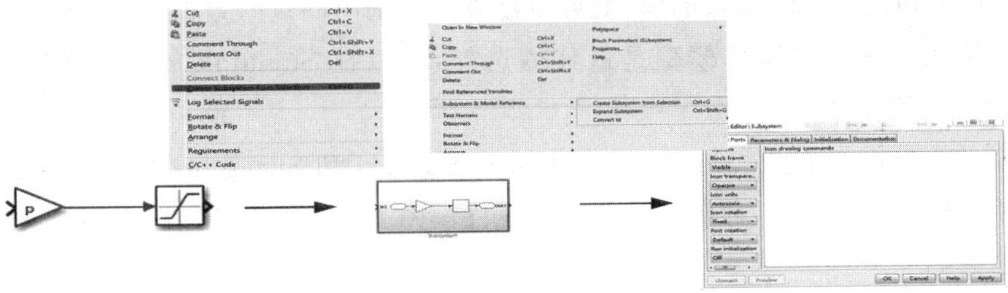

图 4.27　带限幅 P 调节器模块及其封装后的子系统

4.4　基于 MATLAB/ Simulink 的电气系统仿真应用案例

本书以三相电压型 PWM 整流器仿真为应用案例，介绍 MATLAB/Simulink 仿真平台的使用。本书设计的三相电压型 PWM 整流器的装置容量为 $P=25$ kW，交流测线电压为 $u_s=380$ V。设计目标：综合考虑整个系统的动静态性能、稳定性及安全性，在稳定直流侧输出电压的同时，实现其交流侧电流幅值与相位控制，达到输入单位功率因数。三相电压型 PWM 整流器的设计包括两部分：一是系统主电路参数的设计，二是控制系统设计。这里对系统设计不做介绍。

4.4.1　三相 PWM 整流器主电路仿真模型的建立

主电路部分的仿真参数如表 4-4 所示。

表 4-4　仿真参数表

仿真参数	数值
交流测线电压 u_s/V	380
电网频率 f/Hz	50
交流测电感 L/mH	5
直流侧电压 U_{dc}/V	600
直流侧滤波电容 C/μF	4 000
电力电子器件	IGBT/Diodes
等效内阻电阻 R/Ω	0.1
直流侧负载 R_L/Ω	15

本设计中电力电子模块使用的是通用电桥模块，电阻、电感、电容采用 RLC 模块，网侧电压、电流测量采用 three-phase V-I Measurement 模块等，见图 4.28 所示。三相电源的参数设置以及通用电桥的参数设置如图 4.29 所示。

4.4.2　三相 PWM 整流器坐标变换仿真模型的建立

三相静止对称坐标系中的三相 PWM 整流器数学模型物理意义清晰、直观，但其交流侧电压电流均为时变交流量，因而不利于控制系统设计。为此可以通过坐标变换将三相静止

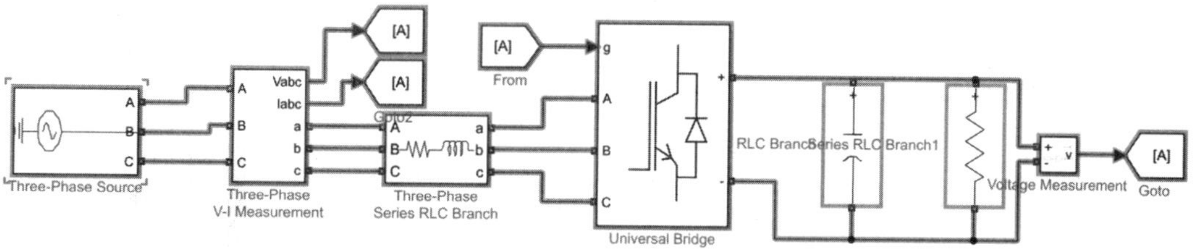

图 4.28　三相 PWM 整流器主电路仿真部分

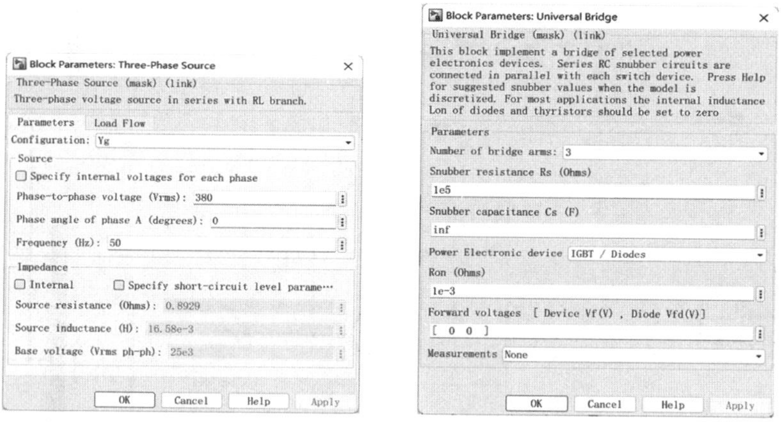

图 4.29　三相电源以及通用电桥的参数设置框

坐标系转换成以电网基波频率同步旋转的 dq 坐标系。搜索并选择三相锁相环模块(PLL(3ph))和坐标变换模块(ABC to dq0)。采用三相锁相环模块获得电网电压矢量实时相位以及正余弦值,将三相电网电压和电流以及正余弦值分别送入坐标变换模块,经过坐标变换后,三相对称静止坐标系中的基波正弦变量即可转化为同步旋转坐标系中的直流变量,从而简化了控制系统设计,如图 4.30 所示。

4.4.3　电流内环仿真模型的建立

三相 PWM 整流器控制系统一般采用基于 PI 调节器的双闭环控制,即电压外环及电流内环,参考 3.2 节。电压外环的作用主要是控制三相 PWM 整流器直流侧电压 U_{dc},维持其恒定,同时根据 U_{dc} 的变化来参与控制整流器输入电流。电压外环 PI 调节器输出量是电流内环 PI 调节器的给定信号。本书这一仿真中有功电流定在 q 轴。电流内环的作用主要是按电压外环输出的电流指令进行电流快速跟踪控制,如实现单位功率因数等,也起到防止过流作用。由于两相旋转 dq 坐标下电流模型耦合,采用前馈解耦方式消除,而电网电压也采用前馈形式以抑制电网扰动影响。最后将控制量送入 PWM 调制模块中转换为开关管控制信号。为此,三相电压型 PWM 整流器中电流内环控制策略如图 4.31 所示。

基于图 4.31 可以得到电流内环传递函数结构图,其中 k_{ip} 为电流内环的比例调节增益,K_{pwm} 为 PWM 调制等效增益,如图 4.32 所示。基于图 4.31 选择合适的 Simulink 仿真模块搭建电流内环控制仿真模型,如图 4.33 所示。

PI 控制原理经常被用在工程调节应用领域,字母分别表示比例(Proportion)、积分

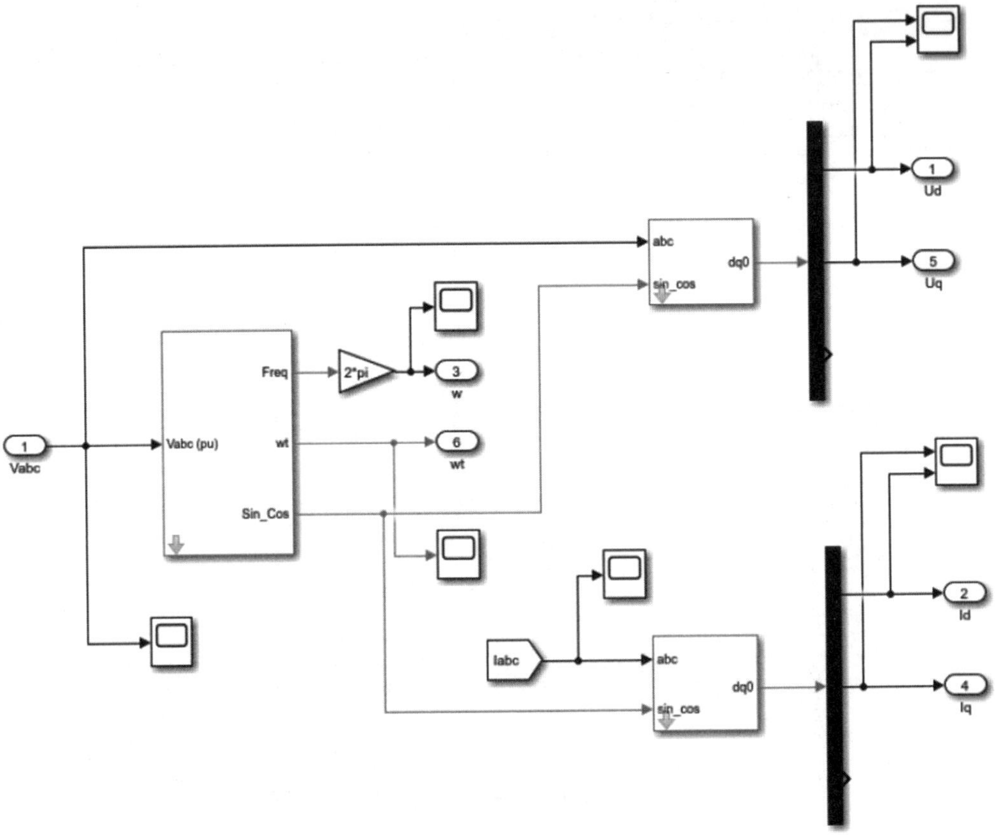

图 4.30　坐标变换仿真图

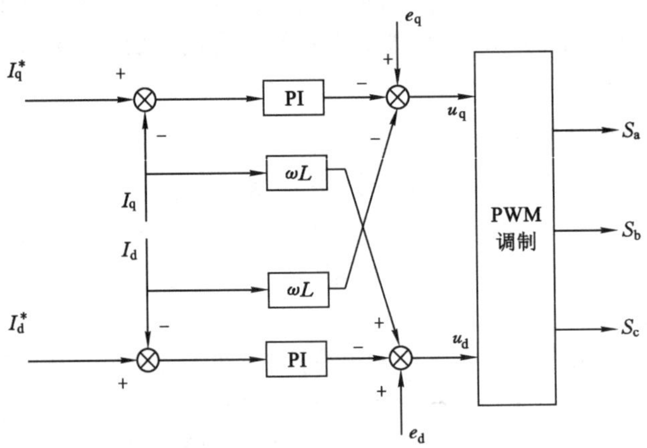

图 4.31　三相 PWM 整流器电流内环解耦控制结构

(Integral),通过 PI 控制原理输出控制量对被控对象进行控制。通常在调试过程中,先断开电压环,对两个电流环 PI 参数进行整定,调整好电流环之后再加入电压环。PI 调节器参数可按本书 3.2.3 节方法设计,这里给出比例系数和积分系数手动调节方法。

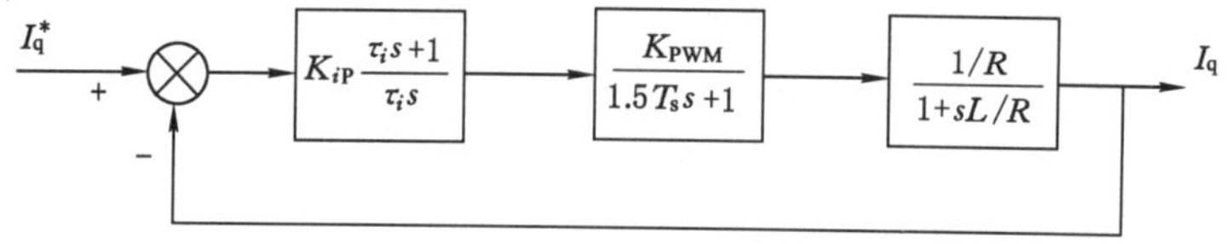

图 4.32　电流内环传递函数结构图

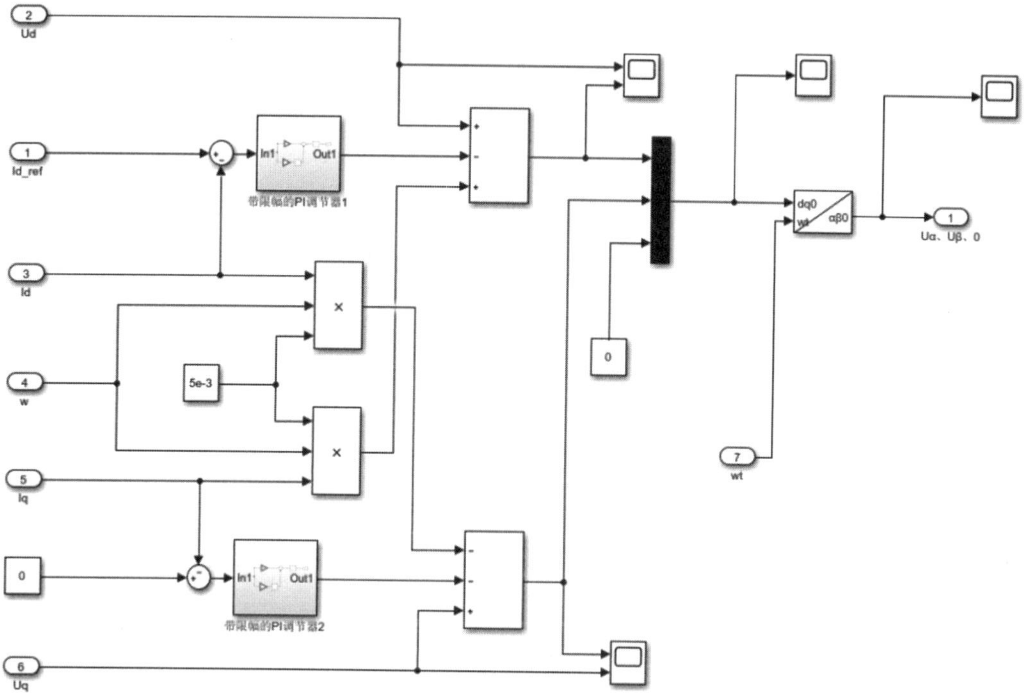

图 4.33　电流内环控制仿真图

（1）比例系数 K_p 调节：比例系数 K_p 可以对偏差瞬间做出反应，成比例地缩小误差，决定调节量的精度和稳定性。取值过小会降低精度，取值过大又会产生振荡，破坏系统的稳定性。将给定量设置在最大给定量的 60%～70%。先设置积分系数 K_I 为零，比例系数 K_p 由零开始逐渐增大，直至系统出现振荡；再反过来，从此时的比例系数 K_p 逐渐减小，直至系统振荡消失。记录此时的比例系数 K_p，将比例系数 K_p 设定为当前值的60%～70%。

（2）积分系数 K_I 调节：积分系数 K_I 能够消除系统的静态误差，提高动态性能，但是会降低系统响应速度，可能会导致超调。在比例系数确定之后，设定一个较小的积分系数 K_I，然后逐渐增大积分系数 K_I，直至系统出现振荡，然后再反过来，逐渐减小积分系数 K_I，直至系统振荡消失。记录此时的积分系数 K_I，将积分系数 K_I 设定为当前值的 60%～70%。

（3）最后在系统空载、满载等不同状态下对 PI 参数进行微调，直到满足性能要求。

4.4.4　电压外环仿真模型的建立

建立电压外环控制结构，如图 4.34 所示。给定直流电压 U_{dc}^* 与检测到的直流电压 U_{dc} 比较后，差值送入 PI 调节器，计算获得有功电流给定 I_q^*。为防止过流，这里的 PI 调节器输出需要加入限幅，我们取额定电流 1.5 倍左右作为电流限值，那么限幅值为±80 A。电压外环的设计时先不考虑负载电流扰动，可得电压外环传递函数结构图，如图 4.35 所示。T_{cv}是电流内环等效时间常数。参考本书 3.2.3 节方法设计，即得 PI 调节器参数，如表 4-5 所示。图 4.36 给出电压外环控制仿真图。

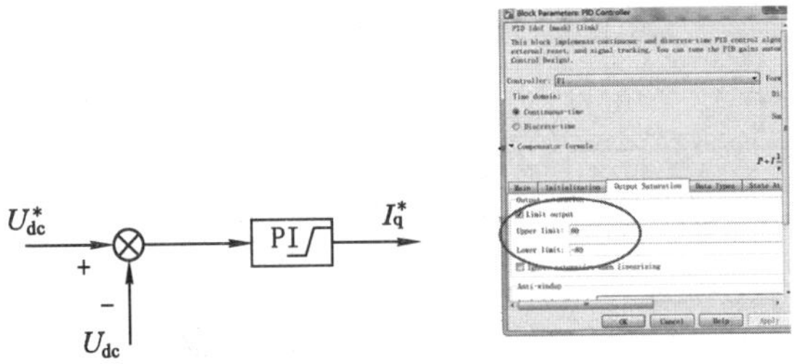

图 4.34　三相 PWM 整流器电压外环控制结构

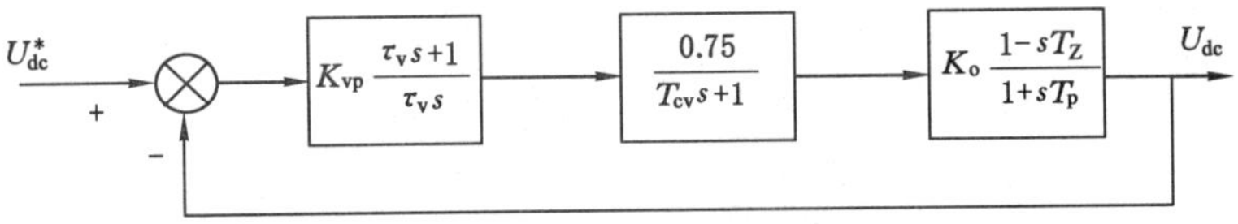

图 4.35　电压外环传递函数结构图

表 4-5　仿真参数表

仿真参数	数值
开关频率 f_s/kHz	10
电压 PI 调节器 K_{vp}	0.7
电压 PI 调节器 τ_v	0.016
电流 PI 调节器 K_{ip}	16.7
电流 PI 调节器 τ_i	0.05

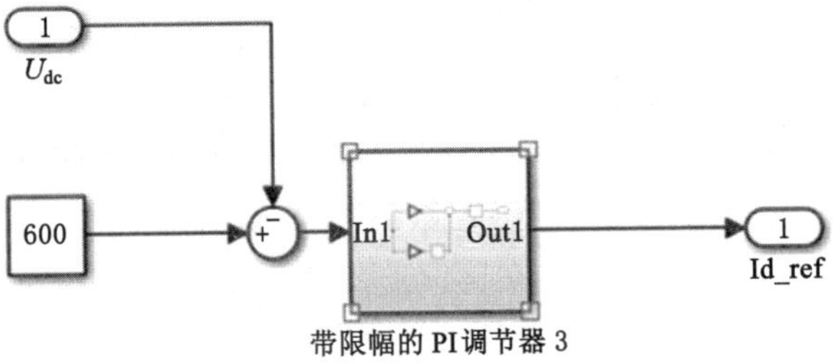

图 4.36　电压外环控制仿真图

4.4.5　三相电压型 PWM 整流器仿真

采用电压空间矢量 PWM(SVPWM)调制，将 SVPWM 应用于三相电压型 PWM 整流器控制中，这主要是利用 SVPWM 调制下的电压利用率高和谐波含量少等优点。SVPWM

调制原理及仿真搭建，见第 3 章。

如图 4.37 所示，将电压外环控制部分、电流内环控制部分、三相锁相环模块及坐标变换分别打包成仿真子模块，并将信号连接，就得到三相电压型 PWM 整流器控制部分的仿真模型。还可将控制部分整体打包，如图 4.38 所示。并将开关管控制信号 G 连接到通用电桥模块信号端 g，点击运行，即可获得仿真结果。这里仿真算法采用 ode23tb。仿真结果如图 4.39～图 4.42 所示。

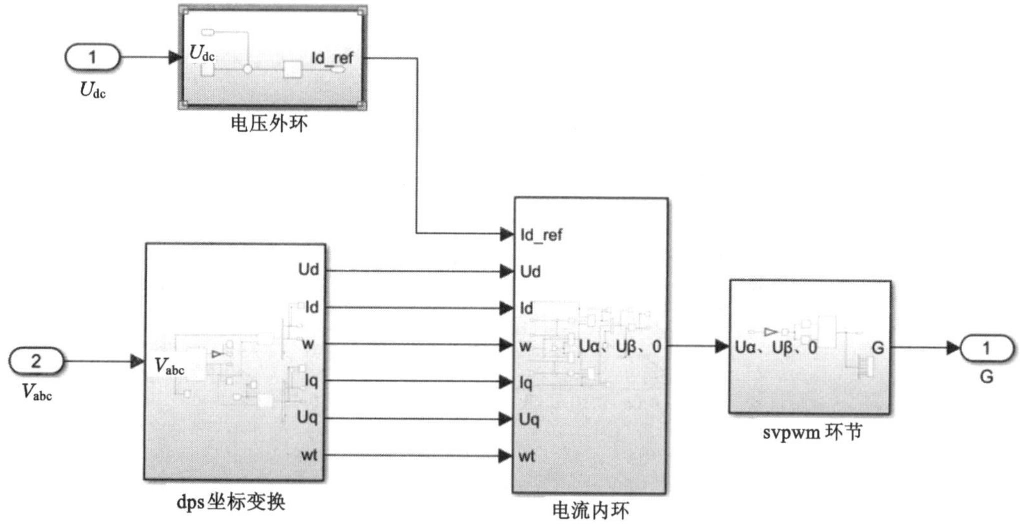

图 4.37　三相 PWM 整流器控制部分的仿真模型

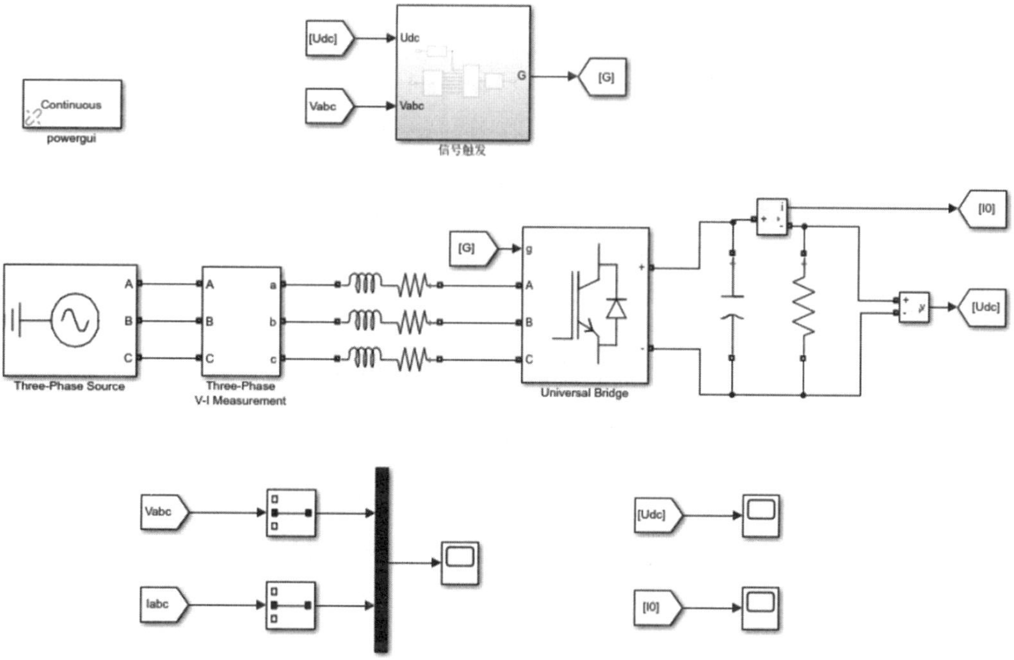

图 4.38　三相 PWM 整流器仿真模型

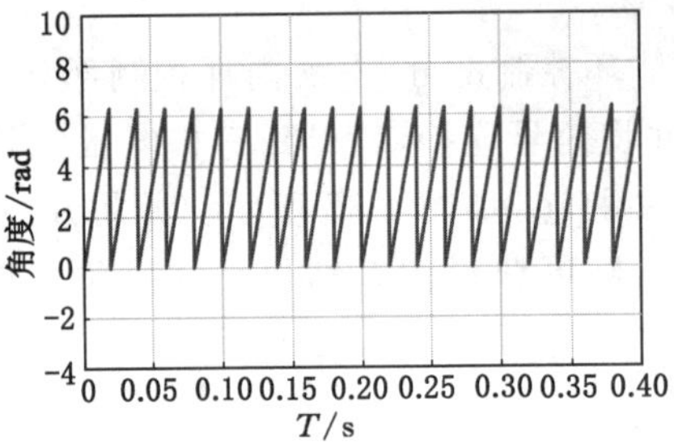

图 4.39 PLL 电网相位跟踪仿真图

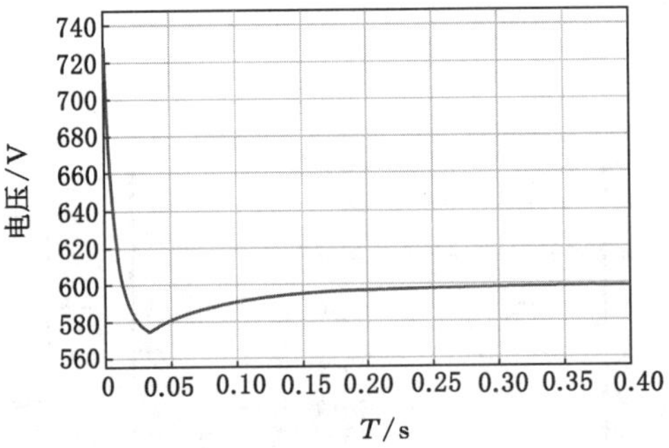

图 4.40 直流侧电压波形

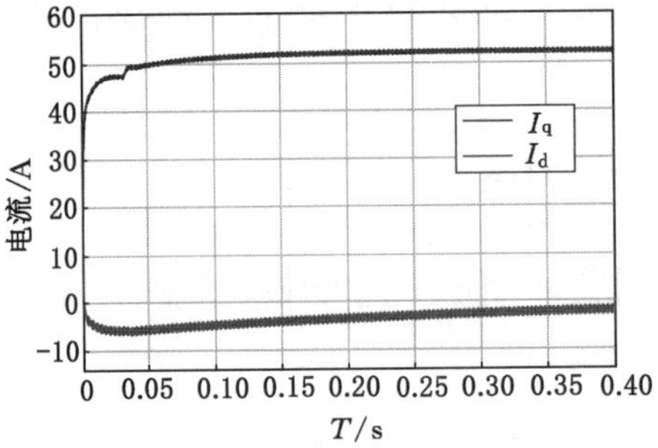

图 4.41 网侧电流 d、q 分量

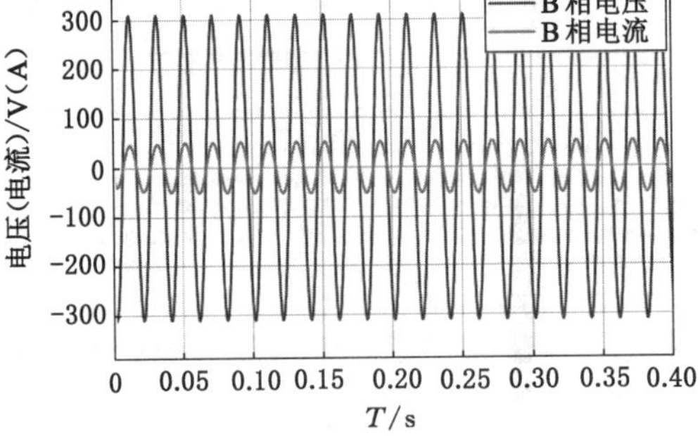

图 4.42 B 相电压和电流波形

第 5 章　基于 MATLAB/Simulink 的 RT-LAB 实时仿真系统

RT-LAB 实时仿真系统（图 5.1）是加拿大 Opal-RT 公司开发的一套较低成本的分布实时仿真软件系统。旨在帮助从事控制系统研制、嵌入式软硬件开发与测试等工作的系统工程师，在一个统一的开发平台上实现从系统与控制模型开发，快速控制器原型、模型仿真、硬件在环验证直到系统级半实物交联试验等一系列开发过程，帮助其加快研制进度，减少开发风险并提高工作效率。

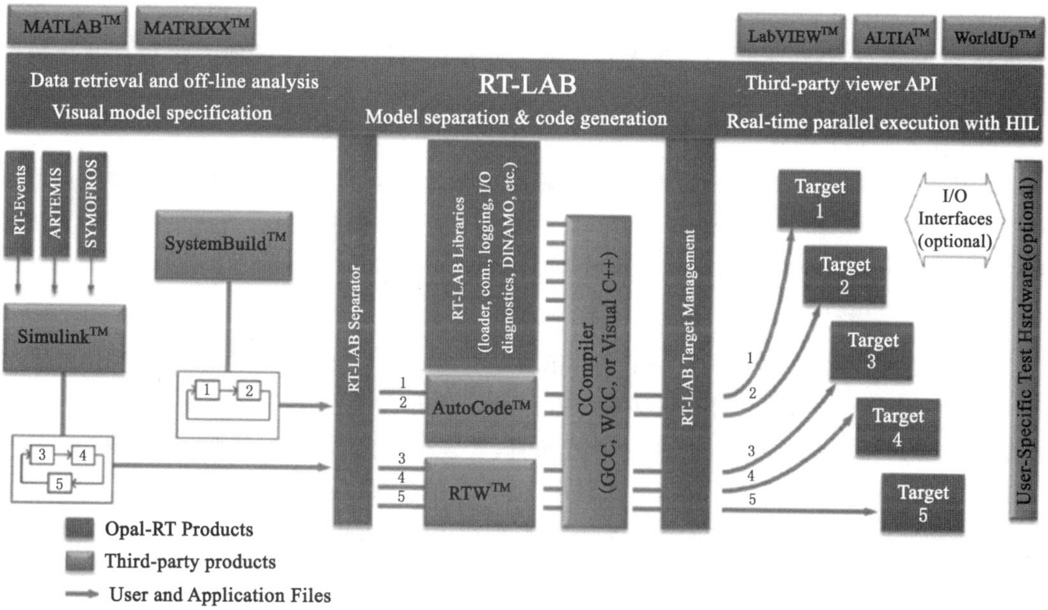

图 5.1　RT-LAB 实时仿真系统架构

RT-LAB 能够运用自带工具箱开展网络分布式运算，并通过延时技术实现高性能的同步并行运算，从而实现高度复杂模型的实时仿真运算。RT-LAB 与 MATLAB/Simulink 高度集成，用户通过 MATLAB/Simulink 的实时工作间（RTW）功能可方便地将模型分布在不同多核目标机上实时运行。RT-LAB 为实时同步，用户界面，实时硬件接口和数据交互提供无缝分布计算执行平台。RT-LAB 还采用模块设计，使得用户可根据定制化需求配置高性价比的仿真系统，做到运算需求与成本的优化，使其特别适应大规模的嵌入式系统开发工作，同时，它还具有较好的灵活性、可扩展性。在硬件方面，RT-LAB 仿真器选用了频率高达 100 MHz 的 FPGA 控制器，使得接口延时大大减小；在软件方面，RT-LAB 软件引入

RT-Events 和 ARTEMIS 模块，配合 FPGA 可以使实时仿真步长达到 10 μs。目前，RT-LAB 仿真器在高压直流输电、柔性交流输电和电机控制等电力电子领域有较多应用。

5.1 RT-LAB 实时仿真系统介绍

5.1.1 功能

（1）模型开发环境支持

支持 MATLAB/Simulink/SimScape 模型开发。所有的模型都是在 MATLAB/Simulink 开发环境中实现。RT-LAB 能将 Simulink 模型通过 RTW/Coder 生成 C 代码，并编译成为仿真下位机上的可执行程序。除了 MATLAB/Simulink 以外，RT-LAB 也支持 AMEsim、AVL、Carsim、Modelica 以及手写 C/C++代码编写的模型，并将它们集成到 RT-LAB 实时模型中。

（2）仿真运行控制

在 RT-LAB 的 eclipse 风格图形界面上能实现模型编译、下载、运行、暂停、快照、高速率运行、实时运行、在线参数调整等多种功能。并支持通过 API 等扩展方式与自动化测试软件、试验管理软件、视景仿真软件、数据库等软件集成。

（3）半实物仿真测试

在仿真下位机实时运行的仿真模型能够通过下位机上的 I/O 与数据通信接口和被测对象物或者试验装置上的传感器、执行器、控制器、仪表等设备互联，组成硬件在环测试系统，实现对复杂系统的半实物一体化测试。

5.1.2 实验开发特性

RT-LAB 与 MATLAB/Simulink/SimScape 兼容，可将 MATLAB 嵌入 RT-LAB 软件界面中。支持第三方建模工具，包括 CarSim/TruckSim，AVL，GT-Power，LMS，Dymola，以及用 C 等开发的模型。便于开展分布式仿真，实现节点间数据交换以及信号 I/O。基于 eclipse 开发的图形用户开发界面，简洁易用，便于功能扩展。提供丰富的模型库，包括 I/O 扩展，模型等。提供完善的应用编程接口 API，包括 LabVIEW、C++、VB、M 脚本、Python 脚本等。

5.1.3 实验运行特性

（1）OPAL-RT 提供了实时在环系统兼容工业模型软件包；

（2）提供 2 种运行平台：高性能多核 CPU 结合实时操作系统（Linux），以及 FPGA 结合多核 CPU 模式，为复杂的模型仿真提供运算能力保障；

（3）支持多速率并行运行，模型运算可在 FPGA 上、CPU 的多个内核之间，或者在多台仿真计算机之间分布式并行运行，且可配置不同的运算步长，在 CPU 上运行步长达到 10 μs，在 FPGA 上可达 0.25 μs；

（4）分布式模型同步数据通过 CPU 高速缓存、IEEE 1394、PCI-E 或者反射内存通讯，速率可达 5 GB；

（5）仿真性能监控：在软件界面中有专门窗口提供每个 CPU 内核上模型运行的统计数据，包括运算时间、通讯时间、CPU 计算资源裕度等这些时间信息；

(6) 为用户了解模型的复杂程度，模型分配的合理性等提供了有价值的信息；

(7) TestDRIVE GUI：可扩展的虚拟仪器风格监控与测试界面；

(8) 动态信号跟踪：运行时可以动态选择监控任意模型变量；

(9) 在线调参：可以在运行时动态调整模型参数；

(10) 高速 I/O：基于 FPGA 的数字与模拟 I/O；

(11) 广泛 I/O 硬件支持：支持多种 I/O 和通信设备。

5.1.4　硬件组成

单个 RT-LAB 柜机主要包括电源部分、HIL 机箱、Opal-RT FPGA ML605 板卡和相关 I/O 板卡等等，RT-LAB 还支持第三方硬件，以提供灵活的解决方案。

(1) HIL 机箱

HIL 机箱包括 OP4510、OP5600、OP5700 等型号。0P4510 是一款高性价比实时仿真机，它集成了几乎所有核心功能：高性能 Intel@Xeon@E3 多核处理器、具备强大计算能力和 I/O 管理功能的 Xilinx@Kintex@7FPGA 板卡、最高 64 路模拟量或 128 路数字量 I/O 集成、4 路高速 SFP 光纤通信等，可以满足模型计算和硬件在环(HIL)测试要求。和其他产品相比，OP4510 价格适中、性能优越，是小规模实时仿真与 HIL 测试应用的首选。

OP5600[图 5.2(a)]搭载最多可达 32 个高性能 Intel®Xeon®E5 处理器核心和 Xilinx ®Spartan® 3 FPGA 板卡，机载扩展插槽可容纳最多 8 块模拟量或数字量 I/O 板卡，以支持多达 128 路模拟量或 256 路数字量高速 I/O 通道。同时，通过扩展 FPGA 实时仿真器 OP5607，能够实现 CPU 与 FPGA 的联合仿真。OP5600 机箱通过 PCIe 扩展可将第三方 I/O 或通讯模块轻松与 OP5600 连接。OP5600 可与 OP5700、OP5607 等实时仿真机设备连在一起形成计算集群以应对复杂的应用场景。

OP5700[图 5.2(b)]搭载最多可达 32 个高性能 Intel@XeonE5 处理器核心和 Xilinx@ Virtex@7FPGA 板卡，配置 RedHatLinux 实时操作系统，能够实现基于 CPU 的实时仿真步长最小可达 10 μs，基于 FPGA 的实时仿真步长最小可达 100 ns；机载扩展插槽可容纳最多 8 块模拟量或数字量 I/O 板卡，以支持多达 128 路模拟量或 256 路数字量高速 I/O 通道，同时支持 16 路高速 SFP 光纤通信，满足苛刻的 HIL 和快速控制原型(RCP)开发需求。

(a) OP5600

(b) OP5700

图 5.2　OP5600、OP5700 HIL 机箱

OP5700 基于 Intel 架构，通过共享内存方式可实现多处理器多核分布式并行计算，满足桌面级大规模仿真需求；基于高速 PCle 总线(40 Gbit/s)技术，支持多台 OP5700 连接实现超大规模系统模型的实时仿真。此外，该产品具有良好的接口扩展性，可通过 PCle 总线集成多种第三方 I/O 或通讯板卡，实现 CAN、ModBus. FlexRay、LIN、ARINC-429、MIL-STD-1553 等通信接口的扩展。OP5700 仿真机集成了 Xilinx@ Virtex@ 7485T 高性能

FPGA 板卡(包含 485 760 个逻辑单元,2 800 个 DSP Slice),具备强大的计算性能。可以利用 RT-LABeHS 解算器或者 Vivado 工具箱实现 FPGA 仿真模型的开发。FPGA 亚微秒级的仿真步长也大大提高了仿真的精度。

(2) Opal-RT FPGA ML605 板卡

Opal-RT FPGA ML605 板卡(图 5.3)是模拟控制和数字 I/O 板卡。每块板卡可实现 32 路数字 I/O 或者 16 路模拟 I/O。与相同的 FPGA 板卡可有不同的 I/O 连接的组合,最多可支持 192 路数字 I/O,或者 96 路 16 位 ADC/DCA 通道,采样频率 100 MHz 或者 200 MHz。

图 5.3 Opal-RT FPGA ML605 板卡

(3) OP5340 和 OP5330 模拟量板卡

OP5340 为模拟量输入板卡(图 5.4)。其特点是有 16 路差分模拟量输入通道,每个通道有一个 16 位的 ADC,所有通道同时采样,每个通道的更新速率高达 500 kS/s,总的速率为 8 MS/s,拥有独立的可以编程的电压范围是+/-100 mV 到+/-20 V。

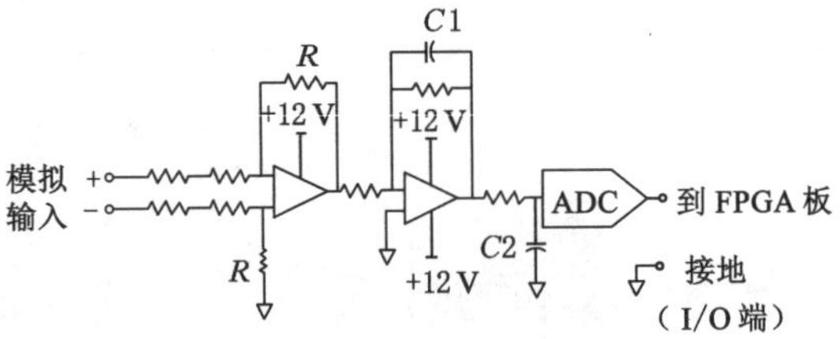

图 5.4 OP5340 板卡电路原理

OP5330 为模拟量输出板卡(图 5.5)。其特点是有 16 路模拟量输出通道,所有通道同时输出,最大的更新速率为 1 MS/s,拥有独立的可以编程的电压范围是+/-100 mV 到+/-17 V,具有输出短路保护能力。

(4) 相关数字量板卡性能特点

OP5353 为数字量输入板卡,其特点是 32 路输入,具有光电隔离和过电压保护功能,如图 5.6 所示。

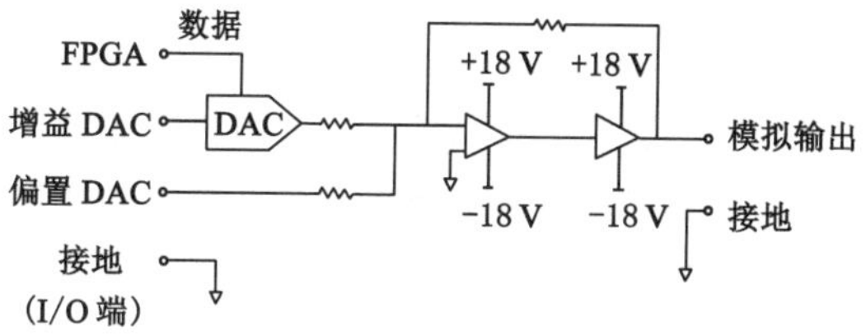

图 5.5　OP5330 板卡电路原理

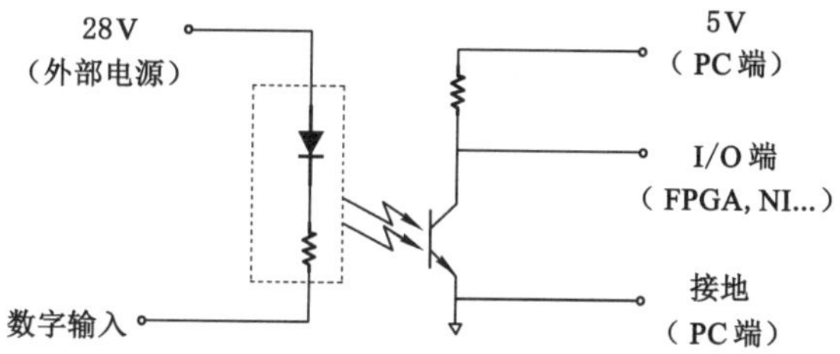

图 5.6　OP5353 板卡电路原理

OP5354 是数字量输出板卡，其特点是 32 路输出，同样具有光电隔离和过电压保护功能，如图 5.7 所示。

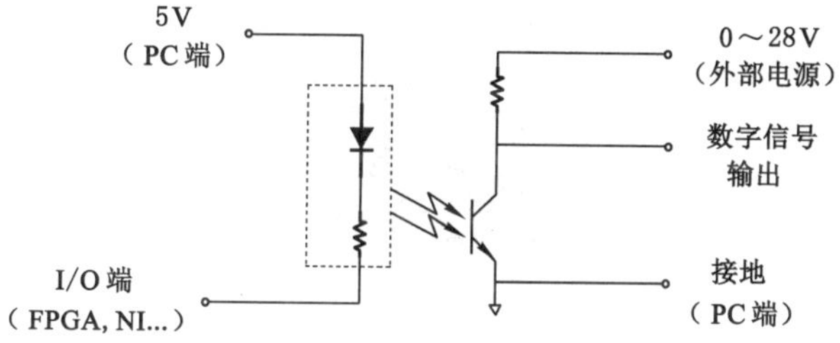

图 5.7　OP5354 板卡电路原理

5.1.5　RT-LAB 实时仿真系统案例介绍

随着云南西部水电的开发投运，南方电网形成八交八直西电东送主网架输电格局，东西交流电网送电距离越来越远，交直流混合运行的电网结构日趋复杂。将云南电网与南方电网异步联网，可以有效化解交直流功率转移引起的电网安全稳定问题，提高供电可靠性。为此，建设云南电网与南网主网鲁西背靠背直流异步联网工程显得尤为重要。该项目为国内首条双端背靠背异步联网工程，项目所面临的挑战和技术难度大，为此需要建设一套仿真系统模拟实际工程，对控保装置、阀控装置在各种工况下的站控策略、阀控策略及保护逻辑进行了检验，以提前发现系统设计中的缺陷和问题，完善技术方案。

该套仿真系统由上海科梁与南方电网科学研究院、四方继保、荣信、西电等业界科研院所和设备厂商联合开发。项目要求仿真模型要与实际工程主回路拓扑一致，仿真模型中不添加直流线缆，两端 MMC 子模块个数为 335×6、468×6。需要分别在单核中仿真，因此将会占用更多的仿真资源。上海科梁采用两套基于 FPGA 的仿真机分别仿真云南站 MMC11

和广西站 MMC12 阀体，基于 CPU 仿真设备的仿真交直流电网，其中 IO 机箱仿真两个站全部的模拟量和数字量。在工程中采用双通道 Aurora 协议通信方式，该方法的成功应用为未来更高电平 MMC 测试提供了技术方案。并在方案中提供了双端 32 组避雷器，能够模拟现场避雷器动作情况。该方案采用了 SSN 解耦算法，能够仿真全部阀体严重故障。针对项目实际工程主回路拓扑仿真需求，在技术层面上做到了单桥臂串联仿真可以达到 1 024 个子模块的规模。

该仿真系统为建设云南电网与南网主网鲁西背靠背直流异步联网工程项目提供了可靠的试验论证依据和接近工程实际的虚拟仿真环境，为客户有效缩短了仿真测试时间，降低了测试验证成本，提高了测试工作效率。

鲁西背靠背直流异步联网工程主回路结构及仿真系统如图 5.8、图 5.9 所示。

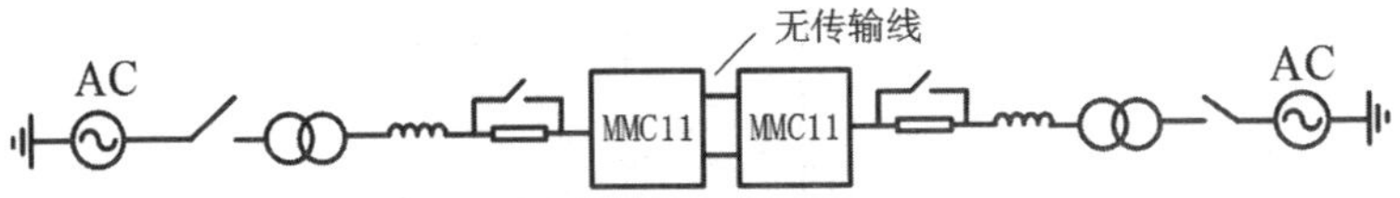

图 5.8　鲁西背靠背直流异步联网工程主回路结构

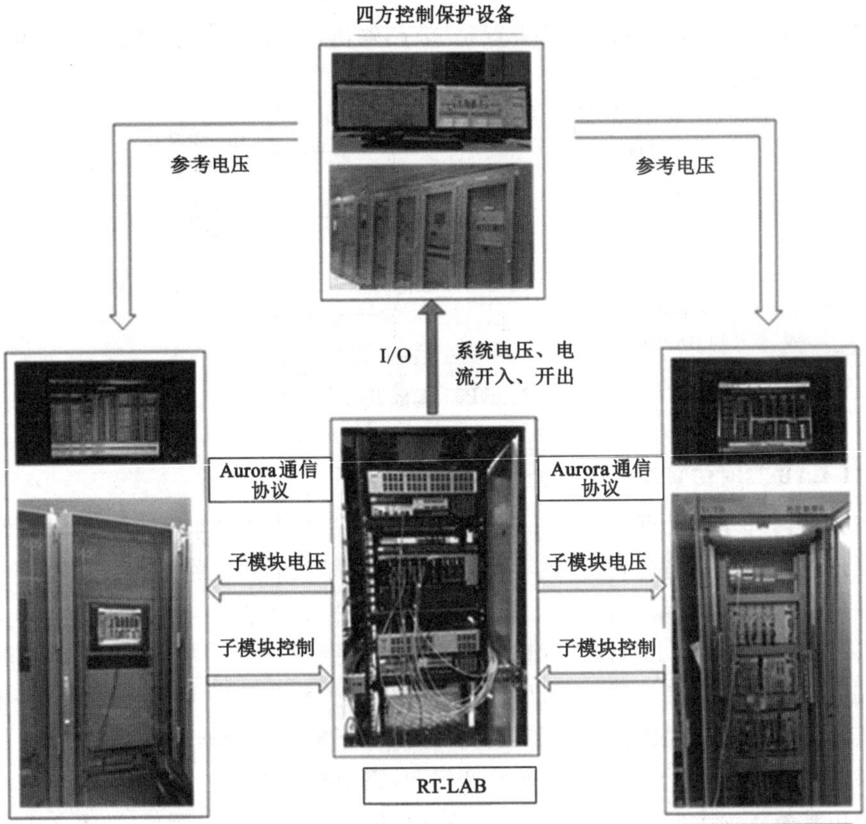

图 5.9　鲁西背靠背直流异步联网仿真系统

5.2　RT-LAB 实时仿真系统使用方法

5.2.1　RT-LAB 实时仿真系统的软件安装

(1) RT-LAB 与 MATLAB 兼容版本

RT-LAB 10.5 及更高版本支持 64 位 MATLAB 的某些版本。但必须注意，虽然模型生成和执行功能正常，但不支持 Simulink 控制台。因此，建议用户选择 32 位版本。RT-LAB 与 MATLAB 兼容版本对照表见表 5-1。

表 5-1　RT-LAB 与 MATLAB 兼容版本对照表

	R2007B - R2009A 32 BITS	R2009B - R2011A 32 BITS	R2011B 32 BITS	R2012A 32 BITS	R2012B 32 BITS	R2013A 32 BITS	R2013B 32 BITS	R2014A 32 BITS	R2014B 32 BITS	R2015A SP1 32 BITS	R2015B 32 BITS
RT-LAB 10.6.x	x	x	x	—	—	—	—	—	—	—	—
RT-LAB 10.7.x	—	x	x	x	x	x	—	—	—	—	—
RT-LAB 11.0.x	—	—	x	x	x	x	*	—	x	x	—
RT-LAB 11.1.x	—	—	x	x	x	x	*	—	x	x	—
	R2007B - R2009A 64 BITS	R2009B - R2011A 64 BITS	R2011B 64 BITS	R2012A 64 BITS	R2012B 64 BITS	R2013A 64 BITS	R2013B 64 BITS	R2014A 64 BITS	R2014B 64 BITS	R2015A SP1 64 BITS	R2015B 64 BITS
RT-LAB 10.6.x	x	x	x	—	—	—	—	—	—	—	—
RT-LAB 10.7.x	—	x	x	x	x	x	—	—	—	—	—
RT-LAB 11.0.x	—	—	x	x	x	x	*	—	x	x	—
RT-LAB 11.1.x	—	—	x	x	x	x	*	—	x	x	—

(2) RT-LAB 安装步骤

在安装完成 MATLAB 软件后，安装 RT-LAB 软件，应用程序为 Opal-RT_1102_400_701_231_A，也可以直接从光驱进行安装。单击安装文件中.exe 文件，会弹出如下对话框，如图 5.10 所示，按图 5.10(a)～(j)步骤一路安装操作。图 5.10(c)需要勾选全部组件(包含 ARTEMIS，RT-EVENT，RT-LAB，RT-XSG)。另外，组件 efpgasim_win32_v1.4.2.496 需要另外安装。图 5.10(d)安装路径为默认 C 盘路径，最好不要更改，否则安装完成后会出现无法打开错误。如图 5.10(h)所示，如果电脑已装过 C++但不兼容，可以直接修复。最后单击 next 即可完成安装。

(3) 关联相关模块库到 MATLAB

打开 MATLAB，在 Current Folder 找到 RT-LAB 及相关模块库安装路径，如图 5.11 所示。

① 关联 ARTEMIS

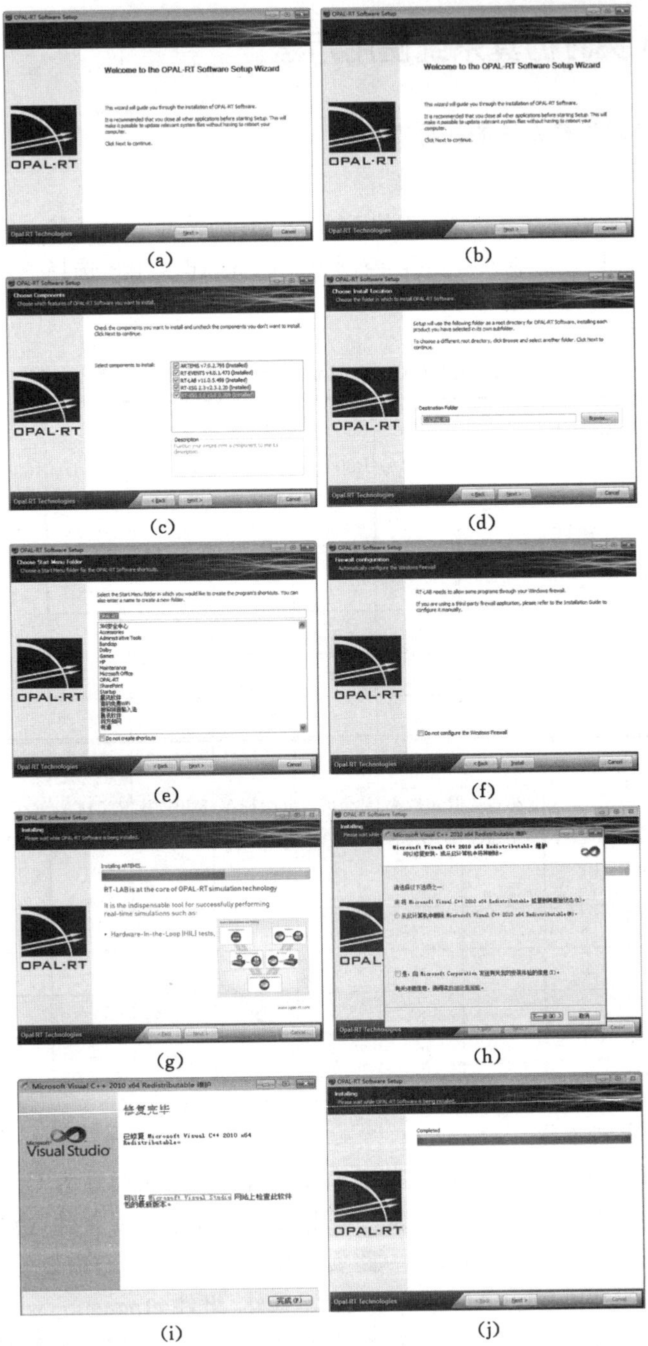

图 5.10　安装步骤

在 MATLAB 左侧窗口安装路径下找到 setup_artemis.m 文件路径：C:\OPAL-RT\ARTEMIS\v7.0.1.736\art_m，双击 setup_artemis.m 文件，运行该文件，如图 5.12 所示（或者直接把该文件拖到命令窗口运行）。ARTEMIS 关联完毕！

② 关联 RT-LAB

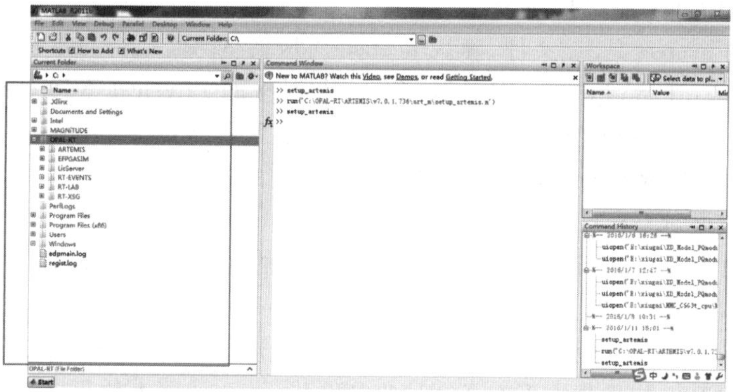

图 5.11　RT-LAB 及相关模块库安装路径

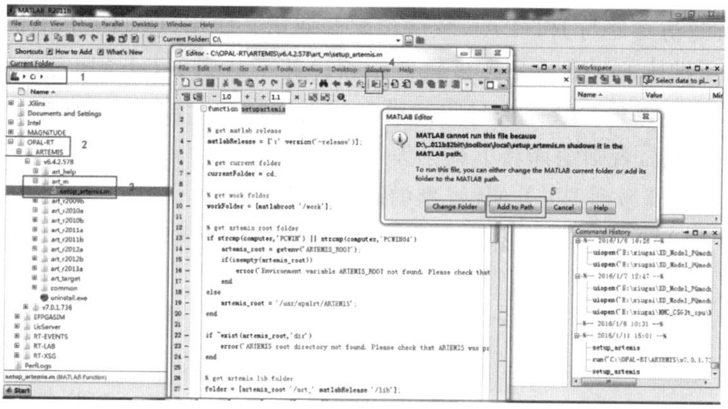

图 5.12　关联 ARTEMIS

在关联 RT-LAB 之前先打开 RT-LAB 软件，保证软件能正常使用，再关闭 RT-LAB 软件。在 MATLAB 左侧窗口安装路径下找到 setup_rtlab.m 文件路径：C:\OPAL-RT\RT-LAB\v11.0.2.410\simulink\m，双击打开 setup_rtlab.m 文件，运行该文件(或者直接把该文件拖到命令窗口运行)。RT-LAB 关联完毕！

③ 关联 RT-EVENTS

在 MATLAB 左侧窗口安装路径下找到 setup_rtevents.m 文件路径：C:\OPAL-RT\RT-EVENTS\v4.0.0.433\rte_m，双击打开 setup_rtevents.m 文件，运行该文件(或者直接把该文件拖到命令窗口运行)。关联 RT-EVENTS 完毕！

④ 关联 RT-XSG

在 MATLAB 左侧窗口安装路径下找到 setup_rtxsg.m 文件路径：C:\OPAL-RT\RT-XSG\v2.3.1.135\rtxsg_m，双击打开 setup_rtxsg.m 文件，运行该文件(或者直接把该文件拖到命令窗口运行)。关联 RT-XSG 完毕！

⑤ 关联检验

在 MATLAB 命令窗口输入 ver 命令可以显示所关联的相关模块库以及版本。

(4) RT-LAB 的 license 安装

① 主机安装 RT-LAB 的 license

RT-LAB 的 license 是.lic 文件，确认 license 对应的 MAC 地址与本机一致（获得本机 MAC 地址的方法：开始\运行\cmd\ipconfig /all，对应的 Physical Address 即为 MAC 地址）。注意 license 文件应在 RT-LAB 安装目录之下 C:\OPAL-RT\LicServer。主机 license 影响波形分析软件 ScopeView 的使用。

② 目标机安装 RT-LAB 的 license

RT-LAB 的 license 是.lic 文件，确认 license 对应的 MAC 地址和 HD 序列号与下位机一致（获得下位机 MAC 地址的方法：右击 Target-License-Request 获取，生成的.txt 文件会显示下位机安装 RT-LAB 版本信息、MAC 地址以及 HD 序列号等详细信息）。注意 license 文件应在 RT-LAB 安装目录之下 C:\OPAL-RT\LicServer，同上位机 License。下位机 license 影响仿真器 CPU 核的开放情况及计算功能。

5.2.2 从 MATLAB 模型到 RT-LAB 模型的转化

RT-LAB 实时仿真器与 RT-LAB 软件包配套使用。使用过程中，上位机将基于 MATLAB/Simulink 所搭建的仿真模型在该软件中编译并下载到 RT-LAB 实时仿真器中运行，运行过程中可以在线调整参数并实时监控模型的指标变化。注意，仿真模型应该按照 RT-LAB 给定的格式搭建，否则编译和下载会失败。

（1）MATLAB 模型到 RT-LAB 模型的转化流程

从一个通常的 MATLAB 模型到 RT-LAB 模型的转化可以按照图 5.13 所示的流程进行。

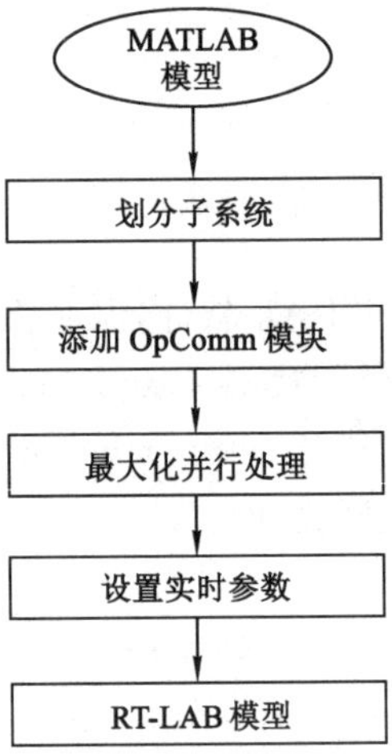

图 5.13　MATLAB 模型到 RT-LAB 模型的转化流程

（2）重新划分子系统

拆分模型到多个核（子系统）中使计算更高效：一个子系统→一个核，一个核→一个子系统。模型顶部不能存在计算，即子系统外面不能存在计算，如图 5.14 所示。

模型顶部子系统必须以三种方式作为前缀：SM——主级子系统，有且仅有一个；SS——次级子系统，可以有 0 到多个；SC——控制台子系统，最多只有一个（0/1 个）。

RT-LAB10.2 及以上版本允许在模型顶层使用 Goto/From 模块，如图 5.15 所示。

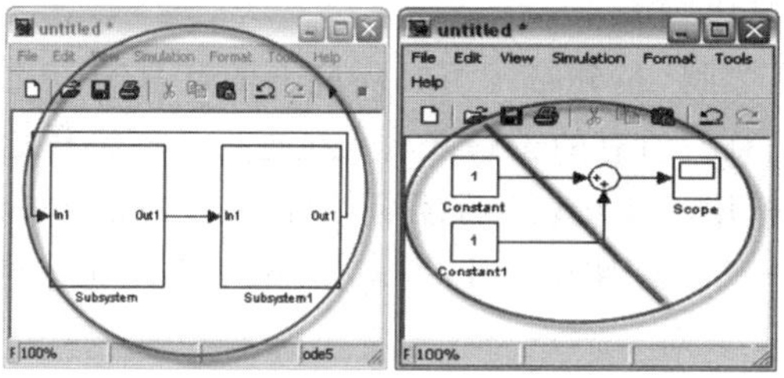

图 5.14 子系统划分

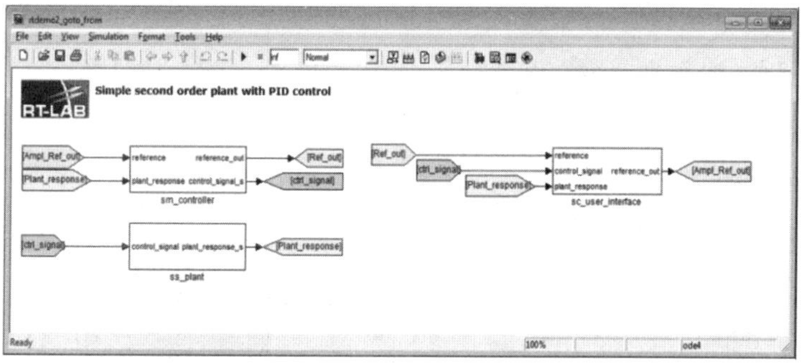

图 5.15　Goto/From 模块

① SC 控制台子系统

前缀标识符:SC_,每个模型最多只能有一个(0/1)。在运行期间与实时子系统间相互交互;在上位机运行与其他子系统是异步的;不占用计算节点(核);包含所有用户界面模块,如示波器、显示、开关、控制信号等等;不允许出现信号发生器和重要的数学运算。

② SM 主级子系统

前缀标识符:SM_,每个模型有且仅有一个,包含模型所有的计算、数学运算、I/O 模块、信号发生器等。

③ SS 次级子系统

前缀标识符:SS_,每个模型可以有多个,包含模型计算、数学运算、I/O 模块、信号发生器等等。当计算必须被分到多个节点时才需要,在输出命名前加前缀确定优先级。

如图 5.16 为划分子系统的例子。该系统分为 SM 和 SC 两个子系统,将输入量和显示放入 SC 子系统,将计算、模块等放入 SM 子系统。

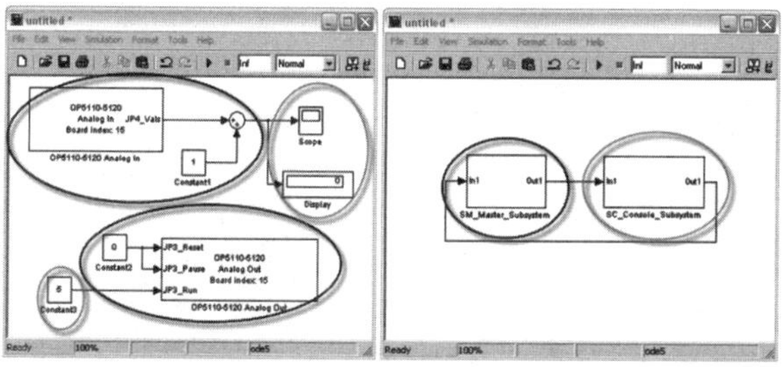

图 5.16　划分子系统举例

(3) 添加 OpComm 模块

在控制台和计算节点之间,在分布式仿真环境下的计算节点之间,OpComm 模块功能是使能并保存通信配置信息。所有的子系统输入在进行任何操作之前必须首先要通过 OpComm 模块。OpComm 模块必须在划分子系统并命名后添加,如图 5.17 所示。一般情况下,尽管有多个输入,一个子系统使用一个 OpComm 模块。通过双击 OpComm 模块选择所需的输入端口数量。

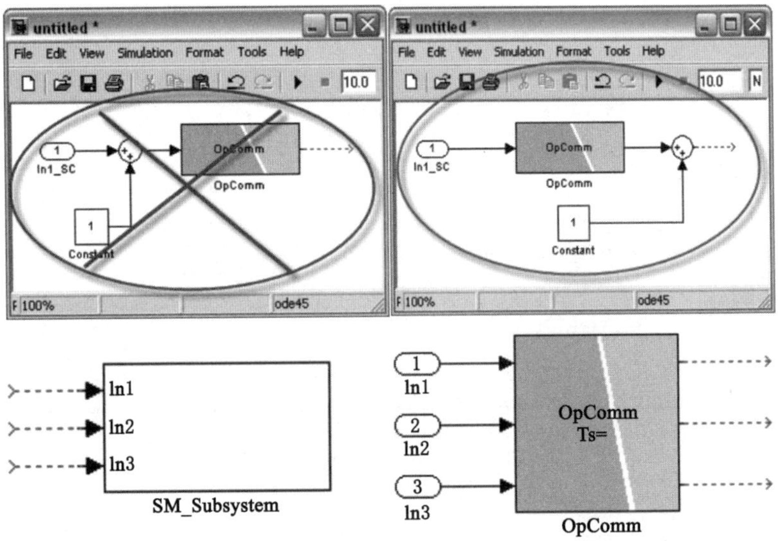

图 5.17　子系统中 OpComm 模块放置方法

放置 OpComm 模块的规则:① 在实时子系统中(SM 或 SS)中,需放置两个 OpComm 模块的情况——一个接收来自 SS(SM)子系统的实时同步信号,一个接收来自控制台子系统 SC 的异步信号;② 在控制台子系统(SC)中,可能会使用一个或者多个 OpComm 模块用于接收来自实时子系统的信号,不同的 OpComm 模块通过它们独有的标识"acquisition group"进行区分。

OpComm 模块在 MATLAB 中的位置如图 5.18 所示,其右图为 OpComm 模块的参数,通过修改图示位置的参数可改变模块输入端口数量。

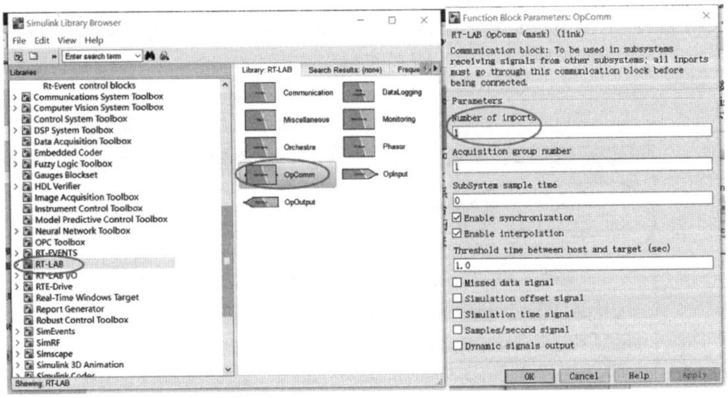

图 5.18　OpComm 模块位置及设置

下面给一个子系统划分及添加OpComm模块的例子，如图5.19所示。

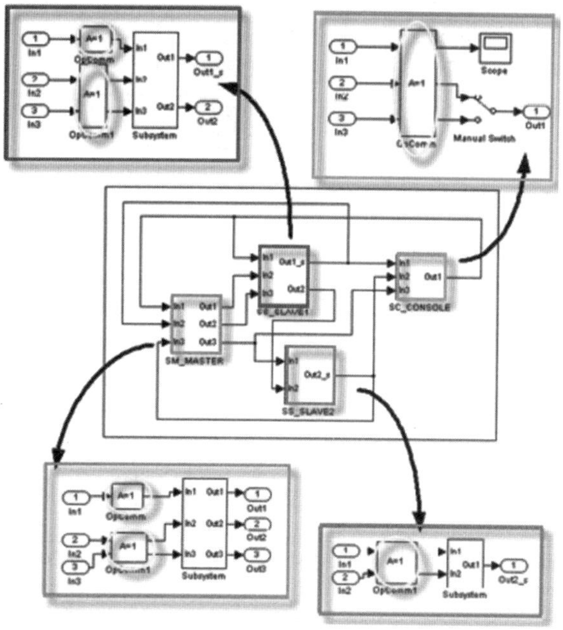

图5.19 子系统划分及添加OpComm模块举例

该模型包含四个子系统：一个SC控制合子系统；三个实时子系统（SM、SS1和SS2）。主级子系统（SM）和次级子系统1（SS1）有一个OpComm模块接收从SC子系统发出的异步信号，一个OpComm模块接收从其他实时系统中发出的同步信号。次级子系统2（SS2）只有一个OpComm模块，因为它仅仅从主级子系统和次级子系统中接收到实时同步信号。控制台子系统（SC）中，用户可以根据自己想获得多少信号组，选择插入一个或两个OpComm模块。对于不同的信号群组acquisition groups允许用户定义不同的优先权和获取参数。

（4）添加Model Initialization模块

Model Initialization模块相当于MATLAB中的powergui模块，Model Initialization模块在MATLAB中的位置如图5.20所示，右图为模块的参数对话框，在图示位置添加仿真步长时间，也可以添加全局变量。除了上述一些特定的格式以外，我们还要对参数配置（configuration parameters）进行修改，单击simlink中的configuration parameters solver参数。

（5）最大并行处理

当计算节点只互相传递优先级的信号时，尽量使RT-LAB并行最大化。实时子系统（SM和SS）在读取输入之前必须计算并发送输出（在同一个步长时间内），必须定义一个状态或者状态相关的信号从而使子系统能够并行计算。有以下四种情况。

① 最好的方案

如图5.21所示，RT-LAB完全并行处理，在每一步，RT-LAB按照下面步骤进行操作：次级子系统发送信号给主级子系统；主级子系统发送信号给次级子系统；在同一时间，两个

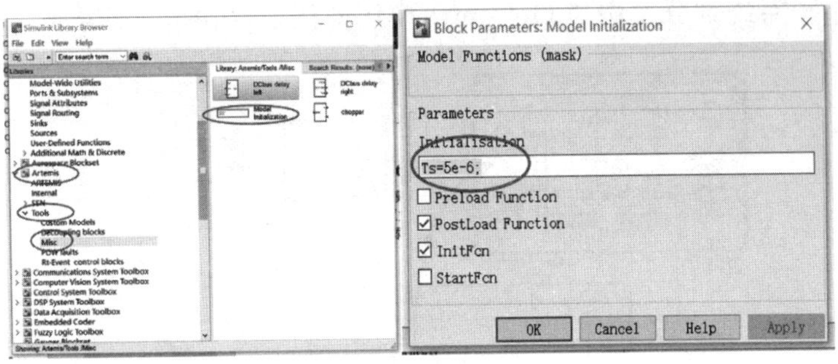

图 5.20　Model Initialization 模块

系统进行同时计算。

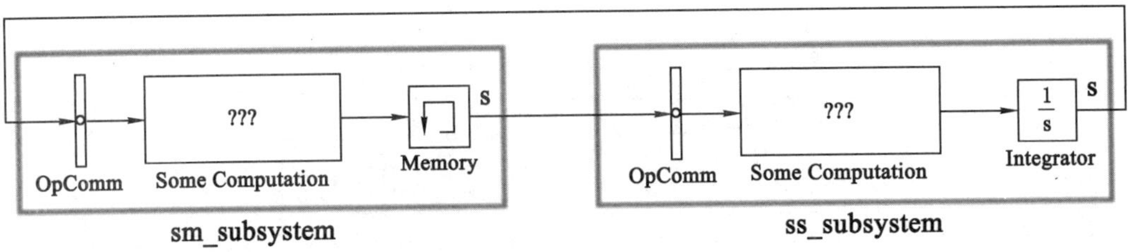

图 5.21　完全并行处理

② 中间情况

如图 5.22 所示，RT-LAB 部分并行运行，在每一步，RT-LAB 按照如下步骤操作：次级子系统发送信号给主级子系统；主级子系统做增益计算；主级子系统发送信号给次级子系统；计算次级子系统和主级子系统剩余部分。

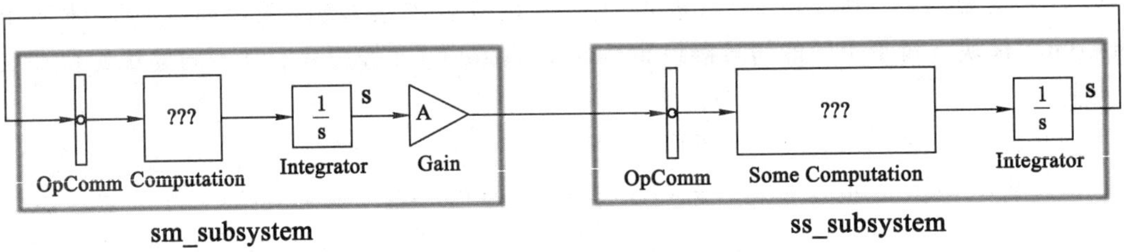

图 5.22　部分并行运行

③ 最差的情况

如图 5.23 所示，RT-LAB 串行运行，在每一步，RT-LAB 进行如下操作：次级子系统发送信号给主级子系统；计算主级子系统；主级子系统发送信号给次级子系统；计算次级子系统。

④ “将不会执行”情况

如图 5.24 所示，此时 RT-LAB 是死锁状态的：主级子系统等待次级子系统；次级子系统等待主级子系统。

因此，最大化并行处理的方法：

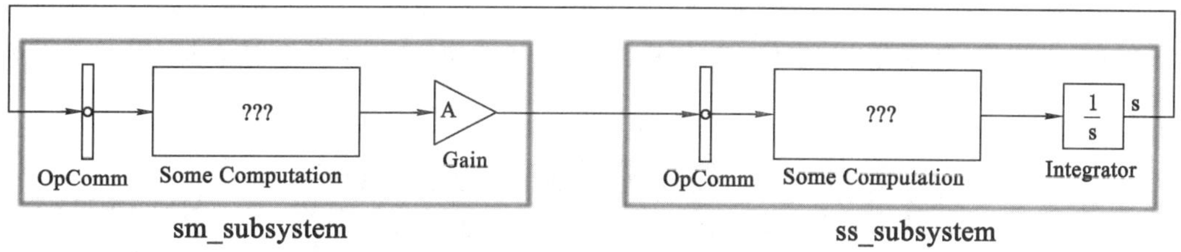

图 5.23　串行运行

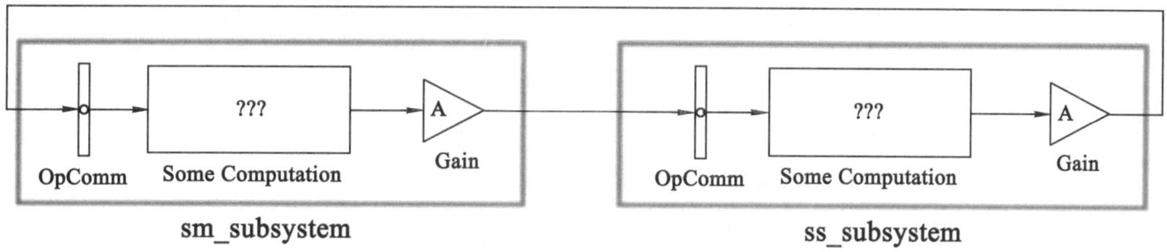

图 5.24　死锁状态

① 用分割模型来保证实时子系统之间通过状态信号交互；

② 通过使用 delay 模块将直通信号转化为带优先级的信号，适当放置 delay 模块能够消除代数环并保证最大化。

警告：delay 模块必须小心处理，因为它会改变模型的动态特性。必须比较插入 delay 模块前后的结果，确保其影响在可接受的范围内。

最大并行处理举例，如图 5.25 所示。一个简单的 PID 控制的二阶系统，在这个模型中，“plant response” 和“control signal” 在两个实时子系统 SM 和 SS 中交互。

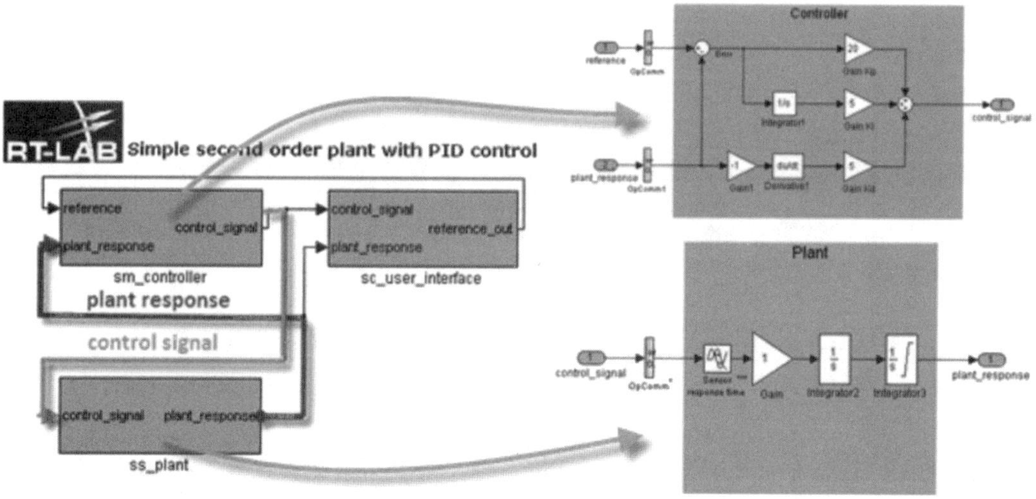

图 5.25　最大并行处理举例

由于 SM 子系统是一个直通子系统，因此必须引入状态信号来达到并行运行。这里添加“Memory”模块，如图 5.26 所示。在次级子系统中，输出已经是一个状态量，因此不需要改变。

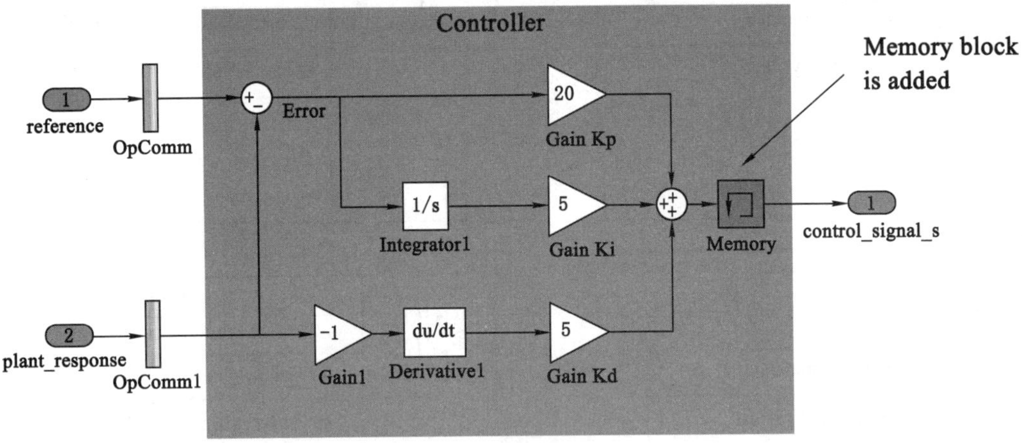

图 5.26　添加 delay 模块方法

(6) 设置实时参数

实时模型只能以定步长运行。定步长大小(基础采样时间)与仿真的需求、模型的动态特性相关，此外还得考虑软硬件的性能。在 Model Initialization 模块中设置步长，典型机械应用的步长为 1 ms，而典型电气系统应用的步长为 50 μs。多数情况下，我们希望控制台子系统一直运行。因此，控制台子系统仿真的停止时间必须设置为“inf”，在 configuration parameters solver 中设置。这样控制台子系统只在用户决定重置其模型时停止运行。这一参数只作用于 SC 子系统，参数设置方法如图 5.27 所示。

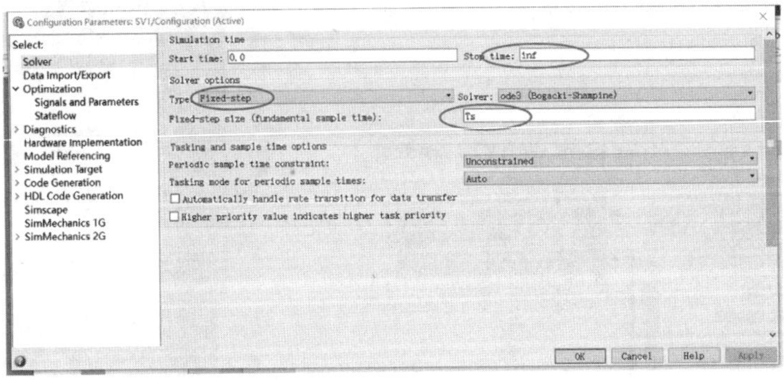

图 5.27　configuration parameters solver 参数

如图 5.28 所示，在 configuration parameters solver 中，这些参数被勾选，RT-LAB 及动态获取的参数可能会不正常。

(7) 离线运行 RT-LAB 模型

如图 5.29 所示，点击按钮，可离线运行 RT-LAB 模型。

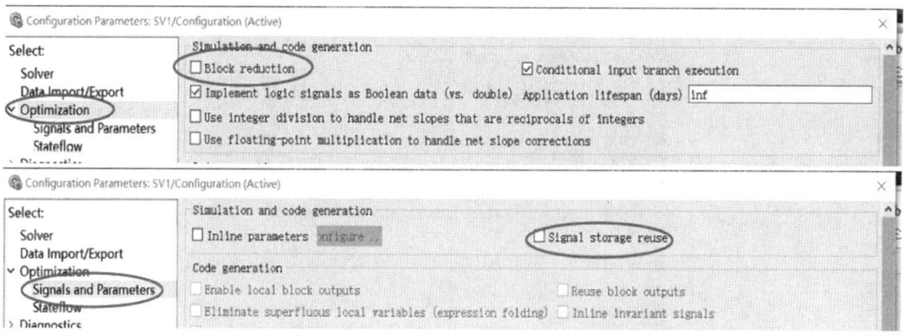

图 5.28　configuration parameters solver 中不能勾选项

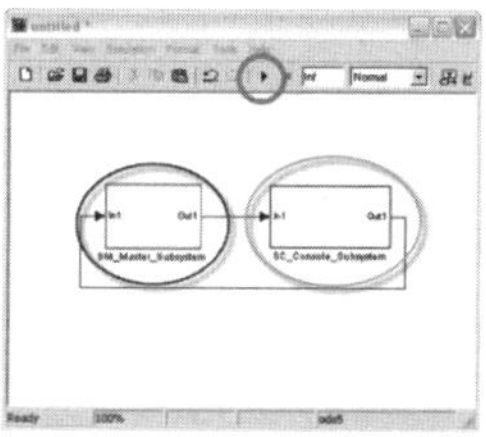

图 5.29　离线运行

(8) 模拟和数字量 I/O 模块

当需要外部的模拟量输入输出时,需要额外的模块进行控制。以模拟量输出为例,需要 OP5142EX1 AnalogOut 模块和 OpCtrl OP5142EX1 模块,模块都应放在主级子系统(SM)和次级子系统(SS)中,模块在 MATLAB 中的位置如图 5.30 所示。

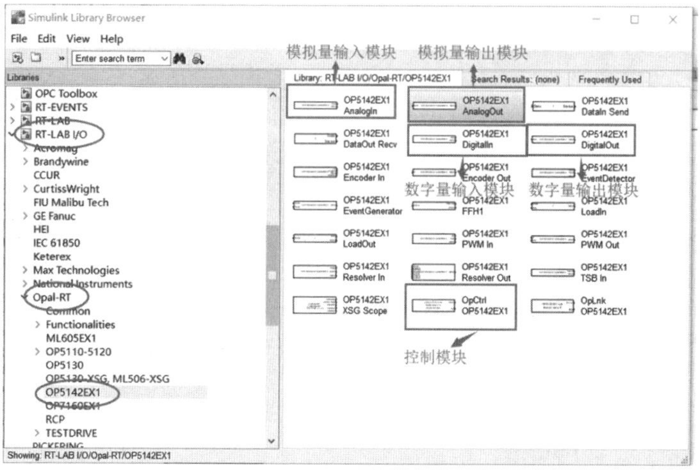

图 5.30　模拟和数字量 I/O 模块

OpCtrl OP5142EX1 模块的参数如图 5.31 所示。图中,Board ID 代表所选择的设备后面的板卡的序号,Bitsream FileName 是配置文件的名字,配置文件厂家已给,要把它放在所建的工程里,和 RT-LAB 模型放一起。

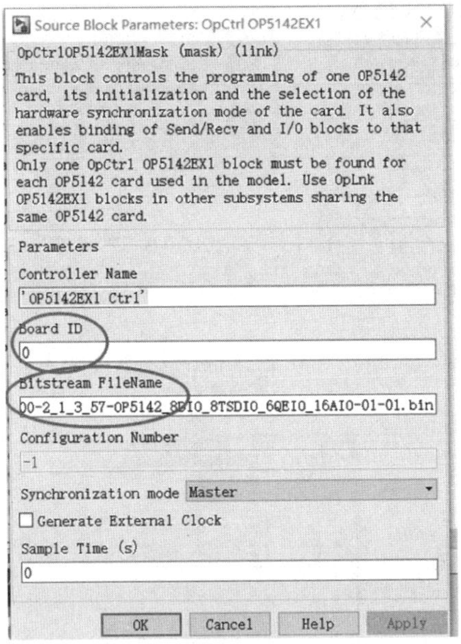

图 5.31　OpCtrl OP5142EX1 模块的参数

OP5142EX1 AnalogOut 模块连接和参数设置如图 5.32 所示。因为 RT-LAB 输出的模拟量的幅值最大为 16，因此当想输出的模拟量幅值超过 16 时，需要进行限幅，防止输出畸变，如图 5.32(a)所示。图 5.32(b)是 OP5142EX1 AnalogOut 模块的参数对话框。其中，DataIn Port number 代表你选择输出端的上 8 路还是下 8 路(1 代表 0～7 路，2 代表 8～15 路)，Number of AOut channels 代表所输出的模拟量的路数(最多 8 路)。

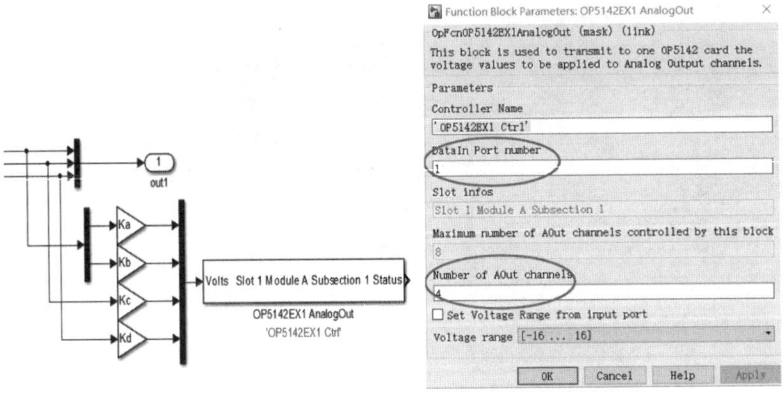

(a)　　　　(b)

图 5.32　OP5142EX1 AnalogOut 模块连接和参数

模拟量输入模块的参数设置和模拟量输出模块相似，在这就不一一介绍。数字量输入输出模块的参数设置和模拟量输入输出模块相似，在这也不一一介绍，有兴趣的同学可以自己尝试。

5.3　RT-LAB 实时仿真系统的应用案例

5.3.1　电压空间矢量调制(SVPWM)仿真案例

本节的主要内容是介绍在 MATLAB/Simulink 上实现 SVPWM 调制并实现 RT-LAB 仿真。首先要构建出一个可以实现 SVPWM 控制算法的模块，该模块的输入端为控制信号(u_a^*，u_b^*，u_c^*)，输出端应为 6 路触发脉冲。该模块主要包括以下子模块：扇区选择(Sector Selector)子模块、时间计算(Time Calculating)子模块、时间配合(Time Matching)子模块、触发脉冲产生(Pulses Generator)子模块。

(1) 扇区选择

SVPWM 追踪的电压矢量是控制器发出的指令电压矢量 $\boldsymbol{u}=u_\alpha^*+ju_\beta^*$，$u_\alpha^*$、$u_\beta^*$ 分别是两相静止坐标系下 α、β 轴分量，它们均是时变的交流量，且相位相差 90°。u_a^*、u_b^*、u_c^* 分别为指令电压矢量 $\boldsymbol{u}^*$ 在三相静止坐标系下的分量。SVPWM 就是利用 8 个基本的电压矢量去追踪给定电压矢量(图 5.33)，六个不为零的基本矢量 $\boldsymbol{u}_1\sim\boldsymbol{u}_6$，两个零矢量 $\boldsymbol{u}_0$、$\boldsymbol{u}_7$。六个不为零的基本矢量将一个平面分成了 6 个扇区，为了减少开关管的开关次数，合成目标矢量采用其所在扇区最近两个基本矢量和两个零矢量共同合成，如表 5-2 所示。例如，当指令电压矢量 $\boldsymbol{u}^*$ 出现在第一扇区，应当用 $\boldsymbol{u}_0$、$\boldsymbol{u}_4$、$\boldsymbol{u}_6$、$\boldsymbol{u}_7$ 来合成中间电压矢量以追踪电压指令。

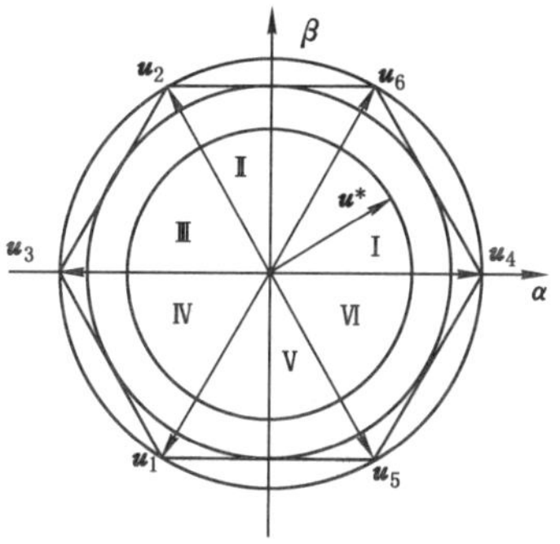

图 5.33　电压空间矢量分布与扇区

表 5-2　基矢量选择表

指令电压所在扇区	Ⅰ	Ⅱ	Ⅲ	Ⅳ	Ⅴ	Ⅵ
选取的基 电压矢量	$\boldsymbol{u}_4$、$\boldsymbol{u}_6$ $\boldsymbol{u}_0$、$\boldsymbol{u}_7$	$\boldsymbol{u}_2$、$\boldsymbol{u}_6$ $\boldsymbol{u}_0$、$\boldsymbol{u}_7$	$\boldsymbol{u}_4$、$\boldsymbol{u}_3$ $\boldsymbol{u}_0$、$\boldsymbol{u}_7$	$\boldsymbol{u}_1$、$\boldsymbol{u}_3$ $\boldsymbol{u}_0$、$\boldsymbol{u}_7$	$\boldsymbol{u}_1$、$\boldsymbol{u}_5$ $\boldsymbol{u}_0$、$\boldsymbol{u}_7$	$\boldsymbol{u}_4$、$\boldsymbol{u}_5$ $\boldsymbol{u}_0$、$\boldsymbol{u}_7$

但是，我们还必须知道，以上仅是在已知给定电压矢量所在扇区下所进行的讨论，那么如何确定给定电压矢量所在的扇区。

从图 5.33 可以看出，u_β^* 的正负可以决定矢量 $\boldsymbol{u}^*$ 是处于上半部分的三个扇区或者下半部分的三个扇区，剩下的任务就是判断 $\boldsymbol{u}^*$ 在三个扇区中的哪一个。

由图 5.34(a)和图 5.34(b)分别得到式(5.3.1)和式(5.3.2)。

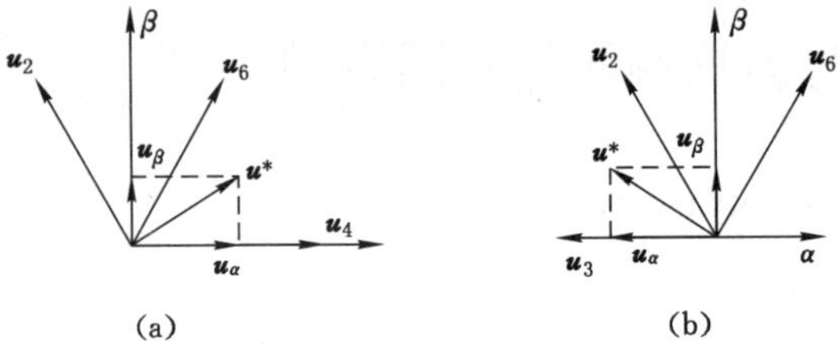

图 5.34　矢量扇区判断

$$\begin{cases} u_\beta > 0 \\ \sin(\pi/3)u_\alpha - \cos(\pi/3)u_\beta > 0 \cdots N=1,(\text{因 } u_\beta/u_\alpha \leqslant \sqrt{3}) \\ \sin(\pi/3)u_\alpha - \cos(\pi/3)u_\beta < 0 \cdots N=2,(\text{因 } u_\beta/u_\alpha > \sqrt{3}) \end{cases} \tag{5.3.1}$$

$$\begin{cases} u_\beta > 0 \\ -\sin(\pi/3)u_\alpha - \cos(\pi/3)u_\beta > 0 \cdots N=3,(\text{因 } u_\beta/-u_\alpha \leqslant \sqrt{3}) \\ -\sin(\pi/3)u_\alpha - \cos(\pi/3)u_\beta < 0 \cdots N=2,(\text{因 } u_\beta/-u_\alpha > \sqrt{3}) \end{cases} \tag{5.3.2}$$

式中 N 为扇区，为方便起见，令

$$\begin{cases} u_{\text{ref1}} = u_\beta \\ u_{\text{ref2}} = \sin(\pi/3)u_\alpha - \cos(\pi/3)u_\beta \\ u_{\text{ref3}} = -\sin(\pi/3)u_\alpha - \cos(\pi/3)u_\beta \end{cases} \tag{5.3.3}$$

则可得到第Ⅰ扇区的判别条件为

$$\begin{cases} u_{\text{ref1}} > 0 \\ u_{\text{ref2}} > 0 \\ u_{\text{ref3}} < 0 \end{cases} \tag{5.3.4}$$

同理，其他各个扇区都可以通过这种方法列出判别条件。若 $u_{\text{ref1}}>0$，则 $A=1$，否则 $A=0$；若 $u_{\text{ref2}}>0$，则 $B=1$，否则 $B=0$；若 $u_{\text{ref3}}>0$，则 $C=1$，否则 $C=0$。扇区 $M=4C+2B+A$。这一扇区定义与图 5.33 有所不同，但两者有一一对应关系。最后可得到参考电压 u_{ref1}、u_{ref2}、u_{ref3} 与指令电压矢量 $\boldsymbol{u}^*$ 所在关系，如下表 5-3 所示。

表 5-3　扇区判断表

u_{ref3}	u_{ref2}	u_{ref1}	N	M
0	0	1	Ⅱ	1
0	1	0	Ⅵ	2
0	1	1	Ⅰ	3
1	0	0	Ⅳ	4
1	0	1	Ⅲ	5
1	1	0	Ⅴ	6

表中 u_{ref1}、u_{ref2}、u_{ref3} 大于零时取 1，小于零时取 0，N 为图 5.33 的扇区号。该算法可以很容易地判断指令电压矢量 $\boldsymbol{u}^*$ 所在扇区，不存在除法，不会有截断误差。

由于在判断扇区过程中要用到电压指令是两相静止坐标系下 α、β 轴分量，控制信号要先经过 3s/2s 变换(图 5.35)，其等幅值变换关系矩阵为

$$C_{\alpha\beta/ABC}=\sqrt{\frac{2}{3}}\begin{bmatrix}1 & -\frac{1}{2} & -\frac{1}{2}\\ 0 & -\frac{\sqrt{3}}{2} & \frac{\sqrt{3}}{2}\end{bmatrix} \tag{5.3.5}$$

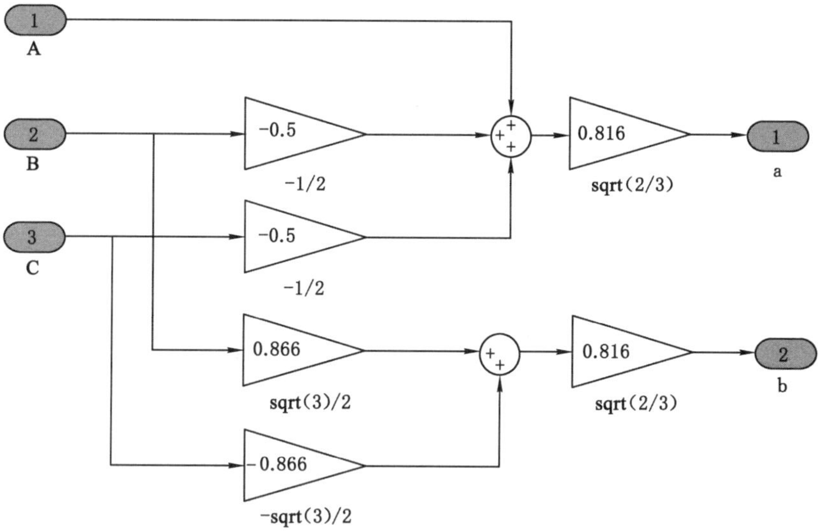

图 5.35　3s/2s 变换

MATLAB 仿真模型为在 MATLAB/Simulink 环境下用来实现扇区选择的模块如图5.36所示。在图 5.36 中，Switch 模块是选通开关，当中间的输入信号大于零时，输出为 1，小于零时输出为 0。模块的总输出信号 M 是 Switch 模块输出值按照表 5-3 获得的二进制数值累加，并非实际中的扇区值，但是却与实际扇区间存在一一对应的关系。当然，也可以通过多路选通开关实现 M 到 N 的转换，但在实际中没有转换的必要，因为我们最终想得到的只是电压指令所在的空间位置，与各空间位置的编号没有关系。换言之，也可以按照 M 所在的位置安排扇区的编号，但出于习惯做法，各扇区仍按照表 5-3 进行分配。

当输入为图 5.37 所示的三相对称正弦信号时，通过图 5.36 的输出波形为扇区序号波形，如图 5.38 所示。

(2) 时间计算

在判定了指令电压矢量 $\boldsymbol{u}^*$ 所在的扇区和所需要的基本电压矢量后，接着计算基本电压矢量的作用时间。

如指令电压矢量 $\boldsymbol{u}^*$ 在第 Ⅰ 扇区，设在一个开关周期(T_s)内，T_1、T_2、T_0 分别为 $\boldsymbol{u}_4$、$\boldsymbol{u}_6$ 和零矢量的作用时间，则有

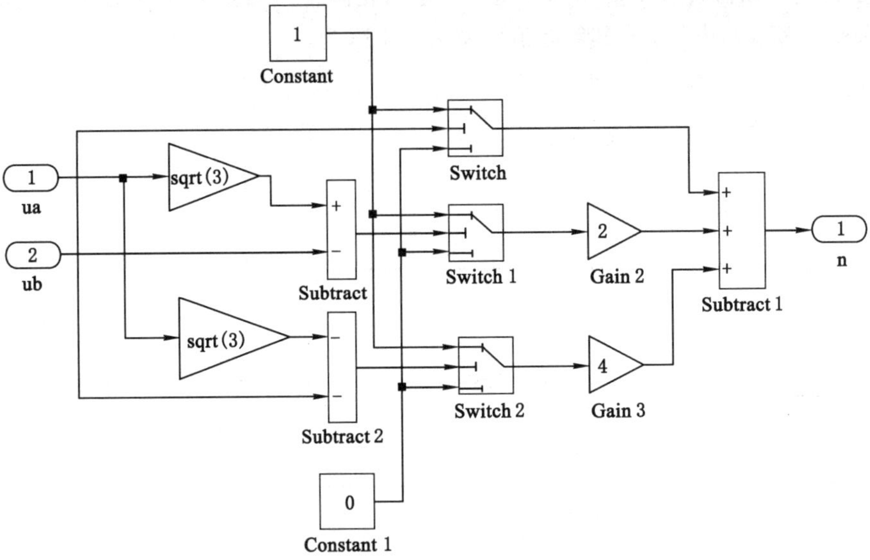

图 5.36　扇区选择模块

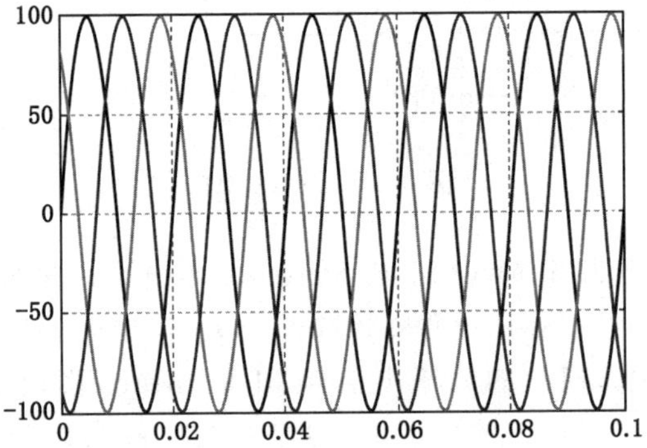

图 5.37　三相对称正弦信号

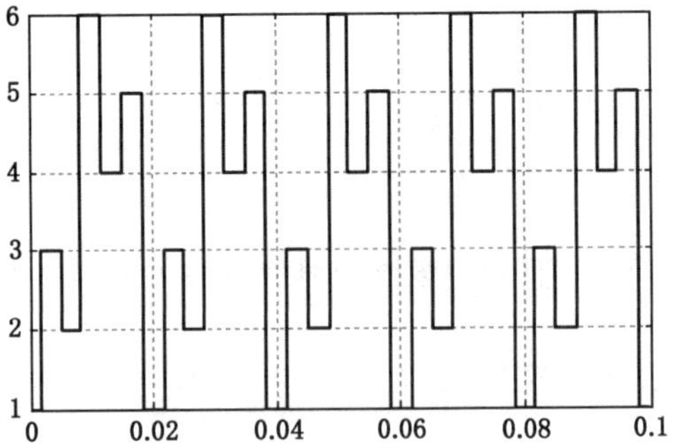

图 5.38　扇区序号波形

$$\begin{cases} \boldsymbol{u}^* = \dfrac{T_1}{T_s}\boldsymbol{u}_4 + \dfrac{T_2}{T_s}\boldsymbol{u}_6 \\ T_1 + T_2 + T_0 = T_s \end{cases} \tag{5.3.6}$$

将 $\boldsymbol{u}^* = u_\alpha^* + ju_\beta^*$ 代入上式，并结合基本矢量幅值为 $2/3U_{dc}$，得

$$\begin{cases} u_\alpha^* = \dfrac{T_1}{T_s} \cdot \dfrac{2}{3}U_{dc} + \dfrac{T_2}{T_s} \cdot \dfrac{2}{3}U_{dc}\cos60° \\ u_\beta^* = \dfrac{T_2}{T_s} \cdot \dfrac{2}{3}U_{dc}\sin60° \\ T_1 + T_2 + T_0 = T_s \end{cases} \tag{5.3.7}$$

$$\begin{cases} T_1 = \dfrac{3T_s}{2U_{dc}}u_\alpha^* - \dfrac{\sqrt{3}T_s}{2U_{dc}}u_\beta^* \\ T_2 = \dfrac{\sqrt{3}T_s}{U_{dc}}u_\beta^* \\ T_0 = T_s - T_1 - T_2 \end{cases} \tag{5.3.8}$$

这样就得到了指令电压矢量 $\boldsymbol{u}^*$ 在第Ⅰ扇区时，用来追踪指令电压矢量的各基本电压矢量的作用时间。同样的方法可用于分析在其他扇区时的情况，可得 $\boldsymbol{u}^*$ 在各个扇区的作用时间，其中 T_1 和 T_2 对应关系如表 5-4 所示。

表 5-4　各个扇区中 T_1 和 T_2 对应关系表

	Ⅰ	Ⅱ	Ⅲ	Ⅳ	Ⅴ	Ⅵ
T_1	$-Z$	Z	X	$-X$	$-Y$	Y
T_2	X	Y	$-Y$	Z	$-Z$	$-X$

其中，X、Y、Z 的值为：

$$\begin{cases} X = \dfrac{\sqrt{3}T_s}{U_{dc}}u_\beta^* \\ Y = \dfrac{3T_s}{2U_{dc}}u_\alpha^* + \dfrac{\sqrt{3}T_s}{2U_{dc}}u_\beta^* \\ Z = -\dfrac{3T_s}{2U_{dc}}u_\alpha^* + \dfrac{\sqrt{3}T_s}{2U_{dc}}u_\beta^* \end{cases} \tag{5.3.9}$$

相应地，X、Y、Z 计算模块如图 5.39 所示，而 T_1 和 T_2 时间计算模块如图 5.40 所示。注意，在计算 T_1 和 T_2 时有可能出现 $T_1 + T_2 > T_s$ 的情况，还须进行 T_1 和 T_2 的标准化。

$$\begin{cases} T_1^* = \dfrac{T_1}{T_1 + T_2}T_s \\ T_2^* = \dfrac{T_2}{T_1 + T_2}T_s \end{cases} \tag{5.3.10}$$

即，要对上述计算出来的电压矢量的作用时间进行调整，具体方法如式(5.3.10)所示，实现的模型如图 5.41 所示。

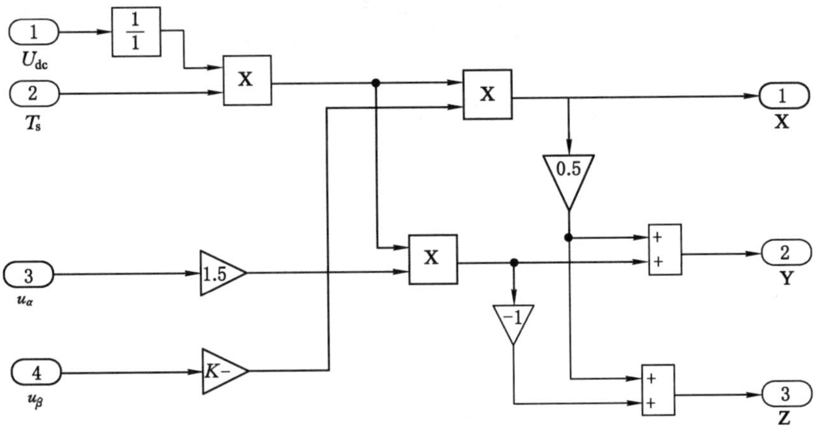

图 5.39　X、Y、Z 计算模块

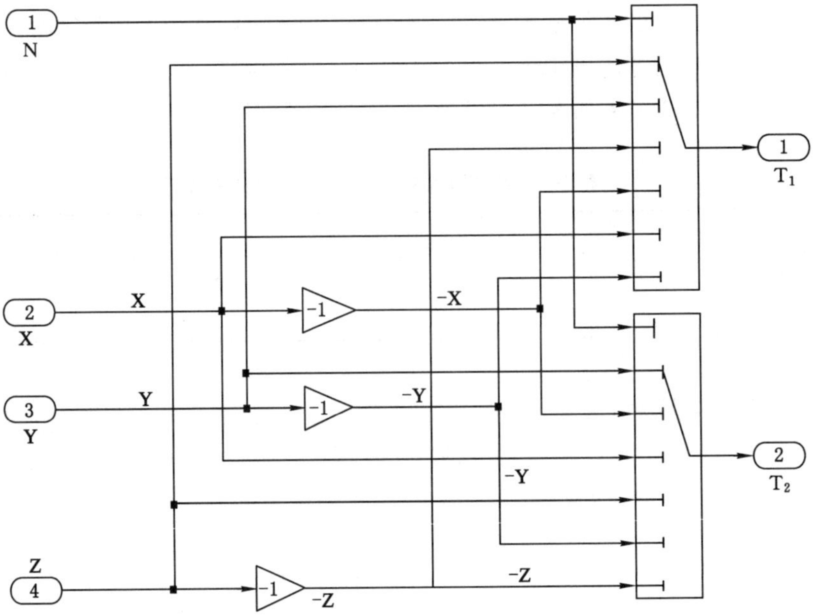

图 5.40　T_1 和 T_2 时间计算模块

T_1 时间标准化后输出波形如图 5.42 所示。

(3) 时间配合

用基本电压矢量合成中间电压矢量追踪指令电压矢量 $\boldsymbol{u}^*$，虽然在开关管的开关频率远大于输出电压频率时可近似认为它们同时存在，但是这毕竟是一种近似而实际中又不可能出现的情况，因此，有必要仔细研究基本矢量的合成问题。仍以指令电压矢量 $\boldsymbol{u}^*$ 在第Ⅰ扇区时为例来说明常用的矢量合成方法。图 5.43 给出了三种常用的矢量合成方法。

① 单三角形法

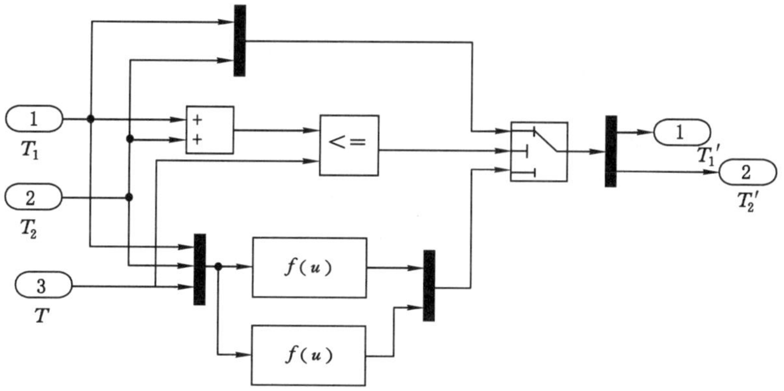

图 5.41　T_1 和 T_2 时间标准化

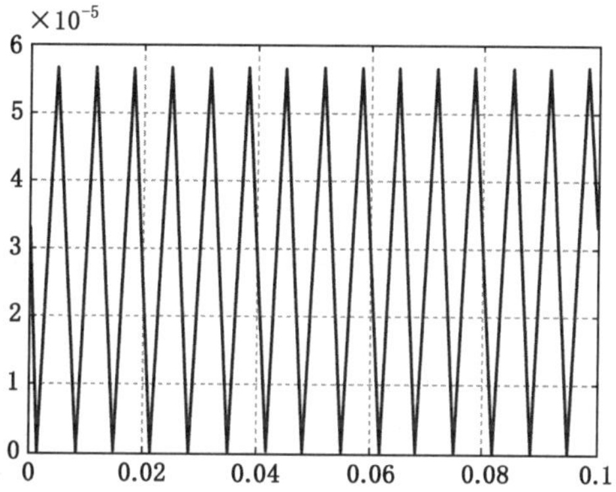

图 5.42　T_1 时间标准波形

如图 5.43(a)所示，将零矢量($\boldsymbol{u}_0$、$\boldsymbol{u}_7$)均匀地分布在指令电压矢量的起、终点上，然后依次由矢量 $\boldsymbol{u}_4$、$\boldsymbol{u}_6$ 按三角形方法合成。该方法的特点是 PWM 谐波分量主要集中在开关频率及两倍开关频率处，在开关频率处谐波幅值较大。

② 双三角形法

如图 5.43(b)所示，将零矢量($\boldsymbol{u}_0$、$\boldsymbol{u}_7$)均匀地分布在指令电压矢量 $\boldsymbol{u}^*$ 的起、终点上，但矢量 $\boldsymbol{u}_4$、$\boldsymbol{u}_6$ 先后各作用一半时间，作用轨迹与矢量 $\boldsymbol{u}^*$ 中点相交而形成两个三角形。这种方法的开关函数波形对称，PWM 谐波分量仍主要分布在开关频率的整数倍附近，谐波幅值比图 5.43(a)的方法有所降低。

③ 改进的双三角形法

如图 5.43(c)所示，这种方法与双三角形法相似。不同的是，在矢量 $\boldsymbol{u}_6$ 作用一半处，即矢量 $\boldsymbol{u}^*$ 中点处插入了零矢量。此时零矢量作用时间占一半，指令电压矢量起、终点的零矢量各作用 1/4 时间。这样做的好处在于开关频率处的谐波幅值可明显降低。

比较上述的三种方法，改进的双三角形法每个周期开关管必开关一次，开关频率较前两种高，且算法较复杂，但输出电压波形最佳。本书以该种方法为例，详细介绍合成过程。

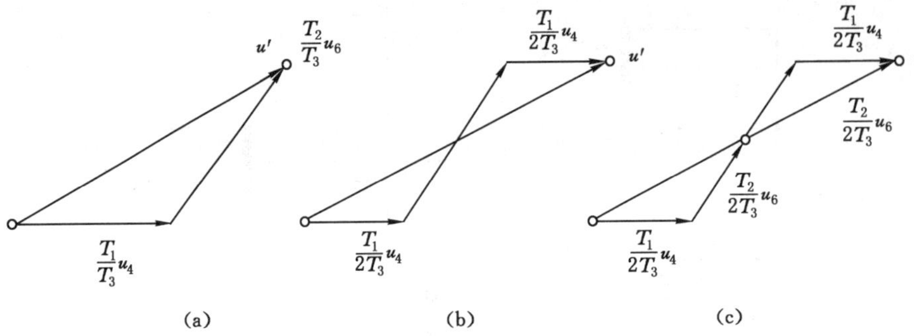

图 5.43　矢量合成方法

记 T_s、T_0、T_1、T_2、T_7 分别为开关周期、矢量 $\boldsymbol{u}_0$、$\boldsymbol{u}_4$、$\boldsymbol{u}_6$、$\boldsymbol{u}_7$ 作用的时间，为了叙述的方便，引入 t_1、t_2、t_3、t_4、t_5、t_6。

$$t_1=\frac{T_0}{2};t_2=\frac{T_0+T_1}{2};t_3=\frac{T_0+T_1+T_2}{2};t_4=\frac{T_0+T_1+T_2}{2}+T_7$$

$$t_5=\frac{T_0+T_1}{2}+T_2+T_7;t_6=\frac{T_0}{2}+T_1+T_2+T_7 \tag{5.3.11}$$

$\boldsymbol{u}_0$	$\boldsymbol{u}_4$	$\boldsymbol{u}_6$	$\boldsymbol{u}_7$	$\boldsymbol{u}_6$	$\boldsymbol{u}_4$	$\boldsymbol{u}_0$

0　t_1　t_2　t_3　t_4　t_5　t_6　T_s

开关状态(s_a、s_b、s_c)的变换过程为：000-100-110-111-110-100-000

显然，每次变化只有一个功率开关管的状态发生变化，这样可以有效地减少开关损耗，且输出电压的谐波含量是上述三种方法中最少的。用同样的方法去分析指令电压出现在其他扇区时的情况，得到表 5-5。

表 5-5　开关状态表

$\boldsymbol{u}^*$ 所在扇区	所需非零矢量	开关状态(s_a,s_b,s_c)的变换过程	桥臂变化
Ⅰ	$\boldsymbol{u}_4$、$\boldsymbol{u}_6$	000-100-110-111-110-100-000	*a-b-c*
Ⅱ	$\boldsymbol{u}_2$、$\boldsymbol{u}_6$	000-010-110-111-110-010-000	*b-a-c*
Ⅲ	$\boldsymbol{u}_2$、$\boldsymbol{u}_3$	000-010-011-111-011-010-000	*b-c-a*
Ⅳ	$\boldsymbol{u}_1$、$\boldsymbol{u}_3$	000-001-011-111-011-001-000	*c-b-a*
Ⅴ	$\boldsymbol{u}_1$、$\boldsymbol{u}_5$	000-001-101-111-101-001-000	*c-a-b*
Ⅵ	$\boldsymbol{u}_4$、$\boldsymbol{u}_5$	000-100-101-111-101-100-000	*a-c-b*

从表 5-5 可以看出，开关状态每次都从(000)开始，又以(000)结束，且每次状态的切换只有一个开关管发生变化。例如，在第Ⅰ扇区 A 相桥臂开关管首先发生变化，它的变化时间点为 t_1。

图 5.44 中，M 提供的是扇区信息，用来选择追踪指令电压矢量 $\boldsymbol{u}^*$ 的基电压矢量 t_a、t_b、t_c，三个输出是三个桥臂功率开关管状态发生变换的时间，在该时间点上，桥臂下开关管关闭，上开关管导通，因此，这一时间也代表每相输出电压占直流电压比例，其波形也代表输出

相电压基波。例如，t_a 输出波形如图 5.45 所示。可以看出 A 相输出电压为马鞍型，原有正弦波形的幅值顶端被消去，使得可以调制出更高的输出电压。

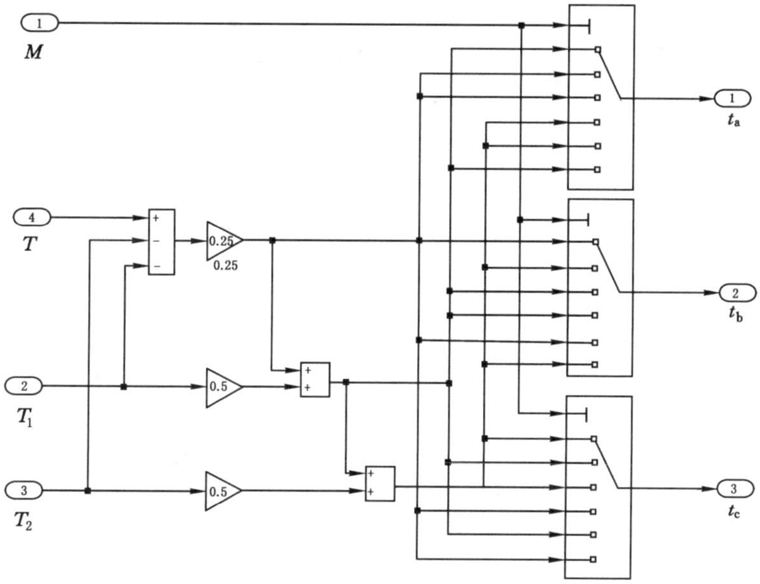

图 5.44　开关管状态变换时间点

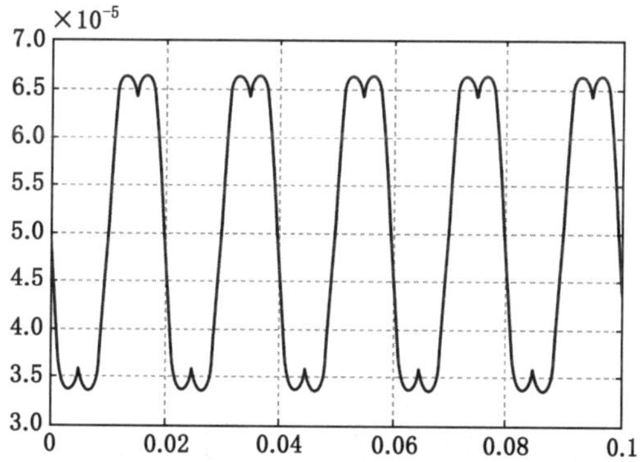

图 5.45　t_a 输出波形

(4) 触发脉冲产生

触发脉冲子模块具体实现的方法如图 5.46 所示。

其中，t_a、t_b、t_c 是分别用来控制各桥臂开关管状态的时间点，它们与三角波比较，以便决定各开关管的状态。仍然以指令电压 $\boldsymbol{u}^*$ 出现在第Ⅰ扇区为例来说明变化的过程，如图 5.47所示。三角波峰值为 $1/2T_s$，t_a 周期为 T_s。t_a 与三角波比较，当 t_a 大于三角波幅值时，A 相上开关管驱动电平为低，而当 t_a 小于三角波幅值时，A 相上开关管驱动电平为高。A 相下开关管驱动电平正好与之相反。这样一共输出 6 路驱动信号，分布控制三相桥臂中六个开关管。

单路输出的触发脉冲经低通滤波器后波形如图 5.48 所示，可以看出该波形与 t_a 输出波

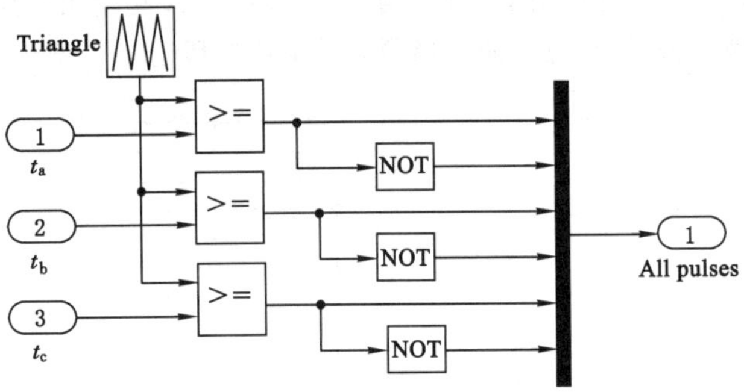

图 5.46　触发脉冲子模块

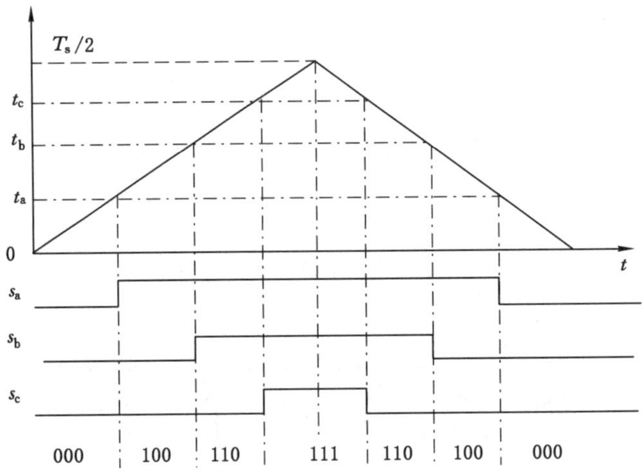

图 5.47　三角波比较过程

形类似，为马鞍波。

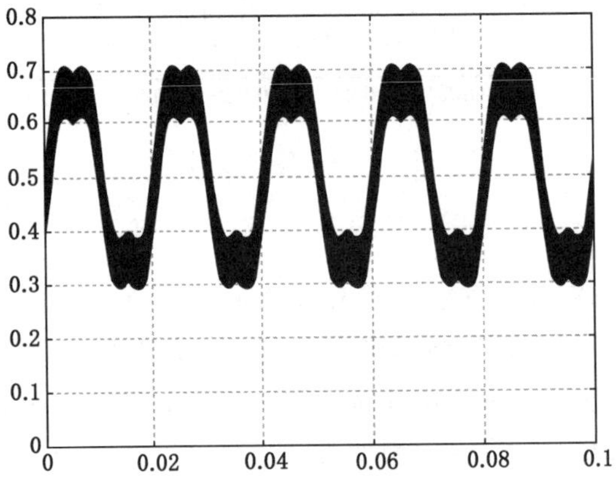

图 5.48　经低通滤波器后单路输出的触发脉冲

将电压空间矢量调制用于三相逆变器，采用开环控制对 SVPWM 模块进行验证，逆变器输出采用阻感负载，电阻 10 Ω，电感 5 mH。三相输入信号为相位差 120°对称波形，开关

周期 T_s 为 0.000 2 s，直流电压 650 V，仿真步长 10^{-6} s，仿真模型如图 5.49 所示。

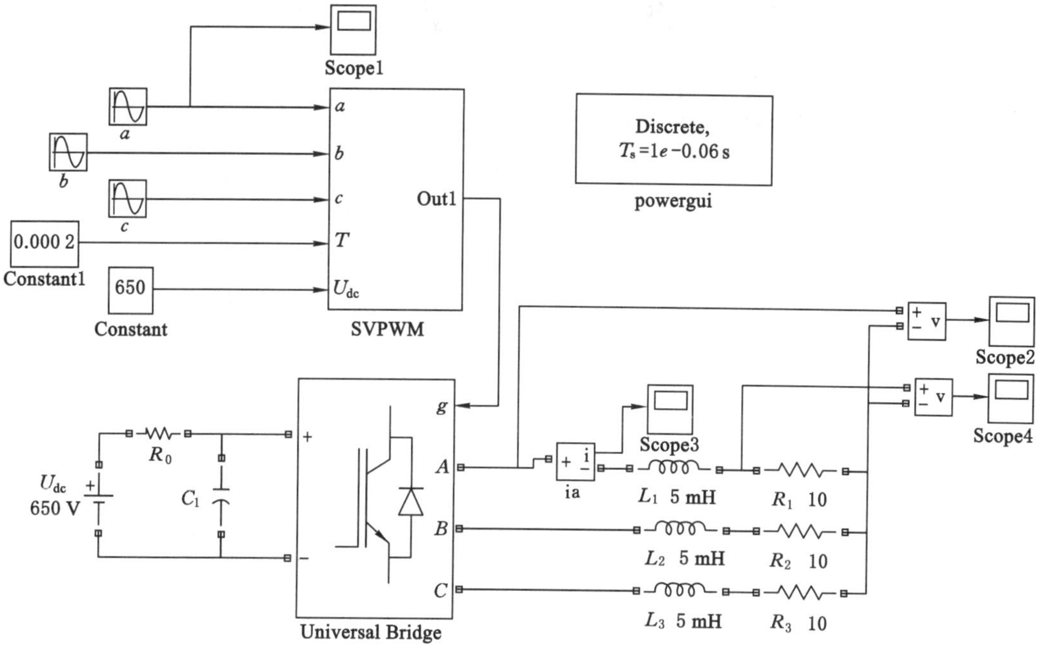

图 5.49　采用 SVPWM 的三相逆变器仿真模型

经过仿真，逆变器交流侧出口电压波形如图 5.50 所示。电阻负载端电压及电流波形如图 5.51 所示。

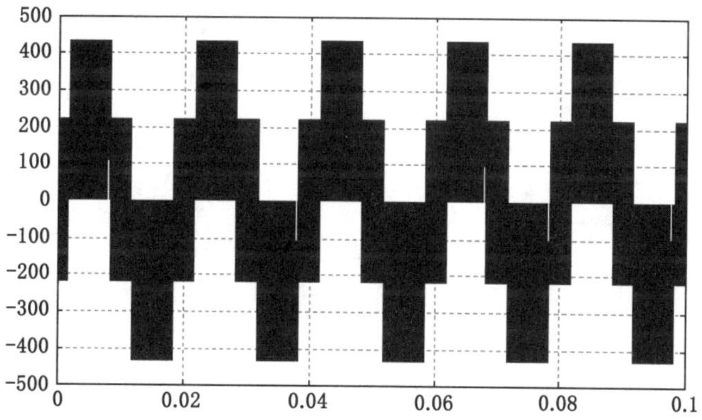

图 5.50　逆变器输出线电压波形

下面将参考 5.2 节设计 RT-LAB 实时仿真实验。首先将 MATLAB 模型转换为 RT-LAB 模型，再利用模拟量输出模块在示波器上观察波形。

(1) 首先按照 5.2 节所述的分核步骤把除控制部分之外的主电路部分进行分核，将逆变器主电路放入主级子系统 SM 中，将示波器及控制开关放入控制台子系统 SC 中，SVPWM 调制部分可视系统复杂程度放入次级子系统 SS，或者直接放在主级子系统 SM 中。整个系统搭建如图 5.52 所示。

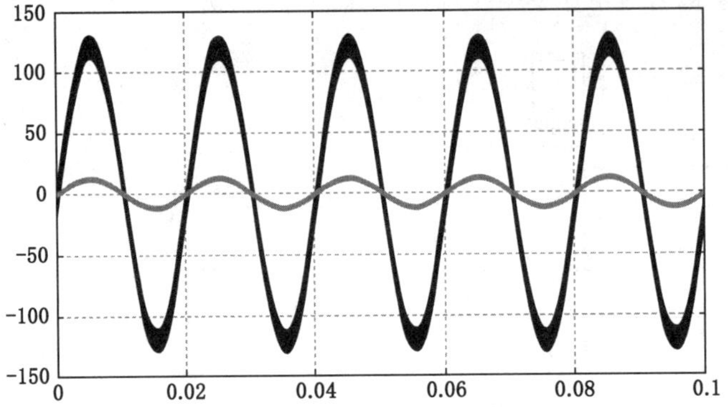

图 5.51　电阻负载端电压及电流波形

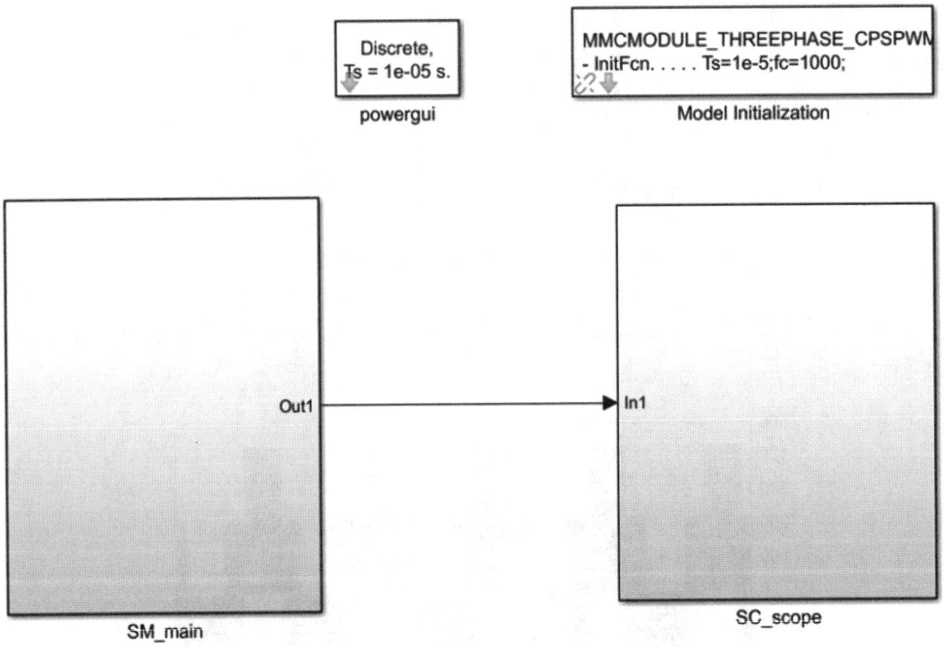

图 5.52　系统分核

（2）主级子系统内将电流和电压以及电容电压值通过 OP5142EX1 AnalogOut 模块和 OpCtrl OP5142EX1 模块输出到模拟量输出板卡，如图 5.53 所示。为了测试嵌入式控制板 SVPWM 调制程序，也可通过 OP5142EX1 DigitalIn 模块将嵌入式控制板发出的 PWM 信号通过数字量输入板卡输入到 RT-LAB 之中。这时 RT-LAB 中 SVPWM 调制仿真模型将被移除，嵌入式控制板与 RT-LAB 组成一个三相逆变器的半实物仿真平台。

图 5.54 为 RT-LAB 实时仿真的输出正常时的波形。蓝线为经低通滤波器后单路输出触发脉冲波形，紫线为线电压波形，绿线为线电流波形。可以看出虽然相电压基本为马鞍形波形，但线电压及线电流基波为正弦波。当三相输入信号幅值超过 SVPWM 调制能力时，即输出电压过调时，会出现图 5.55 所示情况，马鞍波会出现平头，线电流发生畸变。

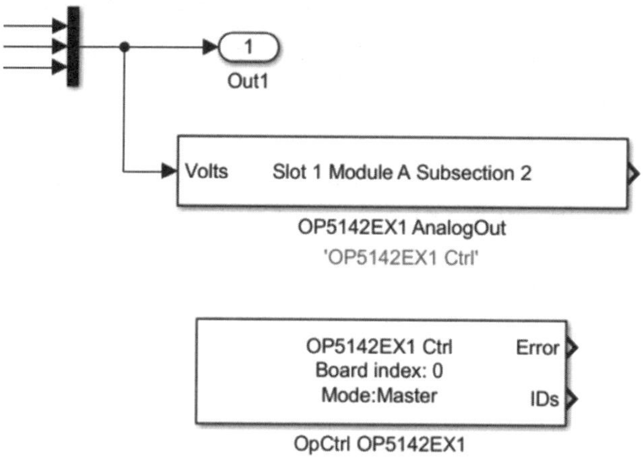

图 5.53　接口模块设置

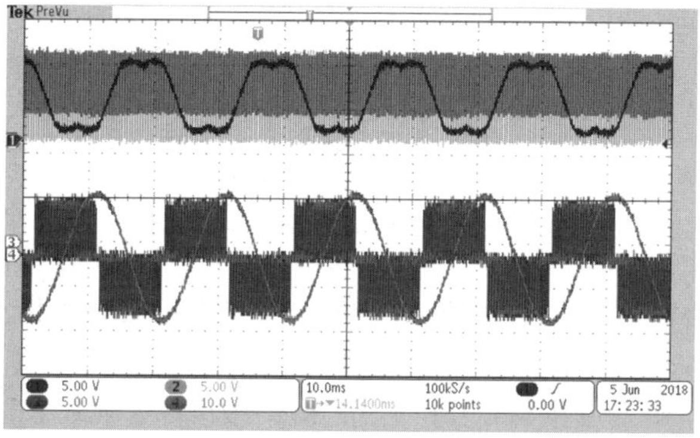

图 5.54　RT-LAB 实时仿真波形

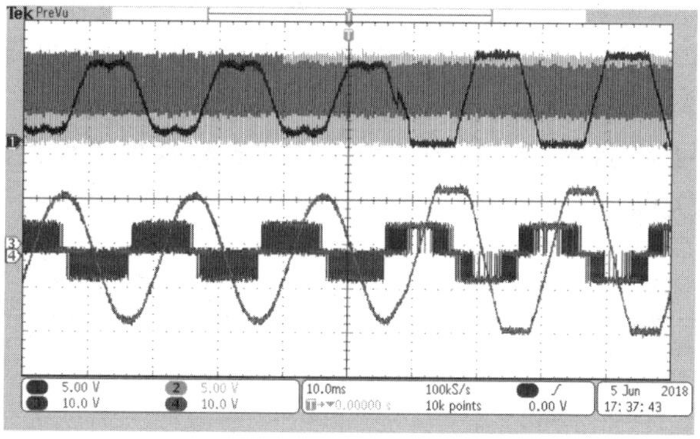

图 5.55　RT-LAB 实时仿真过调制波形

5.3.2　模块化多电平变换器(MMC)仿真案例

本节主要介绍通过 MATLAB/Simulink 实现模块化多电平变换器(Modular Multilevel Convertor，MMC)的 MATLAB 仿真，并通过 RT-LAB 实现实时仿真实验。三相 MMC 及

子模块拓扑结构如下图 5.56 所示。每个桥臂有 2n 个子模块 SM 串联，产生 n 电平，每个子模块 SM 有两个开关管，由电容电压 U_c 箝位开关管承压。每个桥臂上下半桥各串联一个电感，抑制 MMC 桥臂环流。

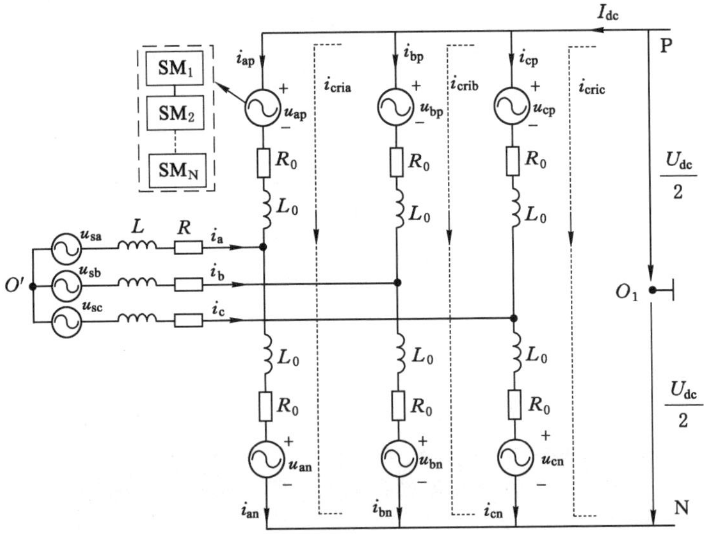

图 5.56　三相 MMC 及其子模块拓扑

分析可知，子模块 SM 共有投入、切除和闭锁 3 种工作状态。根据上下桥臂中 IGBT 的通断与桥臂电流流向，SM 可分为 6 种工作模式，见图 5.57 所示。具体工作状态分析如下：① 当 SM 处于投入状态(全电压状态)时，T_1 导通，T_2 关断，电流流经 D_1 或 T_1，主电路中接入了直流侧电容对子模块电容充放电，子模块输出电压等于电容电压 U_c。② 当 SM 处于切除状态(零电压状态)时，T_1 关断，T_2 导通，电流流经 T_2 或 D_2，电容器被旁路，子模块可近似被当作短路，输出电压等于零。③ 当系统启动或出现故障时，T_1 与 T_2 均关断，此时 SM 处于闭锁状态，电流流经 D_1 向电容器充电，或是流经 D_2 把电容器旁路。正常工作时，不允许发生此工作状态。

由以上六个状态可知，可得到 SM 的三种工作状态和六种工作模式，如表 5-6 所示，其中 1 表示导通，0 表示关断。

表 5-6　SM 的三种工作状态和六种工作模式对照表

工作状态	模式	触发信号(g_1,g_2)	T_1	T_2	D_1	D_2	i_{sm}	u_{sm}
投入	1	(1,0)	0	0	1	0	>0	U_c
	2	(1,0)	1	0	0	0	<0	U_c
切除	3	(0,1)	0	1	0	0	>0	0
	4	(0,1)	0	0	0	1	<0	0
闭锁	5	(0,0)	0	0	1	0	>0	U_c
	6	(0,0)	0	0	0	1	<0	0

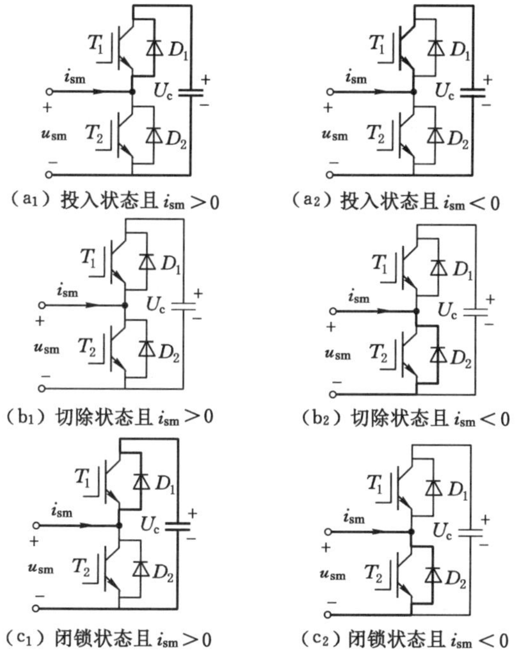

图 5.57　三相 MMC 子模块工作模式

先以一个简单的五电平 MMC 为例，如图 5.58 所示。MMC 的每一相的上下桥臂均由 4 个相同的子模块组成。假设直流侧母线电压为 U_{dc}，各个子模块电容电压理想值为 $U_{dc}/4$，根据 MMC 的运行条件，一个桥臂任何时刻投入的子模块数为 $n=4$，其输出直流侧电压恒为 U_{dc}，MMC 交流侧输出电压五个电平波形。

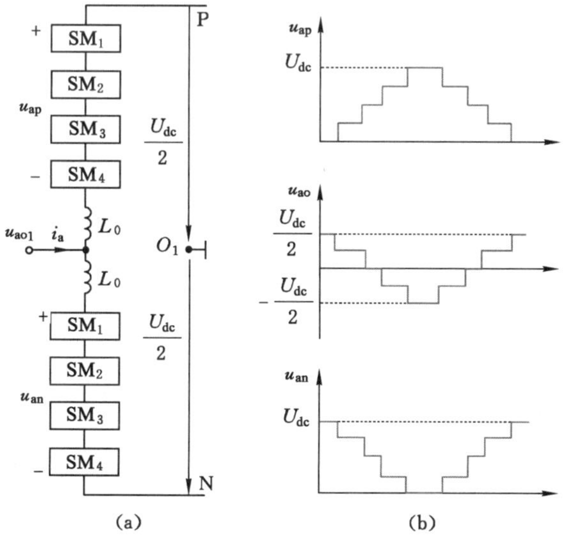

图 5.58　五电平 MMC 及交流侧输出波形

要保证 MMC 正常运行，需要满足两个条件：

① 在直流侧维持直流电压恒定，需要三相单元中投入运行的子模块数相等且不变。

② 在交流侧输出三相交流电压，因为每相单元中投入运行的子模块数为定值 n，因此，可以把三相单元中上下桥臂投入运行的子模块进行分配从而使 MMC 输出三相对称正弦交流电压。

在本案例中，MMC 采用的调制策略是载波移相脉宽调制(CPS-SPWM)，载波移相脉宽调制是适合多电平换流器的一种高频 PWM 调制，用 n 组相位依次移开 $2\pi/n$ 的三角载波与同一个正弦调制波作比较，从而得到 n 组触发脉冲，分别控制 n 个子模块单元，判断各个子模块是投入或是切除。具体工作原理如下：

如图 5.59 所示，将频率为 f_c 的三角载波与频率为 f_m 的调制波的交点作为子模块开关 T_1、T_2 的开关点，而且 T_1 和 T_2 的门极信号 g_1、g_2 恰好相反。

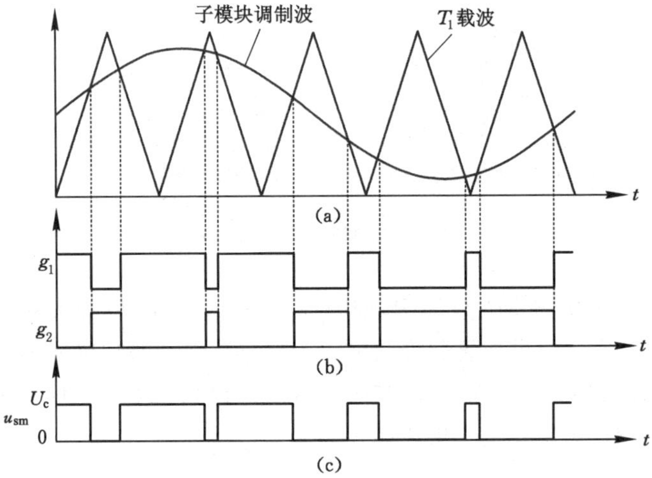

图 5.59　子模块调制过程

以 $n=4$ 为例，4 个子模块采用同一个调制波，每组载波对应一个子模块，三角载波 u_1，u_2，u_3，u_4 相位之间依次相差 $2\pi/n$。调制波和载波的相位关系及各子模块触发脉冲波形如图 5.60 所示，每个子模块的输出状态都由一个三角载波和调制波比较生成的触发控制信号决定。同一相单元中，上下桥臂对应的调制波应相互反相，任意时刻每相单元中上下桥臂被触发投入的子模块数目才能互补于 n。在此前提下，当投入的 n 个子模块由上下桥臂平均分配时，相单元的输出电压为 0 V。随着调制波瞬时值的增高，上桥臂中被投入的子模块个数逐渐增加，下桥臂中被投入的子模块个数逐渐减少，此时相单元的输出电压逐渐升高，反之亦然。

子模块电容电压的控制，也是 MMC 控制系统中重要的一部分，如图 5.61 所示。通过采样子模块的电容电压和流过桥臂的电流，当子模块电容电压低于给定值，且电流方向为正时，投入子模块使其充电，使电压上升达到额定；当子模块电容电压高于给定值，且电流方向为负时，投入子模块使其放电，使电压下降达到额定值。

由基尔霍夫电流定律，相电流 $i_k(k=\mathrm{a,b,c})$ 可表示为

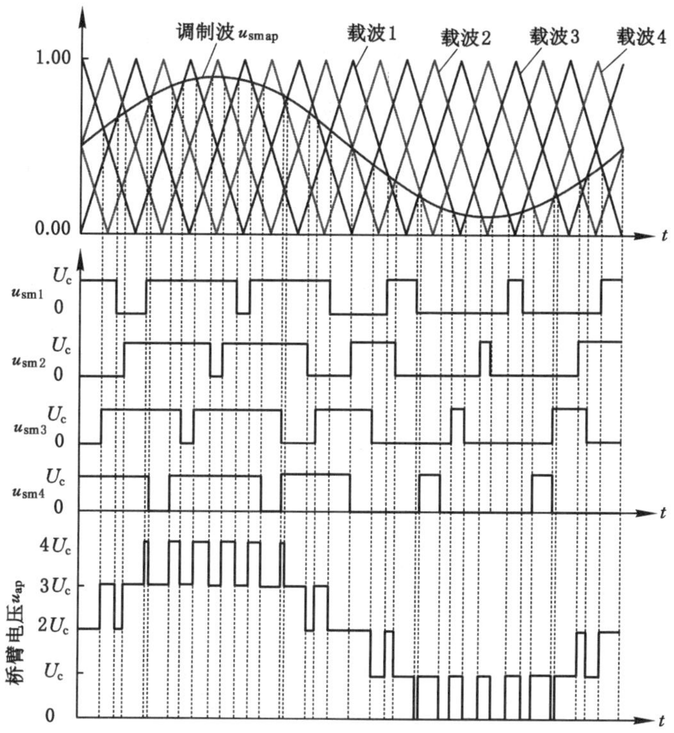

图 5.60　一相子模块调制过程

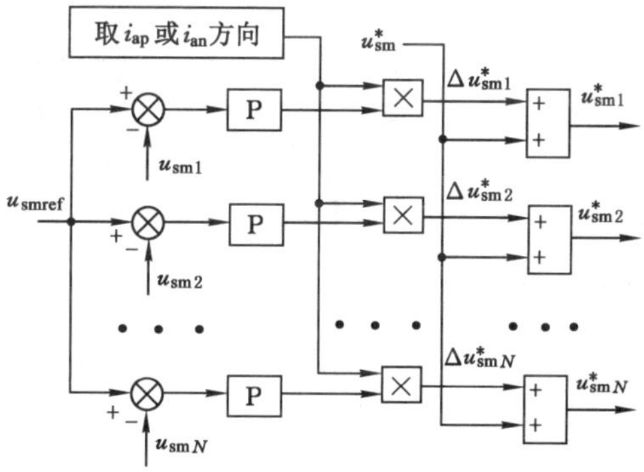

图 5.61　子模块电压控制

$$i_k = i_{kn} - i_{kp} \tag{5.3.12}$$

MMC 中的桥臂电流主要由直流分量、基频交流分量和二倍频分量组成。从直流侧看，MMC 三相结构和参数完全对称，直流电流 I_{dc} 在 MMC 三相单元中平均分配。从交流侧看，MMC 上、下桥臂结构和参数对称，流入上、下桥臂的交流电流分别为 $i_k/2$。此外当各相上、下桥臂电压之和不一致时，会在换流器内部形成一个具有二倍频负序特性的环流 i_{cirk}，且每相间的环流叠加在该相的直流电流上，与之共同流经同一相的上、下桥臂。因此上、下桥臂电流可以表示为

$$\begin{cases} i_{kp} = \dfrac{i_k}{2} + \mathrm{i}_{\mathrm{diff}k} \\ i_{kn} = -\dfrac{i_k}{2} + \mathrm{i}_{\mathrm{diff}k} \end{cases} \quad (k = \mathrm{a,b,c}) \tag{5.3.13}$$

相间环流控制框图如图 5.62 所示，把环流抑制器输出的 $u_{\mathrm{diff}k}$（$k=\mathrm{a,b,c}$）分别加到上、下桥臂中的调制波中得到最终的调制信号，进而控制各个子模块的导通和关断。

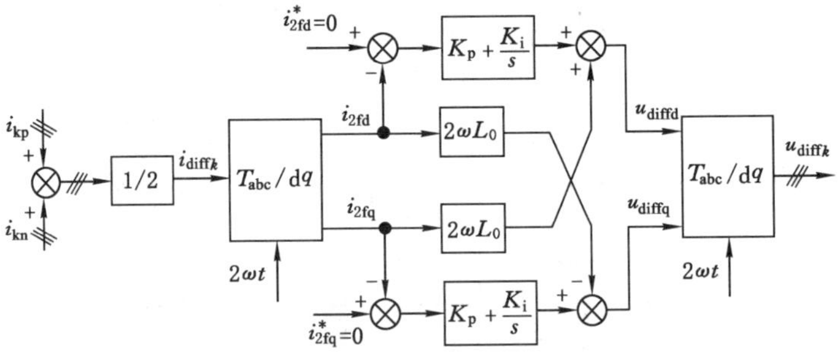

图 5.62　环流抑制

参考 5.3.1 节，使用 MATLAB 软件搭建 MMC 的 RT-LAB 实时仿真模型，RT-LAB 实时仿真实验结果通过 RT-LAB 的模拟输出用示波器进行观测。如图 5.63 所示，子模块电容电压存在低频波动，基本保持稳定，输出相电压为五电平，输出电流正弦。

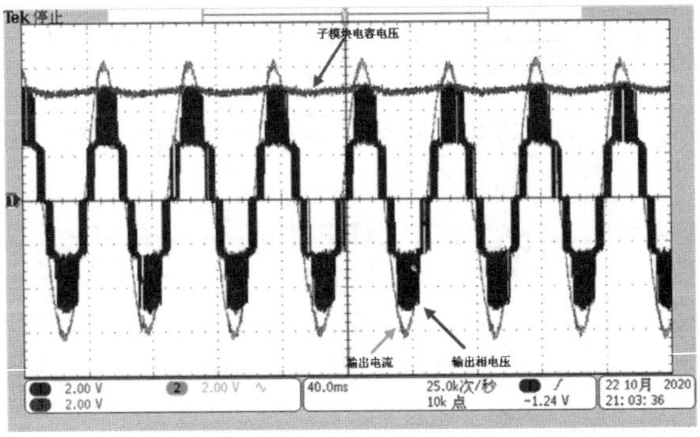

图 5.63　MMC 实时仿真波形

5.3.3　高速铁路车网耦合系统实时仿真案例

高速铁路车网耦合系统包括牵引供电系统和动车组两部分，牵引供电系统从电力系统接收电能，并通过变压器和牵引网向动车组供电，确保动车组运行到牵引网的任何一处都能得到足够的电能。车网耦合系统是一个典型的非线性系统，直接建立该系统的数学解析模型较为困难，而 MATLAB/Simulink 仿真工具提供了比较丰富的模块库，可以利用其中的基本模块建立基于 RT-LAB 的车网耦合系统实时仿真模型，以利于对车网耦合系统进行深入研究以及理论验证。

(1) 高速铁路车网耦合系统工作原理

我国新建的高速铁路供电与重载机车供电系统均采用 AT 供电方式，如图 5.64 所示。AT 供电系统主要包括牵引变压器，AT 所和牵引网。不同于常规的电力系统，牵引变电所将电力系统的 110 kV(或 220 kV)三相交流电降压为 55 kV 单相交流电，沿线经过 AT 所再一次降压成 27.5 kV。

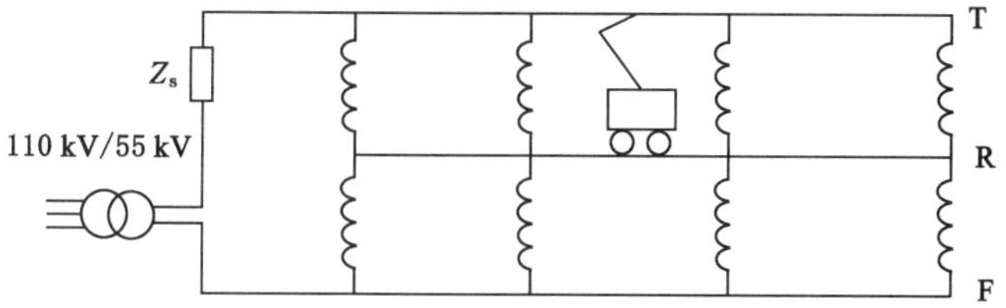

图 5.64　AT 供电方式

V/X 接线方式的牵引变压器是 3 绕组变压器，每相有 2 个二次绕组，分别为 T1-F1 和 T2-F2 绕组，两个绕组中点 N 短接，其原理图如图 5.65 所示。V/X 接线是将 V/V 接线和 AT 供电技术的整合，使用时一般用两台 V/V 接线型变压器组合，将两台 V/V 接线型变压器二次侧中点抽头短接，一次侧进行串联即可得到。该变压器可以将三相交流电降压为两个 27.5 kV 的交流电，分别为牵引供电系统的不同线路进行供电。该变压器一次侧与电力系统提供的三相高压电连接，二次绕组引出的 T1、T2 端子连接到接触线 T 上，F1、F2 端连接到馈线 F 上，短路点 N 连接到钢轨 R 上。图 5.65 中的接触线 T 和馈线 F 被分为 a、b 相线路，两条线路分别用 AB 相和 BC 相进行供电。

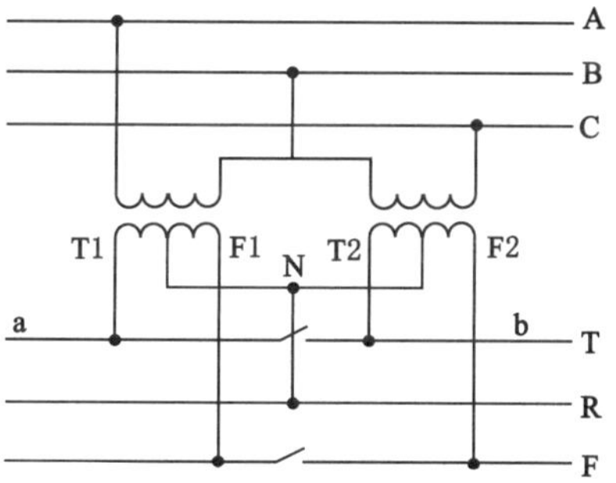

图 5.65　牵引变压器接线图

建立仿真模型时，由于 Simulink 中没有 V/X 接线型牵引变压器，一般选择用两个单相 3 绕组变压器进行等效，仿真模型如图 5.66 所示。图中，两个三绕组变压器组合成 V/X 接线型牵引变压器模型，其中 R_{ss} 为该变压器的接地电阻。V/X 牵引变压器一次侧有 3 个接口，二次侧有 5 个接口，分别连接 a、b 相线路的接触线、馈线和钢轨，一般情况下 a 相和 b 相线路的钢轨同电位。

在 AT 供电方式下，牵引网每隔一段距离设置一台自耦变压器，该自耦变压器的所在处称为 AT 所，这也是 AT 供电方式名称的由来。AT 所的核心电气元件是变比为 2∶1 的自耦变压器。自耦变压器的接线图如图 5.67 所示。图中，牵引网接触线 T 与馈线 F 接在自耦变压器的原边，构成 55 kV 回路，自耦变压器副边连接钢轨 R，使得接触网与钢轨之间、钢轨

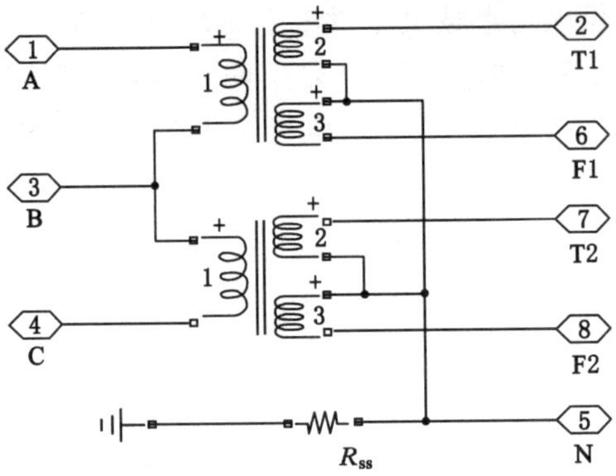

图 5.66　V/X 牵引变压器仿真模型

与馈线之间都保持 27.5 kV 的牵引网供电电压，其中 Z_{AT} 为自耦变压器的等效漏抗。

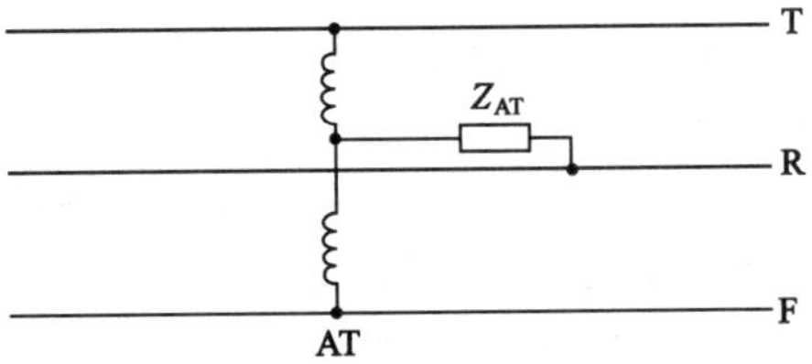

图 5.67　自耦变压器接线图

建立仿真模型时，由于 Simulink 中没有自耦变压器的模型，本书选择用单相变压器等效。其仿真模型如图 5.68 所示。图中，单相变压器一次绕组和二次绕组进行串联即可得到自耦变压器模型，其中 R_{AT}、L_{AT} 为自耦变压器的等效漏电阻和漏电感。

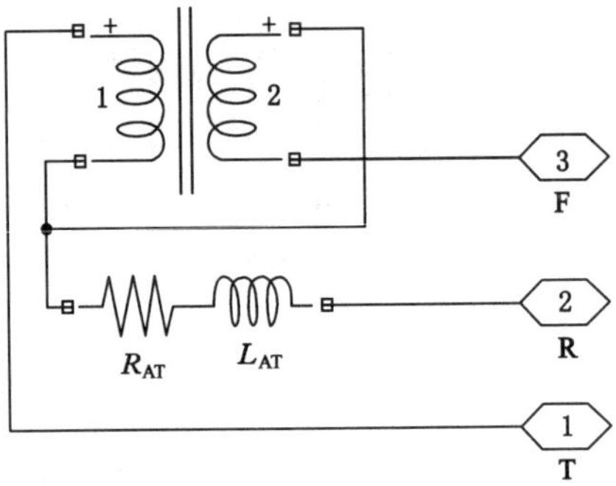

图 5.68　自耦变压器仿真模型

AT 供电方式下的牵引网由十余根传输线路组成，与常规的输电线路相比，其结构较为复杂，它是牵引供电系统和电力动车组之间进行电能输送的重要通道。图 5.69 为一个典型的复线 AT 供电牵引网示意图。该牵引网包括上下行接触线、钢轨、正馈线和保护线，其中保护线和钢轨全并联，部分线路在 AT 所、变电所处并联，比如上下行线路的接触线、钢轨、馈线。

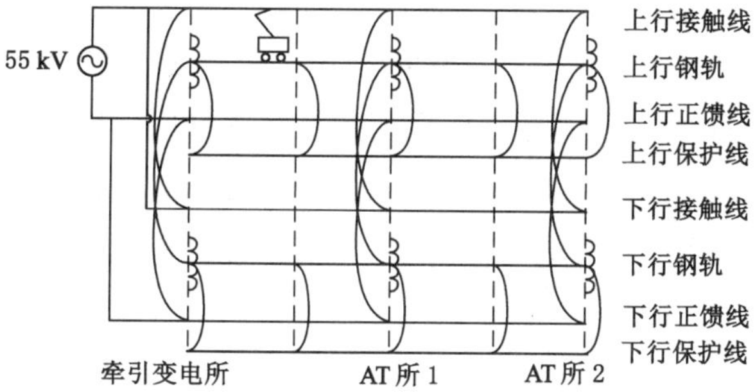

图 5.69　复线 AT 供电牵引网示意图

由于 AT 牵引网导线数目较多，实际计算或仿真中，大多对线路阻抗进行等效降阶的方法。本书建立了四导线 AT 牵引网模型。将牵引网进行单位长度切割，得到 1 km 牵引网的四导线模型，如图 5.70 所示。

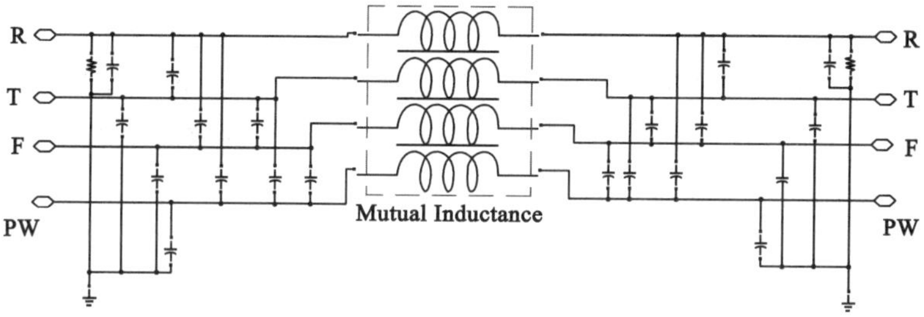

图 5.70　单位长度牵引网仿真模型

图 5.70 中，单位长度牵引网仿真模型主要由互感器元件和电容元件构成，前者表示单位长度线路的阻抗，包括自感和互感，后者表示单位长度线路的导纳，包括自导纳和互导纳。牵引网模块的接口分别代表接触线 T、钢轨 R、馈线 F 和保护线 PW，将多个牵引网模块串联可以得到不同长度的牵引网。

本书研究对象选取的是 CRH3 型动车组，其电气部分工作原理示意图如图 5.71 所示。图中，供电系统通过接触线 T、钢轨 R 与 CRH3 型动车组进行电气连接，该动车组主要由受电弓、车载牵引变压器、二重化四象限变流器、中间直流环节、逆变器、辅助回路和电机部分构成。

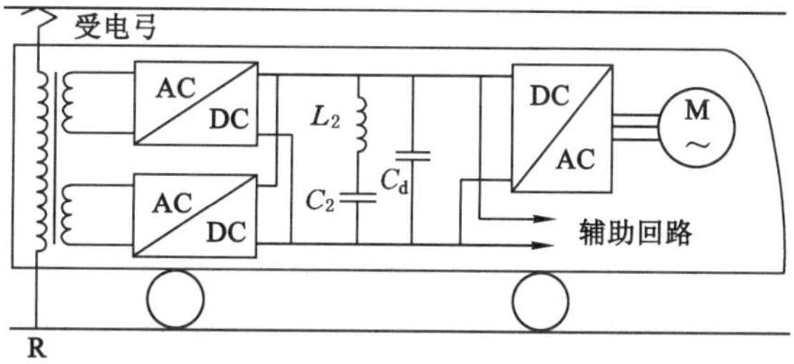

图 5.71　CRH3 型动车组工作原理示意图

牵引变流器的拓扑如图 5.72 所示。图中，T_{11}～T_{14}、T_{21}～T_{24}是二重化四象限变流器的 8 个 IGBT 功率开关管；L_2 为二次滤波回路电感，C_2 为二次滤波回路电容，C_d 为稳压电容，这三个元件构成为中间直流环节；T_{31}～T_{36}为三相逆变器的 6 个 IGBT 功率开关管。

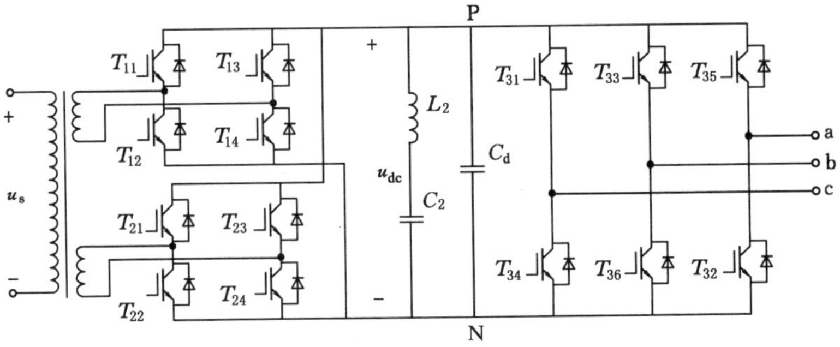

图 5.72　CRH3 型动车组牵引变流器拓扑

四象限变流器作为牵引网和动车组进行电能传输和转化的核心接口装置，是车网耦合系统中非常重要的部分。在研究车网耦合问题时，常对机车内部的变流器进行简化。逆变器和电机部分作为四象限变流器的负荷且位于直流侧，常被等效为电阻环节以进行分析。四象限变流器控制原理参见 3.1 节。

(2) 高速铁路车网耦合系统实时仿真平台设计

由于高铁车网耦合系统中包含复杂的牵引网和大量电力电子器件，构成较为复杂，不易硬件实现。半实物仿真将实验中的部分实物用实时仿真代替，解决了一些大规模系统实验成本高、开发周期长和难度大等问题，本书基于 RT-LAB 实时仿真器搭建了高速铁路车网耦合系统的硬件在环实时仿真平台。

如图 5.73 所示，车网耦合实验平台通过 RT-LAB 电力半实物仿真系统模拟车网耦合系统的拓扑部分，包括牵引供电系统和动车组的等效拓扑；控制环节则采用嵌入式控制器 NI cRIO-9030 来实现对四象限变流器的控制，两者进行信号传输形成闭环控制系统，从而实现高铁车网耦合系统的硬件在环实时仿真；数据显示回路通过 NI cDAQ-9133 控制器、NI 9206 采样板卡和显示器组成；同时还编写了示波器数据通信的程序将示波器的波形实时地传输到 LABVIEW 的前面板上。下面分别对车网耦合平台的各个部分进行介绍。

高速铁路车网耦合系统包括牵引供电系统和动车组两部分，其中牵引供电系统主要包括牵引变压器、AT 所和牵引网，动车组包括四象限变流器、直流回路以及负载。将牵引供电系统和动车组模型组合就可以得到高速铁路车网耦合系统。

① 牵引供电系统仿真模型

对比国内某客运专线，基于 MATLAB/Simulink 软件对该车网耦合系统进行建模，该系统分为三部分，牵引供电所 SS，AT 所和两段牵引网。牵引供电系统的主要元件参数如表 5-7 所示，牵引网的阻抗参数参考文献中某实际线路阻抗矩阵和电容矩阵参数。其仿真模型如图 5.74 所示。

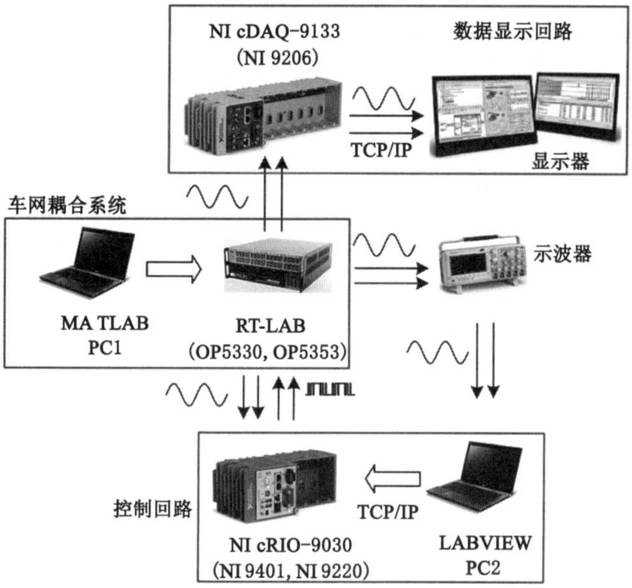

图 5.73 高速铁路车网耦合系统的硬件在环实时仿真平台架构

表 5-7 牵引供电系统元件参数

系统元件	参数名称	参数取值
外部电源	系统短路容量/GVA	5
	电压等级/kV	110
V/X 牵引变压器	额定容量/MVA	31.5
	变比	220/(2×27.5)
	短路阻抗/%	10.54
AT 变压器	额定容量/MVA	8.5
	变比	55/27.5
	短路阻抗/%	1.8

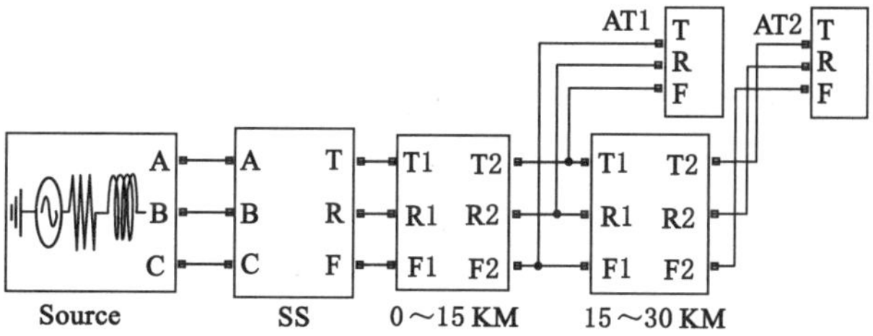

图 5.74 牵引供电系统仿真模型

② 动车组仿真模型

参考 CRH3 型动车组中四象限变流器实际参数，仿真中设置参数如表 5-8 所示。

表 5-8　动车组变流器仿真参数

参数名称	参数取值
变流器额定输入功率/kW	4×1 410
车载变压器变比	25 000/1 550
载波频率/Hz	350
直流侧电压/V	3 000
变压器漏感/mH	4
二次滤波电感/mH	0.84
二次滤波电容/μF	3 000
电流环 P 控制器系数	1
电压环 PI 控制器比例系数	0.5
电压环 PI 控制器积分系数	5

根据 CRH3 型动车组中变流器的额定输入功率可以计算出每台变流器的等效额定负载 $R_d=6.383\ \Omega$。CRH3 型动车组内部有 4 个变流器，用 4 个二重化四象限变流器并联来等效一台 CRH3 型动车组，其中变流器仿真模型如图 5.75 所示。

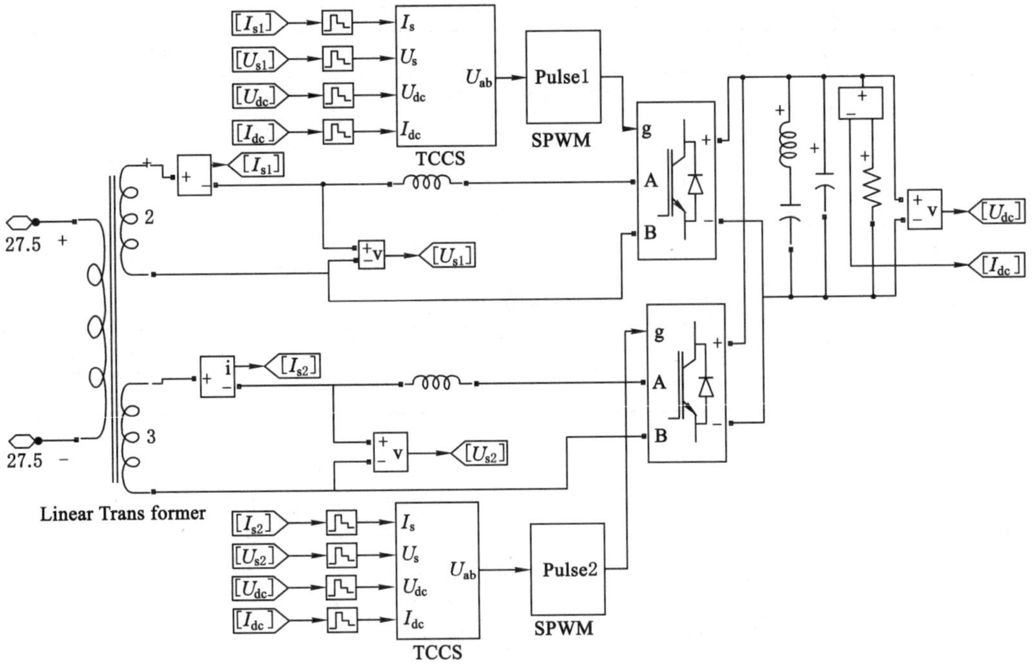

图 5.75　动车组变流器仿真模型

③ RT-LAB 实时仿真软件开发

RT-LAB 实时仿真器与 RT-LAB 仿真软件包配套使用。因此需要在 RT-LAB 软件环境下开发实时仿真软件，该软件的作用是模拟高铁车网耦合系统中的拓扑部分。将牵引供电系统模型和动车组模型进行组合则可以得到车网耦合系统仿真模型，RT-LAB 软件对 MATLAB/Simulink 模型高度兼容，所以只需将其修改成 RT-LAB 仿真模型的格式即可。图 5.76 为建立 RT-LAB 模型的流程图。

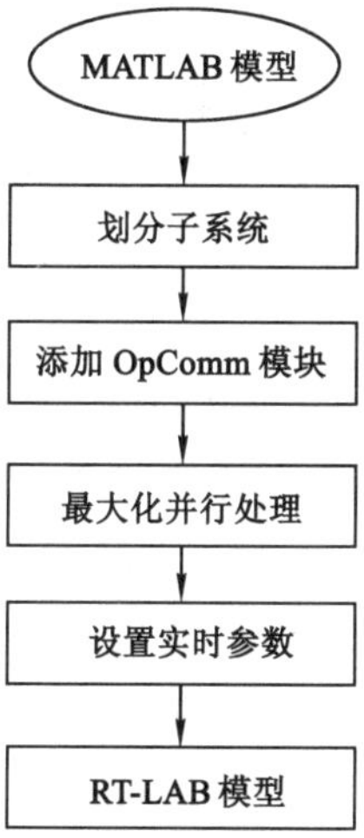

图 5.76　RT-LAB 模型建立流程图

如图 5.76 所示，RT-LAB 模型的建立分为四步：

第一步，划分子系统：RT-LAB 模型顶层一般分为 3 类型子系统：主级子系统、次级子系统和控制台子系统，分别用前缀 SM_、SS_和 SC_来命名。其中主级子系统和控制台子系统必须有且仅有一个，次级子系统没有限制。由于 RT-LAB 采用多核 CPU 同时进行运算，若提前将模型拆分成多核系统模型，将会使得 RT-LAB 仿真器计算更加高效。

第二步，添加 OpComm 模块：OpComm 模块的作用是进行通信接口配置。RT-LAB 模型中一般包含 2 个及以上数目的子系统，不同的子系统之间进行信号传输时，需要在一些子系统的输入端口添加 OpComm 模块，该模块中包含接口配置信息并用于配置该子系统的输入接口。

第三步，最大化并行处理：仿真中经常会出现代数环问题，这是由于部分子系统输入和输出信号的优先级混乱导致的。当各个实时子系统之间互相传递带优先级的信号时，RT-LAB仿真得到最大化并行处理。delay 模块可以将直通信号转化为带优先级的信号，但是 delay 模块本身带有延时作用，因此会改变模型的动态特性，需要小心处理。一般需要对插入 delay 模块前后的仿真结果进行比较，确保误差在允许范围内。

第四步，设置实时参数：RT-LAB 模型属于实时仿真模型，需要对一些仿真参数进行设置。比如步长，步长大小与模型要求和 RT-LAB 仿真器的硬件配置有关，典型电气系统模型一般在 10 μs 到 50 μs 之间；又比如停止时间，一般将 RT-LAB 模型的停止时间设为“inf”以保证该模型打开之后可以进行实时仿真。

通过以上步骤操作，得到 RT-LAB 模型的顶层界面如图 5.77 所示。

在图 5.77 中，该 RT-LAB 模型顶层有四个模块：Powergui 模块、Model Initialization 模

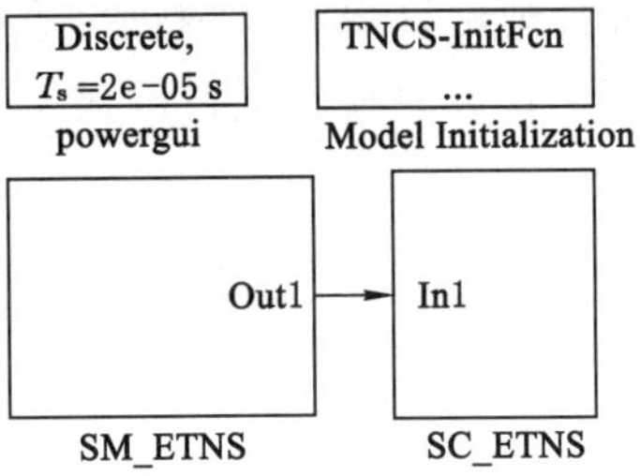

图 5.77 车网耦合系统 RT-LAB 模型

块、SM_ETNS 模块和 SC_ETNS 模块。其中，Powergui 模块和 Model Initialization 模块对模型进行初始化，对一些参数进行赋值，比如 T_s 参数。该模型中，车网耦合系统分为两个子系统，分别为主级子系统和控制台子系统。其中主级子系统中包含车网耦合模型的拓扑部分，控制台子系统仅包含一些对车网耦合系统中网压网流情况进行实时观测的示波器。RT-LAB 模型中需要加入模拟量输出板卡 OP5330 和数字量输入板卡 OP5353，在 RT-LAB 模型中需要对两个板卡进行配置。

首先在 RT-LAB 模型中加入 OpCtrl OP5142EX1 模块，该模块可以对 OP5142 板卡进行配置，而配置内容包括板卡 ID 和初始化文件。然后加入 OP5142EX1 DigitalIn 模块，通过该模块配置数字量输入端口的位置信息，从 vals 端子可分别得到 NI 控制器发出的 4 路 PWM 开关信号。数字量输入端口配置模型如图 5.78 所示。

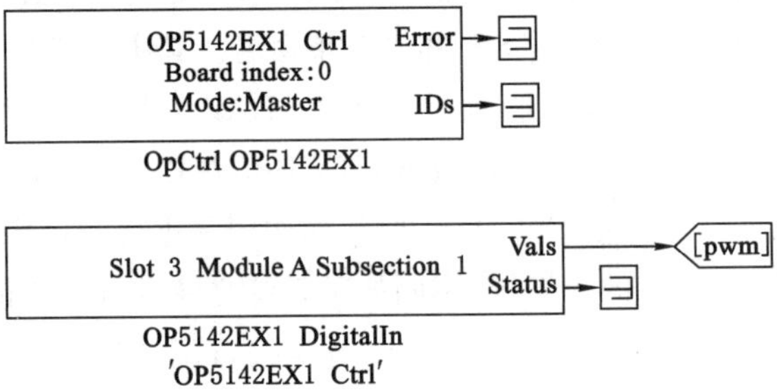

图 5.78 数字量输入端口配置模型

由于车网耦合平台仿真的电压等级很高，某些电压信号甚至高达几百千伏，因此在对车网耦合系统的模拟量电压、电流信号进行采样时，需要采取比例缩小的办法。本实验台配置的 OP5330 板卡的模拟量输出范围为±17 V，控制器中 9220 板卡采样范围为±10 V。综合以上因素，在 RT-LAB 仿真模型中，模拟量信号分别按不同比例缩小到±10V 范围内。模拟量输出端口配置模型如图 5.79 所示。

经过以上步骤，建立了高铁车网耦合系统的 RT-LAB 模型，然后需要进行以下流程：

① 连接 PC 与 RT-LAB 仿真器：将 PC1 与 RT-LAB 仿真器通过网线接口进行连接，在 PC1 端使用 RT-LAB 软件找到仿真器并且在软件中选择该仿真器为所要操作的目标机。需要注意的是，这里需要修改 PC1 的 IP 地址为 192.168.10.10X，保证可以连接到下位机，下

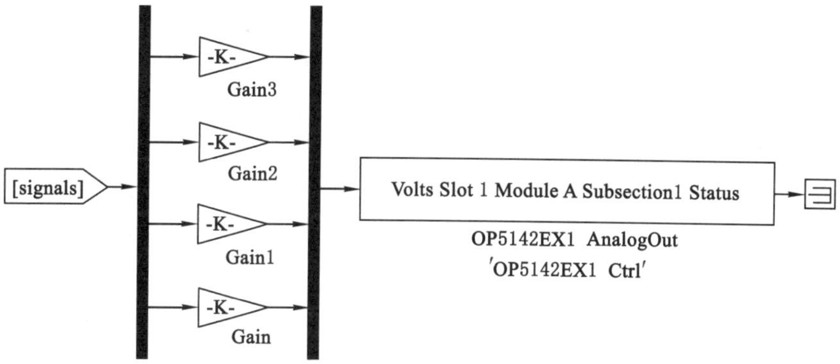

图 5.79 模拟量输出端口配置模型

位机 IP 默认为 192.168.10.1。

② 编译模型：在 RT-LAB 软件中新建工程，并将已经建立好的 RT-LAB 仿真模型加载到工程中，检查完毕后，进行编译。编译可以将 RT-LAB 模型进行分离并转化为对应的 C 代码。

③ 配置节点：在 RT-LAB 软件中选择下位机的有效节点，以保证模型下载到各个节点上。

④ 下载模型：上位机将模型中的一切信息传输到下位机中。

⑤ 启动模型：上位机可以选择启动或暂停下位机中运行仿真的模型。

⑥ 复位模型：下位机运行下载的代码后可能更改了内存中的数据，所以在每次运行完程序后，需要手动将模型进行复位。

(4) 嵌入式控制器软件设计

四象限变流器控制软件在嵌入式控制器 NI cRIO-9030 中实现。NI cRIO 控制器是 NI 公司推出的一系列工业化采集和控制的嵌入式系统，该控制器可实现实时数据记录、分析、控制和通信等功能，有着运算速度快、可靠性高和扩展能力强的优点，而且该控制器可以采用高效的 LABVIEW 图形化编程工具进行快速开发。如图 5.80 所示，实验平台控制回路主要包括 NI cRIO-9030 控制器一台、9401 板卡一块、9220 板卡一块、DB37 转接板两块和 LABVIEW 软件平台。下面分别对这些模块进行介绍。

① NI cRIO-9030 控制器

本书介绍的车网耦合系统采用 NI cRIO-9030 控制器进行变流器控制。该控制器体积小、外壳坚固，工作温度 −20～55 ℃，稳定程度较高，可在恶劣环境下使用。控制器机箱内部有高性能的实时控制器和可重置现场可编程门阵列(field programmable gate array, FPGA)，并且包括 4 个 C 系列 I/O 模块插槽，其架构如图 5.80(a)所示，主要包含三个部分：

a. 实时控制器：9030 控制器采用 Intel Atom E3825 双核处理器，每个内核的时钟频率为 1.33 GHz，运算能力很强；1 GB 内存，具有良好的数据存储能力。该控制器可以在保证精确性和可靠性的前提下执行 LABVIEW 实时程序。

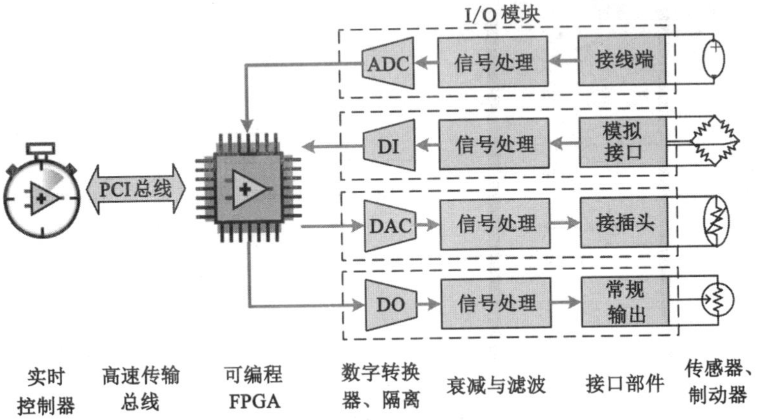

(a) NI cRIO-9030控制器架构

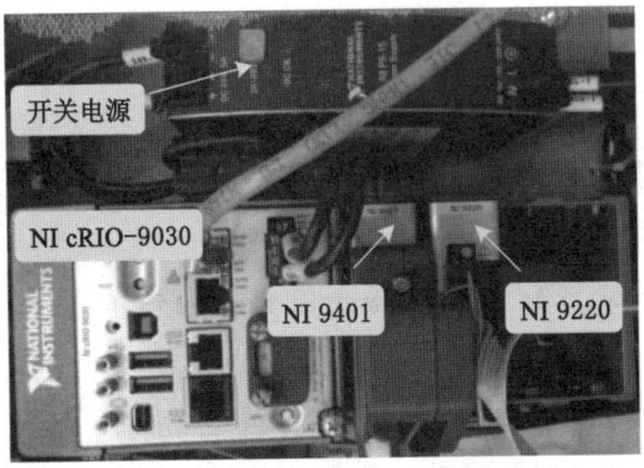

(b) NI cRIO-9030控制器实物图

图 5.80　NI cRIO-9030 控制器

b. 可重置 FPGA：Xilinx Kintex-7 7K70T FPGA 内嵌于可重构机箱中，是嵌入式系统的核心。FPGA 通过拓扑与 I/O 模块相连的方式，可以直接对每个 I/O 模块进行控制，而且自身具有 16 个 DMA 数据传输通道，因此可以实现 I/O 电路高速控制、在线处理等功能；

c. C 系列 I/O 模块插槽：NI Cdaq-9030 控制器带有四个 C 系列 I/O 模块插槽，专门用于与工业级的 cRIO I/O 模块连接，这使得控制器的扩展性能得到了很大提升。I/O 模块集成度高，带有信号隔离和调理等多种功能，可直接接入传感器使用。如图 5.80(b)所示，本实验平台在插槽口 1 用到了 NI 9401 板卡，用于控制器发出 PWM 信号；插槽口 2 用到了 NI 9220 板卡，用于控制器接收模拟量电压信号。

② NI 9401 和 NI 9220 板卡

NI 9401 是一款 8 通道的晶体管-晶体管逻辑集成电路(transistor-transistor logic integrated circuit，TTL)数字输入/输出 I/O 板卡。该板卡可输出 5 V 的高电平信号，I/O 口刷新频率为 10 MHz，且具有内置的隔离电路和信号调理功能。使用时需要在 LABVIEW 软件中对端口进行配置。需注意的是，8 个通道分为两组，0～3 通道和 4～7 通道，每组通道的数据传输方向必须一致。硬件在环实时仿真平台中，NI 9401 作为发波板卡给 RT-LAB 仿真器传输 PWM 信号。

NI 9220 是一款 16 路模拟输入模块。该板卡可对±10 V 范围内的模拟量信号进行同步采样，其采样速率为 100 kS/s 且有着 16 位的高精度分辨率。硬件在环实时仿真平台中，NI 9220 作为模拟信号采集板卡，用于采集 RT-LAB 仿真器中的模拟量电压信号。

③ LABVIEW 软件设计

由图 5.80(a)可知，NI 控制器主要包括实时控制器(real time control，RT)和可编程的 FPGA，而且两者通过 PCI 总线连接。编写实验程序时一般将程序分为两层，一层为 RT 层，主要包括 PI 控制部分、瞬态电流控制部分、锁相环部分和调制部分，程序的前面板如图 5.81 所示。另一层为 FPGA 层，主要包括变流器采样和发 PWM 波部分。

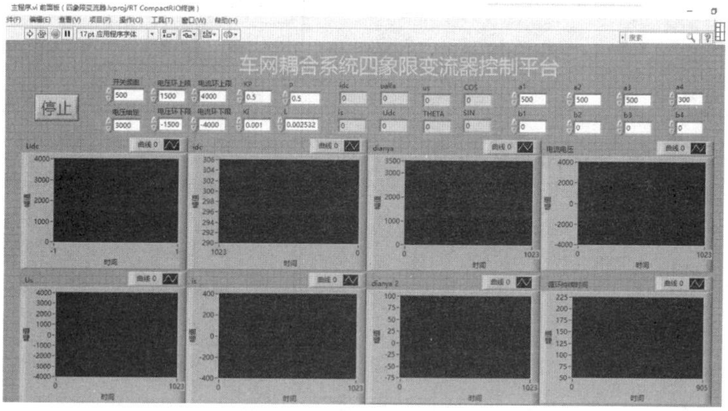

图 5.81　主程序前面板图

该控制器软件流程图如图 5.82 所示。控制器软件分为 11 个环节：(a) 初始化；(b) 加载模糊数据库文件 fuzz.fs(用模糊 PI 调节器时)；(c) 启动 FPGA 程序；(d) 电压电流信号采样、还原；(e) 锁相环；(f) 调节 K_p、K_i；(g) 电压外环计算；(h) 电压内环计算；(i) 通过 SPWM 调制方式计算占空比；(j) 传递占空比数据给 FPGA；(k) 主程序启动与暂停控制。注意，该程序不仅可以实现基于模糊 PI 的瞬态电流控制，若将模糊控制器中的比例因子统一修改成 0，则模糊控制器无法实现动态调节 K_p、K_i 的功能，则可实现常规的瞬态电流控制策略。

与 Simulink 软件类似，LABVIEW 中包含模糊控制器的集成模块，这里用到的是 NI_Fuzzy_ligic_API.lvlib 模块。定义该模块的输入为 e、ec，输出为 ΔK_p、ΔK_i。注意由于控制器无法将数据库文件与 LABVIEW 程序一起编译，这里需要提前将编辑好的数据库文件 fuzz.fs 下载到 NI 控制器的 c 盘中，在程序初始化时加载到 NI_Fuzzy_ligic_API.lvlib 模块里，即可实现模糊控制功能。

(5) 数据显示回路软件设计

如图 5.83 所示，实验平台数据显示回路主要包括 NI cDAQ-9133 控制器、NI 9206 采样板卡、显示屏和 LABVIEW 软件平台。显示的数据内容主要包括：AT 所牵引变压器的二次侧电压信号、输电线路中机车接入点的电压电流信号、机车中车载牵引变压器二次侧电压电流信号和四象限变流器直流侧电压电流信号。下面分别对这些模块进行介绍。

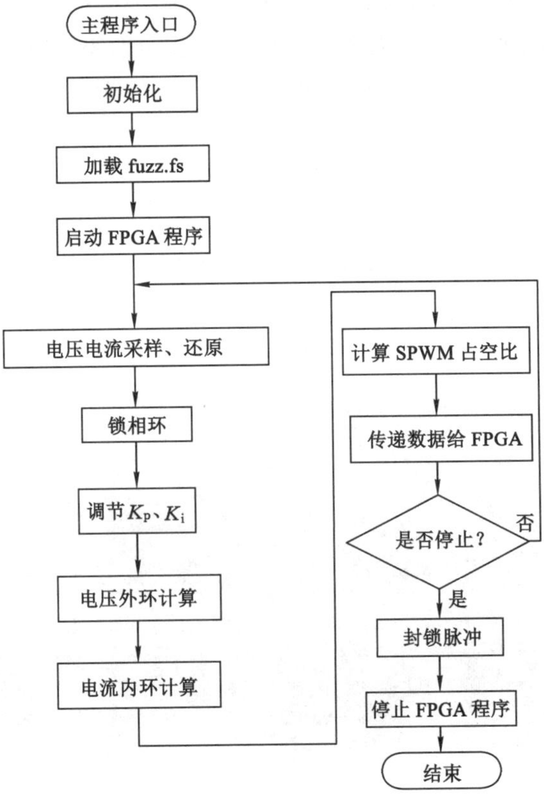

图 5.82　控制器软件流程图

图 5.83　采样回路实物图

① NI cDAQ-9133 控制器

同前面介绍的 NI cRIO-9030 一样，NI cDAQ-9133 是 NI 公司推出的一系列工业化采集和控制的嵌入式系统。CompactDAQ 控制器集成多核处理器与模块化 I/O、标准外设连接和显示功能。CompactDAQ 控制器是一款坚固、可靠的高性能嵌入式控制器，具有行业标准认证。该控制器适用于在将数据记录到板载或可移动 SD 存储器的同时，执行波形采集和在线软件分析。C 系列模块提供高精度 I/O 和针对特定测量的信号调理功能，可连接任何传感器类型。控制器还提供广泛的标准连接和扩展选项，如 USB、以太网、CAN/LIN 和 RS232 串行。它可运行 NI Linux 实时操作系统或 Windows Embedded Standard7。

本实验中的 NI cDAQ-9133 控制器具有 1.33 GHz 双核 IntelAtom 处理器，8 槽，可控制 C 系列 I/O 模块与集成计算机之间的定时、同步和数据传输。它具有 16 GB 非易失性存储，适用于数据记录和嵌入式监测，可以选择运行 Windows 或 NI Linux@Real-Time 操作系统。NI cDAQ-9133 提供了各种标准连接和扩展选项，包括 SD 存储器、USB、以太网、RS232 串口以及触发器输入。cDAQ-9133 可以与多达八个 C 系列 I/O 模块组合，以便自定义模拟 I/O、数字/0、计数器/定时器以及控制器区域网络(CAN)测量和记录系统。通过对车网耦合系统中网侧电流电压、车载变压器输出侧电流电压以及整流器输出直流侧的电流电压的采集，然后将信号传输到显示器。

② NI 9206 采样板卡

NI 9206 使用 36 引脚可拆卸式弹簧端子连接器，可提供 16 路差分/32 路单端模拟输入通道、1 个数字输入通道、1 个数字输出通道、COM 以及 AI SENSE 的连接。每个模拟输入通道均带有可连接模拟输出设备的 AI 端子。NI 9206 提供的总采样率可达 250 kS/s，并支持触发功能。NI 9206 个通道共用一个公共地，该公共地与系统中的其他模块相隔离。所有通道共用一个可编程增益仪表放大器(PGIA)，且多路复用至模数转换器，每个通道均具有±30 V 的过压保护功能。如图 5.84 所示是 NI 9206 模拟通道的输入电路。

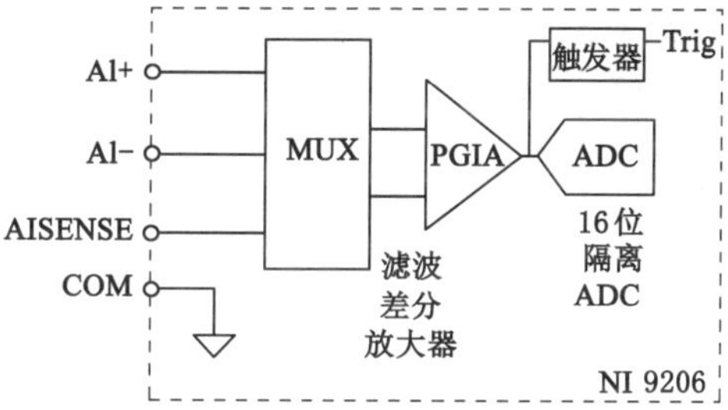

图 5.84　NI 9206 模拟通道的输入电路

③ LABVIEW 显示界面设计

数据显示回路主要是通过和 NI cDAQ-9133 控制器配套的显示器来实现网-机交互系统的数据显示。通过 LABVIEW 软件平台中的 DAQ 助手可以将 NI 9206 采样的信号显示在前面板上，前面板程序如图 5.85 所示，前面板的数据显示界面如图 5.86 所示。

(6) 实时仿真结果

根据前面介绍的关于 RT-LAB 和车网耦合系统的相关内容搭建了基于 RT-LAB 的车网耦合半实物仿真实验平台，如图 5.87 所示。其中，图 5.87(a)是基于 RT-LAB 的车网耦合半实物仿真平台实物图，图 5.87(b)是 NI 控制器与 RT-Lab 对接实物图。

用此基于 RT-LAB 的车网耦合半实物仿真实验平台完成对牵引供电系统拓扑架构及接触网、变压器、模拟外电网系统以及逆变器-电机等效系统进行实时数字仿真模拟，并通过

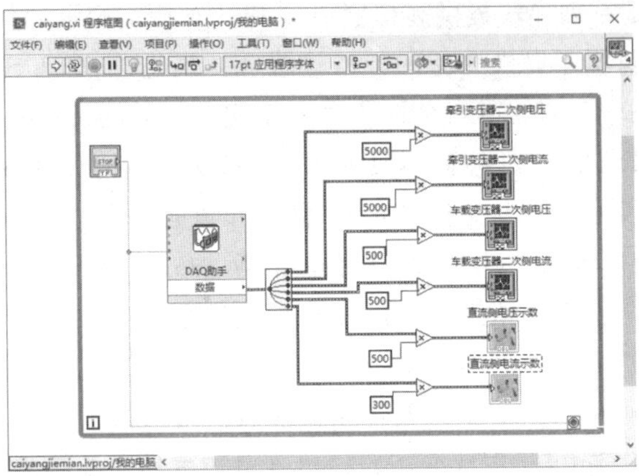

图 5.85　数据显示程序

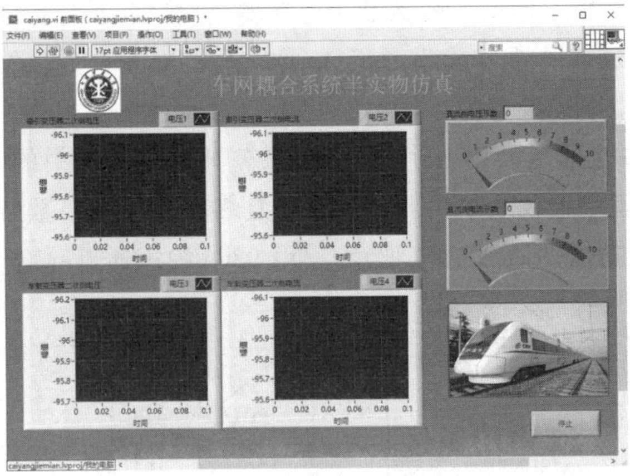

图 5.86　数据显示界面

模拟 I/O 和数字 I/O 口与外部变流器控制系统、人机交互系统进行实时数据交互和硬件在环仿真。以下是相关的实验结果。

① 搭建车网耦合平台的目的是复现电力机车在多台动车同时轻载启动时牵引网出现的低频振荡现象，然后通过基于模糊 PI 的瞬态电流控制策略来抑制低频振荡现象。图 5.88 是改进前采用标准 PI 时的实验波形，其中图(a)是牵引网电压波形，图(b)是动车组侧电压和电流波形。可以看出，此时牵引网电压出现约 7 Hz 的低频振荡现象，而且动车组的电流、电压信号均发生振荡。图 5.89 是改进后采用模糊 PI 时的实验波形，可以看出改进后，交流侧电压、电流的振荡现象基本消失，牵引网电压和动车组侧电压都处于正常范围内，可以保证动车组稳定运行。实验结果验证了该低频振荡抑制方法的有效性。

② 搭建车网耦合平台的另一个目的是实时观察电力机车运行时的各部分的重要数据信息，方便分析动车此时的状态。本书基于 NI cRIO9133 控制器对动车的大量数据进行实时采集并显示在显示屏上，主要数据信息有：网侧电流电压、阀侧电流电压以及动车

(a) 车网耦合半实物仿真平台

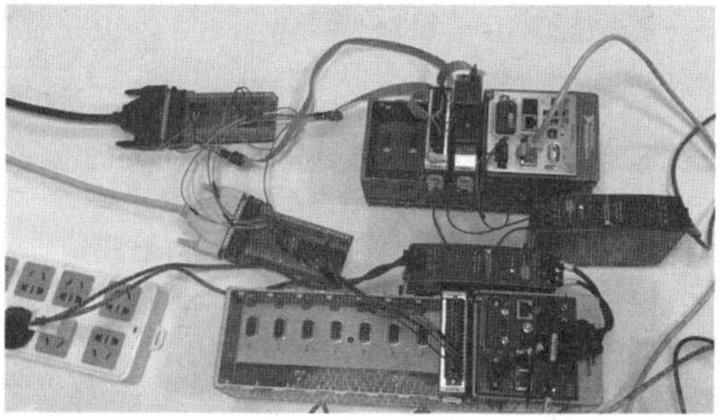

(b) NI控制器与 RT-LAB 对接

图 5.87　基于 RT-LAB 的车网耦合半实物仿真实验平台实物图

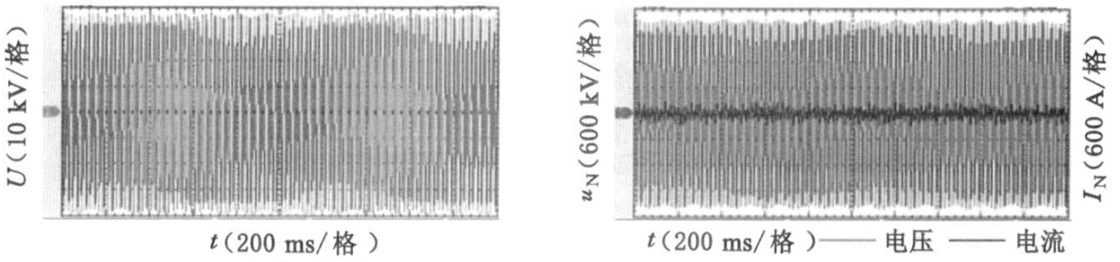

(a) 牵引网电压　　(b) 动车组侧电压、电流

图 5.88　改进前,6 台动车组轻载运行的电压、电流波形

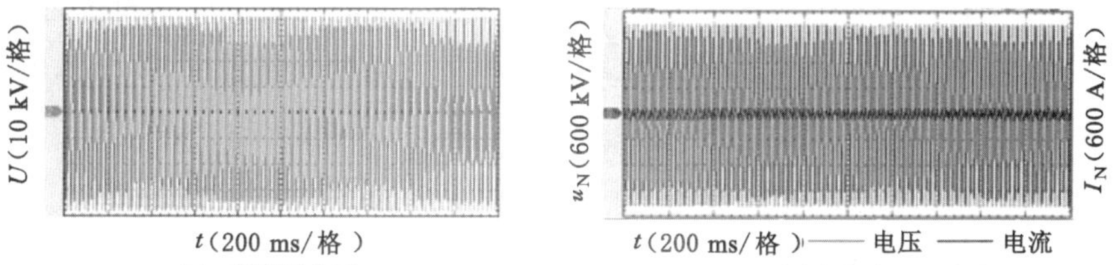

(a) 牵引网电压　　(b) 动车组侧电压、电流

图 5.89　改进后,6 台机车轻载运行的网侧电压、电流波形

牵引供电系统直流侧电流电压等。图 5.90 显示某一时刻采集到的动车运行时的相关数据信息。图 5.91 显示车网耦合系统四象限变流器控制平台的相关数据信息。通过这个平台还可以控制四象限变流器的启动和停止,可以改变相关的参数来调整动车运行状态。

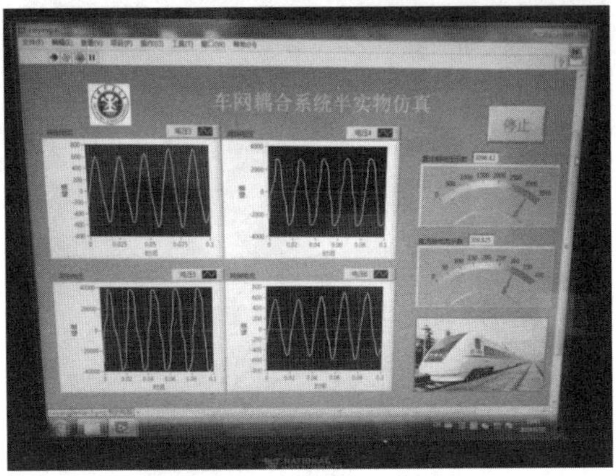

图 5.90　动车运行时某一时刻的相关数据

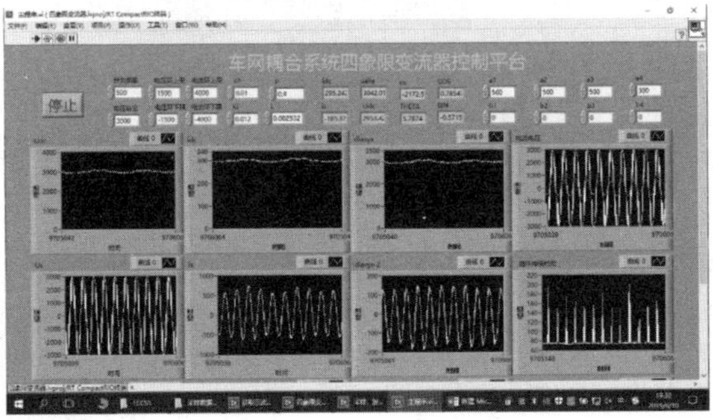

图 5.91　车网耦合系统四象限变流器控制平台

③ 由于 LABVIEW 程序采样率的关系，动车发生的低频振荡现象不能很好地通过 LABVIEW 前面板的示波器显示出来，需要借助示波器才能很好地观察低频振荡现象，如图 5.92 所示。但是通过 LABVIEW 程序可以将泰克示波器的数据传输到前面板上，这种方法避免了采样率的问题，可以清楚地观察动车产生的低频振荡现象，如图 5.93 所示。

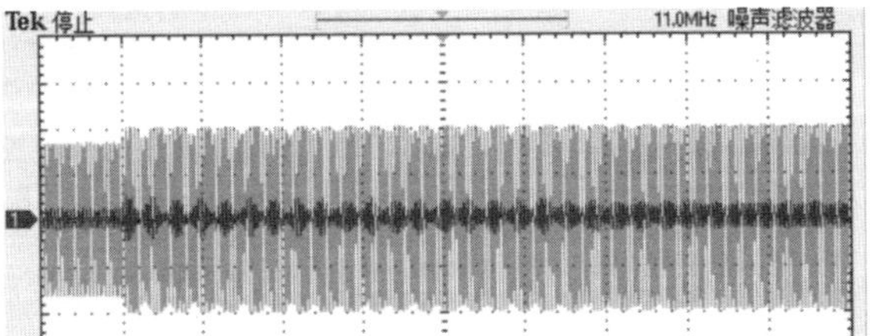

图 5.92　示波器上的低频振荡现象

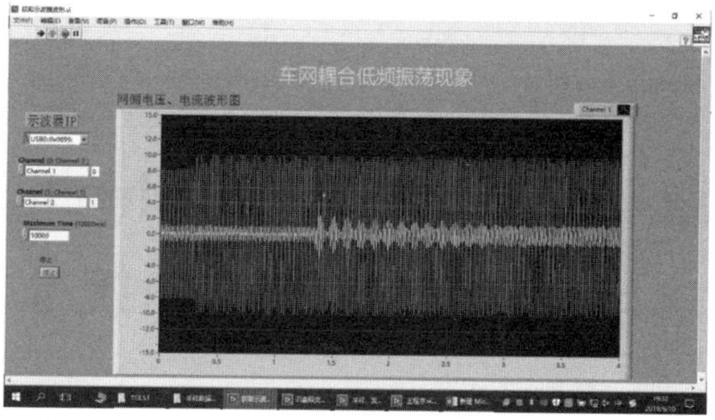

图 5.93　LABVIEW 前面板上显示的低频振荡现象

第6章　基于MATLAB/Simulink的StarSim实时仿真系统

上海远宽能源(ModelingTech)结合多核CPU+FPGA的硬件技术开发了StarSim实时仿真器，该实时仿真器通过I/O信号或者通信同控制板构成闭环，来对弱电的控制器进行测试，这样一种测试方式即HIL测试或半实物仿真测试。该实时仿真器结合自主研发的StarSim系列实时仿真软件，将实时仿真算法与高性能的实时硬件相结合，实现了可靠性高、拓展性强的实时仿真系统，相对于国外类似系统性价比上具有较大优势。

6.1　StarSim实时仿真系统的简介与安装

为了保证StarSim HIL能正常安装使用，在操作系统Windows 10情景下，用户需要在机器上安装如下软件：LABVIEW Run-Time Engine 2020，MATLAB R2018b，StarSim MTRealTime；StarSim HIL 4.6.9；StarSim Editor；StarSim License Manager 4.6.9(用于激活上位机和下位机)，StarSim IP Tool和StarSim UpdateTool(免安装)。

下面对StarSim HIL 4.6.9安装教程进行详细介绍，其他软件安装教程不再一一介绍。

(1) 打开StarSim HIL 4.6.9安装包文件夹，如图6.1所示；

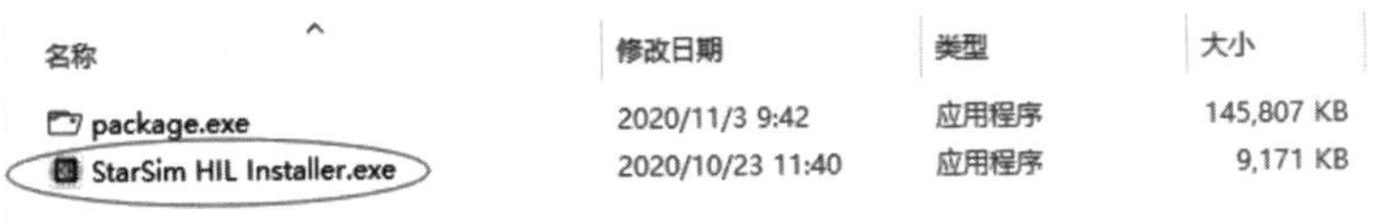

图6.1　StarSim HIL安装包文件夹

(2) 双击打开“StarSim HIL Installer.exe”，弹出StarSim HIL安装界面，如图6.2(a)所示；

(3) 点击“下一步”，进入下一个界面，如图6.2(b)所示，选择“我接受许可协议中的条款”；

(4) 点击“下一步”按钮，进入“选择安装文件夹”界面，如图6.2(c)所示；

(5) 点击“下一步”按钮，进入软件安装界面，如图6.2(d)、图6.2(e)所示；

(6) 软件安装完成后，点击“完成”按钮，即可完成安装，如图6.2(f)所示；

(7) 对于安装了StarSim HIL的电脑，在还没有激活StarSim HIL的时候，每次打开StarSim HIL软件都会看到弹出图6.2(g)所示的提示框，提示用户进行激活，用户激活后的界面如图6.2(h)所示。

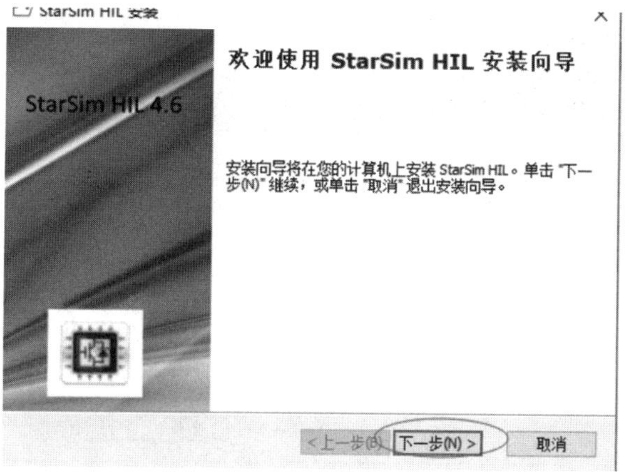
StarSim HIL 安装
欢迎使用 StarSim HIL 安装向导
StarSim HIL 4.6
安装向导将在您的计算机上安装 StarSim HIL。单击"下一步(N)"继续，或单击"取消"退出安装向导。
< 上一步(B)
下一步(N) >
取消

(a)

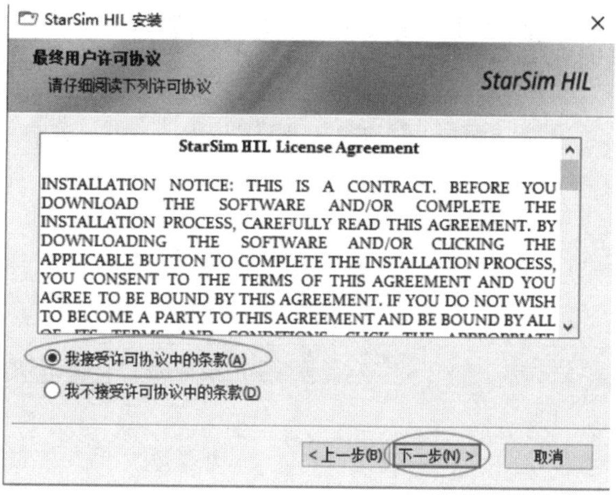
StarSim HIL 安装
最终用户许可协议
请仔细阅读下列许可协议
StarSim HIL
StarSim HIL License Agreement
INSTALLATION NOTICE: THIS IS A CONTRACT. BEFORE YOU DOWNLOAD THE SOFTWARE AND/OR COMPLETE THE INSTALLATION PROCESS, CAREFULLY READ THIS AGREEMENT. BY DOWNLOADING THE SOFTWARE AND/OR CLICKING THE APPLICABLE BUTTON TO COMPLETE THE INSTALLATION PROCESS, YOU CONSENT TO THE TERMS OF THIS AGREEMENT AND YOU AGREE TO BE BOUND BY THIS AGREEMENT. IF YOU DO NOT WISH TO BECOME A PARTY TO THIS AGREEMENT AND BE BOUND BY ALL
我接受许可协议中的条款(A)
我不接受许可协议中的条款(D)
< 上一步(B)
下一步(N) >
取消

(b)

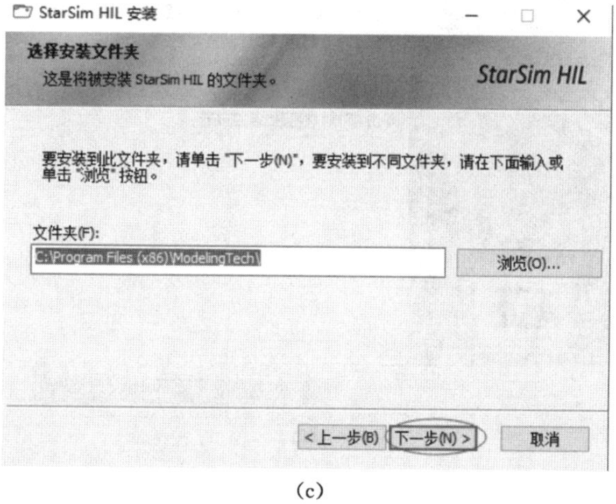
StarSim HIL 安装
选择安装文件夹
这是将被安装 StarSim HIL 的文件夹。
StarSim HIL
要安装到此文件夹，请单击"下一步(N)"，要安装到不同文件夹，请在下面输入或单击"浏览"按钮。
文件夹(F):
C:\Program Files (x86)\ModelingTech\
浏览(O)...
< 上一步(B)
下一步(N) >
取消

(c)

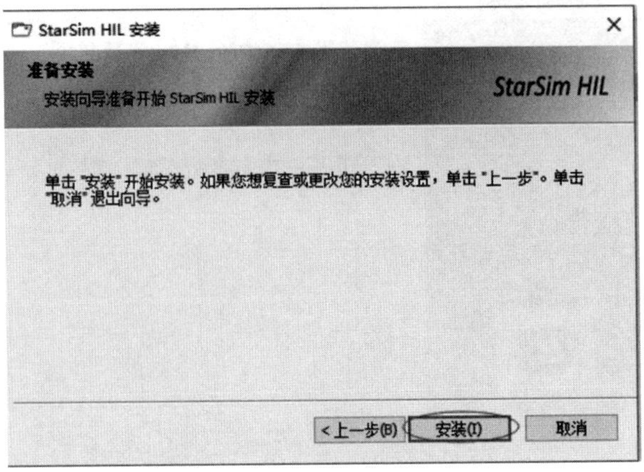
StarSim HIL 安装
准备安装
安装向导准备开始 StarSim HIL 安装
StarSim HIL
单击"安装"开始安装。如果您想复查或更改您的安装设置，单击"上一步"。单击"取消"退出向导。
< 上一步(B)
安装(I)
取消

(d)

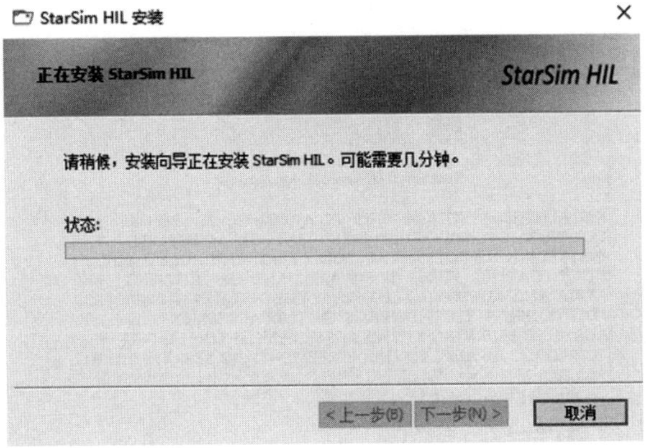
StarSim HIL 安装
正在安装 StarSim HIL
StarSim HIL
请稍候，安装向导正在安装 StarSim HIL。可能需要几分钟。
状态:
< 上一步(B)
下一步(N) >
取消

(e)

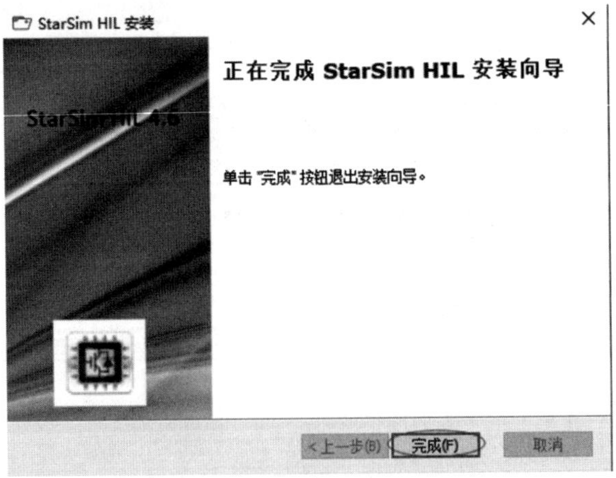
StarSim HIL 安装
正在完成 StarSim HIL 安装向导
单击"完成"按钮退出安装向导。
< 上一步(B)
完成(F)
取消

(f)

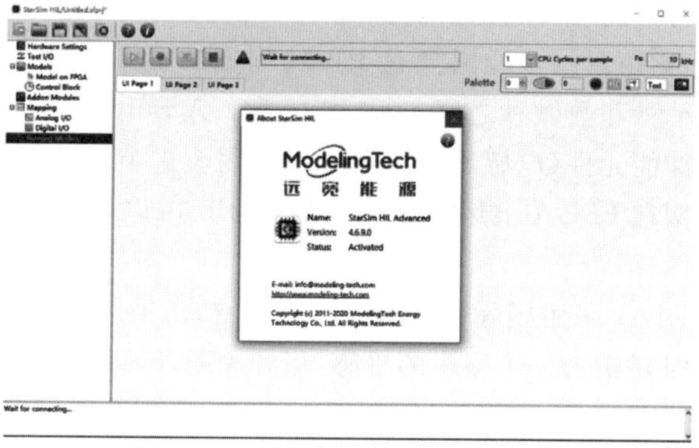

(g)

图 6.2　StarSim HIL 安装教程

6.2　StarSim 的软硬件模块介绍

6.2.1　StarSim HIL 软件模块介绍

StarSim HIL 是远宽能源科技有限公司(ModelingTech)推出的一款实时仿真系统的上位机程序,它配合 StarSim FPGA Solver 等软件可以用来搭建基于 FPGA 的硬件在环仿真系统。StarSim HIL 是配置型的软件,不需要用户进行任何 FPGA 的编程和编译,只需要下载模型,将模型的输入输出和实际的硬件 I/O 映射起来,即可进行实时仿真。

基于 StarSim HIL 的应用的整体架构如图 6.3 所示,除了 FPGA 上的小步长实时仿真的电力电子模型,StarSim HIL 也支持用户在 CPU 上实时运行自定义 Control Block。Control Block 可以是控制算法用来和 FPGA 上的电力电子模型实现自闭环,同时 Control Block 也可以是光伏电池,风机,蓄电池等用户自定义的运行在 CPU 上的模型。CPU 上的 Control Block 和 FPGA 上的电力电子部分一起构成实时仿真系统。

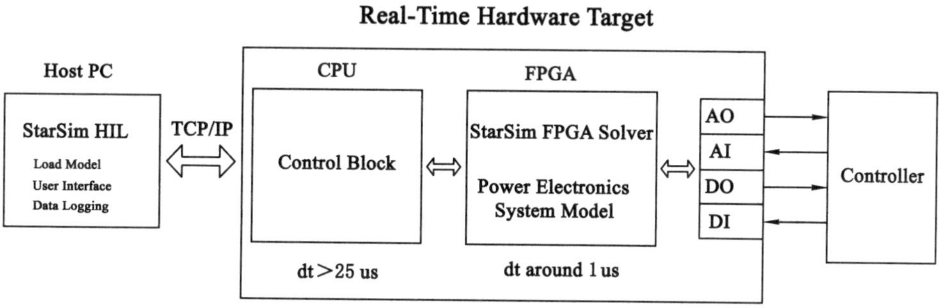

图 6.3　基于 StarSim HIL 的应用的整体架构

6.2.2　StarSim FPGA Solver

StarSim FPGA Solver 是远宽能源推出的可以在 FPGA 上进行电力电子模型实时仿真的软件,是电力电子模型在 FPGA 上运行的核心软件,需要和 StarSim HIL 配合使用。电力电子系统一般都含有快速开合的电力电子器件(开关频率一般在 kHz 级别),为了准确地仿真这样的系统,半实物仿真的步长需要是 PWM 周期的 1/50 或 1/100,这意味着仿真步长的大小需要在数百纳秒和数微秒之间。StarSim FPGA Solver 采用基于开关 LC 建模的后向欧拉法来离散化储能元件(电感和电容),然后利用改进节点分析法生成系统方程。通过这种方式能够将模型在 FPGA 上运算的速度提升到 1 μs 以下,满足电力电子开关模型对仿真步长的要求。

StarSim FPGA Solver 采用国际主流的开关建模方式,采用开关 LC 建模的方法。如图 6.4 所示,当开关闭合时建模为一个很小的电感,当开关断开时建模为一个很小的电容。

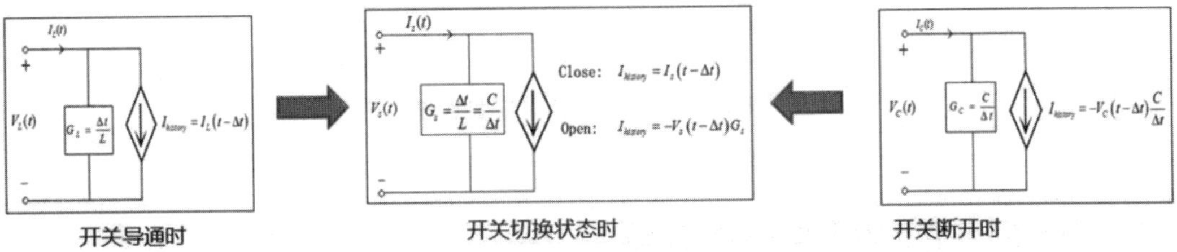

图 6.4　L/C 开关建模方法原理

6.2.3　小步长实时仿真方法

(1) 后向欧拉法

如前文所说,StarSim HIL 使用的仿真方法是后向欧拉法。后向欧拉法主要适用于小步长(几微秒或几百纳秒)的仿真,主要是用于电力电子系统在 FPGA 上的实时仿真。后向欧拉法用如下的两个步骤来进行仿真:

步骤 1:后向欧拉法离散化储能元件(电感或电容)。

式(6.2.1)是后向欧拉法用来更新电感的式子。

$$I_L(t)=\frac{V_L(t)}{L/\Delta t}+I_L(t-\Delta t)=\frac{V_L(t)}{L/\Delta t}+I_{history}(t-\Delta t) \tag{6.2.1}$$

依据该式,可以做出电感在后向欧拉法下的等效电路,如图 6.5 所示。

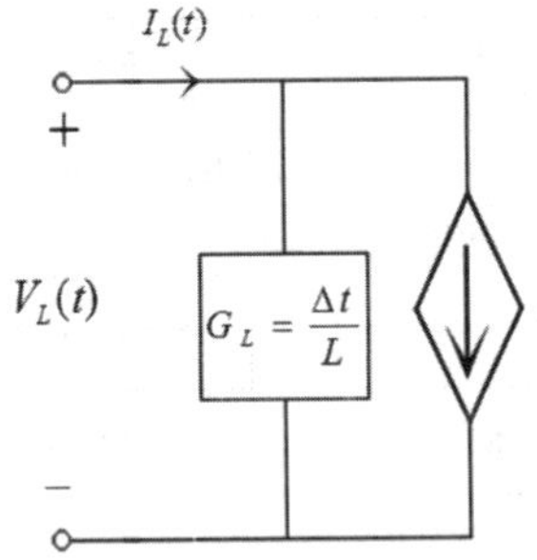

图 6.5　电感在后向欧拉法下的等效电路

式(6.2.2)是后向欧拉法用来更新电容的式子。

$$I_c(t)=\frac{V_c(t)}{\Delta t/C}-\frac{V_c(t-\Delta t)}{\Delta t/C}=\frac{V_c(t)}{\Delta t/C}+I_{history}(t-\Delta t) \tag{6.2.2}$$

依据该式，可以做出电容在后向欧拉法下的等效电路，如图 6.6 所示。

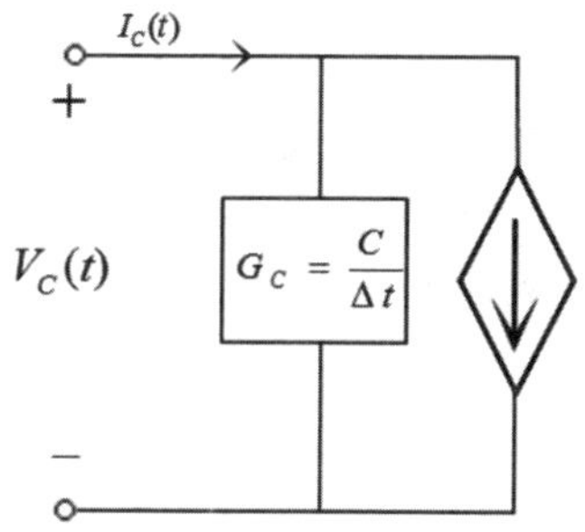

图 6.6　电容在后向欧拉法下的等效电路

步骤 2：利用改进节点分析法形成系统方程。

离散化电感电容后，利用改进节点分析法形成如下的系统方程。

$$\boldsymbol{Y}[\boldsymbol{V}_{\text{node}}]=\boldsymbol{B}\begin{bmatrix}\boldsymbol{I}_{\text{S}}\\ \boldsymbol{V}_{\text{S}}\end{bmatrix} \tag{6.2.3}$$

其中 $\boldsymbol{Y}$ 和 $\boldsymbol{B}$ 是系数矩阵。$\boldsymbol{V}_{\text{node}}$ 是节点电压向量，$\boldsymbol{I}_{\text{s}}$ 是电流源向量，$\boldsymbol{V}_{\text{s}}$ 是电压源向量。

形成如上方程后，在每一个仿真步，StarSim HIL 将用如下的方程来计算节点电压。

$$[\boldsymbol{V}_{\text{node}}]=\boldsymbol{Y}^{-1}\boldsymbol{B}\begin{bmatrix}\boldsymbol{I}_{\text{S}}\\ \boldsymbol{V}_{\text{S}}\end{bmatrix} \tag{6.2.4}$$

(2) 开关 LC 建模方法

① 建模假设

电力电子器件（可理解为开关）采用 LC 建模的方法，即当开关闭合时建模为一个很小的电感，当开关断开时建模为一个很小的电容。在后向欧拉法下，无论电感还是电容都是建模为一个电导并联一个注入电流源。一般会选择合适的 L 和 C 的数值使得下面等式的条件满足，即无论开关是闭合还是断开，其对应的电导 G_{s} 数值不变；只是注入电流的计算方法不同。

$$G_{\text{S}}=\frac{\Delta t}{L}=\frac{C}{\Delta t} \tag{6.2.5}$$

开关的等效电路如图 6.7 所示。

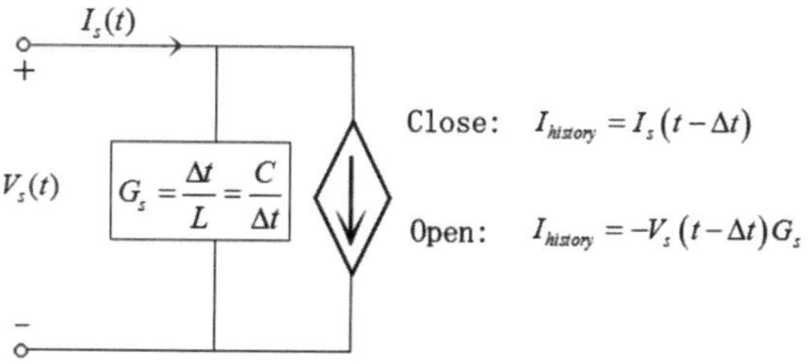

图 6.7　开关等效电路

开关恒电导的好处是无论电路的拓扑如何变换，电路对应的导纳矩阵是不变的，这个特性对于基于 FPGA 的电力电子系统实时仿真是非常有用的。

② 如何让 LC 建模法更好地模拟开关的特性

$$L=\frac{\Delta t}{G_S}, C=G_S\Delta t \tag{6.2.6}$$

小的电感和小的电容对于更好地模拟开关的特性(闭合的时候短路,断开的时候开路)是必要的,从上面的公式(6.2.6)可以看到:LC 的数值都和仿真步长成正比,小的仿真步长对于开关特性的模拟是有好处的;对于某一个选定的仿真步长,1 是 G_S 数值的一个较好选择,它体现了 G_S 对于 L 和 C 的值的影响的一个折中。

那么,开关的 off 状态的阻抗和 on 状态的阻抗的比例如下:

$$\frac{X_{off}}{X_{on}}=\frac{1/\omega C}{\omega L}=\frac{1}{\omega^2 LC}=\frac{1}{\omega^2\Delta t^2} \tag{6.2.7}$$

从上式也可以看到,小的仿真步长可以有利于对开关特性的模拟(大的 off/on 的阻抗比)。

③ 如何让后向欧拉法的开关损耗和实际电力电子系统的开关损耗一致

当开关用 LC 方法建模时(闭合时建模为小电感,断开时建模为小电容),在开关状态改变的时候会有能量的损失:

当开关从闭合变为断开时,原先存储在电感中的能量会消失;

当开关从断开变为闭合时,原先存储在电容中的能量会消失。

$$E_{loss}\approx E_L+E_C=\frac{1}{2}LI_S^2+\frac{1}{2}CV_S^2=\frac{1}{2}\frac{\Delta t}{G_S}I_S^2+\frac{1}{2}G_S\cdot\Delta t\cdot V_S^2 \tag{6.2.8}$$

因此,用 LC 方法来给开关建模的一个缺陷是有时仿真产生的开关损耗会超过实际电力电子系统的开关损耗。

有上述结论可知,采用如下这些方法可以用来减小仿真产生的开关损耗:

a. 选择小的仿真步长:从式(6.2.8)的推导过程可以看出,仿真步长和开关损耗是成正比的。所以小的仿真步长有利于减小由于建模方法引起的开关损耗,小的仿真步长也有利于得到更准确的仿真结果。

b. 选择合适的参数 G_s:从电感和电容存储能量的公式(6.2.8)可以看出,大的 G_s 会减小由于电感带来的损耗,小的 G_s 会减小由于电容带来的损耗。所以对于 G_s 的选择需要做一个权衡。

对于 DC/AC 类型变流器来说,开关损耗可以表达为式(6.2.9),其中 I_{rms} 为交流电流的有效值,V_{dc} 为开关在断开时承受的电压(通常是直流侧电压)。

$$E_{loss}\approx\frac{1}{2}\frac{\Delta t}{G_S}I_{rms}^2+\frac{1}{2}G_S\cdot\Delta t\cdot V_{dc}^2 \tag{6.2.9}$$

从而可以推导得到 $G_{s\_minloss}$ 以最小化上式的开关损耗。

$$G_{s\_minloss}=\frac{I_{rms}}{V_{dc}} \tag{6.2.10}$$

对于在 DC/AC 型变流器中的开关来说,开关电压一般是在 0 和某个固定的数值(一般是直流侧电压)之间随着 PWM 控制信号而跳变,如图 6.8 所示。

StarSim 允许用户设置 $V_{s\_off\_init}$(开关关断后的初始电压),通常来说 DC/AC 变流器的直流侧电压(或直流电容电压)是 $V_{s\_off\_init}$ 一个比较好的设定选取,给 off 状态的开关设置一个合适的初始电压,可以减少给模拟关断状态的电容充电的能量。

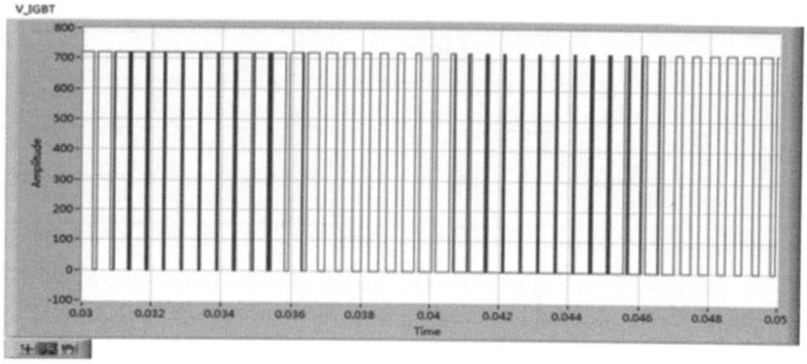

图 6.8　开关电压

6.2.4　硬件模块介绍

如图 6.9 所示为 StarSim 系统其中的一款电力电子实时仿真器 MT6020。MT6020 采用全新自研硬件架构，基于 ZYNQ-7100 SOC 芯片，配有双核 ARM CPU 和超大容量的 FPGA 芯片，搭配研发与优化多年的电力电子小步长实时仿真 Solver，单机可支持更大规模电力电子系统；同时配有光纤接口，便于实现多机并联。

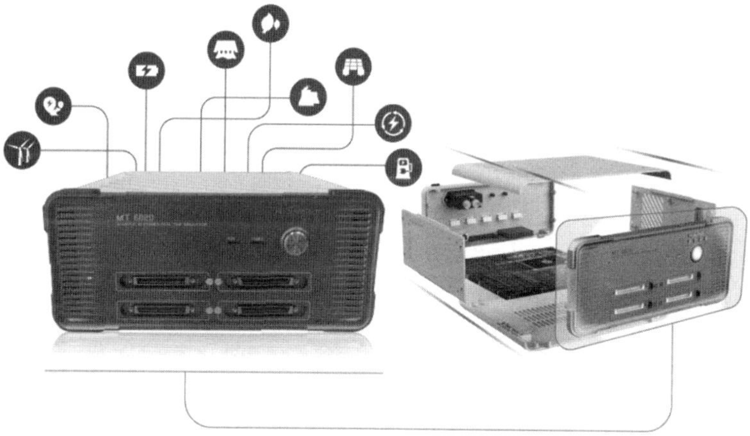

图 6.9　MT6020 电力电子实时仿真器

其中技术参数详情见表 6-1 所示。

表 6-1　MT6020 技术参数

处理器		双核 ARM Cortex -A9，主频 800 MHz
内存		2 GB DDR3 SDRAM
FPGA		芯片逻辑单元 444 K，芯片内存资源 26.5 Mb，芯片含 2 020 个 DSP Slice
模拟输出	通道数	24 路
	分辨率	16 bit
	更新率	1 MSPS
	电压范围	±10 V

表 6-1(续)

处理器		双核 ARM Cortex -A9,主频 800 MHz
模拟输入	通道数	16 路
	分辨率	16 bit
	采样率	1 MSPS
	电压范围	±10 V
数字 IO	数字输入	64 路
	数字输出	16 路
	更新率	10 MSPS
	电压范围	0～3.3 V LVTTL
通信接口	Ethernet	2 个
	光纤	4 路光纤互联拓展口
尺寸		280 mm×132 mm×310 mm(宽×高×深)

由表 6-1 可知,MT6020 包含 AI 16 路,AO 24 路,DI 64 路,DO 16 路,具体接口如图 6.10 所示。

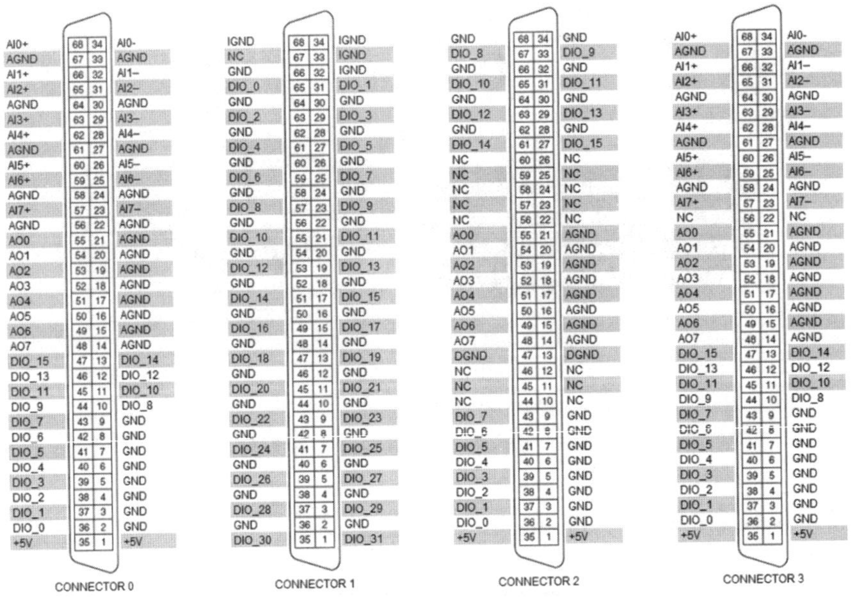

图 6.10　MT6020 接口表示意图

在 MT6020 接口中需注意几个地方:

(1) 在 DO 通道中,Con1_D24:D29(即 Connector 1: DIO 24～29)被固定为电机的编码器或霍尔传感器的输出,用户可在 Models≫Model on FPGA 界面进行配置。

(2) 当电机输出单端编码器信号及霍尔传感器信号时,Con1_D24:D26(即 Connector 1: DIO 24～26)依次表示为电机编码器的 A, B 和 Z 信号;Con1_D27:D29(即 Connector 1: DIO 27～29)依次表示为霍尔传感器的 U, V 和 W 信号。

（3）当电机输出差分编码器信号（不包含霍尔传感器信号）时，Con1_D24：D29（即 Connector 1：DIO 24～29）依次表示为电机编码器的 A+，B+，Z+，A−，B−，Z− 信号。

（4）AI 和 AO 信号范围为±10 V 之间，DI 和 DO 信号范围 3.3 V/TTL。

6.3　StarSim 使用流程

StarSim HIL 的使用和运行具体可以分为以下六个步骤，本节以并网逆变器为例对 StarSim 使用流程进行介绍。

步骤一：连接到实时仿真器硬件。

（1）打开 StarSim HIL 程序，如图 6.11 所示；

图 6.11　StarSim HIL 程序

（2）将 MT6020 电力电子实时仿真器的 IP 地址填写到 StarSim HIL 的硬件设置页面上，填上密码，再点击按钮，即可进行硬件连接，如图 6.12 所示。

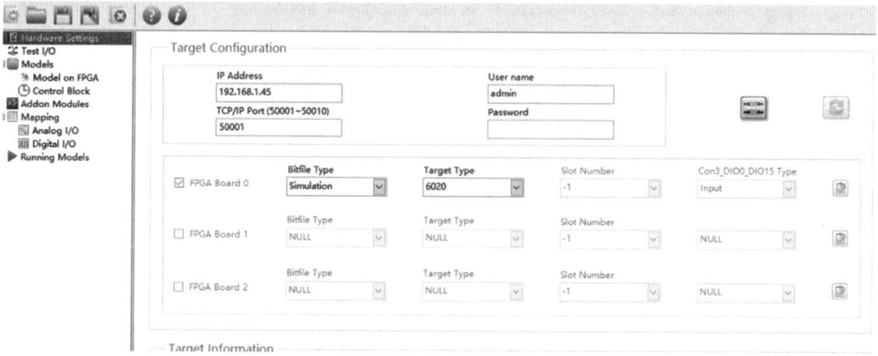

图 6.12　StarSim HIL 的硬件设置页面

步骤二：检测 I/O 是否连接正常。

成功连接目标硬件后，用户可以点击主界面上的 Test I/O 进入系统的 I/O 测试页面（如图 6.13 所示），以确保实际硬件的连接没有出错。

（1）选择要测试的 FPGA Board 和 Target Type；

（2）点击按键就能开始测试；

（3）可以利用相连的控制器给出模拟和数字信号，并在 I/O 测试界面观察输入信号是否正常，来检测硬件的工作情况、接线是否正确；

（4）点击按钮停止测试。

步骤三：加载电力电子模型。

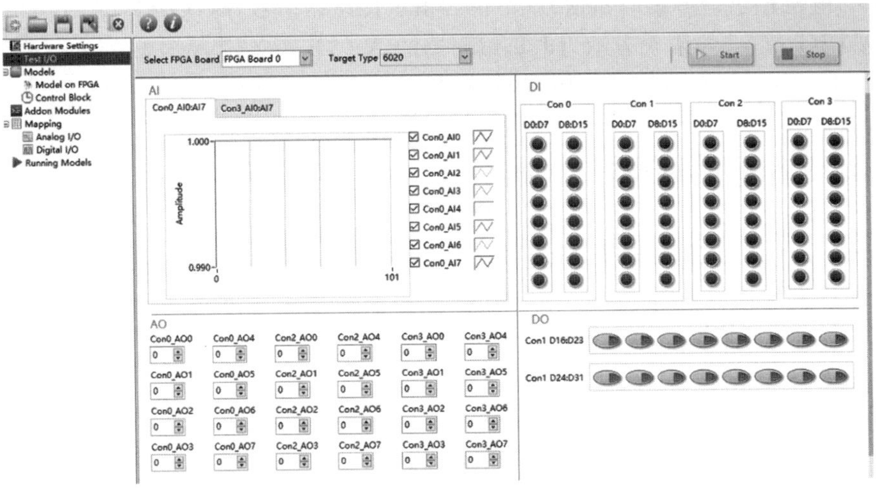

图 6.13　系统 I/O 测试页面

(1) 进入 Model on FPGA 界面(如图 6.14 所示)之后,点击小文件夹图标加载电力电子模型。选好之后,会在页面上显示相应文件的文件路径。如果该路径下的电力电子模型文件有修改,此时只需要点击 Reload 按钮即可重新加载文件,无须再重新选择文件。

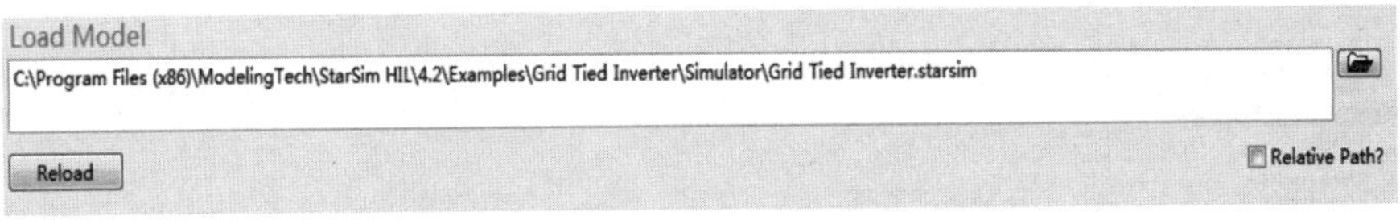

图 6.14　Model on FPGA 界面

(2) 设置仿真步长,仿真步长的最小值是根据拓扑大小不同而不同,仿真步长最大值为 1.5 us。如图 6.15 所示。

图 6.15　设置仿真步长界面

(3) 加载模型之后,如图 6.16 所示,Model Information 信息栏会显示载入的 StarSim 模型占用的系统资源量“Model”(电路节点数,开关数,电压电流表数等)以及支持的最大资源量“Max”。在“Support?”一栏则会显示 StarSim 模型占用的系统资源量是否在支持的最大资源量范围内,如果模型所需要的资源量超过了支持的最大资源数,则会显示“No”提示资源超出。另外,界面上还会显示当前的设备支持仿真的电机类型。

(4) 加载模型之后,程序会自动检测模型中是否含有开关,如果有,程序会把 Switch Gs 页面显示出来,如图 6.17 所示。

(5) 添加 CPU 运行模型。

用户不使用 Control Block 时,CPU Loop Step Size 默认为 100 us,用户可以通过修改

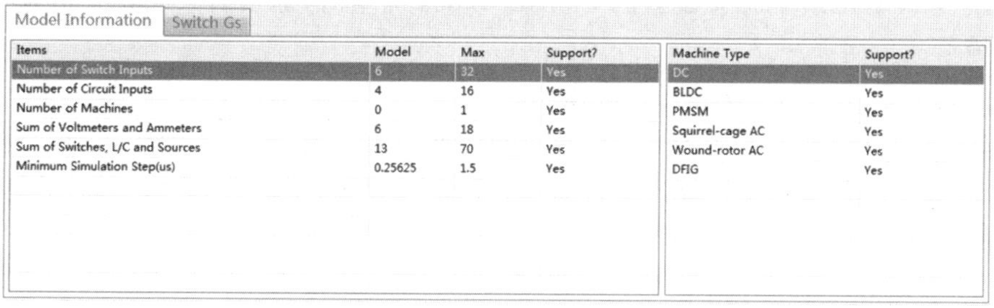

图 6.16　Model Information 信息栏显示内容

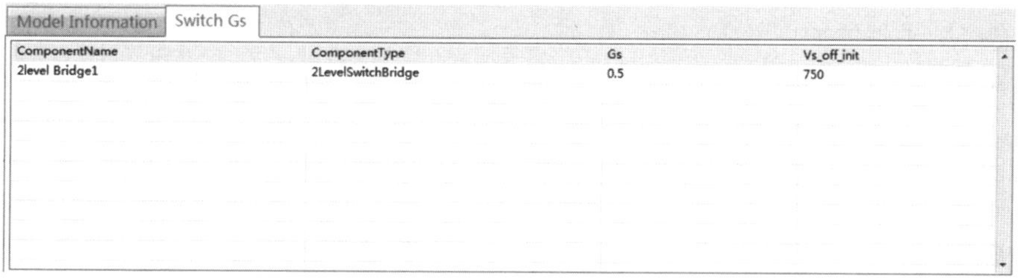

图 6.17　Switch Gs 显示页面

CPU Loop Step Size 来修改 CPU 循环速率，如图 6.18 所示。

图 6.18　通过 CPU Loop Step Size 修改 CPU 循环速率

用户使用 Control Block 时，CPU Loop Step Size 用来设置 Control Block 的仿真步长，如图 6.19 所示。

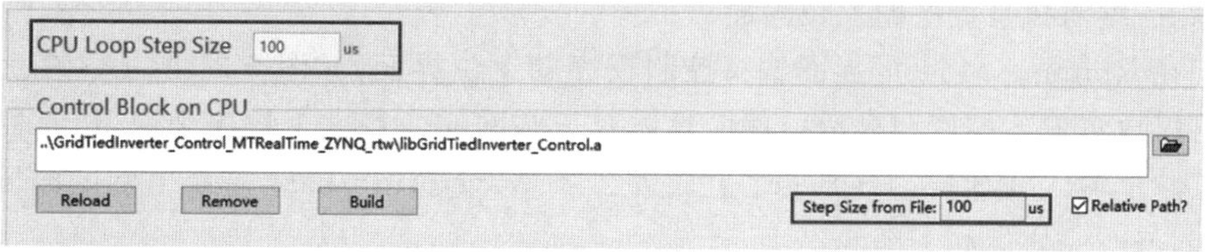

图 6.19　通过 CPU Loop Step Size 设置 Control Block 的仿真步长

在图 6.19 中，Step Size From File 显示为 100us，表示从控制程序中读出的 Step Size 为 100 us，用户可以在上面的 CPU Loop Step Size 处设置仿真步长，但是对.a 文件我们建议用户按照 Step Size From File 中显示的值来设定 CPU Loop Step Size。如果用户需要更改 Step Size，建议用户在原 Simulink 控制程序中重新设置 solver 并编译.a 文件。

当 StarSim HIL 允许用户配置的 Control Block 为空时，即当前系统只有仿真模型，没有 CPU 模型或控制算法。

步骤四：MAP 电力电子模型的输入输出。

在运行仿真之前需要连接仿真模型和实际硬件的输入输出端口，然后才能顺利运行仿真。仿真模型一般需要通过计算出模型的电压，电流，编码器计数器等信息，然后把计算出的模型输出发送到硬件 I/O 上。

这一步可以通过把硬件 I/O 和仿真程序的输入输出通过 Mapping 界面连接起来实现。具体对于并网逆变器这个程序来说，它需要将模型里面电网的电压，电网电流发送给控制侧；然后控制侧根据控制算法和采集到的量计算生成 PWM 波再发送给仿真侧。我们根据实际物理 I/O 的定义（接线），把仿真侧模型参数和需要采集的 PWM 波与硬件 I/O 一一连接起来，连接结果具体如图 6.20、图 6.21 所示。

（1）Analog I/O 页面

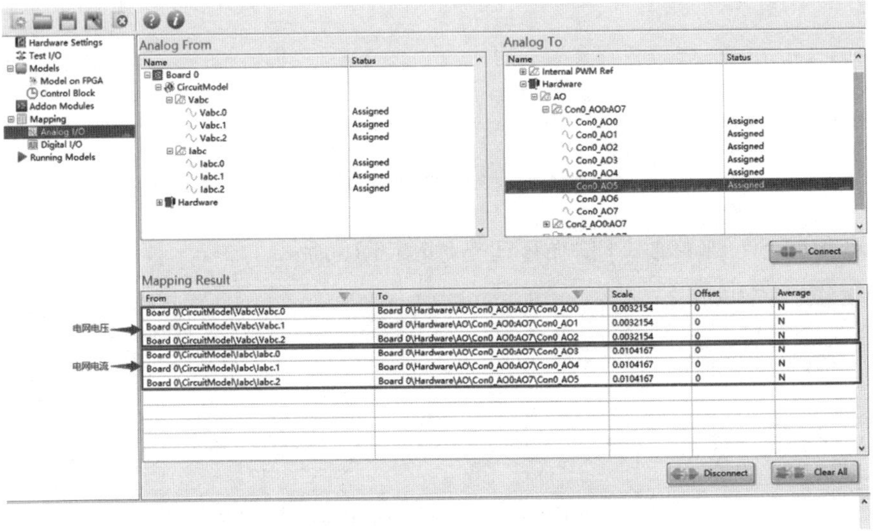

图 6.20　Analog I/O 页面

（2）Digital I/O 页面

步骤五：编写仿真程序的上位界面。

我们在 Running Models 界面编写控制程序的上位界面，如图 6.21 所示。在上位界面上我们可以放置输入控件和显示控件。具体对于并网逆变器这个程序来说，仿真侧不需要有界面控制量输入，我们在 UI Page1 上放置 2 个 Waveform Chart，选择电网的电压和电流进行观测，修改完成后如下图 6.22 所示。

步骤六：运行程序。

前面的工作都完成后，可以开始运行仿真程序。

（1）设置采样速率（如图 6.23 所示）

CPU Cycles per sample 设置每几个 CPU 循环才采集一次要向上位机传输的数据；Fs 为显示界面实际采样率。RT 循环的默认速率是 10 k，这里的 Fs 最大为 10 k。

（2）运行程序

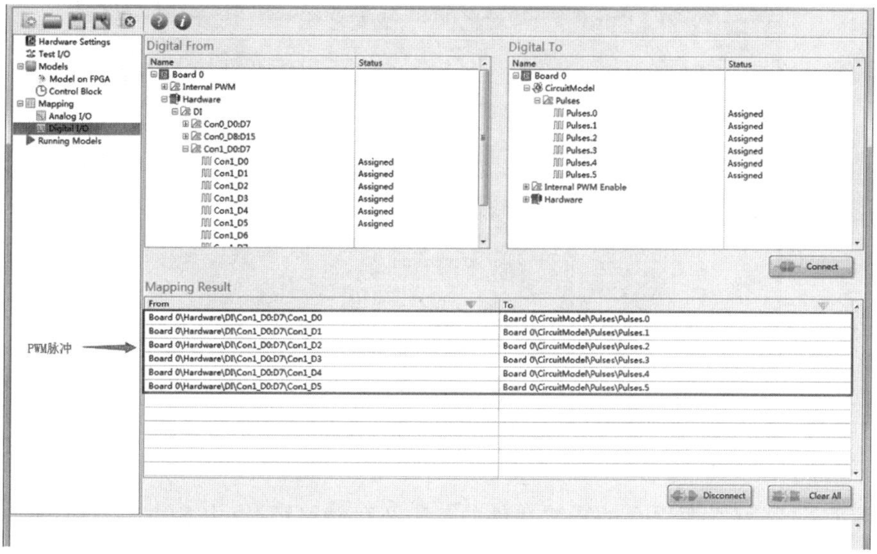

图 6.21　Digital I/O 页面

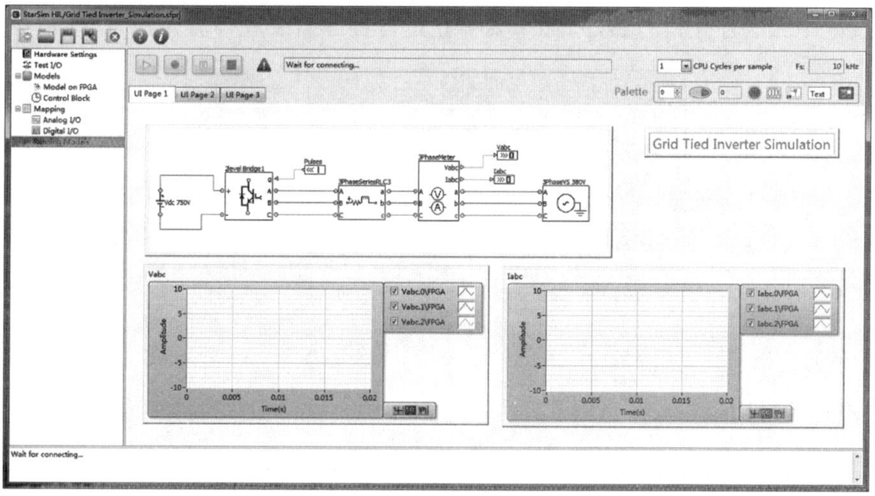

图 6.22　编写控制程序的上位界面

图 6.23　采样速率的设置

上位界面编辑好之后，点击按钮即可开始运行仿真程序。运行程序后在 waveform chart 中可以看到选中数据的波形(如图 6.24 所示)。

(3) 录制波形

点击运行界面上的录波按钮进行波形的录制，点击按钮之后会弹出一个对话框，如

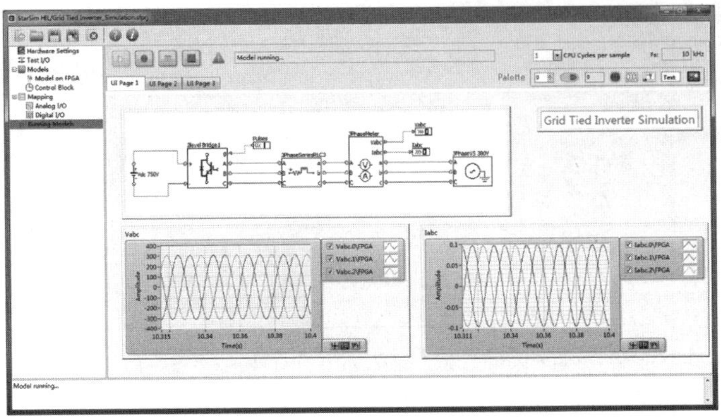

图 6.24　选中数据的波形

图 6.25 所示，选择好需要保存的录波文件的名称及存储路径，点击 Start 即可开始录制波形了。同时，录波过程中，录波按钮会一直闪烁；再次点击录波按钮即可停止录波。请注意，录波文件中记录的波形是从录波功能启动时开始的波形，并不是程序运行的所有时间段的波形；如果用户需要对程序运行的最开始就进行录波，用户可以在程序运行前启动录波功能；录波过程中无法停止运行程序，如果要停止运行程序需要先停止录波，详情请见步骤 4。

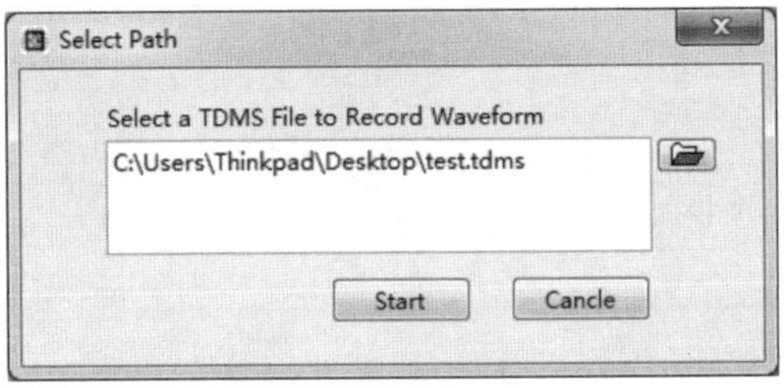

图 6.25　录制波形

（4）停止运行

点击按钮即可停止运行，如果无法停止运行，请检查是否在录波中，如果是则先关闭录波再停止仿真。

6.4　StarSim 的应用案例

6.4.1　简单的电力电子应用案例

本小节以并网逆变器为案例详细介绍 Simulink 离线闭环算例如何实时化，并网逆变器闭环控制系统的实时化可分为以下三个步骤实施：

（1）设置离线仿真的大小步长

首先将在 MATLAB/Simulink 中的并网逆变器设置两个 LOOP RATE（拓扑按小步长，控制按大步长运行）。如下图 6.26 所示，其中电力电子拓扑步长设置为 $1e^{-6}$ s，控制算法步长设置为 $1e^{-4}$ s，运行 Simulink 离线仿真，保证离线闭环结果正确。并网逆变器仿真模型及仿真结果如图 6.26、图 6.27 所示。

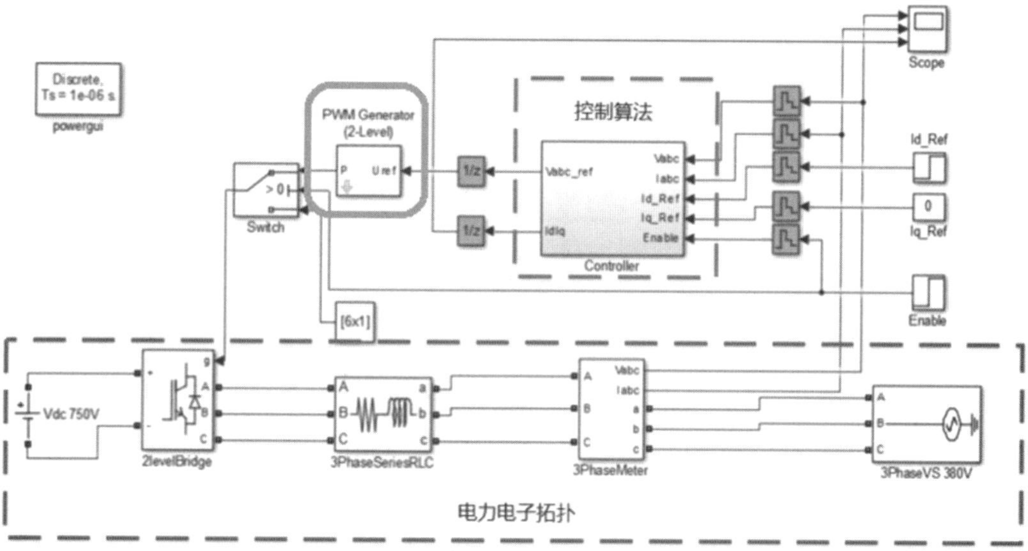

图 6.26　并网逆变器电力电子仿真拓扑

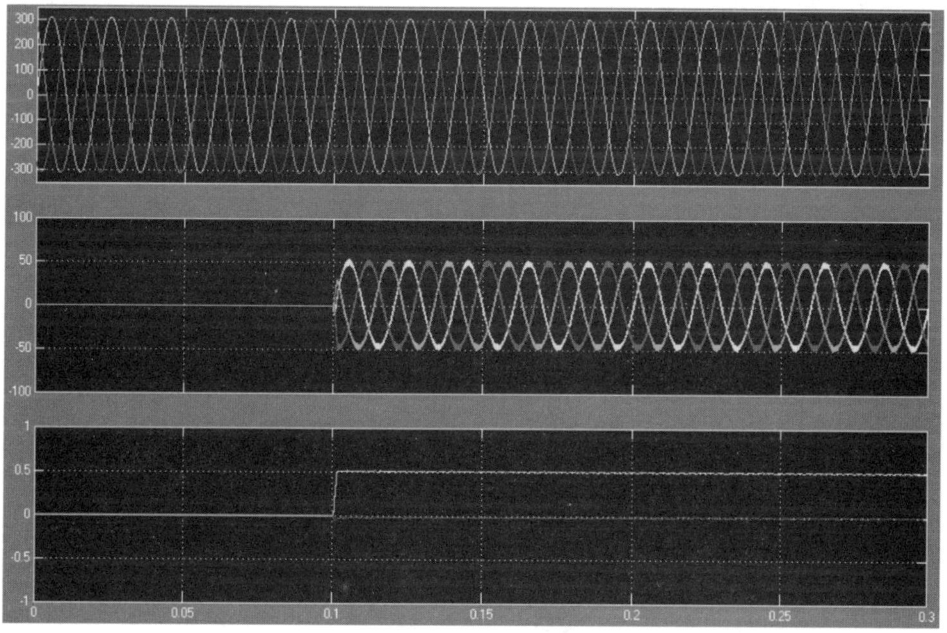

图 6.27　并网逆变器仿真结果图

(2) 分离离线仿真中功率电路与控制电路

将步骤一中的离线仿真进行拆分为如下的功率电路与控制电路两部分(如图 6.28 所示),其中并网逆变器的控制电路在 CPU 上,功率电路在 FPGA 上,PWM 信号的发生也是放在 FPGA 上(称为 Internal PWM)。

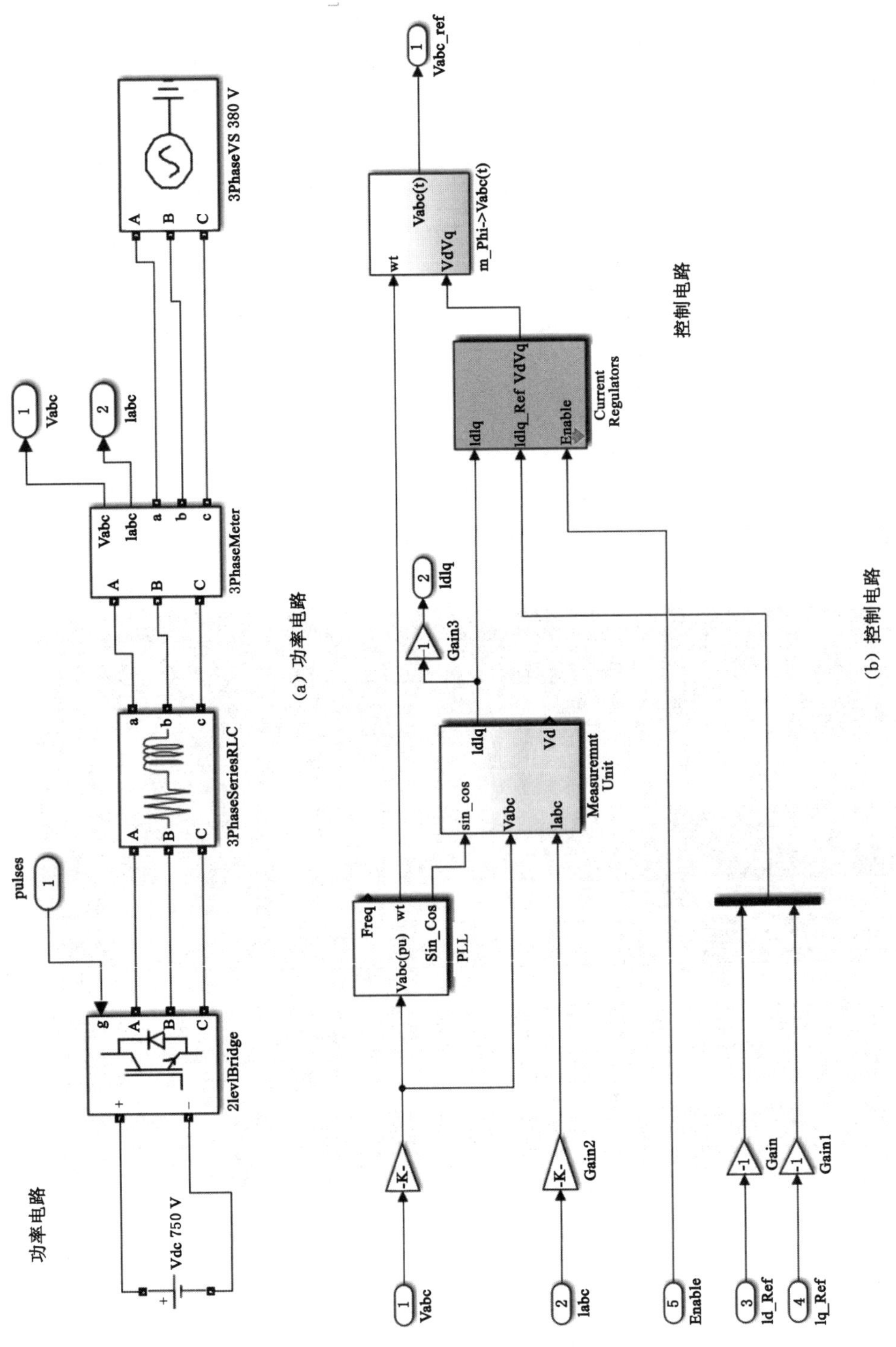

（a）功率电路

（b）控制电路

图 6.28　并网逆变器功率电路与控制电路

(3) 搭建 HIL 自闭环 Project

(a) 加载电力电子仿真模型

加载模型之后，如图 6.29 所示，Model Information 信息栏会显示载入的模型占用的系统资源量“Model”(电路节点数，开关数，电压电流表数等)以及支持的最大资源量“Max”。在“Support?”一栏则会显示模型占用的系统资源量是否在支持的最大资源量范围内，如果模型所需要的资源量超过了支持的最大资源数，则会显示“No”提示资源超出。

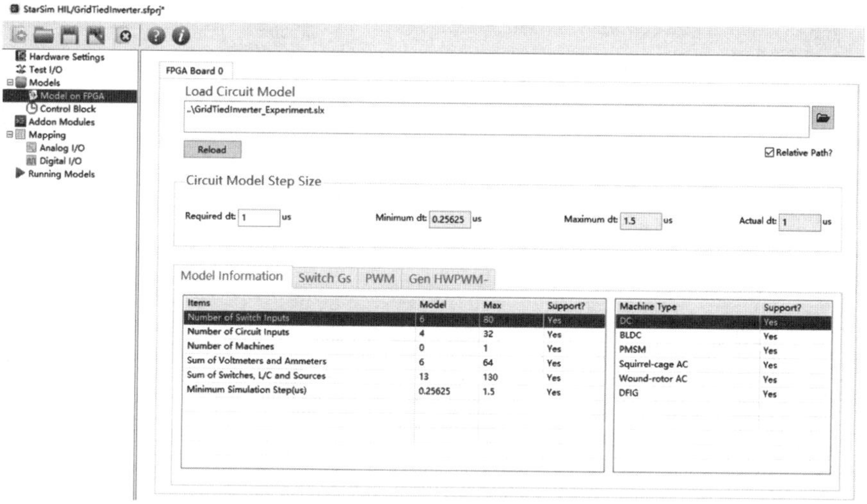

图 6.29　加载电力电子仿真模型

(b) 加载控制算法

图 6.30 中 Step Size From File 显示为 100us，表示从控制程序中读出的 Step Size 为 100 us，用户可以在上面的 CPU Loop Step Size 处设置仿真步长，但是对.a 文件我们建议用户按照 Step Size From File 中显示的值来设定 CPU Loop Step Size。如果用户需要更改 Step Size，建议用户在原 Simulink 控制程序中重新设置 solver 并编译.a 文件。

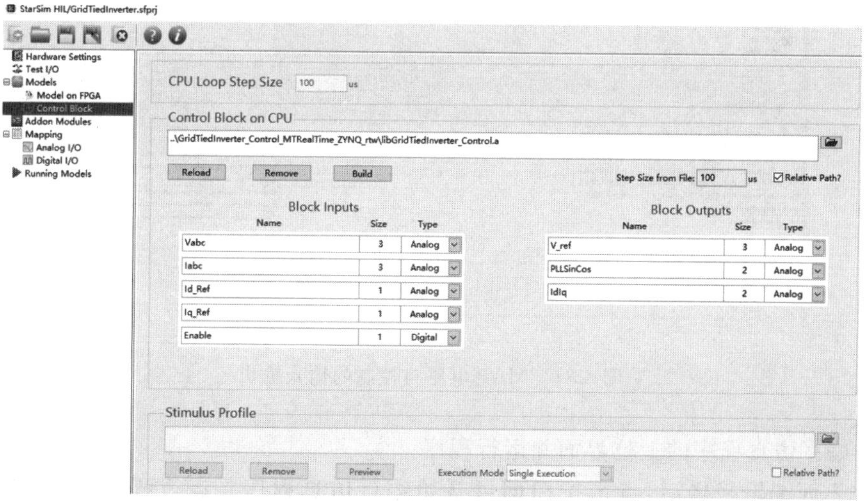

图 6.30　加载控制算法

(c) MAP 电路与控制的输入输出

根据离线仿真中电路的输入输出与控制电路的输入输出关系进行 Mapping(如图 6.31 所示),其中在 Analong I/O 界面控制电路的输出 Mapping 给 Internal PWM Ref,在 Digital 界面 Internal PWM 信号与电路中的输入 pulses 相连接。Id_ref、Iq_ref 为 UI 界面的模拟量控制输入,Enable 为 UI 界面的数字量控制输入。

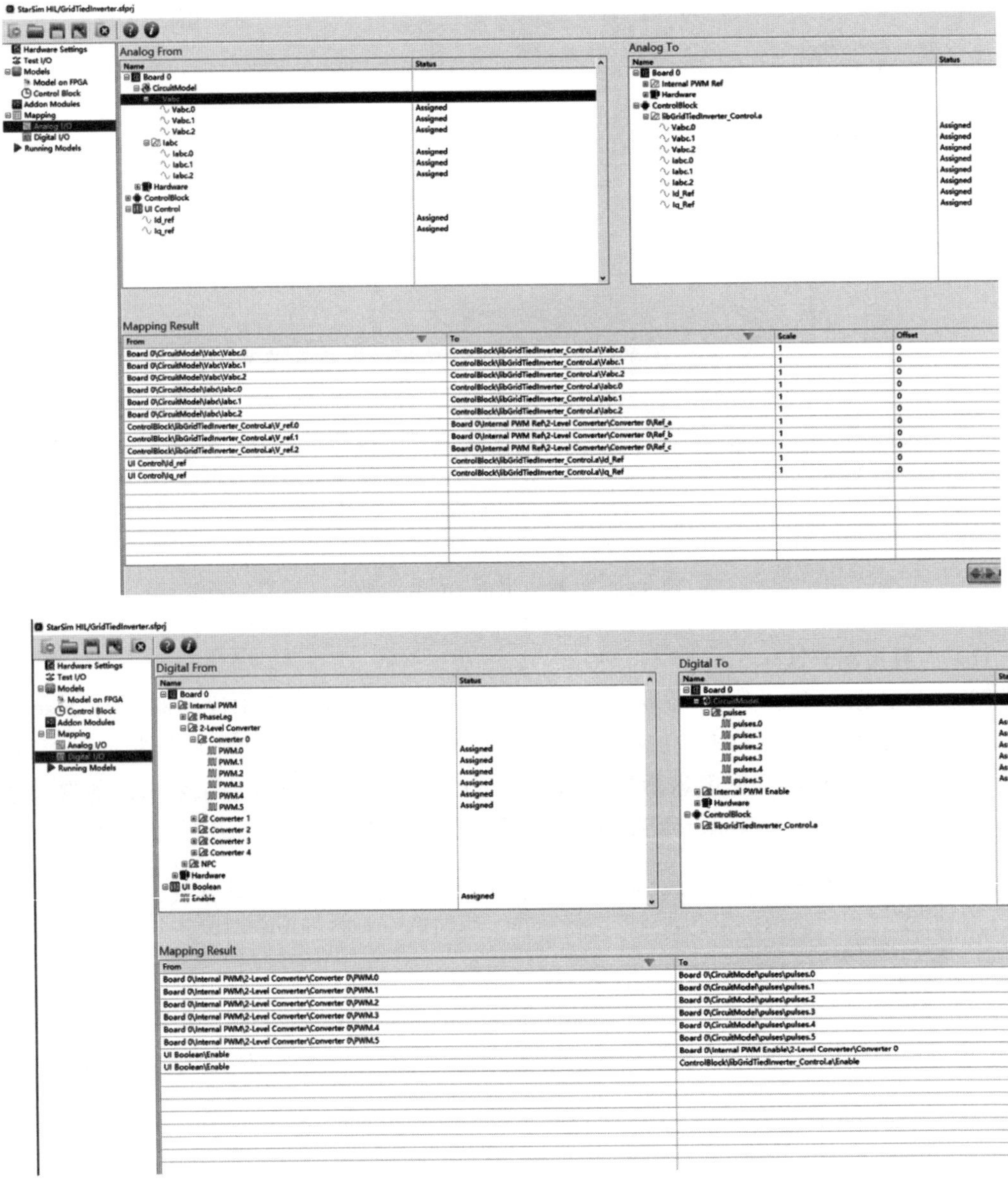

图 6.31 MAP 电路与控制的输入输出

(d) 编写仿真程序的上位界面并运行程序

上位界面编辑好之后,点击按钮即可开始运行仿真程序。运行程序后,在 Waveform Chart 中可以看到选中的信号的波形,其中 Id_ref、Iq_ref 和 Enable 为 UI 界面的控制输入量。

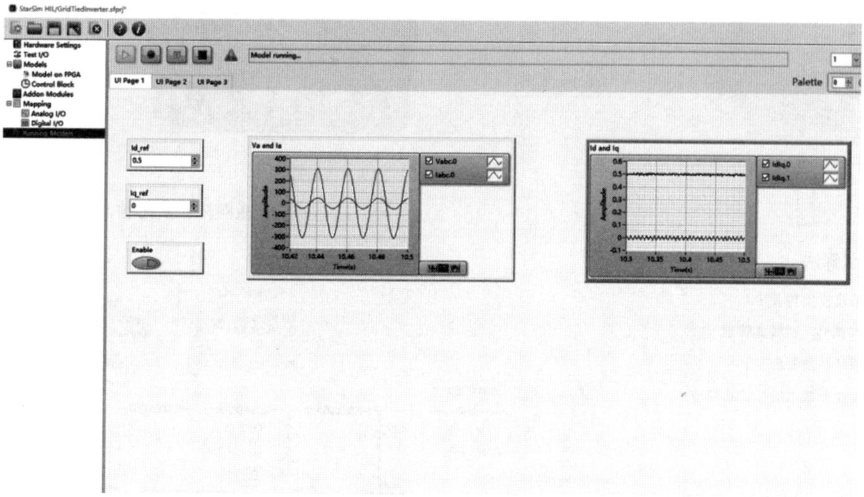

图 6.32　仿真程序的上位界面与程序运行

从图 6.32 中可以看到,电网的电压和电流的相位重合,并网逆变器实现了单位功率因数的控制(Iq_ref=0)。另外也可以从 Id 的测量量看到,测量量 Id_ref 在 0.5 上下波动,即测量量 Id 可以较好地跟踪 Id_ref,进而验证了实时仿真的精确性。

6.4.2　复杂的电力电子应用案例

(1) 微网实时仿真系统整体介绍

微网实时仿真与控制系统由两个 MT6020 机箱对接组成:

① 模拟微网系统的 MT6020:微网电路模型按 1 us 实时运行在 FPGA 上;

② 模拟微网主控的 MT6020:主控算法实时运行在 CPU 上。

微网的中央控制(MicroGrid Central Controller,MGCC)运行在微网主控 MT6020CPU 上,主控系统负责监测微网的运行状态,同时实时运行着协调控制、能量管理等微网的上层控制算法。

微网模型在实时仿真器上运行,该实时仿真器基于 MT6020 的硬件与 ModelingTech 的 StarSim 实时电力建模仿真软件。将搭建的微网模型下载到 MT6020 实时仿真器中运行,进而模拟和仿真一个真实微电网。

实时仿真器将微网系统的状态(功率,开关状态)通过通信的方式送到运行着微网主控能量管理系统的微网主控 MT6020 CPU 上,主控 MT6020 CPU 将各种控制指令(并网脱网,负荷投切,电池充电放电等)通过通信接口发给实时仿真器,二者形成一个实时闭环系统,整体架构如图 6.33 所示。

在实际的微网系统中,微网中的各个电力电子设备(储能,光伏,风机等)的控制器一般都是通过 Modbus 通信来和微网的主控进行信息的交换。因此,为了更加真实模拟真实的微网系统,本实时系统中微网实时仿真器同微网主控的通信也将利用 Modbus 通信协议来实现。

真实微网中的各个部件与微网实时仿真系统的对照表如表 6-2 所示。

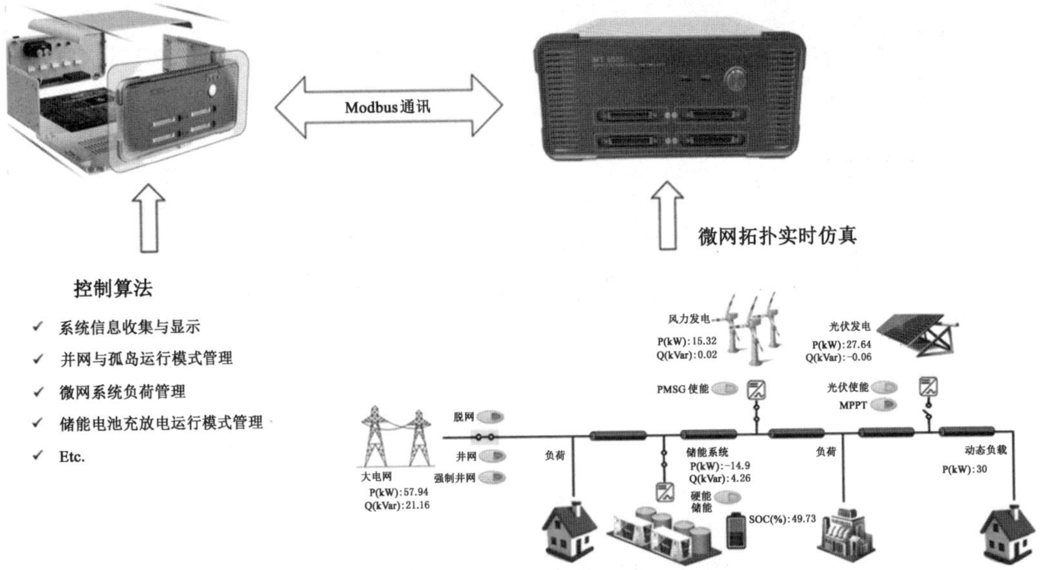

图 6.33　仿真器-主控 MT6020 CPU 实时闭环系统

表 6-2　真实微网中的各个部件与微网实时仿真系统的对照表

真实微网	微网实时仿真系统	
	模拟形式	实时系统
微网网架和拓扑	电路模型	实时运行在 MT6020 的 FPGA 上
光伏，风机，蓄电池等	数学模型	实时运行在 MT6020 的 CPU 上
光伏逆变器，蓄电池逆变器等	控制算法与模型	实时运行在 MT6020 的 CPU 上
微网主控	调度与控制算法	运行在主控 MT6020 的 CPU 上

(2) 微网模型介绍

① 微网的拓扑介绍

如图 6.34 所示，本模型搭建的微网系统中含有风机、光伏等分布式可再生能源，也有锂电池储能系统用来在微网孤岛运行时提供功率支撑，负荷包含普通的居民负荷、可调节负荷。

② 锂电池储能系统简介

此微网中的锂电池储能系统的具体参数如图 6.35 所示，额定电压为 750 V，容量为 100 Ah。

本实时系统中储能系统在并网状态下的控制运行目标：按微网主控发来的控制命令进行充放电；维持设备交流侧的电压为 1(p.u.)。

在孤岛运行状态下，储能系统的运行控制目标为维持微网系统频率在额定频率 50 Hz，在微网系统和主电网系统要重新并网时，通过 active synchronization 功能使得两个系统的相位相同。具体详见储能系统的运行控制策略。

③ 光伏发电系统简介

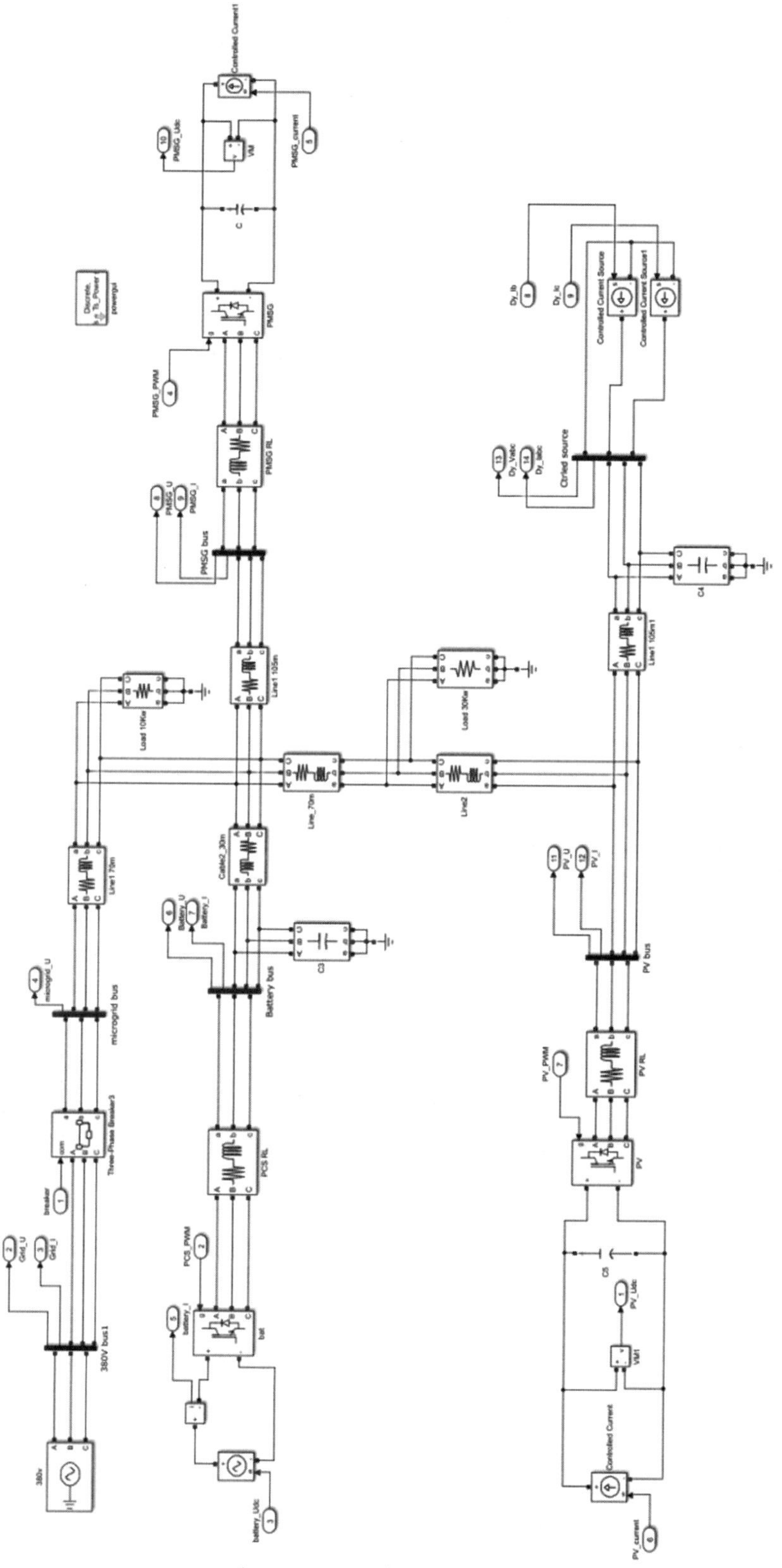

图 6.34　微网拓扑图

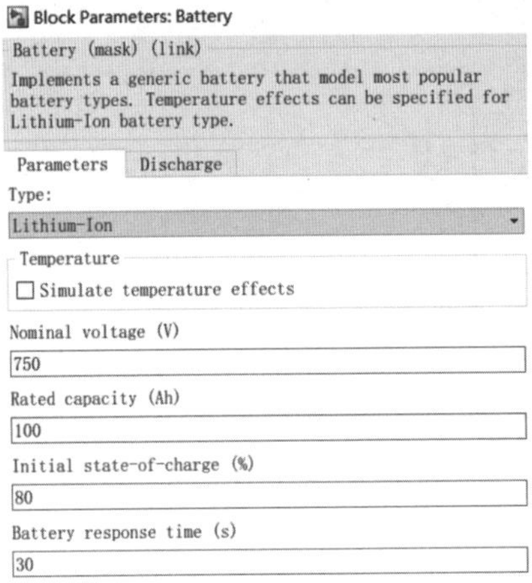

图 6.35　锂电池储能系统的具体参数

光伏系统的参数如图 6.36 所示，在额定的光照强度 1 000 W/m² 时，在 MPPT 的作用下，光伏系统发出的功率为 27 kW。

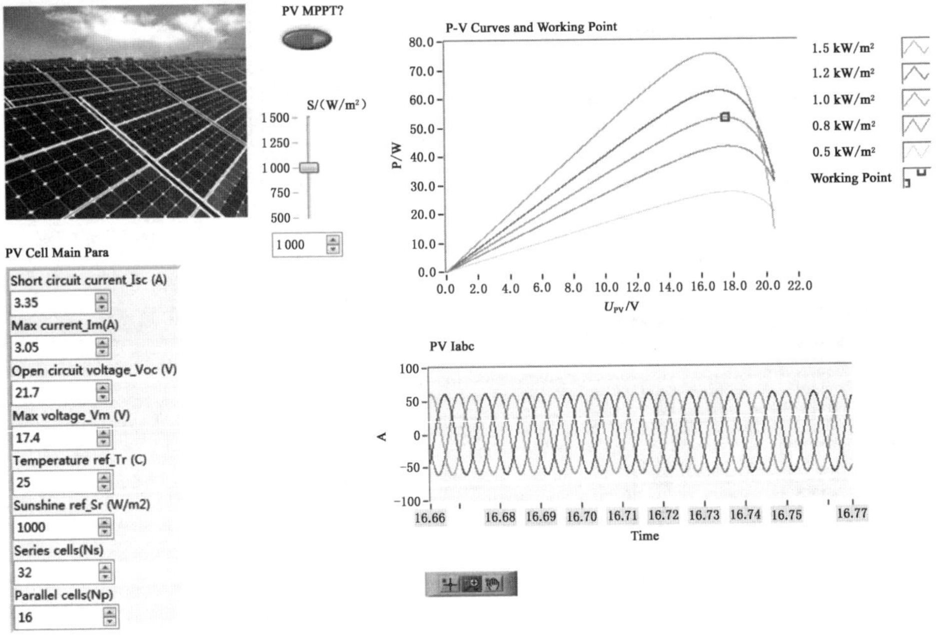

图 6.36　光伏系统的参数设置

④ 风力发电系统简介

此微网中的风机为直驱永磁小功率风机，额定风速为 12.5 m/s，额定功率为 31.8 kW，运行的风速范围为 5～20 m/s，小功率风机的 P-T 图如图 6.37 所示。

⑤ 居民负荷

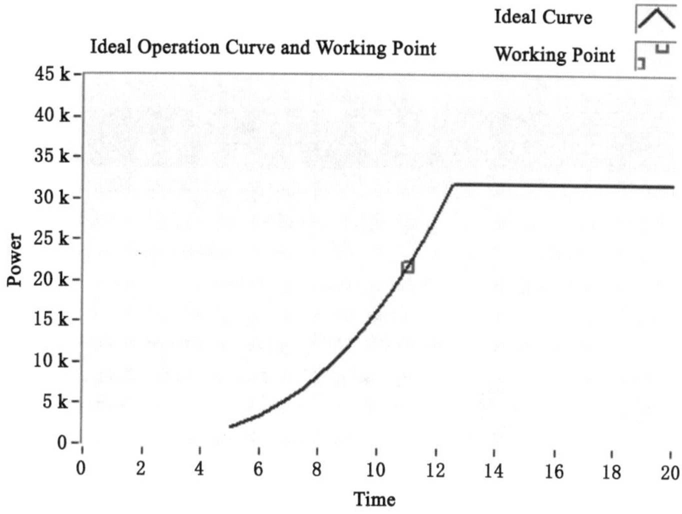

图 6.37　直驱的永磁小功率风机 P-T 图

微网中的负荷 1、负荷 2 为普通居民负荷，在 380 V 电压下，其有功和无功功率分别为 10 kW+j5 kVar，30 kW+j15 kVar；负荷 3 为可控负荷（在孤岛情况下，可以完全切除的负荷），负荷 3 在并网工况下为 30 kW 的有功负荷，10 kVar 的无功负荷。

（3）微网系统实时化

微网主控通过 Modbus 通信（目前微网中常用的通信方式）来和微网中的各个逆变器控制器（本例中是和微网实时仿真器）进行通信，收集系统的信息，同时发送控制指令，其中在 StarSim HIL 中 Modbus 设置如图 6.38 所示。

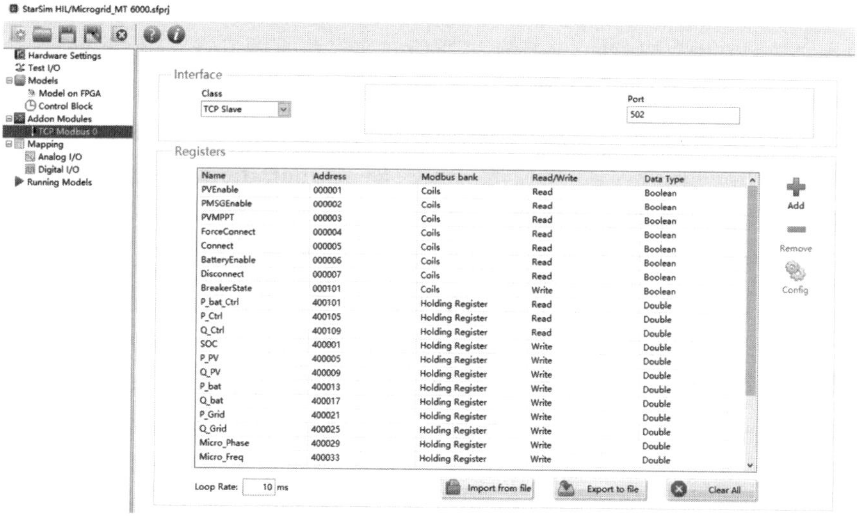

图 6.38　StarSim HIL 中 Modbus 相关设置

在微网 MGCC 主界面，如图 6.39 所示，用户可以直观地观察到微网的一些主要的状态量[各微源的功率,蓄电池的工作模式(充电还是放电),可控负荷数值等];也可以进行各个微源的投切控制,以及孤岛或并网等运行模式的控制。

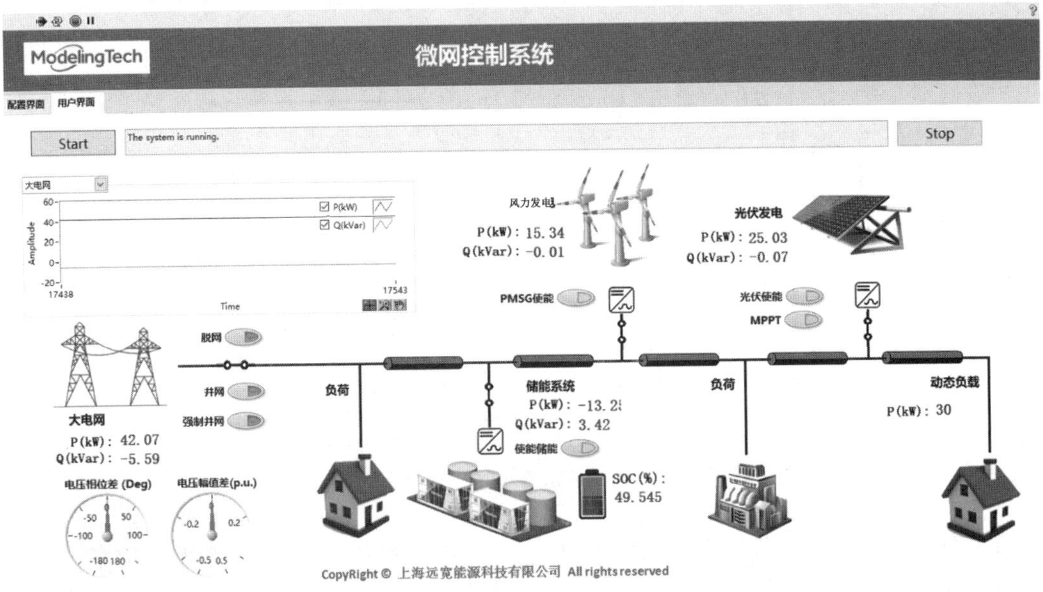

图 6.39　微网主控界面各系统状态

微网主控的界面上有“脱网”“并网”和“强制并网”三个按钮来控制微网的孤岛与并网等运行方式:

① 单击“脱网”按钮后,主控通过通信向实时仿真器发送“脱网”的命令,实时仿真接到命令后将跳开并网断路器。

② 单击“强制并网”按钮后,主控通过通信向实时仿真器发送“强制并网”的命令,实时仿真器接到命令后强制合上并网断路器(不考虑微网与主网之间频率、相位和幅度的不同)。

③ 单击“并网”按钮后,主控通过通信向实时仿真器发送“并网”的命令,实时仿真器上的储能逆变器接收到并网命令后,将使能 Active Synchronization,并在符合并网条件是把并网断路器合上,实现冲击很小的并网。

微网处于并网状态时,由图 6.39 所示,此时储能系统处于充电状态,充电功率约为 13 kW,同时风电、光伏发电均启动,两者与电网共同向负载供电。同时由图 6.40、图 6.41 可以看出,新能源发电工作在最大功率点附近,微网系统直流侧电压较为稳定,电网、储能系统以及新能源发电侧的电流波形质量较好,从而验证了微网实时仿真系统的正确性。

微网处于脱网状态时,由图 6.42 所示,此时储能系统处于放电状态,放电功率约为 29 kW,同时风电,光伏和 VRB 储能三个逆变器一起通过下垂(Droop)控制的策略来实现对系统电压的支撑,储能系统、光伏和风电共同向负载供电。同时由图 6.43、图 6.44 可以看出,孤岛模式下微网系统电压较为稳定,储能系统以及新能源发电侧的电流波形质量较好。

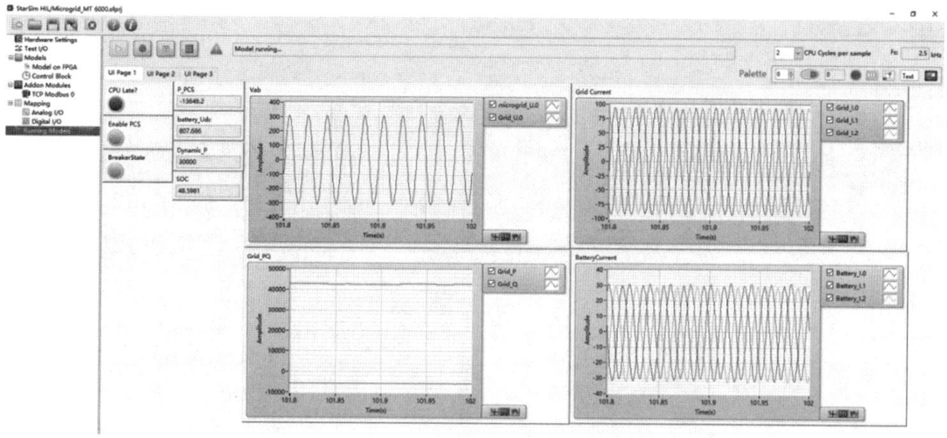

图 6.40　网侧与储能系统电压、电流和功率

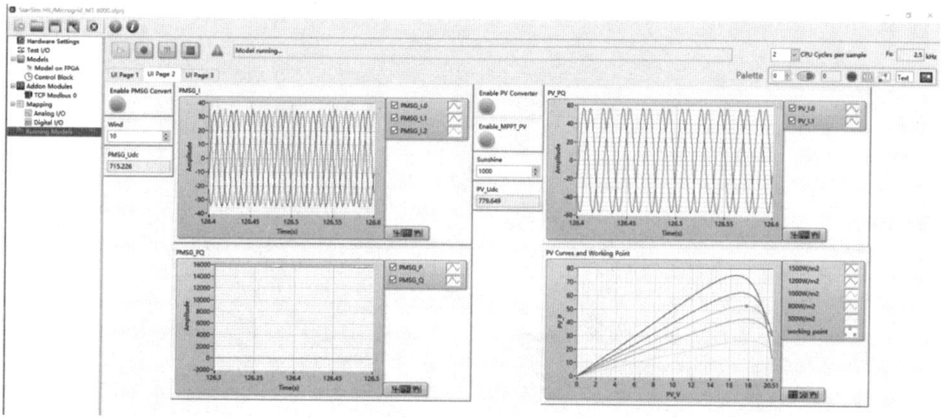

图 6.41　风电和光伏发电测电压、电流和功率

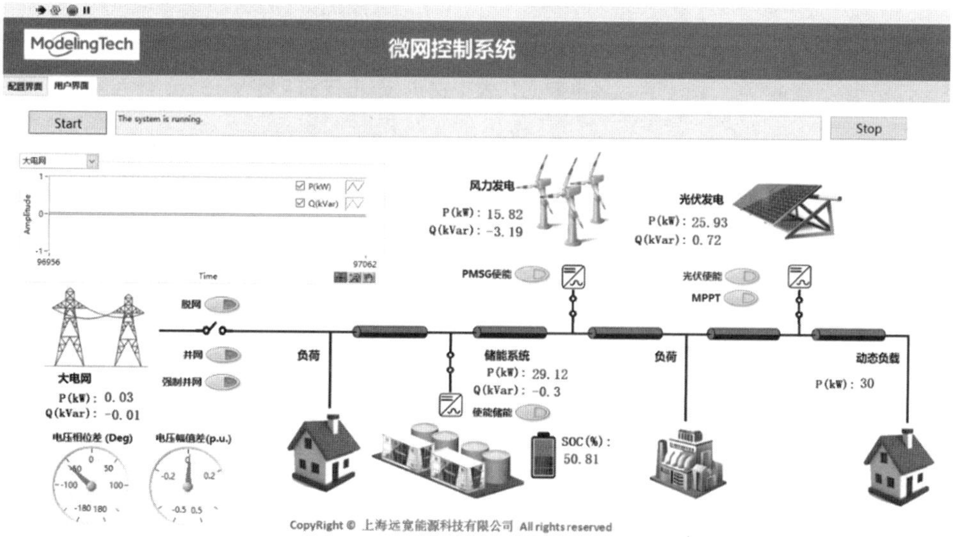

图 6.42　微网主控界面各系统状态

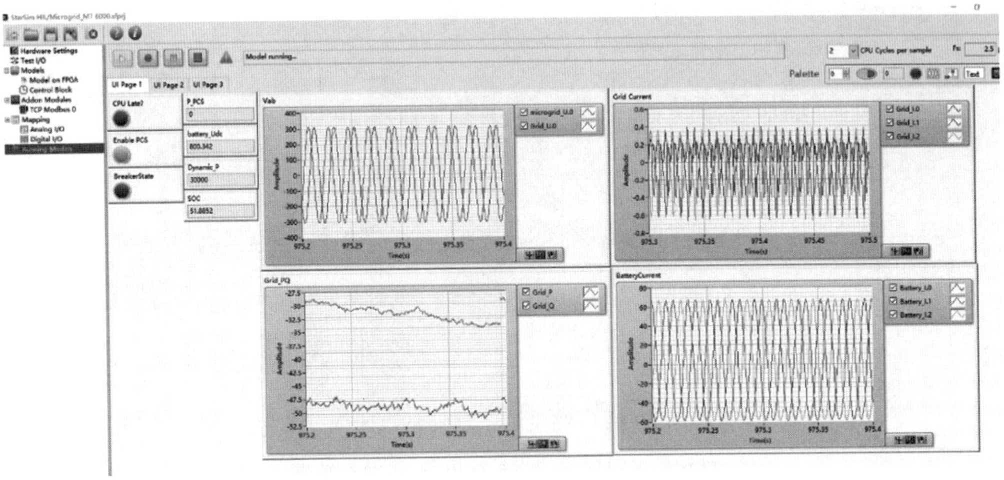

图 6.43　网侧与储能系统电压、电流和功率

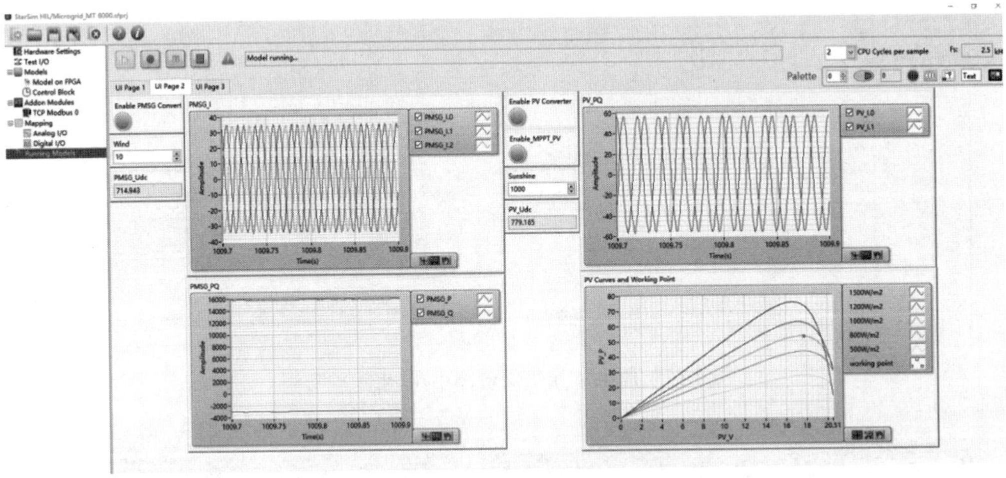

图 6.44　风电和光伏发电测电压、电流和功率

参考文献

[1] 蒋珉，柴干，王宏华，等.控制系统计算机仿真[M].北京：电子工业出版社，2012.

[2] 辛业春.实时仿真与测试[M].北京：中国电力出版社，2021.

[3] 杨涤.系统实时仿真开发环境与应用[M].北京：清华大学出版社，2002.

[4] 刘剑.风力发电系统硬软件实时仿真研究[M].徐州：中国矿业大学，2009.

[5] 邓永红，马红梅.电力电子与电气传动实验教学指导教程[M].徐州：中国矿业大学出版社，2021.

[6] 仵文杰，邱忠才.电力电子与电力传动综合实验教程[M].成都：西南交通大学出版社，2009.

[7] 姚楠.电气化铁道牵引网基波与谐波模型研究[D].北京：北京交通大学，2008.

[8] 李群湛，贺建闽.牵引供电系统分析[M].成都：西南交通大学出版社，2007.

[9] 钱清泉，高仕斌，何正友，等.中国高速铁路牵引供电关键技术[J].中国工程科学，2015，17(04)：9-20.

[10] 李亚楠.高速铁路牵引供电关键技术分析[J].中国高新科技，2018(10)：8-10.

[11] 孙刚，时伯年，孙谦浩，等.基于 RT-LAB 的柔性直流配电保护系统硬件在环测试[J].南方电网技术，2016，10(4)：23-29.

[12] Dufour C，Abourida S，Belanger J. Hardware-In-the-Loop Simulation of Power Drives with RT-LAB[C]//International Conference on Power Electronics & Drives Systems，2006.

[13] 刘延斌，金光.半实物仿真技术的发展现状[J].光机电信息，2003(1)：27-32.

[14] LIU Z，GENG Z，HU X. An approach to suppress low frequency oscillation in the traction network of high-speed railway using passivity-based control[J]. IEEE transactions on power systems，2018，33(4)：3909-3918.

[15] LIU Z，XIANG C，WANG Y，et al. A model-based predictive direct power control for traction line-side converter in high-speed railway[J]. IEEE transactions on industry applications，2017，53(5)：4934-4943.

[16] 葛兴来，张呈象，韩旭东，等.一种抑制牵引网压低频振荡的网侧变流器控制策略[J].中国铁道科学，2017(6)：100-107.

[17] ZHANG G，LIU Z，YAO S，et al. Suppression of low-frequency oscillation in traction network of high-speed railway based on auto-disturbance rejection control[J]. IEEE transactions on transportation electrification，2016，2(2)：244-255.

[18] 刘诗慧，林飞，杨中平，等.抑制电气化铁路低频振荡的四象限变流器控制方法[J].电工技术学报，2016(S2)：82-89.

[19] BRENNA M, FOIADELLI F, ZANINELLI D. New stability analysis for tuning PI controller of power converters in railway application[J]. IEEE Transactions on industrial electronics, 2011, 58(2): 533-543.
[20] JIANG X, HU H, HE Z, et al. Study on low-frequency voltage fluctuation of traction power supply system introduced by multiple modern trains[J]. Electric power systems research, 2017, 146: 246-257.
[21] 连巧娜.高速列车四象限变流器低频振荡现象研究[D].北京:北京交通大学, 2016.
[22] LIU Z, ZHANG G, LIAO Y. Stability research of high-speed railway EMUs and traction network cascade system considering impedance matching [J]. IEEE Transactions on Industry Applications, 2016, 52(5): 4315-4326.
[23] HEISING C, OETTMEIER M, BARTELT R, et al. Single-phase 50-kW 16.7-Hz PI-controlled four-quadrant line-side converter lab model fed by rotary converter [C]//Compatibility & Power Electronics, 2009.
[24] 郭晓旭.高速铁路牵引网建模与仿真[D].成都:西南交通大学,2014.
[25] 冯晓云.电力牵引交流传动及其控制系统[M].北京:高等教育出版社,2009.
[26] 邹档兵.CRH 系列动车组牵引变流器主电路分析[J].铁道机车车辆,2017(02):42-46.
[27] 郭世明.机车动车牵引交流传动技术[M].北京:机械工业出版社,2012.
[28] 王兆安, 黄俊. 电力电子技术[M].北京:机械工业出版社,2009.
[29] 孙蔚,伍小杰,戴鹏,等.基于 LCL 滤波器的电压源型 PWM 整流器控制策略综述[J].电工技术学报,2008(01):90-96.
[30] 侯朝勇,胡学浩,惠东.基于离散状态空间模型的 LCL 滤波并网变换器控制策略[J].中国电机工程学报,2011(36):8-15.
[31] WANG T C Y, ZHIHONG Y, GAUTAM S, et al. Output filter design for a grid-interconnected three-phase inverter[C]//Power Electronics Specialist Conference,2003.
[32] ARAUJO S V, ENGLER A, SAHAN B, et al. LCL filter design for grid-connected NPC inverters in offshore wind turbines[C]//Power Electronics Specialist Conference,2007.
[33] LISERRE M, BLAABJERG F, HANSEN S. Design and control of an LCL-filter-based three-phase active rectifier[J]. Transactions on industry applications, 2005, 41(5):1281-1291.
[34] 张宪平,李亚西,潘磊,等.三相电压型整流器的 LCL 型滤波器分析与设计[J].电气应用,2007(05):64-67.
[35] 林志勇.基于混合级联多电平换流器的 STATCOM 研究[D].杭州:浙江大学,2014.
[36] 李春华,黄伟雄,袁志昌.南方电网±200Mvar 链式 STATCOM 系统控制策略[J].电力系统自动化,2013,37(3):116-121.
[37] RODRIGUEZ J,LAI J S,PENG F Z.Multilevel Inverters:A Survey of Topologies, Controls,and Applications[J].IEEE Trans on industry electron,2002,49(4):724-738.
[38] HIROFUMI AKAGI, HIDEAKI FUJITA, SHINSUKE YONETANI. A 6. 6kV Transformerless STATCOM Based on a Five-Level Diode-Clamped PWM Converter: System Design and Experimentation of a 200V 10kVA Laboratory Model[J].IEEE

Transactions on industry appliation,2008,44(2):672-680.

[39] 许湘莲.基于级联多电平逆变器的 STATCOM 及其控制策略研究[D].武汉:华中科技大学,2006.

[40] Pramod P, Zhe Z, Mitra R, et al. Impact of parameter estimation errors on feedforward current control of permanent magnet synchronous motors [C]// Transportation Electrification Conference & Expo, 2016.

[41] 邓仁燕,唐娟,夏炎,等.基于前馈补偿的永磁同步电机电流环解耦控制[J].电力电子技术,2013, 47(6):68-70.

[42] 许建中,王乐,井皓,等.混合 MMC 等微增率子模块冗余配置方法[J].中国电机工程学报,2018,38(19):5804-5811.

[43] 徐殿国,李彬彬,周少泽.模块化多电平高压变频技术研究综述[J].电工技术学报,2017,32(20):104-116.

[44] SONG Q, LIU W, LI X, et al. A steady-state analysis method for a modular multilevel converter[J]. IEEE Transactions on power electronics, 2013, 28(8): 3702-3713.

[45] 金红元.三电平 PWM 整流器研究[D].武汉:华中科技大学,2006.

[46] Nabae A, Takahashi I, Akagi H. A new neutral-point-clamped PWM inverter[J]. IEEE Transactions on industry applications,1981A1-17(5):518-523.

[47] OGASAWARA S, AKAGI H. Analysis of variation of neutral point potential in neutral-point-clamped voltage source PWM inverters [C]. Industry Applications Society Annual Meeting, 1993: 965-970.

[48] KLABUNDE M, ZHAO Y, LIPO T. Current control of a 3-level rectifier/inverter drive system[C]//Industry Applications Society Annual Meeting,1994.

[49] 张新成,刘文华,严干贵,等.悬浮电容式五电平变频 PWM 控制器设计[J].清华大学学报:自然科学版,2004,44(007):897-900.

[50] RIOUAL P, POULIQUEN H, LOUIS J. Regulation of a PWM rectifier in the unbalanced network state using a generalized model[J].IEEE transactions on power electronics,1996,11(3):495-502.

[51] ADZIC E M, MARCETIC D P, KATIC V A, et al. Grid-connected voltage source converter operation under distorted grid voltage[C]//Power Electronics and Motion Control Conference (EPE/PEMC),Ohrid,2010.

[52] BLAABJERG F, TEODORESCU R, LISERRE M, et al. Overview of control and grid synchronization for Distributed Power Generation Systems[J].IEEE Transactions on industrial electronics,2006,53(5):1398-1409.

[53] 林百娟.三相电压不平衡条件下锁相环的设计与实现[D].呼和浩特:内蒙古工业大学,2009.

[54] 胡为兵,李开成.电力系统实时相位同步方法的研究和比较[J].电测与仪表,2007(08):1-4.

[55] 世伟.锁相环路原理及应用[M].北京:兵器工业出版社,1990.

[56] 胡为兵，熊杰.一种新颖的锁相环的研究[J].电气技术，2008(01)：64-66.
[57] CHANGJIANG Z，FFITZER C，RAMACHANDARAMURTHY V K，et al.Software phase-locked loop applied to dynamic voltage restorer (DVR) [C]//Power Engineering Society Winter Meeting，Columbus，OH，2001.
[58] SANG-JOON L，JUN-KOO K，SEUNG-Ki S. A new phase detecting method for power conversion systems considering distorted conditions in power system[C]//Thirty-Fourth Industry Applications Conference，Phoenix，AZ，1999.